微 积 分

三中兴 主编

科 学 出 版 社
北 京

内 容 简 介

本书以培养学生的数学素质为目标，阐述了微积分学的基本内容、基本方法和相关应用. 全书共 10 章，内容包括函数极限与连续、导数与微分、中值定理与导数的应用、不定积分、定积分及其应用、多元函数微分学、二重积分及其应用、微分方程初步、无穷级数和差分方程初步等. 各章节后都配有适量的习题，书后附有习题参考答案与提示.

为了方便教师拓展教学和扩大学生的知识面，本书将各专业不同需求的数学内容有机融合在一起，并介绍其在自然科学、工程技术、经济和管理等领域中的应用案例；部分例题及习题选自历年考研真题，以满足学生个性发展的需要.

本书可作为普通高等院校、独立学院，以及具有较高要求的成教学院、民办院校等本科院校相应专业的数学基础课教材.

图书在版编目(CIP)数据

微积分/王中兴主编. —北京：科学出版社，2012

ISBN 978-7-03-034622-3

Ⅰ.①微… Ⅱ.①王… Ⅲ.①微积分-高等学校-教材 Ⅳ.①O172

中国版本图书馆 CIP 数据核字(2012)第 191648 号

责任编辑：昌 盛 王胡权/ 责任校对：林青梅

责任印制：张 伟/ 封面设计：陈 敬

科学出版社出版

北京东黄城根北街 16 号

邮政编码：100717

http://www.sciencep.com

北京中石油彩色印刷有限责任公司 印刷

科学出版社发行 各地新华书店经销

*

2012 年 8 月第 一 版 开本：787×1092 1/16

2022 年 8 月第十三次印刷 印张：20 1/4

字数：450 000

定价：49.00 元

(如有印装质量问题，我社负责调换)

《微积分》编委会

主　编　王中兴

主　审　刘新和

编　者　（按姓氏拼音排序）

洪　玲　黄敢基　蓝　敏　刘德光

刘　芳　莫利柳　谭洁群　王中兴

席洁珍　曾凡辉　朱光三

前　　言

高等数学(微积分)是高等院校一般理工科、经济、管理各专业的一门重要基础课.它不仅是学习后续课程的基础,而且对启发学生思维、培养学生的数学素质和解决实际问题的能力都起着非常重要的作用.

本书在吸取国内外同类教材优点的基础上,根据教育部高等学校数学与统计学教学指导委员会制定的“本科数学基础课程教学基本要求”编写而成.全书以培养学生的数学素质为目标,阐述了微积分学的基本内容、基本方法和相关应用.内容包括函数极限与连续、导数与微分、中值定理与导数的应用、不定积分、定积分及其应用、多元函数微分学、二重积分及其应用、微分方程初步、无穷级数和差分方程初步等.各章节后都配有适量的习题,书后附有习题参考答案与提示.

为了方便教师拓展教学和扩大学生的知识面,本书将各专业不同需求的数学内容有机融合在一起.一方面,便于教师根据各院校、各专业方向对微积分教学要求的实际,有选择地使用;另一方面,使不同专业的学生可以了解到高等数学(微积分)中的相关知识在其他专业中的应用,可以满足目前多数学生希望跨学科获取更多知识的愿望.

本书在内容安排与编写方面具有如下特点:

1. 简易性.秉承经典教材结构严谨、逻辑清晰的优点,在达到“高等数学(微积分)课程教学基本要求”的前提下,从培养学生的能力和提高素质的角度,内容选取尽量少而精,并有选择地保留了定理、性质的证明,而省略一些繁琐、冗长的推导与证明.

2. 通俗性.从直观的几何意义或实际背景引入和解释概念和定理,便于学生对相关概念和定理的理解和掌握.在内容叙述上也由浅入深,循序渐进,力求清楚易懂.

3. 应用性.注重理论联系实际,每章都有介绍微积分学在自然科学、工程技术、经济和管理等领域中的应用案例,方便教师拓展教学,着力培养和提高学生应用数学方法解决实际问题的能力,加强学生应用意识和创新能力的培养.

4. 层次性.书中未加“★”标志的内容为各专业必修内容,加“★”标志的内容为不同专业选修内容.另外,加“*”标志的例题及习题选自历年考研真题,这些例题及习题,一方面供学有余力或立志考研的学生选读;另一方面,使学生了解考研并非高不可攀,激发学生的学习积极性.

本书可作为普通高等院校、独立学院,以及具有较高要求的成教学院、民办院校等本科院校相应专业的数学基础课教材.

本书的编写工作由王中兴教授主持.全书共 10 章,蓝敏编写第 1 章,席洁珍编写第 2 章 2.1～2.5 节及 2.7 节,谭洁群编写第 3 章及第 2 章 2.6 节,莫利柳编写第 4 章,刘芳编写第 5 章,朱光军编写第 6 章,曾凡辉编写第 7 章,王中兴、刘德光编写第 8 章,洪玲编写

第 9 章，黄敢基编写第 10 章，王中兴负责全书的统稿工作. 广西大学数学与信息科学学院刘新和教授审阅全书并提出了许多宝贵的意见和建议，曾友芳副教授及潘就和等公共数学系老师对本书的修改提出了中肯的意见和建议. 在本书编写过程中，我们参考了众多著作和教材，在此谨向有关作者和老师表示衷心感谢！

本书是广西壮族自治区教育厅高校精品课程立项建设和新世纪广西高等教育教学改革工程的一项成果，本书的出版得到了广西大学教材建设基金的资助，科学出版社的编辑也为本书的出版付出了辛勤劳动. 在此向支持和关心本书编写和出版的领导和有关人员致以诚挚的谢意！

由于时间仓促，编者水平有限，书中难免存在疏漏及不足之处，诚恳地希望专家、同行和广大读者批评指正.

编　者

2012 年 5 月于广西大学

目　　录

前言

第 1 章　函数极限与连续 ………………………………………………………… 1

1.1　函数 ………………………………………………………………… 1

一、常量与变量(1)　二、区间与邻域(1)　三、函数的概念(2)

四、函数的特性(3)　五、反函数(5)　六、复合函数与初等函数(6)

★七、常用经济函数(7)　习题 1.1(8)

1.2　极限的概念 ………………………………………………………… 9

一、当 $x \to \infty$ 时,函数 $f(x)$ 的极限(9)

二、当 $x \to x_0$ 时,函数 $f(x)$ 的极限(11)　习题 1.2(13)

1.3　极限的运算法则与性质 ………………………………………… 13

一、极限的运算法则(14)　二、极限的性质(16)　习题 1.3(17)

1.4　极限存在准则与两个重要极限 ………………………………… 17

一、极限存在准则(17)　二、两个重要极限(18)　★三、连续复利(21)

习题 1.4(22)

1.5　无穷小与无穷大 ………………………………………………… 22

一、无穷小的概念与性质(22)　二、无穷大的概念与性质(23)

三、无穷小的比较(25)　习题 1.5(27)

1.6　连续函数的概念与性质 ………………………………………… 27

一、函数的连续性(27)　二、函数的间断点及其类型(30)

三、闭区间上连续函数的性质(31)　习题 1.6(32)

★1.7　函数与极限应用案例 ………………………………………… 33

一、外币兑换中的损失(33)　二、二氧化碳的吸收(33)

三、反复学习及效率(34)　习题 1.7(35)

总习题一 ………………………………………………………………… 35

第 2 章　导数与微分 …………………………………………………… 37

2.1　导数概念 ………………………………………………………… 37

一、引例(37)　二、导数的定义(38)　三、导数的几何意义(41)

四、可导与连续的关系(41)　习题 2.1(42)

2.2　函数的求导法则与基本导数公式 ……………………………… 43

一、函数的和、差、积、商的求导法则(43)　二、反函数的求导法则(44)

三、复合函数的求导法则(46)　四、基本求导法则与导数公式(47)
习题 2.2(49)
2.3　高阶导数 …… 50
习题 2.3(53)
2.4　由参数方程所确定的函数及隐函数的导数 …… 53
一、由参数方程所确定的函数的导数(53)　二、隐函数的导数(55)
习题 2.4(57)
2.5　函数的微分 …… 58
一、微分的定义(58)　二、微分的几何意义(60)
三、微分基本公式与微分运算法则(60)　四、微分在近似计算中的应用(62)
习题 2.5(62)
★ 2.6　导数在经济分析中的应用 …… 63
一、边际分析(63)　二、弹性分析(65)　习题 2.6(67)
★ 2.7　导数与微分应用案例 …… 68
一、拉船靠岸问题(68)　二、航空摄影问题(69)　三、飞机的降落曲线(70)
习题 2.7(72)
总习题二 …… 72

第 3 章　中值定理与导数的应用 …… 74
3.1　中值定理 …… 74
一、罗尔定理(74)　二、拉格朗日中值定理(76)　三、柯西中值定理(78)
习题 3.1(78)
3.2　洛必达法则 …… 79
一、$\frac{0}{0}$型和$\frac{\infty}{\infty}$型未定式(79)　二、其他类型的未定式(81)　习题 3.2(82)
3.3　函数的单调性与曲线的凹凸性 …… 83
一、函数的单调性(83)　二、曲线的凹凸性与拐点(85)　习题 3.3(87)
3.4　函数的极值与最大、最小值 …… 88
一、函数的极值(88)　二、函数的最大最小值(91)　习题 3.4(93)
★ 3.5　函数图形的描绘 …… 94
一、曲线的渐近线(94)　二、函数图形的描绘(95)　习题 3.5(97)
★ 3.6　泰勒公式 …… 97
习题 3.6(100)
★ 3.7　导数应用案例 …… 100
一、生猪的出售时机问题(100)　二、公寓出租问题(100)
三、最大税收问题(101)　习题 3.7(101)
总习题三 …… 102

第4章 不定积分 ······ 104
4.1 不定积分的概念与性质 ······ 104
一、原函数与不定积分的概念(104) 二、基本积分公式(106)
三、不定积分的性质(107) 习题4.1(109)
4.2 不定积分的换元积分法 ······ 110
一、第一类换元积分法(110) 二、第二类换元积分法(114) 习题4.2(119)
4.3 不定积分的分部积分法 ······ 120
习题4.3(123)
★4.4 几类特殊函数的积分 ······ 123
一、有理函数的积分(124) 二、三角函数有理式的积分(126)
三、简单无理函数的积分举例(128) 习题4.4(128)
★4.5 不定积分应用案例 ······ 129
一、石油的消耗量的估计(129) 二、十字路口交通黄色信号灯应亮多久(129)
三、人在月球上能跳多高(131) 习题4.5(132)
总习题四 ······ 133
第5章 定积分及其应用 ······ 135
5.1 定积分的概念 ······ 135
一、定积分问题举例(135) 二、定积分定义(137) 习题5.1(138)
5.2 定积分的性质 ······ 139
习题5.2(141)
5.3 微积分基本定理 ······ 141
一、变速直线运动中位置函数与速度函数之间的联系(141)
二、积分上限的函数及其导数(142)
三、牛顿-莱布尼茨(Newton-Leibniz)公式(143) 习题5.3(144)
5.4 定积分的换元积分法与分部积分法 ······ 145
一、定积分的换元积分法(145) 二、定积分的分部积分法(147)
习题5.4(149)
★5.5 反常积分 ······ 150
一、无穷区间上的反常积分(150) 二、无界函数的反常积分(151)
习题5.5(153)
5.6 定积分在几何中的应用 ······ 153
一、元素法(153) 二、平面图形的面积(154) 三、旋转体的体积(156)
★四、平行截面面积可计算的立体的体积(157) ★五、平面曲线的弧长(158)
习题5.6(160)
★5.7 定积分在经济分析中的应用 ······ 160
一、由边际需求函数求需求函数(160) 二、由边际成本求成本函数(161)

三、由边际收入求总收入函数(161)　　四、由边际利润求利润函数(162)
习题 5.7(162)
★ 5.8　定积分应用案例 …… 163
一、租客机还是买客机(163)　　二、转售机器的最佳时间(164)
三、潜艇的观察窗问题(164)　　习题 5.8(165)
总习题五 …… 165

第 6 章　多元函数微分学 …… 168
6.1　空间解析几何简介 …… 168
一、空间直角坐标系(168)　　二、平面及其方程(169)
三、曲面和空间曲线(170)　　习题 6.1(172)
6.2　多元函数的概念 …… 173
一、多元函数的概念(173)　　二、二元函数的极限与连续(174)
习题 6.2(176)
6.3　多元函数的偏导数 …… 177
一、偏导数的定义及其计算法(177)　　二、高阶偏导数(179)
习题 6.3(180)
6.4　全微分 …… 181
一、全微分的概念(181)　　二、全微分在近似计算中的应用(183)
习题 6.4(183)
6.5　多元复合函数及隐函数的微分法 …… 184
一、多元复合函数的微分法(184)　　二、全微分形式不变性(187)
三、隐函数微分法(188)　　习题 6.5(189)
6.6　多元函数的极值 …… 190
一、多元函数的极值(190)　　二、多元函数的最大值与最小值(192)
★ 三、条件极值,拉格朗日乘数法(193)　　习题 6.6(195)
★ 6.7　多元函数微分学应用案例 …… 195
一、竞争性产品生产中的利润最大化(195)
二、如何才能使醋酸回收的效果最好(196)
三、绿地喷浇设施的节水构想(197)
习题 6.7(198)
总习题六 …… 199

第 7 章　二重积分及其应用 …… 200
7.1　二重积分的概念与性质 …… 200
一、二重积分的概念(200)　　二、二重积分的性质(203)　　习题 7.1(205)
7.2　二重积分的计算方法 …… 205

一、利用直角坐标系计算二重积分(205)
★ 二、利用极坐标系计算二重积分(211)　习题 7.2(214)
★ 7.3 二重积分应用案例 …… 215
一、城市人口的估计(215)　二、湖泊体积及平均水深的估算(215)
习题 7.3(216)
总习题七 …… 216

第 8 章 微分方程初步 …… 218
8.1 微分方程的基本概念 …… 218
一、引例(218)　二、基本概念(220)　习题 8.1(221)
8.2 一阶微分方程 …… 221
一、可分离变量的微分方程(221)　二、齐次微分方程(223)
三、一阶线性微分方程(225)
★ 四、可化为一阶线性微分方程的伯努利(Bernoulli)方程(227)　习题 8.2(227)
★ 8.3 几类可降阶的高阶微分方程 …… 228
一、$y^{(n)}=f(x)$型的方程(228)　二、$y''=f(x,y')$型的方程(229)
三、$y''=f(y,y')$型的方程(229)　习题 8.3(230)
8.4 二阶线性微分方程 …… 231
一、二阶线性微分方程的概念(231)　二、二阶线性微分方程的通解结构(231)
三、二阶常系数齐次线性微分方程(232)
四、二阶常系数非齐次线性微分方程(235)　习题 8.4(238)
★ 8.5 微分方程应用案例 …… 238
一、新产品的推广问题(238)　二、飞机安全着陆问题(239)
三、凶杀案发时间的估计问题(240)　习题 8.5(241)
总习题八 …… 242

第 9 章 无穷级数 …… 244
9.1 常数项级数的概念与性质 …… 244
一、常数项级数的概念(244)　二、无穷级数的基本性质(246)
习题 9.1(248)
9.2 常数项级数的审敛法 …… 248
一、正项级数及其审敛法(248)　二、交错级数及其审敛法(251)
三、绝对收敛与条件收敛(252)　习题 9.2(253)
9.3 幂级数 …… 253
一、函数项级数(253)　二、幂函数及其收敛性(254)
三、幂级数的运算(257)　习题 9.3(259)
9.4 函数展开成幂级数 …… 260

一、泰勒级数(260)　二、初等函数的幂级数展开式(261)　习题 9.4(263)
★9.5　无穷级数应用案例 …… 264
一、如何计划家庭教育基金(264)　二、药物在体内的残留量(264)
三、计算定积分(266)　习题 9.5(266)
总习题九 …… 267
第 10 章　差分方程初步 …… 268
10.1　差分方程的基本概念 …… 268
一、差分的概念与性质(268)　二、差分方程的概念(269)
三、差分方程的解(270)　四、线性差分方程及其解的结构(271)
习题 10.1(272)
10.2　一阶常系数线性差分方程 …… 272
一、一阶常系数齐次线性差分方程的通解(273)
二、一阶常系数非齐次线性差分方程的特解与通解(273)　习题 10.2(276)
★10.3　二阶常系数线性差分方程 …… 277
一、二阶常系数齐次线性差分方程的通解(277)
二、二阶常系数非齐次线性差分方程的特解与通解(279)　习题 10.3(281)
★10.4　差分方程应用案例 …… 282
一、养老保险问题(282)　二、塑身计划(283)　习题 10.4(284)
总习题十 …… 284
习题参考答案与提示 …… 286
参考文献 …… 307
附录一　基本初等函数的图形及其主要性质 …… 308
附录二　一些常用的数学公式 …… 311

第 1 章　函数极限与连续

函数是对现实世界中各种变量之间的相互依存关系的数学反映，是微积分学的主要研究对象. 极限理论与方法是微积分的理论基础. 本章主要介绍函数、极限和连续等基本概念及其性质.

1.1　函　　数

一、常量与变量

在观察自然现象的过程中，常常会遇到两种不同的量，一种是在观察过程中保持不变的量，称为**常量**；另一种是在观察过程中变化着的量，称为**变量**.

例如，当密闭的容器被加热时，其中气体的体积和分子数保持不变，它们都是常量；而容器的温度和压强在加热过程中是变化的，因此它们是变量. 一个量是常量还是变量，常与考察的过程有关. 例如，上述容器加热时，若容器有一小孔与外界相通，则容器中气体分子数和温度都是变量，而气体压强是常量.

习惯上，常量用字母 a,b,c 等表示，变量用 x,y,t 等表示. 常量在数轴上表示一个点，对于变量，常用一个区间或邻域表示它的变化范围.

二、区间与邻域

设 a,b 为实数，且 $a<b$，则区间的记号和定义如下：

(1) 开区间：$(a,b)=\{x|a<x<b\}$，如图 1.1(a)所示.

(2) 闭区间：$[a,b]=\{x|a\leqslant x\leqslant b\}$，如图 1.1(b)所示.

(3) 半开半闭区间：$[a,b)=\{x|a\leqslant x<b\}$，$(a,b]=\{x|a<x\leqslant b\}$.

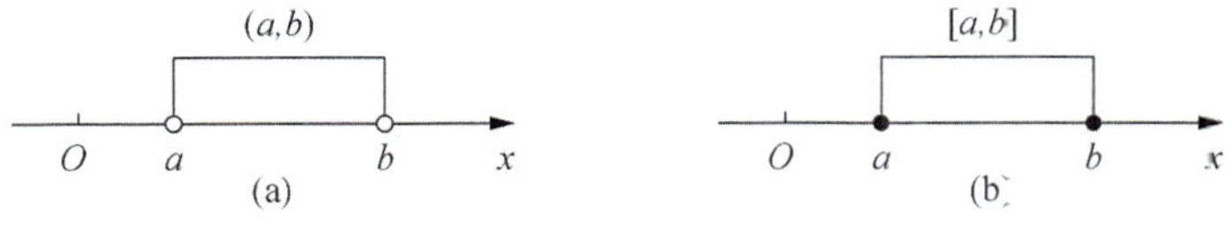

图 1.1

以上区间都称为有限区间，a 和 b 称为区间的端点，$b-a$ 称为区间的长度.

(4) 无限区间：$[a,+\infty)=\{x|x\geqslant a\}$如图 1.2(a)所示；$(a,+\infty)=\{x|x>a\}$，

$(-\infty,b]=\{x|x\leqslant b\}$，$(-\infty,b)=\{x|x<b\}$如图 1.2(b)所示；$(-\infty,+\infty)=\{x|x\in\mathbf{R}\}$，其中 $\mathbf{R}$ 为实数集.

图 1.2

要注意$-\infty$，$+\infty$都只是表示无限性的一种记号，它们都不是某个确定的数，因此其不能参与数的运算.

为了叙述方便，以下均用“区间 I”表示各种类型的区间.

当考虑某点附近的点所构成的集合时，常用邻域来描述.

设 $\delta>0$，以点 x_0 为中心的开区间$(x_0-\delta,x_0+\delta)$称为 x_0 的 δ **邻域**，记作$\bigcup(x_0,\delta)$，其中 x_0 称为邻域的中心点，δ 称为邻域的半径，当不需要强调 δ 时，简记作$\bigcup(x_0)$. 而

$$(x_0-\delta,x_0)\cup(x_0,x_0+\delta)$$

称为 x_0 的 δ 去心邻域，记作$\mathring{\bigcup}(x_0,\delta)$，其中$(x_0-\delta,x_0)$称为 x_0 的**左邻域**，$(x_0,x_0+\delta)$称为 x_0 的**右邻域**，分别记作$\bigcup_-(x_0)$，$\bigcup_+(x_0)$.

三、函数的概念

定义 1.1.1 设 x 和 y 是两个变量，D 是一个非空实数集合，若有一个对应法则 f，使得对于每一个 $x\in D$，都有一个确定的实数 y 与之对应，则称这个对应法则 f 为定义在 D 上的**函数**，或称变量 y 是变量 x 的**函数**，记作

$$y=f(x),\quad x\in D,$$

其中 x 称为**自变量**，y 称为**因变量**，D 称为函数的**定义域**，也记作 D_f.

当 $x_0\in D$ 时，称 $f(x)$在点 x_0处有定义，与 x_0所对应的值 y_0，称为函数 $y=f(x)$在点 x_0处的**函数值**，记作 $f(x_0)$或 $y|_{x=x_0}$，即 $y_0=f(x_0)$.

函数 $y=f(x)$的函数值全体组成的集合称为其**值域**，记作 R_f或 $f(D)$，即

$$R_f=f(D)=\{y|y=f(x),x\in D\}.$$

注 (1)一般函数 $y=f(x)$的定义域就是使数学表达式 $f(x)$有意义的一切 x. 例如，$y=\sqrt{1-x}$的定义域为$(-\infty,1]$，而 $y=\ln(1+x)$的定义域为$(-1,+\infty)$. 但在实际问题中，除了考虑数学表达式本身的意义外，还应考虑函数的实际意义. 例如，圆的面积 S 是圆的半径 r 的函数 $S=\pi r^2$，由于圆的半径应该大于 0，所以定义域为$(0,+\infty)$.

(2)若自变量在定义域内任取一个数值，对应的函数值总是只有一个，这种函数称为**单值函数**，否则称为**多值函数**. 若无特别声明，本教材中的函数均指单值函数.

(3)函数的定义域与对应法则称为函数的**两个要素**. 两个函数相同的充要条件是它

们的定义域和对应法则均相同．例如，$y=2\ln x$ 与 $y=\ln x^2$ 是不相同的函数．

函数 $y=f(x)$ 中表示对应关系的记号 f 也可以用其他字母，如 $y=\varphi(x)$，$y=F(x)$ 等．在同一问题中涉及几个不同函数时，需用不同的记号表示不同的函数．

在平面直角坐标系 xOy 中，点集

$$C=\{(x,y)\mid y=f(x),x\in D\}$$

称为函数 $f(x)$ 的**图形**．图形是函数的直观几何表示，对理解函数的性质十分有用．

下面举一些函数的例子．

例 1.1.1　初等数学中的**幂函数**、**指数函数**、**对数函数**、**三角函数**及**反三角函数**，是最基本的函数，许多函数都是由它们"构成"的，所以它们称为**基本初等函数**．它们的定义域、值域以及性质都应熟练掌握，这里不再赘述（见附录）．

例 1.1.2　常数函数

$$y=k\quad(k\text{ 为常数})$$

的定义域 $D=(-\infty,+\infty)$，值域 $R_f=\{k\}$，它图形是一条平行于 x 轴的直线（如图 1.3）．

例 1.1.3　绝对值函数

$$y=|x|=\sqrt{x^2}=\begin{cases}x, & x\geqslant 0,\\ -x, & x<0\end{cases}$$

的定义域 $D=(-\infty,+\infty)$，值域 $R_f=[0,+\infty)$，见图 1.4.

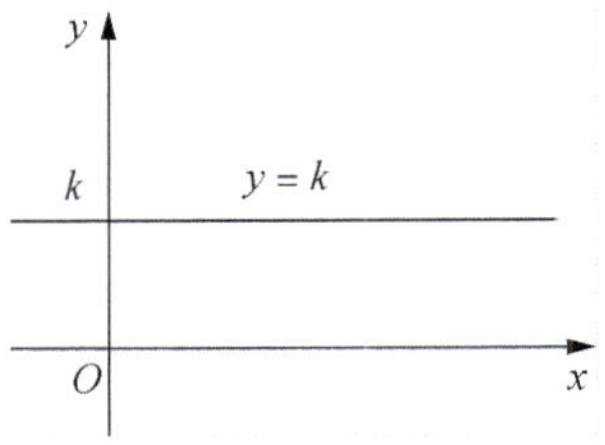

图 1.3

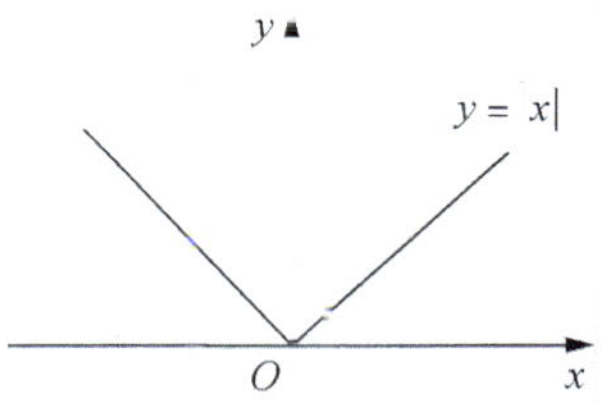

图 1.4

例 1.1.4　$y=\begin{cases}\sqrt{1-x^2}, & |x|<1,\\ x^2-1, & 1<|x|\leqslant 2,\end{cases}$

该函数在 $|x|=1$ 时无定义，它的定义域为 $D=[-2,-1)\cup(-1,1)\cup(1,2]$，其图形见图 1.5.

在例 1.1.4 中看到，有时一个函数在其定义域内的不同部分，其对应法则由不同的算式表达，这样的函数通常称为**分段函数**，对于例 1.1.4，$x=-1$ 和 $x=1$ 称为其**分段点**．

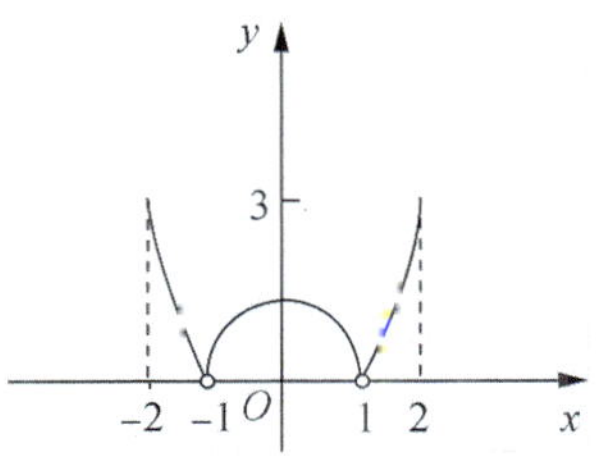

图 1.5

四、函数的特性

设函数 $y=f(x)$ 的定义域为 D，数集 $X\subset D$.

1. 函数的有界性

若存在一个正数 M,使得对于任一 $x\in X$,都有 $|f(x)|\leqslant M$,则称函数 $y=f(x)$ 在 X 上是**有界函数**,称 M 为它的**界**.

例如,函数 $y=\sin x$ 在 $(-\infty,+\infty)$ 内有界,因为对任一 $x\in(-\infty,+\infty)$,恒有 $|\sin x|\leqslant 1$. 函数 $y=\dfrac{1}{x}$ 在 $(0,2)$ 内无界,因为当 x 趋近区间左端时,$\dfrac{1}{x}$ 的值可以任意变大.

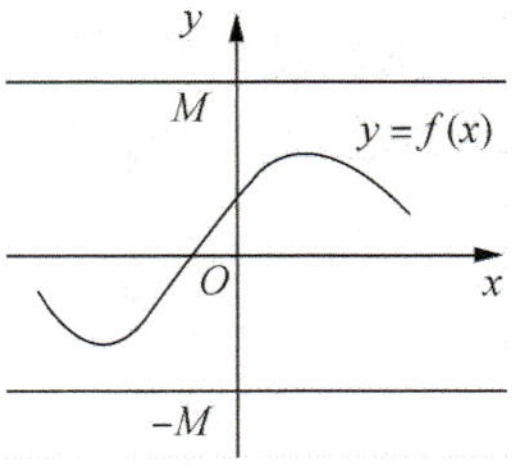

图 1.6

但 $y=\dfrac{1}{x}$ 在 $[1,+\infty)$ 内却是有界的,因为对任一 $x\in[1,+\infty)$,都有 $0<\dfrac{1}{x}\leqslant 1$,从而 $\left|\dfrac{1}{x}\right|\leqslant 1$.

函数 $y=f(x)$ 在一个区间 I 上有界的几何解释是:$y=f(x)$ 在该区间上的图形位于两条直线 $y=-M$ 和 $y=M$ 之间,见图 1.6.

2. 函数的单调性

若对于任意两点 $x_1,x_2\in X$,当 $x_1<x_2$ 时,恒有

$$f(x_1)\leqslant f(x_2)\ (f(x_1)\geqslant f(x_2)),$$

则称函数 $y=f(x)$ 在 X 上是**单调增加(减少)函数**. 若总有

$$f(x_1)<f(x_2)\ (f(x_1)>f(x_2)),$$

则称 $f(x)$ 在 X 上是**严格单调增加(减少)函数**.

单调增加函数与单调减少函数,统称为**单调函数**.

有时一个函数在其整个定义域上不是单调的,而在定义域中的部分区间上是单调的,这些部分区间称为该函数的**单调区间**. 例如,函数 $y=x^2$ 在 $(-\infty,0]$ 上是单调减少的,在 $[0,+\infty)$ 上是单调增加的,在 $(-\infty,+\infty)$ 内不是单调的.

3. 函数的奇偶性

设 X 关于原点对称,若对于任一 $x\in X$,恒有

$$f(-x)=f(x)\ (f(-x)=-f(x))$$

成立,则称函数 $y=f(x)$ 在 X 上为**偶(奇)函数**.

例如,x^2、$\cos x$ 是偶函数,x^3、$\sin x$ 是奇函数,$x+x^2$ 既非奇函数,又非偶函数.

根据定义不难证明:奇函数与奇函数的和(差)是奇函数;偶函数与偶函数的和(差)是偶函数;奇函数与奇函数的乘积,偶函数与偶函数的乘积都是偶函数;奇函数与偶函数的乘积却是奇函数.

例 1.1.5　判断函数 $f(x)=\dfrac{2^x-1}{2^x+1}$ 的奇偶性.

解　因为

$$f(-x)=\frac{2^{-x}-1}{2^{-x}+1}=\frac{1-2^x}{1+2^x}=-f(x),$$

所以 $f(x)=\dfrac{2^x-1}{2^x+1}$ 为奇函数.

偶函数的图形是关于 y 轴对称的,而奇函数的图形是关于原点对称的.

4. 函数的周期性

若存在一个不为零的常数 T,使得对于任一 $x\in X$,都有 $x+T\in X$,且关系式

$$f(x+T)=f(x)$$

恒成立,则称函数 $y=f(x)$ 在 X 上是**周期函数**,常数 T 称为 $f(x)$ 的一个周期,通常所说的周期函数的周期是指其最小正周期.

例如,函数 $\sin x$,$\cos x$ 是以 2π 为周期,$\tan x$,$\sin 2x$ 是以 π 为周期.

周期函数的特点是其图形为一条周期性重复的曲线,只要作出函数在长度为周期 T 的一个区间上的图形,就可通过平移得到整个函数的图形.

五、反函数

自变量与因变量的关系往往是相对的,有时不仅需研究变量 y 随变量 x 的变化,有时也需研究变量 x 随变量 y 变化而变化的情况. 例如,以速度 v 匀速行驶的汽车,其行驶距离 s(因变量)与行驶时间 t(自变量)的函数关系为 $s=vt$　则要行驶距离 s,所需的时间为 $t=\dfrac{s}{v}$,此时,s 为自变量,t 为因变量. 这启发我们引入反函数的概念.

设函数 $y=f(x)$ 的定义域为 D,值域为 R_f,如果对于 $y\in R_f$,都有唯一的 $x\in D$,使得 $f(x)=y$,则该 x 也是 y 的函数,记作 f^{-1},即 $x=f^{-1}(y)$,称之为函数 $y=f(x)$ 的**反函数**.

从图形上看,函数 $y=f(x)$ 与其反函数 $x=f^{-1}(y)$ 为同一图形.

由于人们习惯用 x 表示自变量,用 y 表示因变量,因此,常将反函数改写为 $y=f^{-1}(x)$. 此时,称 $y=f^{-1}(x)$ 与 $y=f(x)$ 为**互为反函数**. 显然,$y=f^{-1}(x)$ 的图形和 $y=f(x)$ 的图形关于直线 $y=x$ 对称(图 1.7).

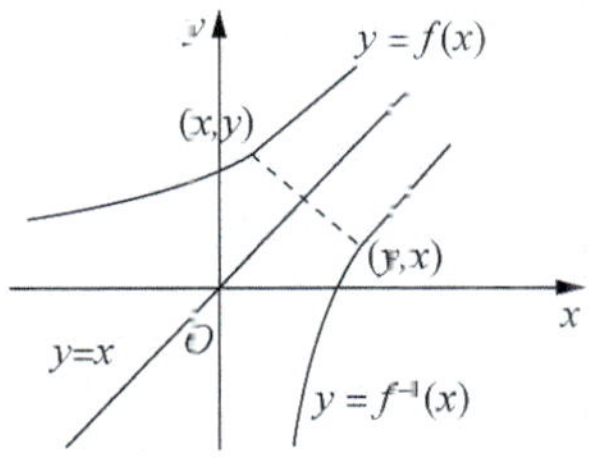

图 1.7

指数函数 $y=a^x$ 与对数函数 $y=\log_a x\ (a>0,a\neq1)$ 互为反函数;三角函数与反三角函数,例如,$y=\sin x$,$x\in\left[-\dfrac{\pi}{2},\dfrac{\pi}{2}\right]$ 与 $y=\arcsin x$ 也互为反函数. 但是,并非所有的函数都存在反函数. 例如,函数 $y=x^2$ 就不存在反函数(为什么?).

下面给出**反函数存在定理**:

定理 1.1.1 如果一个函数在某数集上是严格单调增加(或严格单调减少),则它必定存在反函数,而且反函数也是严格单调增加(或严格单调减少).

例 1.1.6 求给出函数的反函数:(1) $y=\dfrac{2x-1}{x+1}$; (2) $y=e^{x-2}$.

解 (1)由 $y=\dfrac{2x-1}{x+1}$,解得 $x=\dfrac{y+1}{2-y}$,因此所求反函数为 $y=\dfrac{x+1}{2-x}$.

(2) 由 $y=e^{x-2}$,得 $\ln y=x-2$,从而 $x=\ln y+2$,故所求反函数为 $y=\ln x+2$.

六、复合函数与初等函数

1. 复合函数

有时一个变量与另一变量之间的联系并不是那么直接,而需通过第三个变量(中间变量)将它们联系起来. 例如,某汽车以每小时 80 公里的速度匀速行驶,每公里耗油量为 0.09 升,于是汽车在行驶过程中的耗油量 y 是行驶距离 S 的函数 $y=0.09S$,而行驶距离 S 又是时间 t 的函数 $S=80t$. 因此,汽车的耗油量 y,通过距离 S(中间变量)与时间 t 建立了关系,$y=0.09\times 80t=7.2t$. 这个过程称为函数的复合,复合函数的数学表述如下.

设函数 $y=f(u)$的定义域为 D_f,若函数 $u=\varphi(x)$值域为 R_φ,且 $D_f\cap R_\varphi\neq\varnothing$($\varnothing$表示空集),则称 $y=f[\varphi(x)]$是由 $y=f(u)$和 $u=\varphi(x)$复合而成的复合函数,其中称$u=\varphi(x)$为**中间变量**(或称**内层函数**),$y=f(u)$为**外层函数**.

例如,由函数 $y=\sin u$,$u=e^x$ 构成的复合函数是 $y=\sin e^x$.

注 (1) 不是任何两个函数都可以复合成一个复合函数.

例如,$y=f(u)=\arcsin u$,$u=\varphi(x)=x^2+2$. 因为 $D_f=[-1,1]$,$R_\varphi=[2,+\infty)$,而 $D_f\cap R_\varphi=\varnothing$,故这两个函数不能复合成复合函数.

(2) 复合函数也可以由两个以上的函数复合而成.

例 1.1.7 设 $y=f(u)=\arctan u$,$u=\varphi(v)=\sqrt{v}$,$v=\psi(x)=1+x^2$,求 $f\{\varphi[\psi(x)]\}$.

解 $$f\{\varphi[\psi(x)]\}=\arctan u=\arctan\sqrt{v}=\arctan\sqrt{1+x^2}.$$

与函数的复合相反,函数 $y=\arctan\sqrt{1+x^2}$可看成由函数

$$y=f(u)=\arctan u,\quad u=\varphi(v)=\sqrt{v},\quad v=\psi(x)=1+x^2$$

复合得到,中间变量 u,v 都是简单的函数. 这种找出中间变量的方法,称为**复合函数分解**.

例 1.1.8 将函数 $y=e^{\cos\frac{1}{x}}$分解成基本初等函数的复合.

解 复合函数分解的分解,一般由最外层函数起,层层向内进行,直到自变量 x 的基本初等函数为止. 复合函数 $y=e^{\cos\frac{1}{x}}$可以分解为如下基本初等函数:

$$y=e^u,\quad u=\cos v,\quad v=\frac{1}{x}.$$

注　称函数 $f(x)=u(x)^{v(x)}(u(x)>0)$ 为**幂指函数**. 显然 $u(x)^{v(x)}=e^{v(x)\ln u(x)}$，这一变形今后常用到.

2. 初等函数

由常数和基本初等函数经过有限次加、减、乘、除的四则运算和有限次复合运算所构成的能用一个式子表示的函数，称为**初等函数**. 例如，

$$y=\sqrt{\sin x},\quad y=1+x^2+xe^{\frac{1}{x^2-1}},\quad y=\ln(x-\sqrt{1+x^2})$$

等都是初等函数. 非初等函数常以分段函数的形式出现.

★七、常用经济函数

1. 总成本函数、总收益函数与总利润函数

人们在从事生产和经营活动中，所关心的问题是产品的成本、销售收入（又称为收益）和利润. 产品的成本就是生产产品的总投入，它包括固定成本（又称不变成本）和可变成本两部分. 所谓固定成本，是指在一定时期内不随产量变化的那部分成本；所谓可变成本，是指随产量变化的那部分成本. 低成本、高收入以致高利润是每一个生产经营者的愿望. 销售收入是指产品出售后所得的收入，而利润就是收入扣去成本后的余额.

总成本 C，总收入 R 和总利润 L 通常称为经济变量. 在忽略一些次要因素的情况下，这些经济变量都只与其相应的产量或者说销售量 x 有关. 它们可以看成 x 的函数，分别称为总成本函数、总收益函数和总利润函数，分别记作 $C(x)$、$R(x)$ 和 $L(x)$.

显而易见，总成本函数 $C(x)$ 是产量 x 的单调增加函数；总收益函数 $R(x)$ 是销售量 x 与销售单价 p 的乘积，即 $R(x)=xp$；而总利润 $L(x)$ 等于总收入减去总成本，即

$$L(x)=R(x)-C(x).$$

例 1.1.9　某商品的单价为 100 元，单位成本为 60 元，商家为了促销，规定凡是购买超过 200 单位时，对超过部分按单价的九五折出售. 求成本函数、收益函数和利润函数.

解　设购买量为 x 单位，则

成本函数为　$C(x)=60x$；

收益函数为　$$R(x)=\begin{cases}100x, & x\leqslant 200,\\ 200\times 100+(x-200)\times 100\times 0.95, & x>200\end{cases}$$
$$=\begin{cases}100x, & x\leqslant 200,\\ 95x+1000, & x>200;\end{cases}$$

利润函数为　$$L(x)=R(x)-C(x)=\begin{cases}40x, & x\leqslant 200,\\ 35x+1000, & x>200.\end{cases}$$

2. 需求函数与供给函数

一种商品的市场需求量和市场供给量与产品价格有密切关系. 一般来说，降价会使

需求量上升，供给量下降；反之，涨价会使需求量下降，供给量上升.

设 p 表示商品价格，市场需求量和供给量依次用 Q 和 S 表示，若忽略市场其他因素的影响，则 Q 和 S 均是 p 的函数，即有

$$Q=Q(p),\quad S=S(p).$$

$Q(p)$称为**需求函数**，$S(p)$称为**供给函数**. 在一般情况下，$Q(p)$是单调减少函数，$S(p)$是单调增加函数. 有时也将 $Q(p)$的反函数 $P=P(Q)$称为需求函数.

若市场上某商品的供给量与需求量相等，我们说这种商品的供、需达到了平衡. 此时该商品的价格称为**均衡价格**.

例 1.1.10　某种产品每台售价 500 元时，每月可销售 1500 台，每台售价降为 450 元时，每月可增销 250 台. 试求该产品的线性需求函数.

解　设该产品的线性需求函数为

$$Q(p)=ap+b,$$

其中 $Q(p)$为需求量，p 表示单位售价，a、b 为待定常数. 由题设有

$$\begin{cases}1500=500a+b,\\1750=450a+b,\end{cases}$$

解得 $a=-5$，$b=4000$，从而所求的线性需求函数为 $Q(p)=4000-5p$.

习 题 1.1

1. 求下列函数的定义域，并用区间表示：

(1) $y=\dfrac{1}{x}-\sqrt{1-x^2}+\ln(x+1)$；　　(2) $y=\dfrac{5x}{x^2-3x+2}+\arcsin\dfrac{1}{x}$；

(3) $y=\sqrt{\sin\sqrt{x}}$；　　(4) $y=\begin{cases}2^x, & -1\leqslant x<0,\\2, & 0\leqslant x<1,\\x-1, & 1\leqslant x<3.\end{cases}$

2. 设函数 $y=f(x)$的定义域是$[0,1]$，求下列函数的定义域：

(1) $f(x+2)$；　　(2) $f(4x^2)$.

3. 设函数 $f(x)=\dfrac{1}{x^2}$，求 $f(-1)$，$f\left(\dfrac{1}{a}\right)$.

4. 设函数 $f(x)$和 $g(x)$是单增的，且 $f(x)\leqslant g(x)$，$f[f(x)]$和 $g[g(x)]$均有意义. 证明：$f[f(x)]\leqslant g[g(x)]$.

5. 设函数 $f(x)$在$(-\infty,+\infty)$内有定义，证明：$f(x)+f(-x)$为偶函数，$f(x)-f(-x)$为奇函数.

6. 求下列函数的反函数：

(1) $y=\sqrt[3]{x+1}$；　　(2) $y=\dfrac{1-x}{1+x}$；

(3) $y=2\sin 3x\left(-\dfrac{\pi}{6}\leqslant x\leqslant\dfrac{\pi}{6}\right)$；　　(4) $y=\dfrac{2^x}{2^x+1}$.

7. 将下列函数分解成基本初等函数的复合：

(1) $y=\arctan e^{\sqrt{x}}$；　(2) $y=e^{\arctan\sqrt{x}}$；　(3) $y=\sqrt[3]{\cos\sqrt{x}}$.

8. 已知 $f\left(x+\frac{1}{x}\right)=x^2+\frac{1}{x^2}$，求 $f(x)$.

9. 某商场以每件 a 元的价格出售某种商品，若顾客一次购买 50 件以上，则超出 50 件的商品以每件 $0.8a$ 元的优惠价出售. 试将一次性成交的销售收入 R 表示成销售量 x 的函数.

10. 某厂生产电冰箱，每台售价 1200 元，生产 1000 台以内可全部售出，超过 1000 台时，经广告宣传后，又可多售出 520 台，假定支付广告费 2500 元，试将电冰箱的销售收入表示为销售量的函数.

11. 某工厂生产某型号车床，年产量为 a 台，分若干批(每批产量相同)进行生产，每批生产准备费为 b 元，设产品均匀投入市场，且上一批用完后立即生产下一批，即平均库存量为批量的一半，设每年每台库存费 c 元. 试将一年中总费用(库存费与生产准备费之和)y 表示为批量 x 的函数.

1.2 极限的概念

极限的思想是由于求某些实际问题的精确解而产生的. 例如，我国古代数学家刘徽(公元 263 年)创立的割圆术，即利用圆内接正多边形的面积近似推算圆的面积，就是极限思想在几何上的应用. 为了描述变量在某一变化过程中的变化趋势，人们引入了极限的概念. 极限是微积分学中的一个基本概念，微积分中连续、导数、定积分等概念都建立在极限的基础上.

设函数 $y=f(x)$ 的定义域为 D，考察 $f(x)$ 的极限就是考察自变量 x 在某一变化过程中，相应的函数值 $f(x)$ 的变化趋势. 下面先介绍自变量的两类变化过程.

(1) 当自变量 x 沿 x 轴的正负方向趋向无穷大，即 $|x|$ 无限增大时，这种变化过程称为 x **趋向于无穷大**，记作 $x\to\infty$；特别地，当 x 沿 x 轴的正方向趋向无穷大，即 x 无限增大时，记作 $x\to+\infty$；当 x 沿 x 轴的负方向趋向无穷大，即 $-x$ 无限增大时，记作 $x\to-\infty$.

(2) 当自变量 $x(x\neq x_0)$ 无限地接近于定数 x_0 时，这种变化过程称为 x 趋向于 x_0，记作 $x\to x_0$；特别地，当 $x>x_0$ 且无限趋向于 x_0 时，记作 $x\to x_0^+$；当 $x<x_0$ 且无限趋向于 x_0 时，记作 $x\to x_0^-$.

一、当 $x\to\infty$ 时，函数 $f(x)$ 的极限

定义 1.2.1 设给定函数 $y=f(x)$，如果存在常数 A，当 $x\to\infty$ 时，对应的函数值 $f(x)$ 无限接近于 A，则称 A 是 $f(x)$ 当 $x\to\infty$ 时的**极限**，记作

$$\lim_{x\to\infty}f(x)=A \quad 或 \quad f(x)\to A\ (x\to\infty).$$

若这样的常数 A 不存在，则说当 $x\to\infty$ 时 $f(x)$ 没有极限. 为方便起见，常表达为“$\lim\limits_{x\to\infty}f(x)$ 不存在”.

类似地，如果当 $x\to+\infty$ 时，对应的函数值 $f(x)$ 无限接近于 A，则称 A 是 $f(x)$ 当 $x\to+\infty$ 时的极限，记作

$$\lim_{x\to+\infty}f(x)=A \quad 或 \quad f(x)\to A\ (x\to+\infty).$$

如果当 $x\to-\infty$ 时，对应的函数值 $f(x)$ 无限接近于 A，则称 A 是 $f(x)$ 当 $x\to-\infty$ 时

的极限，记作

$$\lim_{x\to-\infty} f(x)=A \quad 或 \quad f(x)\to A\ (x\to-\infty).$$

根据定义有：$\lim\limits_{x\to\infty} f(x)$存在的充分必要条件是$\lim\limits_{x\to+\infty} f(x)$与$\lim\limits_{x\to-\infty} f(x)$都存在且相等.

例 1.2.1　讨论下列函数的极限，如有极限，写出它们的极限：

(1) $\lim\limits_{x\to\infty}\dfrac{1}{x}$；　(2) $\lim\limits_{x\to\infty}\arctan x$；　(3) $\lim\limits_{x\to\infty}\sin x$.

解　从函数的图形(图 1.8)容易看出.

(1) 因为在 $x\to\infty$ 的过程中，$y=\dfrac{1}{x}$无限接近于常数零，故$\lim\limits_{x\to\infty}\dfrac{1}{x}=0$.

(2) 因为$\lim\limits_{x\to-\infty}\arctan x=-\dfrac{\pi}{2}$，$\lim\limits_{x\to+\infty}\arctan x=\dfrac{\pi}{2}$，所以极限$\lim\limits_{x\to\infty}\arctan x$不存在.

(3) 因为在 $x\to\infty$ 的过程中，$y=\sin x$ 始终在值 1 与 -1 之间来回跳跃，并不接近于某一确定的常数，故$\lim\limits_{x\to\infty}\sin x$不存在(见附录图形).

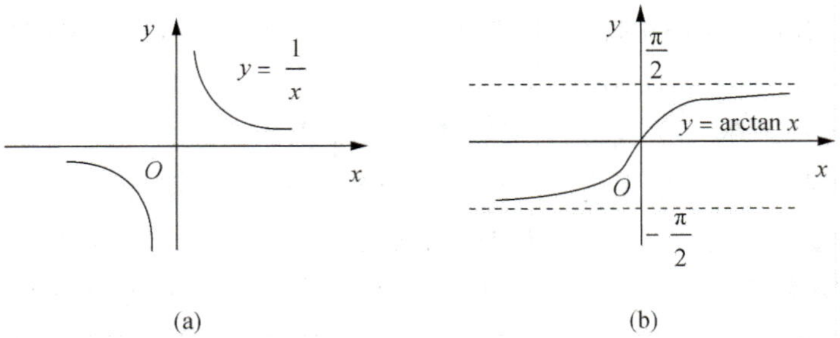

图 1.8

说明　(1) 定义 1.2.1 中"当 $x\to\infty$ 时，对应的函数值 $f(x)$ 无限接近于 A"的含义是：在 $x\to\infty$ 的过程中，$f(x)$ 与常数 A 的接近程度没有任何限制，即当$|x|$足够大以后，$f(x)$ 与 A 的距离$|f(x)-A|$可以任意小，要它多小就能有多小.

(2) 对于数列，即无穷多个实数根据某个规则按自然数顺序排成一列 $x_1,x_2,\cdots,x_n,\cdots$，简写为$\{x_n\}$. 如果当 n 无限增大时，x_n 无限接近于常数 A，则常数 A 称为数列$\{x_n\}$的极限(也称数列$\{x_n\}$**收敛**于 A)，记作

$$\lim_{n\to\infty} x_n=A \quad 或 \quad x_n\to A\ (n\to\infty).$$

如果一个数列没有极限，则称其是**发散**的.

以下结论是显然的.

(1) 若$\lim\limits_{x\to+\infty} f(x)=A$，$x_n=f(n)$，则$\lim\limits_{n\to\infty} x_n=A$；

(2) $\lim\limits_{n\to\infty} x_n$存在的充分必要条件是$\lim\limits_{k\to\infty} x_{2k-1}$与$\lim\limits_{k\to\infty} x_{2k}$都存在且相等.

例 1.2.2　讨论下列数列的极限，如有极限，写出它们的极限：

(1) $x_n=\dfrac{1}{2^n}$；　(2) $x_n=\dfrac{n}{n+1}$；　(3) $x_n=2n-1$；　(4) $x_n=(-1)^n$.

解 (1) 因当 n 无限增大时，$x_n=\frac{1}{2^n}$无限接近零，故$\lim\limits_{n\to\infty}\frac{1}{2^n}=0$，见图 1.9(a).

(2)由于 $x_n=1-\frac{1}{n+1}$，且当 $n\to\infty$时，x_n无限接近 1，故$\lim\limits_{n\to\infty}\frac{n}{n+1}=1$，见图 1.9(b).

(3)由于当 n 无限增大时，$x_n=2n-1$ 也无限增大，而不趋向于某一常数，故$\lim\limits_{n\to\infty}(2n-1)$不存在. 见图 1.9(c).

(4) 因为 $x_n=(-1)^n=\begin{cases}1, & n\text{ 为偶数},\\ -1, & n\text{ 为奇数},\end{cases}$在 $n\to\infty$的过程中，x_n始终反复取 1 或 −1，并不接近于某一确定的常数，故$\lim\limits_{n\to\infty}(-1)^n$不存在，见图 1.9(d).

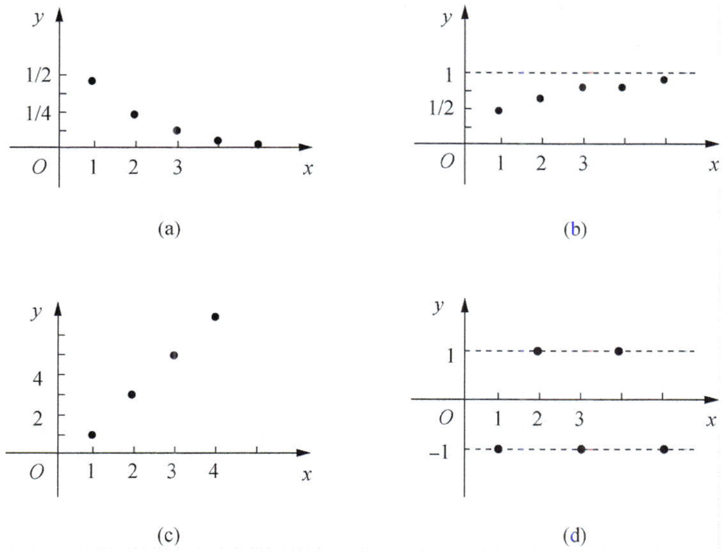

图 1.9

二、当 $x\to x_0$ 时，函数 $f(x)$ 的极限

定义 1.2.2 设给定函数 $y=f(x)$，如果存在常数 A，当 $x\to x_0$时，对应的函数值 $f(x)$无限地接近于 A，则称 A 是 $f(x)$当 $x\to x_0$时的极限，记作

$$\lim_{x\to x_0}f(x)=A \quad 或 \quad f(x)\to A\ (x\to x_0).$$

如果当 $x\to x_0^-$时，对应的函数值 $f(x)$无限接近于常数 A，则称 A 是 $f(x)$当 $x\to x_0^-$时的**左极限**，记作

$$\lim_{x\to x_0^-}f(x)=A \quad 或 \quad f(x_0^-)=A.$$

如果当 $x\to x_0^+$时，对应的函数值 $f(x)$无限接近于常数 A，则称 A 是 $f(x)$当 $x\to x_0^+$时的**右极限**，记作

$$\lim_{x\to x_0^+} f(x)=A \quad 或 \quad f(x_0^+)=A.$$

左极限与右极限统称为**单侧极限**. 根据定义容易证明如下极限存在的充要条件.

定理 1.2.1　极限 $\lim\limits_{x\to x_0} f(x)$ 存在的充要条件是 $f(x)$ 在点 x_0 处的左、右极限都存在且相等.

这一结论常常用来判别分段函数在分段点处极限是否存在.

例 1.2.3　用定义证明下列极限:

(1) $\lim\limits_{x\to x_0} C=C$,　C 为常数;　(2) $\lim\limits_{x\to x_0} x=x_0$.

证　(1) 这里 $f(x)\equiv C$ 是常数函数,则对于任一定值 x_0,在 x 趋于 x_0 的过程中,总有 $|f(x)-C|=0$,这说明 $f(x)$ 无限地接近于常数 C,即 $\lim\limits_{x\to x_0} C=C$. 见图 1.10(a).

(2) 设 $f(x)=x$,则对于任一定值 x_0,当 $x\to x_0$ 时,$f(x)=x\to x_0$,所以 $\lim\limits_{x\to x_0} x=x_0$. 见图 1.10(b).

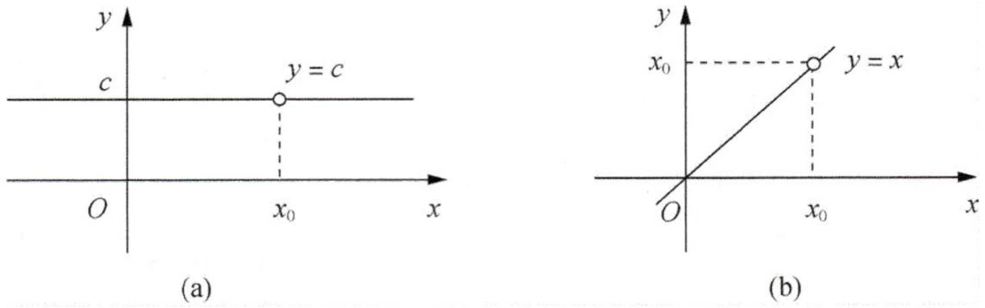

图 1.10

例 1.2.4　讨论当 $x\to 1$ 时,函数 $f(x)=\dfrac{x^2-1}{x-1}$ 的极限.

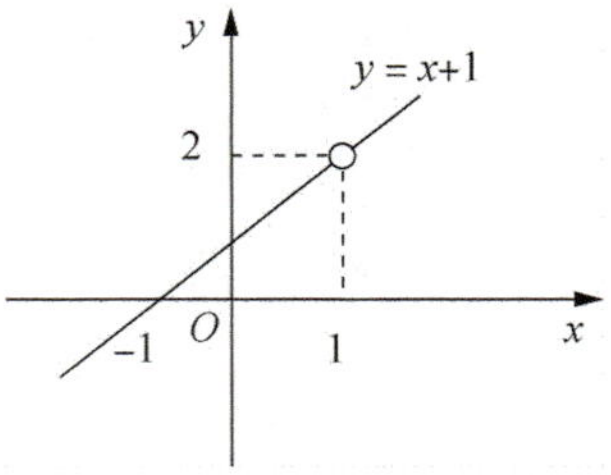

图 1.11

解　如图 1.11 所示,$f(x)$ 在 $x=1$ 处没有定义,但由于当 $x\to 1(x\neq 1)$ 时

$$f(x)=\frac{x^2-1}{x-1}=x+1,$$

所以当 $x\to 1$ 时,$f(x)$ 无限地接近于常数 2,因此

$$\lim_{x\to 1}\frac{x^2-1}{x-1}=\lim_{x\to 1}(x+1)=1+1=2.$$

显然,若 $f(x)$ 是基本初等函数,x_0 是其定义域内的任一点,则 $\lim\limits_{x\to x_0} f(x)=f(x_0)$. 例如,

$$\lim_{x\to 3}\sqrt{x}=\sqrt{3},\quad \lim_{x\to 1}\ln x=\ln 1=0,\quad \lim_{x\to \frac{\pi}{6}}\sin x=\sin\frac{\pi}{6}=\frac{1}{2}.$$

例 1.2.5　证明符号函数 $f(x)=\operatorname{sgn} x=\begin{cases}-1, & x<0,\\ 0, & x=0,\\ 1, & x>0,\end{cases}$ 当 $x\to 0$ 时,极限不存在.

证 由于

$$f(0^-)=\lim_{x\to 0^-}f(x)=\lim_{x\to 0^-}(-1)=-1,$$
$$f(0^+)=\lim_{x\to 0^+}f(x)=\lim_{x\to 0^+}1=1,$$

从而 $f(0^-)\neq f(0^+)$，所以当 $x\to 0$ 时，$f(x)=\text{sgn}x$ 极限不存在，见图 1.12.

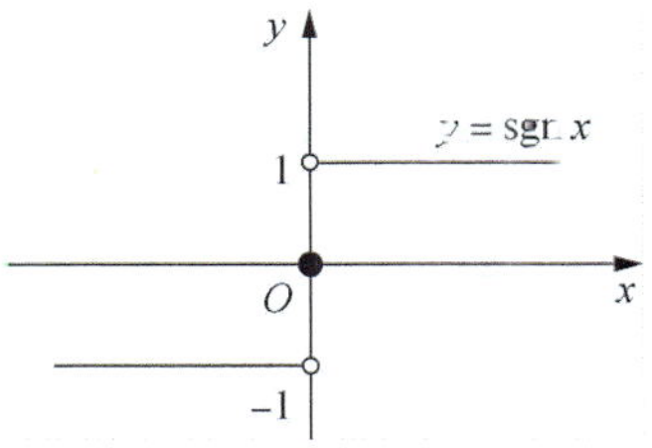

图 1.12

习 题 1.2

1. 观察下列函数在给定自变量的变化过程下的变化趋势，判定它们是否极限存在，如果存在，写出它们的极限：

(1) $3+\dfrac{1}{x}\ (x\to\infty)$； (2) $\dfrac{1}{a^x}\ (a>1, x\to+\infty)$； (3) $1+\cos x\ (x\to-\infty)$；

(4) $\text{arccot}x\ (x\to+\infty)$； (5) $\dfrac{x^2-1}{x+1}\ (x\to-1)$； (6) $\dfrac{x-1}{x-2}\ (x\to 2)$.

2. 观察下列数列 $\{x_n\}(n=1,2,\cdots)$ 当 $n\to\infty$ 时的变化趋势，判定它们是否收敛，在收敛时指出它们的极限：

(1) $x_n=3+\dfrac{1}{n}$； (2) $x_n=\dfrac{1}{2^n}$； (3) $x_n=(-1)^n\left(1+\dfrac{1}{n}\right)$；

(4) $x_n=\dfrac{1-(-1)^n}{2^n}$； (5) $x_n=(-1)^n n$； (6) $x_n=\dfrac{\cos n\pi}{n}$.

3. 求下列极限：

(1) $\lim\limits_{x\to\infty}\dfrac{1}{x^2}$； (2) $\lim\limits_{x\to-\infty}e^x$； (3) $\lim\limits_{x\to e}\ln x$；

(4) $\lim\limits_{x\to\frac{\pi}{4}}\tan x$； (5) $\lim\limits_{x\to-1^+}\arccos x$； (6) $\lim\limits_{x\to x_0}\sqrt{x}\ (x_0>0)$.

4. 设函数 $f(x)=\begin{cases}\sin x, & x<0,\\ x, & 0<x<1,\\ x^2, & 1\leqslant x<2,\end{cases}$ 求 $\lim\limits_{x\to-\frac{\pi}{6}}f(x)$，$\lim\limits_{x\to 0}f(x)$，$\lim\limits_{x\to 1}f(x)$，$\lim\limits_{x\to 2^-}f(x)$.

5. 求函数 $f(x)=\dfrac{x}{x}$，$\varphi(x)=\dfrac{|x|}{x}$ 当 $x\to 0$ 时的左、右极限，并说明它们在 $x\to 0$ 时的极限是否存在.

1.3 极限的运算法则与性质

本节主要是介绍极限的四则运算法则及复合函数的极限运算法则，利用这些法则能从一些简单函数的极限计算比较复杂函数的极限. 在下面的讨论中，为了方便起见，用记号 lim 表示以下六种自变量变化过程中的任意一种的极限：

$$x\to\infty,\quad x\to-\infty,\quad x\to+\infty,\quad x\to x_0,\quad x\to x_0^-,\quad x\to x_0^+.$$

在同一命题中，各极限都是在同一变化过程中的极限.

一、极限的运算法则

定理 1.3.1(极限的四则运算法则)　设在自变量 x 的同一变化过程中,函数 $f(x)$、$g(x)$的极限都存在,则函数

$$f(x)\pm g(x)、\quad f(x)\cdot g(x)、\quad f(x)/g(x)(g(x)\neq 0)$$

在这一变化过程的极限也存在,而且,若 $\lim f(x)=A,\lim g(x)=B$,则

(1) $\lim[f(x)\pm g(x)]=\lim f(x)\pm \lim g(x)=A\pm B$.

(2) $\lim f(x)g(x)=\lim f(x)\cdot \lim g(x)=AB$.

特别地,$\lim cf(x)=\lim c\cdot \lim f(x)=c\lim f(x)$,$c$ 为常数.

(3) $\lim \dfrac{f(x)}{g(x)}=\dfrac{\lim f(x)}{\lim g(x)}=\dfrac{A}{B}(B\neq 0)$.

注　极限的四则运算法则可推广到有限个函数的情形,也适用于数列的极限.

根据极限的定义容易证明此法则的正确性. 不妨以和的运算法则来说,如果

$$\lim_{x\to x_0} f(x)=A,\quad \lim_{x\to x_0} g(x)=B,$$

即当 $x\to x_0$ 时,$f(x)$无限接近于常数 A,$g(x)$无限接近于常数 B,因此,$f(x)+g(x)$必定无限接近于常数 $A+B$,即

$$\lim_{x\to x_0}[f(x)+g(x)]=A+B.$$

例 1.3.1　计算:(1) $\lim\limits_{x\to 1}\dfrac{3x+1}{x^2-3x+4}$;　(2) $\lim\limits_{x\to 3}\dfrac{x^2-9}{x^2-2x-3}$.

解　(1) $\lim\limits_{x\to 1}\dfrac{3x+1}{x^2-3x+4}=\dfrac{\lim\limits_{x\to 1}(3x+1)}{\lim\limits_{x\to 1}(x^2-3x+4)}=\dfrac{3+1}{1^2-3\times 1+4}=2$.

(2) 当 $x\to 3$ 时,分母$(x^2-2x-3)\to 0$,不能直接用商的极限运算法则. 注意到,当 $x\to 3$时,$x\neq 3$,因此,

$$\frac{x^2-9}{x^2-2x-3}=\frac{(x-3)(x+3)}{(x-3)(x+1)}=\frac{x+3}{x+1},$$

从而

$$\lim_{x\to 3}\frac{x^2-9}{x^2-2x-3}=\lim_{x\to 3}\frac{x+3}{x+1}=\frac{3+3}{3+1}=\frac{3}{2}.$$

例 1.3.2　计算$\lim\limits_{x\to\infty}\dfrac{x^3+3x^2+5}{7x^3+4x^2-1}$.

解　当 $x\to\infty$时,分子和分母的极限都不存在(均为∞,见 1.5 节),不能直接用商的极限运算法则. 现将分子、分母同除以最高次幂 x^3,得

$$\lim_{x\to\infty}\frac{x^3+3x^2+5}{7x^3+4x^2-1}=\lim_{x\to\infty}\frac{1+\dfrac{3}{x}+\dfrac{5}{x^3}}{7+\dfrac{4}{x}-\dfrac{1}{x^3}}=\frac{1+0+0}{7+0-0}=\frac{1}{7}.$$

上式第二个等号用到如下结果：因$\lim\limits_{x\to\infty}\dfrac{1}{x}=0$，故当$n\in N^+$时，$\lim\limits_{x\to\infty}\dfrac{1}{x^n}=\left(\lim\limits_{x\to\infty}\dfrac{1}{x}\right)^n=0$.

例 1.3.3 计算：(1)$\lim\limits_{x\to0}\dfrac{\sqrt{1+x}-1}{x}$； (2)* $\lim\limits_{x\to1}\dfrac{\sqrt{3-x}-\sqrt{1+x}}{x^2+x-2}$.

解 (1)当$x\to0$时，分母的极限是0，不能直接用商的极限运算法则. 注意到当$x\to0$时，$x\neq0$，经过分子有理化，再约去非零因子x，便可以应用极限的运算法则求解，即

$$\lim_{x\to0}\frac{\sqrt{1+x}-1}{x}=\lim_{x\to0}\frac{(\sqrt{x+1}-1)(\sqrt{x+1}+1)}{x(\sqrt{x+1}+1)}=\lim_{x\to0}\frac{(x+1)-1}{x(\sqrt{x+1}+1)}$$

$$=\lim_{x\to0}\frac{1}{\sqrt{x+1}+1}=\frac{1}{\sqrt{0+1}+1}=\frac{1}{2}.$$

(2)* 当$x\to1$时，分母的极限是0，不能用商的极限运算法则. 注意到当$x\to1$时，$x\neq1$，经过分子有理化，再约去非零因子$(x-1)$，便可以应用极限的运算法则求解，即

$$\lim_{x\to1}\frac{\sqrt{3-x}-\sqrt{1+x}}{x^2+x-2}=\lim_{x\to1}\frac{(\sqrt{3-x}-\sqrt{1+x})(\sqrt{3-x}+\sqrt{1+x})}{(x^2+x-2)(\sqrt{3-x}+\sqrt{1+x})}$$

$$=\lim_{x\to1}\frac{2-2x}{(x-1)(x+2)(\sqrt{3-x}+\sqrt{1+x})}$$

$$=\lim_{x\to1}\frac{-2}{(x+2)(\sqrt{3-x}+\sqrt{1+x})}$$

$$=-\frac{\sqrt{2}}{6}.$$

例 1.3.4 计算$\lim\limits_{n\to\infty}\left[\dfrac{1}{1\cdot2}+\dfrac{1}{2\cdot3}+\cdots+\dfrac{1}{n\cdot(n+1)}\right]$.

解 此题并非是有限项和的极限，不能直接运用和的极限的运算法则. 并且注意到

$$\frac{1}{n(n+1)}=\frac{1}{n}-\frac{1}{n+1},$$

因此，

$$\lim_{n\to\infty}\left[\frac{1}{1\cdot2}+\frac{1}{2\cdot3}+\cdots+\frac{1}{n\cdot(n+1)}\right]$$

$$=\lim_{n\to\infty}\left[\left(1-\frac{1}{2}\right)+\left(\frac{1}{2}-\frac{1}{3}\right)+\cdots+\left(\frac{1}{n}-\frac{1}{n+1}\right)\right]=\lim_{n\to\infty}\left(1-\frac{1}{n+1}\right)=1.$$

定理 1.3.2(复合函数的极限运算法则) 设函数$y=f[\varphi(x)]$是由函数$y=f(u)$与$u=\varphi(x)$复合而成，$f[\varphi(x)]$在x_0的某去心邻域内有定义，若

$$\lim_{x\to x_0}\varphi(x)=u_0\ (\varphi(x)\neq u_0),\quad \lim_{u\to u_0}f(u)=A,$$

则

$$\lim_{x\to x_0}f[\varphi(x)]=\lim_{u\to u_0}f(u)=A.$$

证明 (略).

注 (1) 定理 1.3.2 表明，若函数$f(u)$和$\varphi(x)$满足该定理的条件，则可作代换$u=\varphi(x)$

求极限$\lim\limits_{x\to x_0}f[\varphi(x)]$，即

$$\lim_{x\to x_0}f[\varphi(x)]\xlongequal{u=\varphi(x)}\lim_{u\to u_0}f(u)=A\left(u_0=\lim_{x\to x_0}\varphi(x)\right).$$

当$A=f(u_0)$时，有

$$\lim_{x\to x_0}f[\varphi(x)]=f(u_0)=f[\lim_{x\to x_0}\varphi(x)],$$

此时极限符号与函数符号可以交换.

(2)将定理 1.3.2 中$\lim\limits_{x\to x_0}\varphi(x)=u_0$换成$\lim\limits_{x\to x_0}\varphi(x)=\infty$(见 1.5 节)或$\lim\limits_{x\to\infty}\varphi(x)=\infty$，而把$\lim\limits_{u\to u_0}f(u)=A$换成$\lim\limits_{u\to\infty}f(u)=A$，可得类似的定理.

推论 1.3.1(幂指函数的极限)　设极限$\lim f(x)$，$\lim g(x)$都存在，若

$$\lim f(x)=A(A>0),\quad \lim g(x)=B,$$

则$\lim f(x)^{g(x)}$存在，且

$$\lim f(x)^{g(x)}=\lim f(x)^{\lim g(x)}=A^B.$$

例 1.3.5　计算(1)$\lim\limits_{x\to 0}(x+2e^x)^{\frac{1}{x-1}}$；　(2)$\lim\limits_{x\to 1}\ln\dfrac{x^2-1}{2(x-1)}$；　(3)$\lim\limits_{x\to 0}\sin\dfrac{1}{x}$.

解　(1)因为$\lim\limits_{x\to 0}(x+2e^x)=2>0$，$\lim\limits_{x\to 0}\dfrac{1}{x-1}=-1$，所以

$$\lim_{x\to 0}(x+2e^x)^{\frac{1}{x-1}}=\lim_{x\to 0}(x+2e^x)^{\lim\limits_{x\to 0}\frac{1}{x-1}}=2^{-1}.$$

(2)$\lim\limits_{x\to 1}\ln\dfrac{x^2-1}{2(x-1)}=\lim\limits_{x\to 1}\ln\dfrac{x+1}{2}=\ln\left(\lim\limits_{x\to 1}\dfrac{x+1}{2}\right)=\ln 1=0.$

(3)令$u=\dfrac{1}{x}$，因为当$x\to 0$时，$u=\dfrac{1}{x}$的绝对值无限增大，即$u=\dfrac{1}{x}\to\infty$，故$\lim\limits_{x\to 0}\sin\dfrac{1}{x}=\lim\limits_{u\to\infty}\sin u$不存在.

二、极限的性质

定理 1.3.3(唯一性)　若函数(或数列)的极限存在，则其极限是唯一的.

定理 1.3.4(局部有界性)　若极限$\lim\limits_{x\to x_0}f(x)$存在，则函数$f(x)$必在$x_0$的某个去心邻域内有界；若极限$\lim\limits_{x\to\infty}f(x)$存在，则必存在一个正数$M$，$f(x)$在$(-\infty,-M)$和$(M,+\infty)$内有界；若数列极限$\lim\limits_{n\to\infty}x_n$存在，则数列$\{x_n\}$有界.

定理 1.3.5(局部保号性)　若$\lim\limits_{x\to x_0}f(x)=A$，且$A>0$(或$A<0$)，则函数$f(x)$必在$x_0$的某个去心邻域内恒有$f(x)>0$(或$f(x)<0$).

推论 1.3.2　若在x_0的某个去心邻域内函数$f(x)\geqslant 0$(或$f(x)\leqslant 0$)且$\lim\limits_{x\to x_0}f(x)=A$存在，则$A\geqslant 0$(或$A\leqslant 0$).

注　定理 1.3.5 及其推论对$x\to\infty$的情形也成立.

习 题 1.3

1. 已知极限$\lim\limits_{x\to\infty}f(x)$存在，且$f(x)=\frac{1}{x}-4+3\lim\limits_{x\to\infty}f(x)$，求$f(x)$.

2. 求下列极限：

(1)$\lim\limits_{x\to\pi}(\ln\pi+2x-\ln x)$；

(2)$\lim\limits_{x\to\infty}\left(2-\frac{1}{x}+\frac{1}{x^2}\right)$；

(3)$\lim\limits_{x\to\infty}\left(1+\frac{1}{x}\right)\left(2-\frac{1}{x^2}\right)$；

(4)$\lim\limits_{x\to\sqrt{3}}\frac{x^2-3}{x^2+1}$；

(5)$\lim\limits_{x\to 1}\frac{x^2-2x+1}{x^2-1}$；

(6)$\lim\limits_{h\to 0}\frac{(x+h)^2-x^2}{h}$；

(7)$\lim\limits_{x\to\infty}\frac{2x^2+x}{x^2-4}$；

(8)$\lim\limits_{n\to\infty}\frac{n^2-2n+3}{3n^3+4}$；

(9)$\lim\limits_{n\to\infty}\left(\frac{1}{n^2}+\frac{2}{n^2}+\frac{3}{n^2}+\cdots+\frac{n}{n^2}\right)$；

(10)$\lim\limits_{n\to\infty}\left(1+\frac{1}{2}+\frac{1}{2^2}+\cdots+\frac{1}{2^n}\right)$.

3. 求下列极限：

(1)$\lim\limits_{x\to 0}\sqrt{1+x+e^x}$；

(2)$\lim\limits_{x\to 1}\arctan\frac{1}{x}$；

(3)$\lim\limits_{x\to\infty}e^{\sin\frac{1}{x}}$；

(4)$\lim\limits_{x\to 1}\ln\frac{x^2-1}{x-1}$；

(5)$\lim\limits_{x\to 1}\frac{x^2+x-2}{\sqrt{3-x}-\sqrt{1+x}}$；

(6)$\lim\limits_{x\to -8}\frac{\sqrt{1-x}-3}{2+\sqrt[3]{x}}$.

4. 设$f(x)=\begin{cases}3x+2, & x<0,\\ 2+x^2, & 0<x\leqslant 1,\\ \frac{2}{x}, & x>1,\end{cases}$分别讨论当$x\to 0$及$x\to 1$时$f(x)$的极限是否存在.

5. 设$f(x)=\begin{cases}e^{\frac{1}{x}}+1, & x<0,\\ 1+x^2, & x>0,\end{cases}$求$\lim\limits_{x\to 0}f(x)$.

6. 设极限$\lim\limits_{x\to x_0}f(x)$存在，$\lim\limits_{x\to x_0}g(x)$不存在，证明极限$\lim\limits_{x\to x_0}[f(x)+g(x)]$不存在.

1.4 极限存在准则与两个重要极限

直接根据极限的定义判断极限的存在性，有时是比较困难的. 本节介绍判断极限存在的两个充分条件（称为极限存在准则），并由此导出两个重要极限.

一、极限存在准则

定理 1.4.1（夹逼准则） 设函数$f(x)$、$g(x)$、$h(x)$在x_0的某去心邻域（或$|x|>X$）内有定义，且满足条件：

(1)$g(x)\leqslant f(x)\leqslant h(x)$；

(2)$\lim\limits_{\substack{x\to x_0\\(x\to\infty)}}g(x)=A$，$\lim\limits_{\substack{x\to x_0\\(x\to\infty)}}h(x)=A$，

则$\lim\limits_{\substack{x\to x_0\\(x\to\infty)}}f(x)$存在，且等于$A$.

注　(1)对于数列极限夹逼准则也成立.

(2)对此准则，仅从几何上略作说明. 以 $x \to x_0$ 时的函数极限为例，从图 1.13 可以看出，当 $x \to x_0$ 时，函数值 $g(x)$、$h(x)$ 都趋向于常数 A，而夹在中间的 $f(x)$ 也必趋向于 A，即

$$\lim_{x \to x_0} f(x) = A.$$

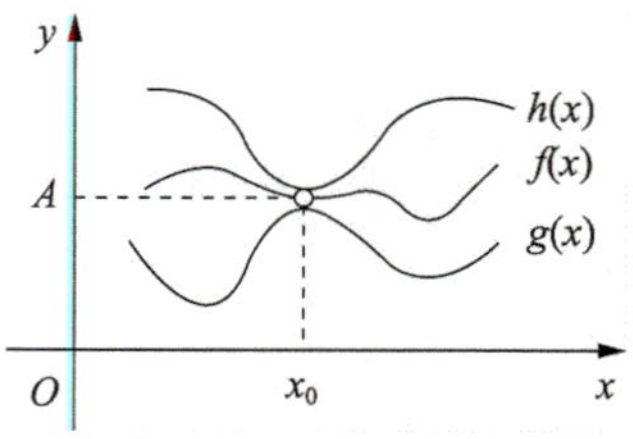

图 1.13

定理 1.4.2(单调有界准则)　若函数 $f(x)$ 在开区间 (a,b) 内是单调有界函数，则 $\lim\limits_{x \to a^+} f(x)$ 与 $\lim\limits_{x \to b^-} f(x)$ 都存在.

简言之，单调增加且有上界(或单调减少且有下界)的函数一定有极限.

推论 1.4.1　单调有界数列一定有极限.

例 1.4.1　计算 $\lim\limits_{n \to \infty}\left(\dfrac{1}{\sqrt{n^2+1}}+\dfrac{1}{\sqrt{n^2+2}}+\cdots+\dfrac{1}{\sqrt{n^2+n}}\right)$.

解　令 $x_n = \dfrac{1}{\sqrt{n^2+1}}+\dfrac{1}{\sqrt{n^2+2}}+\cdots+\dfrac{1}{\sqrt{n^2+n}}$，则

$$\frac{n}{\sqrt{n^2+n}} \leqslant x_n \leqslant \frac{n}{\sqrt{n^2+1}},\quad \lim_{n \to \infty}\frac{n}{\sqrt{n^2+n}}=1,\quad \lim_{n \to \infty}\frac{n}{\sqrt{n^2+1}}=1,$$

由夹逼准则得

$$\lim_{n \to \infty}\left(\frac{1}{\sqrt{n^2+1}}+\frac{1}{\sqrt{n^2+2}}+\cdots+\frac{1}{\sqrt{n^2+n}}\right)=1.$$

二、两个重要极限

利用夹逼准则和单调有界准则，可以导出以下两个常用的重要极限.

(1) $\lim\limits_{x \to 0}\dfrac{\sin x}{x}=1$；　(2) $\lim\limits_{x \to \infty}\left(1+\dfrac{1}{x}\right)^x = \mathrm{e}$.

证　(1)由于 $\dfrac{\sin x}{x}$ 是偶函数，当 x 改变符号时，$\dfrac{\sin x}{x}$ 的值不变，故只需讨论 $x>0$ 的情形即可. 作单位圆(图 1.14).

设 $0<x<\dfrac{\pi}{2}$，在单位圆内作 $\angle AOB = x$，过点 A 作圆的切线与 OB 延长线交于 C 点. 由 ΔOAB 面积<扇形 OAB 面积<ΔOAC 面积，得 $\dfrac{1}{2}\sin x<\dfrac{1}{2}x<\dfrac{1}{2}\tan x$，即 $\sin x<x<\tan x$. 用 $\sin x$ 除这个不等式的各项，得

$$1<\frac{x}{\sin x}<\frac{1}{\cos x}\quad 或 \quad \cos x<\frac{\sin x}{x}<1.$$

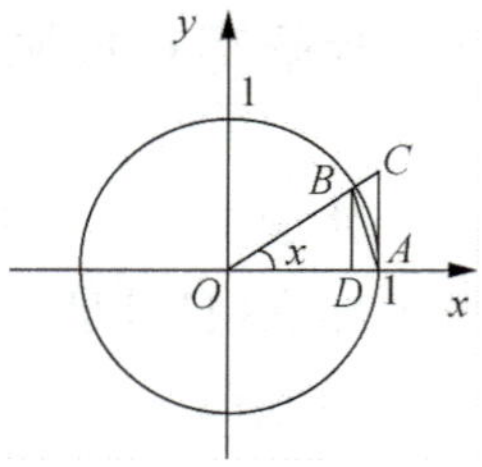

图 1.14

又因为$\lim\limits_{x\to 0}\cos x=1$,所以由夹逼准则可知$\lim\limits_{x\to 0}\dfrac{\sin x}{x}=1$.

(2)只证明当 x 取正整数的情形. 令

$$x_n=\left(1+\frac{1}{n}\right)^n,$$

下面证明数列$\{x_n\}$单调增加且有上界. 由二项式定理，得

$$\begin{aligned}
x_n=\left(1+\frac{1}{n}\right)^n&=1+\frac{n}{1!}\cdot\frac{1}{n}+\frac{n(n-1)}{2!}\cdot\frac{1}{n^2}+\cdots+\frac{n(n-1)(n-2)\cdots 2\cdot 1}{n!}\cdot\frac{1}{n^n}\\
&=1+\frac{1}{1!}+\frac{1}{2!}\left(1-\frac{1}{n}\right)+\frac{1}{3!}\left(1-\frac{1}{n}\right)\left(1-\frac{2}{n}\right)+\cdots\\
&\quad+\frac{1}{n!}\left(1-\frac{1}{n}\right)\left(1-\frac{2}{n}\right)\cdots\left(1-\frac{n-1}{n}\right),
\end{aligned}$$

$$\begin{aligned}
x_{n+1}&=\left(1+\frac{1}{n+1}\right)^{n+1}\\
&=1+\frac{1}{1!}+\frac{1}{2!}\left(1-\frac{1}{n+1}\right)+\frac{1}{3!}\left(1-\frac{1}{n+1}\right)\left(1-\frac{2}{n+1}\right)+\cdots\\
&\quad+\frac{1}{(n+1)!}\left(1-\frac{1}{n+1}\right)\left(1-\frac{2}{n+1}\right)\cdots\left(1-\frac{n}{n+1}\right).
\end{aligned}$$

比较这两个展开式可以看到,除前面两项一样外,x_{n+1}的每一项都大于 x_n的对应项,而且还多一个数值为正的最后一项,因此

$$x_n<x_{n+1}\quad(n=1,2,\cdots),$$

这说明 x_n是单调增加的.

又因为 $1-\dfrac{1}{n},1-\dfrac{2}{n},\cdots,1-\dfrac{n-1}{n}$这些因子都小于 1,所以

$$\begin{aligned}
x_n&<1+\frac{1}{1!}+\frac{1}{2!}+\cdots+\frac{1}{n!}<1+1+\frac{1}{2}+\frac{1}{2^2}+\cdots+\frac{1}{2^{n-1}}\\
&=1+\frac{1-\frac{1}{2^n}}{1-\frac{1}{2}}=3-\frac{1}{2^{n-1}}<3,
\end{aligned}$$

这就说明 x_n有上界.

于是由单调有界准则知$\{x_n\}$收敛,通常用字母 e 表示它的极限,即

$$\lim_{n\to\infty}\left(1+\frac{1}{n}\right)^n=\mathrm{e},$$

其中 e 是一个无理数,它的值可用其他数学方法求得 e=2.718281828459045…

如果 x 取实数,也可以证明

$$\lim_{x\to\infty}\left(1+\frac{1}{x}\right)^x=\mathrm{e}.$$

利用复合函数的极限运算法则,令 $u=\dfrac{1}{x}\to 0(x\to\infty)$,则上式变为

$$\lim_{u\to0}(1+u)^{\frac{1}{u}}=\mathrm{e}.$$

两个重要极限在计算极限中起着重要的作用.

例 1.4.2　计算(1)$\lim\limits_{x\to0}\dfrac{\tan x}{x}$；　(2)$\lim\limits_{x\to0}\dfrac{1-\cos x}{x^2}$；　(3)$\lim\limits_{x\to0}\dfrac{x}{\arcsin x}$.

解　(1)$\lim\limits_{x\to0}\dfrac{\tan x}{x}=\lim\limits_{x\to0}\left(\dfrac{\sin x}{x}\cdot\dfrac{1}{\cos x}\right)=\lim\limits_{x\to0}\dfrac{\sin x}{x}\cdot\lim\limits_{x\to0}\dfrac{1}{\cos x}=1.$

(2)$\lim\limits_{x\to0}\dfrac{1-\cos x}{x^2}=\lim\limits_{x\to0}\dfrac{2\sin^2\dfrac{x}{2}}{x^2}=\lim\limits_{x\to0}\dfrac{1}{2}\left(\dfrac{\sin\dfrac{x}{2}}{\dfrac{x}{2}}\right)^2=\dfrac{1}{2}\lim\limits_{x\to0}\left(\dfrac{\sin\dfrac{x}{2}}{\dfrac{x}{2}}\right)^2=\dfrac{1}{2}\times1=\dfrac{1}{2}.$

(3)令 $u=\arcsin x$，则 $x=\sin u$，当 $x\to0$ 时 $u\to0$，故

$$\lim_{x\to0}\frac{x}{\arcsin x}=\lim_{u\to0}\frac{\sin u}{u}=1.$$

例 1.4.3　计算(1)$\lim\limits_{x\to\infty}\left(1-\dfrac{1}{x}\right)^x$；　(2)$\lim\limits_{x\to\infty}\left(\dfrac{x+2}{x+1}\right)^{2x+1}$；　(3)$\lim\limits_{x\to0}(1+2x^2)^{\frac{1}{x^2}}$.

解　(1)$\lim\limits_{x\to\infty}\left(1-\dfrac{1}{x}\right)^x=\lim\limits_{x\to\infty}\left[\left(1+\dfrac{1}{-x}\right)^{-x}\right]^{-1}=\left[\lim\limits_{x\to\infty}\left(1+\dfrac{1}{-x}\right)^{-x}\right]^{-1}=\mathrm{e}^{-1}.$

(2)方法一　$\lim\limits_{x\to\infty}\left(\dfrac{x+2}{x+1}\right)^{2x+1}=\lim\limits_{x\to\infty}\left(\dfrac{x+2}{x+1}\right)^{2(x+1)}\left(\dfrac{x+2}{x+1}\right)^{-1}$

$$=\lim_{x\to\infty}\left[\left(1+\frac{1}{x+1}\right)^{x+1}\right]^2\left(\frac{1+\dfrac{2}{x}}{1+\dfrac{1}{x}}\right)^{-1}=\mathrm{e}^2\cdot\frac{1+0}{1+0}=\mathrm{e}^2.$$

方法二　$\lim\limits_{x\to\infty}\left(\dfrac{x+2}{x+1}\right)^{2x+1}=\lim\limits_{x\to\infty}\left(\dfrac{x+2}{x+1}\right)^{2x}\dfrac{x+2}{x+1}=\lim\limits_{x\to\infty}\dfrac{\left[\left(1+\dfrac{2}{x}\right)^{\frac{x}{2}}\right]^4}{\left[\left(1+\dfrac{1}{x}\right)^x\right]^2}\dfrac{1+\dfrac{2}{x}}{1+\dfrac{1}{x}}$

$$=\frac{\mathrm{e}^4}{\mathrm{e}^2}\cdot1=\mathrm{e}^2.$$

(3)$\lim\limits_{x\to0}(1+2x^2)^{\frac{1}{x^2}}=\lim\limits_{x\to0}[(1+2x^2)^{\frac{1}{2x^2}}]^2=\mathrm{e}^2.$

例 1.4.4　(1)计算$\lim\limits_{x\to\infty}\dfrac{3x^2+5}{5x+3}\sin\dfrac{2}{x}$；

(2)* 设常数 $a\neq\dfrac{1}{2}$，求$\lim\limits_{n\to\infty}\ln\left[\dfrac{n-2na+1}{n(1-2a)}\right]^n$.

解　(1)$\lim\limits_{x\to\infty}\dfrac{3x^2+5}{5x+3}\sin\dfrac{2}{x}=\lim\limits_{x\to\infty}\dfrac{3x^2+5}{5x^2+3x}\cdot\dfrac{\sin\dfrac{2}{x}}{\dfrac{2}{x}}\cdot2=\dfrac{3}{5}\cdot2=\dfrac{6}{5}.$

(2)* $\lim\limits_{n\to\infty}\ln\left[\dfrac{n-2na+1}{n(1-2a)}\right]^n=\lim\limits_{n\to\infty}\ln\left[\dfrac{n(1-2a)+1}{n(1-2a)}\right]^n$

$$=\lim_{n\to\infty}\ln\left[1+\frac{1}{n(1-2a)}\right]^{n(1-2a)\cdot\frac{1}{(1-2a)}}=\ln\mathrm{e}^{\frac{1}{(1-2a)}}=\frac{1}{1-2a}.$$

★三、连续复利

利息是指借款者向贷款者支付的报酬,它是根据本金的数额及借款期限的长短按一定比例计算出来的.通常有单利、复利、连续复利等不同的支付利息方式,以下按不同支付方式给出相应的期末本金与利息之和的计算公式:

单利计算公式:设初始本金为 p(元),年利率为 r,则

第一年末本利和为 $A_1=p+rp=p(1+r)$;

第二年末本利和为 $A_2=A_1+rp=p(1+2r)$;

……

第 t 年末本利和为 $A_t=A_{t-1}+rp=p(1+tr)$.

复利计算公式:设初始本金为 p(元),年利率为 r,则

第一年末本利和为 $A_1=p+rp=p(1+r)$;

第二年末本利和为 $A_2=A_1+rA_1=p(1+r)^2$;

……

第 t 年末本利和为 $A_t=A_{t-1}+rA_{t-1}=p(1+r)^t$.

连续复利计算公式:连续复利是指计息的时间间隔可以任意短,前期的利息计入本期的本金进行重复计息.设初始本金为 p(元),年利率为 r,每年付息 n 次,则每次利率为 $\frac{r}{n}$,因此

第一年末本利和为 $A_1=p\left(1+\frac{r}{n}\right)^n$;

第二年末本利和为 $A_2=p\left(1+\frac{r}{n}\right)^{2n}$;

……

第 t 年末本利和为 $A_t=p\left(1+\frac{r}{n}\right)^{tn}$.

当计息的时间间隔任意小时,即对上式取极限得

$$A=\lim_{n\to\infty}A_t=\lim_{n\to\infty}p\left(1+\frac{r}{n}\right)^{tn}=\lim_{n\to\infty}p\left[\left(1+\frac{r}{n}\right)^{\frac{n}{r}}\right]^{tr}=pe^{rt}.$$

上式称为**连续复利公式**,式中的 t 可视为连续变量.上述公式仅是一个理论公式,在实际应用中并不使用它,仅作为存期较长情况下的一种近似估计.

例 1.4.5 一投资者欲用 1000 元投资 5 年,设年利率为 6%,试分别按单利、复利、每年按 4 次复利和连续复利付息方式计算,到 5 年末,该投资者应得的本利和 A.

解 按单利计算

$$A=1000+1000\times0.06\times5=1300(\text{元}).$$

按复利计算

$$A=1000\times(1+0.06)^5=1000\times1.33823=1338.23(\text{元}).$$

按每年计算复利 4 次计算

$$A=1000\left(1+\frac{0.06}{4}\right)^{4\times5}=1000\times1.015^{20}=1346.86(\text{元}).$$

按连续复利计算

$$A=1000\cdot e^{0.06\times5}=1000\cdot e^{0.3}=1349.86(\text{元}).$$

习 题 1.4

1. 计算下列极限：

(1) $\lim\limits_{x\to0}\dfrac{\sin5x}{\sin7x}$；　(2) $\lim\limits_{x\to0}\dfrac{\arctan x}{5x}$；　(3) $\lim\limits_{x\to0}\dfrac{x-\sin x}{x+\sin x}$；

(4) $\lim\limits_{x\to a}\dfrac{\sin x-\sin a}{x-a}$；　(5) $\lim\limits_{n\to\infty}n\sin\dfrac{\pi}{n}$；　(6) $\lim\limits_{x\to\pi}\dfrac{\sin x}{\pi-x}$；

(7) $\lim\limits_{x\to0^+}\dfrac{x}{\sqrt{1-\cos x}}$；　(8) $\lim\limits_{x\to1}\dfrac{\sin(x-1)}{x^2+5x-6}$；　(9) $\lim\limits_{x\to0}\dfrac{\tan x-\sin x}{x}$.

2. 计算下列极限：

(1) $\lim\limits_{x\to\infty}\left(1+\dfrac{3}{x}\right)^{3x}$；　(2) $\lim\limits_{x\to\infty}\left(1-\dfrac{2}{x}\right)^{\frac{x}{3}+1}$；　(3) $\lim\limits_{x\to0}\left(\dfrac{2-x}{2}\right)^{\frac{2}{x}}$；

(4) $\lim\limits_{x\to0}\sqrt[3x]{1+2x}$；　(5) $\lim\limits_{x\to\infty}\left(\dfrac{2x+3}{2x+1}\right)^{x+1}$；　(6) $\lim\limits_{x\to\infty}\left(\dfrac{x^2}{x^2-1}\right)^{x}$.

3. 设 $f(x)=\begin{cases}\dfrac{\sin ax}{x}, & x>0,\\ ax+2, & x<0\end{cases}$ 在 $x=0$ 处有极限，求 $f(-1)$.

4. 设 $\lim\limits_{x\to\infty}\left(\dfrac{x-k}{x}\right)^{-2x}=\lim\limits_{x\to\infty}x\sin\dfrac{2}{x}$，求常数 k.

5. 证明：$\lim\limits_{n\to\infty}n\left(\dfrac{1}{n^2+\pi}+\dfrac{1}{n^2+2\pi}+\cdots+\dfrac{1}{n^2+n\pi}\right)=1$.

6. 有 2000 元存入银行，按年利率 6%进行连续复利计算，问 20 年后的本利和为多少?

1.5　无穷小与无穷大

一、无穷小的概念与性质

定义 1.5.1　若 $\lim\limits_{x\to x_0}\alpha(x)=0$（或 $\lim\limits_{x\to\infty}\alpha(x)=0$），则称当 $x\to x_0$（或 $x\to\infty$）时，$\alpha(x)$ 为无穷小量，简称无穷小.

例如，

(1) 因为 $\lim\limits_{x\to0}(x^2+x)=0$，所以当 $x\to0$ 时，函数 x^2+x 是无穷小；

(2) 因为 $\lim\limits_{x\to-\infty}e^x=0$，所以当 $x\to-\infty$ 时，函数 e^x 是无穷小；

(3) 因为 $\lim\limits_{n\to\infty}\dfrac{(-1)^n}{n}=0$，所以当 $n\to\infty$ 时，数列 $\dfrac{(-1)^n}{n}$ 是无穷小.

需要注意，无穷小是在所讨论的自变量变化过程中以零为极限的函数．除零以外的任何数都不是无穷小，说一个函数是无穷小必须指出其自变量的变化过程．

例如，$f(x)=e^x$ 当 $x\to 0$ 时就不是无穷小；而当 $x\to -\infty$ 时，它是无穷小．

由极限运算法则和夹逼准则容易证明无穷小具有如下运算性质：

定理 1.5.1 在同一变化过程中

(1)有限个无穷小之代数和仍是无穷小；

(2)有限个无穷小之积仍是无穷小；

(3)有界变量(常量)与无穷小之积仍是无穷小；

(4)无穷小除以极限不为零的变量所得的商仍是无穷小．

注 无穷多个无穷小的和未必是无穷小，如例 1.4.1.

例 1.5.1 证明 $\lim\limits_{x\to\infty}\dfrac{\sin x}{x}=0$.

证 因 $|\sin x|\leqslant 1$，$\lim\limits_{x\to\infty}\dfrac{1}{x}=0$，由定理 1.5.1 的(3)可得 $\lim\limits_{x\to\infty}\dfrac{\sin x}{x}=0$.

应注意此极限与 $\lim\limits_{x\to 0}\dfrac{\sin x}{x}=1$ 的区别．还要注意，不能利用极限的运算法则写成 $\lim\limits_{x\to\infty}\dfrac{\sin x}{x}=\lim\limits_{x\to\infty}\dfrac{1}{x}\cdot\lim\limits_{x\to\infty}\sin x$，因为 $\lim\limits_{x\to\infty}\sin x$ 并不存在.

定理 1.5.2 $\lim f(x)=A$(有限)的充分必要条件是 $f(x)=A+\alpha(x)$，其中 $\lim\alpha(x)=0$.

证 设 $\lim f(x)=A$，令 $\alpha(x)=f(x)-A$(只需证 $\alpha(x)$ 是无穷小)，则

$$\lim\alpha(x)=\lim[f(x)-A]=\lim f(x)-A=A-A=0.$$

反之，若 $f(x)=A+\alpha(x)$，其中 $\lim\alpha(x)=0$，则

$$\lim f(x)=\lim[A+\alpha(x)]=A.$$

二、无穷大的概念与性质

无穷大与无穷小的变化趋势正好相反．下面介绍无穷大的概念并讨论其性质.

定义 1.5.2 若在自变量 x 的某个变化过程中，函数 $f(x)$ 的绝对值 $|f(x)|$ 无限增大(即大于任何预先给定的任意正数)，则称 $f(x)$ 是该变化过程中的**无穷大**，记作 $\lim f(x)=\infty$；

若 $f(x)$ 大于零而绝对值无限增大，则称 $f(x)$ 是**正无穷大**，记作 $\lim f(x)=+\infty$；

若 $f(x)$ 小于零而绝对值无限增大，则称 $f(x)$ 是**负无穷大**，记作 $\lim f(x)=-\infty$.

例如，

(1)当 $x\to 1$ 时，$\dfrac{1}{x-1}$ 是无穷大，即 $\lim\limits_{x\to 1}\dfrac{1}{x-1}=\infty$，如图 1.15 所示.

(2)观察函数图形(见附录)得

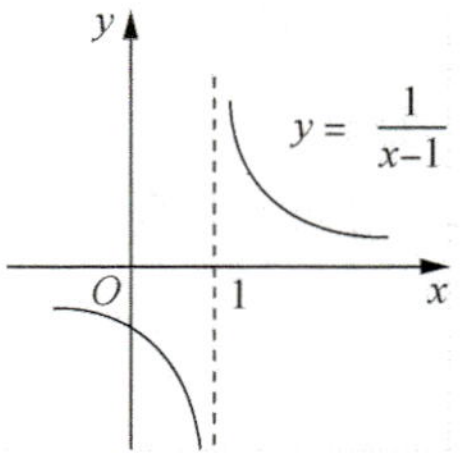

图 1.15

$$\lim_{x\to+\infty} e^x=+\infty,\quad \lim_{x\to-\infty} e^x=0,$$
$$\lim_{x\to+\infty} \ln x=+\infty,\quad \lim_{x\to0^+} \ln x=-\infty.$$

注　(1)任何常数(即使它的绝对值非常大)都不是无穷大,因为它的绝对值不会无限地增大;

(2)虽然采用极限记号 $\lim f(x)=\infty$ 表示无穷大,但这并不意味着 $f(x)$ 的极限存在. 因为 $f(x)$ 是无穷大时,它并不趋于确定的常数,因而它的极限是不存在的. 为了便于描述函数的这一性态,在不混淆的情况下,可表述为"函数的极限是无穷大".

无穷小与无穷大的关系:

定理 1.5.3　(1)若 $\lim f(x)=\infty$,则 $\lim \frac{1}{f(x)}=0$;

(2)若 $\lim f(x)=0$ 且 $f(x)\neq0$,则 $\lim \frac{1}{f(x)}=\infty$.

与无穷小运算性质相仿,无穷大具有如下运算性质:

定理 1.5.4　在同一变化过程中,

(1)有限个正(负)无穷大之和仍是正(负)无穷大;

(2)有界变量(常量)与无穷大之和仍是无穷大;

(3)有限个无穷大之积仍是无穷大;

(4)极限为非零的变量(非零常量)与无穷大之积仍是无穷大.

例 1.5.2　求 $\lim\limits_{x\to1}\frac{x+2}{x-1}$.

解　因为 $\lim\limits_{x\to1}\frac{x-1}{x+2}=0$,所以 $\lim\limits_{x\to1}\frac{x+2}{x-1}=\infty$.

例 1.5.3　求 $\lim\limits_{x\to\infty}\frac{x^2+x+1}{2x^3+1}$.

解　因为,当 $x\to\infty$ 时,分子、分母的极限都是无穷大,故不能直接运用极限的运算法则,将分式的分子、分母同时除以最高次幂 x^3,得

$$\lim_{x\to\infty}\frac{x^2+x+1}{2x^3+1}=\lim_{x\to\infty}\frac{\frac{1}{x}+\frac{1}{x^2}+\frac{1}{x^3}}{2+\frac{1}{x^3}}=0.$$

由例 1.5.3 及 1.2 节函数极限与数列极限关系,知

$$\lim_{n\to\infty}\frac{n^2+n+1}{2n^3+1}=\lim_{x\to+\infty}\frac{x^2+x+1}{2x^3+1}=0.$$

一般地,当 $a_0\neq0,b_0\neq0,m$ 和 n 为非负整数时,有如下公式:

$$\lim_{x\to\infty}\frac{a_0x^m+a_1x^{m-1}+\cdots+a_{m-1}x+a_m}{b_0x^n+b_1x^{n-1}+\cdots+b_{n-1}x+b_n}=\begin{cases}\frac{a_0}{b_0}, & n=m,\\ 0, & n>m,\\ \infty, & n<m.\end{cases}$$

例 1.5.4 求$\lim\limits_{x\to 1}\left(\dfrac{1}{x-1}-\dfrac{3}{x^3-1}\right)$.

解 此题是$\infty-\infty$型的极限，先通分约去非零因子$(x-1)$，再求极限.

$$\begin{aligned}\lim_{x\to 1}\left(\frac{1}{x-1}-\frac{3}{x^3-1}\right)&=\lim_{x\to 1}\frac{x^2+x+1-3}{x^3-1}\\&=\lim_{x\to 1}\frac{(x-1)(x-2)}{(x-1)(x^2+x+1)}\\&=\lim_{x\to 1}\frac{x+2}{x^2+x+1}=1.\end{aligned}$$

三、无穷小的比较

由定理 1.5.1 知道，在同一极限过程中的两个无穷小的和、差及乘积仍为无穷小，但它们的商却不一定是无穷小. 例如，当$x\to 0$时，$3x$、x^2、$4x$都是无穷小，而

$$\lim_{x\to 0}\frac{x^2}{3x}=0,\quad \lim_{x\to 0}\frac{4x}{3x}=\frac{4}{3}.$$

上述不同情况的出现，是由于不同的无穷小趋向于零的快慢程度的差异所致，就上面例子而言，在$x\to 0$的过程中，$x^2\to 0$比$3x\to 0$要快，而$4x\to 0$与$3x\to 0$的快慢相仿. 为了比较在同一变化过程中两个无穷小趋向于零的快慢，引进无穷小的阶的概念.

1. 无穷小的阶

定义 1.5.3 设$\alpha=\alpha(x)$，$\beta=\beta(x)$，且$\lim\alpha=0$，$\lim\beta=0$，则

(1)若$\lim\dfrac{\beta}{\alpha}=c(c\neq 0)$，则称$\beta$与$\alpha$是同阶无穷小，记作$\beta=O(\alpha)$，特别地，当$c=1$时，则称$\beta$与$\alpha$是等价无穷小，记作$\beta\sim\alpha$；

(2)若$\lim\dfrac{\beta}{\alpha^k}=c(c\neq 0,k>0$，都是常数)，则称$\beta$是$\alpha$的$k$阶无穷小；

(3)若$\lim\dfrac{\beta}{\alpha}=0$，则称$\beta$是$\alpha$的高阶无穷小，记作$\beta=o(\alpha)$，或称$\alpha$是$\beta$的低阶无穷小.

例如，因为

$$\lim_{x\to 0}\frac{1-\cos x}{x^2}=\lim_{x\to 0}\frac{1}{2}\left(\frac{\sin\frac{x}{2}}{\frac{x}{2}}\right)^2=\frac{1}{2},$$

所以当$x\to 0$时，$1-\cos x$是x的二阶无穷小；或者说$1-\cos x$与x^2是同阶无穷小；$1-\cos x$与$\frac{1}{2}x^2$是等价无穷小，即$1-\cos x\sim\frac{1}{2}x^2$；$1-\cos x$是$x$的高阶无穷小.

易证，当$x\to 0$时，$x\sim\sin x\sim\tan x\sim\arcsin x\sim\arctan x\sim\ln(1+x)\sim e^x-1$，$a^x-1\sim x\ln a(a>0,a\neq 1)$，$1-\cos x\sim\frac{1}{2}x^2$，$(1+x)^\alpha-1\sim\alpha x(\alpha\neq 0)$.

2. 等价无穷小的性质

有时在求极限的过程中，可对分子或分母作等价无穷小的替换，从而简化计算.

定理 1.5.5 设 $\alpha\sim\alpha'$，$\beta\sim\beta'$，且 $\lim\frac{\beta'}{\alpha'}$ 存在，则 $\lim\frac{\beta}{\alpha}=\lim\frac{\beta'}{\alpha'}$.

证 因为 $\lim\frac{\alpha'}{\alpha}=1$，$\lim\frac{\beta}{\beta'}=1$，所以

$$\lim\frac{\beta}{\alpha}=\lim\left(\frac{\beta}{\alpha}\cdot\frac{\beta'}{\alpha'}\cdot\frac{\alpha'}{\beta'}\right)=\lim\frac{\alpha'}{\alpha}\cdot\lim\frac{\beta'}{\alpha'}\cdot\lim\frac{\beta}{\beta'}=\lim\frac{\beta'}{\alpha'}.$$

例 1.5.5 计算(1) $\lim\limits_{x\to0}\frac{\tan2x}{\sin5x}$； (2) $\lim\limits_{x\to0}\frac{e^x-1}{x^3-x^2+2x}$； (3) $\lim\limits_{x\to0}\frac{1-e^{x^2}}{x\ln(1+x)}$.

解 (1)因为当 $x\to0$ 时，$\tan2x\sim2x$，$\sin5x\sim5x$，所以

$$\lim_{x\to0}\frac{\tan2x}{\sin5x}=\lim_{x\to0}\frac{2x}{5x}=\frac{2}{5}.$$

(2) 因为当 $x\to0$ 时，$e^x-1\sim x$，$x^3-x^2+2x\sim2x$，所以

$$\lim_{x\to0}\frac{e^x-1}{x^3-x^2+2x}=\lim_{x\to0}\frac{x}{2x}=\frac{1}{2}.$$

(3)因为当 $x\to0$ 时，$1-e^{x^2}\sim(-x^2)$，$\ln(1+x)\sim x$，所以

$$\lim_{x\to0}\frac{1-e^{x^2}}{x\ln(1+x)}=\lim_{x\to0}\frac{-x^2}{x\cdot x}=-1.$$

例 1.5.6* 若 $\lim\limits_{x\to0}\frac{\sin x}{e^x-a}(\cos x-b)=5$，求 a,b 的值.

分析 若 $\lim\limits_{x\to0}\frac{f(x)}{g(x)}\neq0$，且 $\lim\limits_{x\to0}f(x)=0$，则必有 $\lim\limits_{x\to0}g(x)=0$，由此可得 $a=1$.

解 由 $\lim\limits_{x\to0}\frac{\sin x}{e^x-a}(\cos x-b)=5$，推出 $a=1$，于是由 $\lim\limits_{x\to0}\frac{\sin x}{e^x-1}(\cos x-b)=$ $\lim\limits_{x\to0}\frac{x}{x}(\cos x-b)=1-b=5$，得 $b=-4$.

注 上式用到公式：$\sin x\sim x$，$e^x-1\sim x(x\to0)$.

例 1.5.7 求 $\lim\limits_{x\to0}\frac{\tan x-\sin x}{x^3}$.

解 因为当 $x\to0$ 时，$1-\cos x\sim\frac{1}{2}x^2$，$\tan x\sim x$，所以

$$\lim_{x\to0}\frac{\tan x-\sin x}{x^3}=\lim_{x\to0}\frac{(1-\cos x)\tan x}{x^3}=\lim_{x\to0}\frac{\frac{1}{2}x^2\cdot x}{x^3}=\frac{1}{2}.$$

注 $\lim\limits_{x\to0}\frac{\tan x-\sin x}{x^3}\neq\lim\limits_{x\to0}\frac{x-x}{x^3}=0$，这是因为 $\tan x-\sin x$ 不等价于 $x-x(\equiv0)$.
一般地，若 $\alpha\sim\alpha'$，$\beta\sim\beta'$，则可证 $\alpha\beta\sim\alpha'\beta'$，但 $\alpha-\beta$ 与 $\alpha'-\beta'$ 不一定等价.

习 题 1.5

1. 两个无穷小的商是否必为无穷小？两个无穷大的商是否必为无穷大？两个无穷大的差是否必为无穷小？请举例说明各种可能的情况.

2. 计算下列极限：

(1) $\lim\limits_{x\to\infty}\dfrac{\arctan x}{x}$；　　(2) $\lim\limits_{x\to+\infty}\dfrac{\cos x}{e^x+e^{-x}}$；

(3) $\lim\limits_{n\to\infty}\dfrac{n^3-2n+3}{3n^2+4}$；　　(4) $\lim\limits_{x\to\infty}\dfrac{x^2-1}{2x^2-x+1}$；

(5) $\lim\limits_{x\to\infty}\dfrac{x^2+x}{x^4-3x^2-1}$；　　(6) $\lim\limits_{x\to\infty}\dfrac{(2x-1)^{30}(3x-2)^{20}}{(2x+1)^{50}}$；

(7) $\lim\limits_{x\to1}\left(\dfrac{1}{1-x}-\dfrac{3}{1-x^3}\right)$；　　(8) $\lim\limits_{x\to+\infty}\sqrt{x}(\sqrt{x+1}-\sqrt{x})$；

(9) 设 $|x|<1$，求 $\lim\limits_{n\to\infty}(1+x)(1+x^2)\cdots(1+x^{2^n})$.

3. 利用等价无穷小的替换性质，求下列极限：

(1) $\lim\limits_{x\to0}\dfrac{\arctan 3x}{\sin 5x}$；　　(2) $\lim\limits_{x\to0}\dfrac{\ln(1+x^n)}{\ln^m(1+x)}$ （m,n 均为正整数）；

(3) $\lim\limits_{n\to\infty}n^2\left(1-\cos\dfrac{1}{n}\right)$；　　(4)* $\lim\limits_{x\to0}\dfrac{e-e^{\cos x}}{\sqrt[3]{1+x^2}-1}$；

(5) $\lim\limits_{x\to0}\dfrac{\sin x-\tan x}{4x^2+\tan x}$；　　(6) $\lim\limits_{x\to0}\dfrac{\ln\cos x}{\tan x^2}$.

4. 若 $\lim\limits_{x\to\infty}\left(\dfrac{x^2+1}{x+1}-ax-b\right)=0$，求 a,b 的值.

5. 证明等价无穷小具有下列性质：

(1) $\alpha\sim\alpha$（自反性）；

(2) 若 $\alpha\sim\beta$，则 $\beta\sim\alpha$（对称性）；

(3) 若 $\alpha\sim\beta,\beta\sim\gamma$，则 $\alpha\sim\gamma$（传递性）.

1.6 连续函数的概念与性质

在微积分中，与函数的极限概念密切联系的另一基本概念是函数的连续性. 连续性是函数的重要性态之一，它反映了许多自然现象的共同特性. 例如，生物的连续生长，流体的连续流动以及气温的连续变化等. 本节将根据极限概念给出函数连续性的定义，并讨论连续函数的性质和初等函数的连续性.

一、函数的连续性

1. 连续函数的概念

为描述函数的连续性，下面先引进函数增量的概念.

设变量 u 从它的一个初值 u_1 变到终值 u_2，则终值 u_2 与初值 u_1 之差 u_2-u_1 称为变量 u 在 u_1 处的增量（改变量），记作 Δu，即

$$\Delta u=u_2-u_1.$$

由于终值 u_2 不一定大于初值 u_1，所以 Δu 可以是正的，也可以是负的.

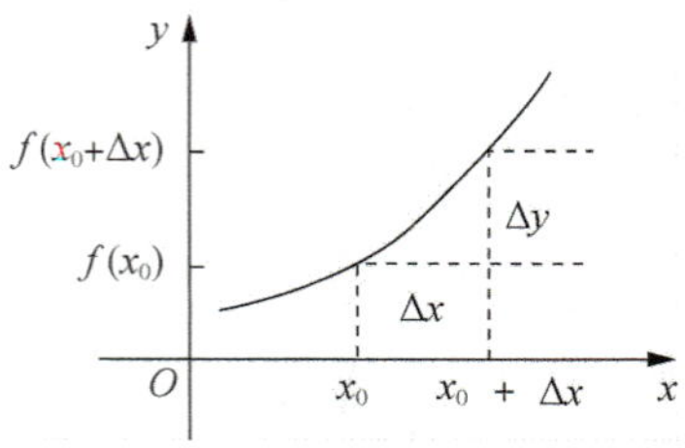

图 1.16

定义 1.6.1　设 $y=f(x)$ 在点 x_0 的某一邻域内有定义，当自变量 x 在此邻域内从 x_0 变到 $x_0+\Delta x$ 时，相应的函数值从 $f(x_0)$ 变到 $f(x_0+\Delta x)$，记

$$\Delta y=f(\Delta x+x_0)-f(x_0),$$

当令 $x=x_0+\Delta x$ 时，上式等价于

$$\Delta y=f(x)-f(x_0),$$

则称 Δy 为 $y=f(x)$ 在 $x=x_0$ 处对应于自变量增量 Δx 的增量. 如图 1.16.

定义 1.6.2　设函数 $y=f(x)$ 在点 x_0 的某一邻域内有定义，若

$$\lim_{x\to x_0}f(x)=f(x_0), \tag{1.6.1}$$

则称函数 $f(x)$ 在点 x_0 处**连续**. 当令 $x=x_0+\Delta x$ 时，则式(1.6.1)等价于

$$\lim_{\Delta x\to 0}f(x_0+\Delta x)=f(x_0)\text{或}\lim_{\Delta x\to 0}[f(x_0+\Delta x)-f(x_0)]=0.$$

因此，函数 $f(x)$ 在点 x_0 处连续，也可表述为

若 $\lim\limits_{\Delta x\to 0}\Delta y=\lim\limits_{\Delta x\to 0}[f(x_0+\Delta x)-f(x_0)]=0$，则称函数 $f(x)$ 在点 x_0 处连续.

例如，函数 $y=x^2$ 在点 $x=2$ 处是连续的，这是因为

$$\lim_{x\to 2}x^2=4=f(2),$$

或因为

$$\begin{aligned}\lim_{\Delta x\to 0}\Delta y&=\lim_{\Delta x\to 0}[f(2+\Delta x)-f(2)]\\&=\lim_{\Delta x\to 0}[(2+\Delta x)^2-2^2]=\lim_{\Delta x\to 0}[4\Delta x+(\Delta x)^2]=0.\end{aligned}$$

定义 1.6.3　设函数 $y=f(x)$ 在点 x_0 的某左(右)邻域内有定义.

(1)若左极限 $\lim\limits_{x\to x_0^-}f(x)=f(x_0)$，则称函数 $f(x)$ 在点 x_0 **左连续**；

(2)若右极限 $\lim\limits_{x\to x_0^+}f(x)=f(x_0)$，则称函数 $f(x)$ 在点 x_0 **右连续**.

左连续及右连续统称为**单侧连续**. 由极限存在的充分必要条件可得如下结论.

定理 1.6.1　函数 $y=f(x)$ 在点 x_0 处连续的充分必要条件是

$$\lim_{x\to x_0^-}f(x)=\lim_{x\to x_0^+}f(x)=f(x_0).$$

定义 1.6.4　如果函数 $y=f(x)$ 在区间 I 上的每一点都连续，则称 $f(x)$ 是区间 I 上的**连续函数**，并称 I 是 $f(x)$ 的**连续区间**.

注　$f(x)$ 在区间左端点 a 处连续是指其在该点右连续，右端点 b 处连续是指其在该点左连续.

当函数 $y=f(x)$ 的定义域由一些区间组成，且 $f(x)$ 在这些区间上都连续，则称 $f(x)$ 在其定义上连续，或简称 $f(x)$ 是**连续函数**.

例 1.6.1　证明 $y=\sin x$ 在区间 $(-\infty,+\infty)$ 内连续.

证 任取 $x\in(-\infty,+\infty)$，则

$$\Delta y=\sin(x+\Delta x)-\sin x=2\sin\frac{\Delta x}{2}\cdot\cos\left(x+\frac{\Delta x}{2}\right),$$

由 $\left|\sin\frac{\Delta x}{2}\right|\leqslant\left|\frac{\Delta x}{2}\right|$，$\left|\cos\left(x+\frac{\Delta x}{2}\right)\right|\leqslant 1$，得

$$|\Delta y|\leqslant 2\left|\frac{\Delta x}{2}\right|\cdot 1=|\Delta x|,$$

因此，当 $\Delta x\to 0$ 时，由夹逼准则得 $\Delta y\to 0$，即 $y=\sin x$ 在区间 $(-\infty,+\infty)$ 内连续.

类似地，可以证明其他基本初等函数的连续性，因此有

定理 1.6.2 基本初等函数在其定义域内都是连续的.

2. 连续函数的运算性质

根据连续函数的定义及极限的运算法则，容易推得

定理 1.6.3 连续函数的和、差、积、商(分母不为零处)是连续函数.

定理 1.6.4 连续函数的复合函数是连续函数.

因为初等函数是由基本初等函数经过有限次四则运算和复合运算所构成的，故有

定理 1.6.5 初等函数在其定义区间内都是连续的.

所谓定义区间，是指包含在定义域内的区间. 由定理 1.6.5 有

(1) 求初等函数的连续区间即求它的定义区间；

(2) 如果 $f(x)$ 是初等函数，且 x_0 是 $f(x)$ 的定义区间内的点，则

$$\lim_{x\to x_0}f(x)=f(x_0).$$

例 1.6.2 求 $\lim\limits_{x\to 1^-}\dfrac{e^{2x}+\ln(3-2x)}{\arcsin x}$.

解 本题是求初等函数的极限，因 $x=1$ 是定义区间上的点，故

$$\lim_{x\to 1^-}\frac{e^{2x}+\ln(3-2x)}{\arcsin x}=\frac{e^{2\cdot 1}+\ln(3-2\cdot 1)}{\arcsin 1}=\frac{2e^2}{\pi}.$$

例 1.6.3 讨论函数 $f(x)=\begin{cases}x-1, & x>0,\\ 0, & x=0,\\ x+1, & x<0\end{cases}$ 在其定义域内的连续性.

解 因为，当 $x\in(-\infty,0)$ 时，$f(x)=x+1$，当 $x\in(0,+\infty)$ 时，$f(x)=x-1$. 所以由初等函数的连续性知，$f(x)$ 在 $(-\infty,0)$ 及 $(0,+\infty)$ 内连续，又

$$f(0^+)=\lim_{x\to 0^+}f(x)=\lim_{x\to 0^+}(x-1)=-1,$$

$$f(0^-)=\lim_{x\to 0^-}f(x)=\lim_{x\to 0^-}(x+1)=1,$$

可见 $f(x)$ 在 $x=0$ 处左、右极限不相等，故 $f(x)$ 在 $x=0$ 处不连续. 见图 1.17.

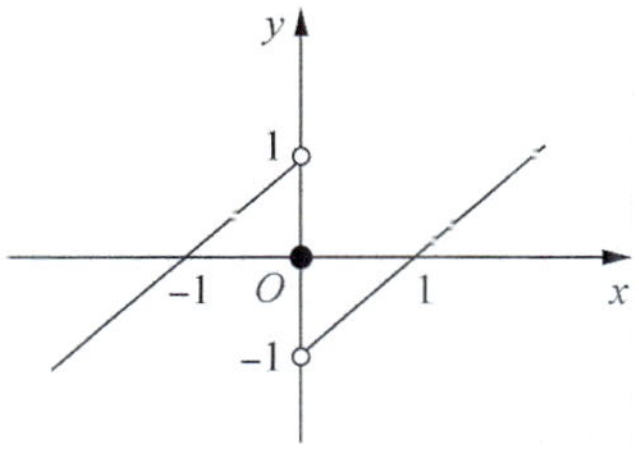

图 1.17

例 1.6.4* 设函数 $f(x)=\begin{cases}x^2+1, & |x|\leqslant c,\\ \dfrac{2}{|x|}, & |x|>c\end{cases}$ 在$(-\infty,+\infty)$内连续,求常数 c.

解 由$|x|\leqslant c$ 知 $c\geqslant 0$,因为

$$f(x)=\begin{cases}-\dfrac{2}{x}, & x<-c,\\ x^2+1, & -c\leqslant x\leqslant c,\\ \dfrac{2}{x}, & x>c,\end{cases}$$

所以

$$\lim_{x\to c^-}f(x)=\lim_{x\to c^-}(x^2+1)=c^2+1,\quad \lim_{x\to c^+}f(x)=\lim_{x\to c^+}\frac{2}{x}=\frac{2}{c},$$

又因为 $f(x)$在$(-\infty,+\infty)$内连续,所以 $f(x)$必在 $x=c$ 处连续,从而

$$\lim_{x\to c^-}f(x)=\lim_{x\to c^+}f(x),$$

即 $c^2+1=\dfrac{2}{c}$,$c=1$.

注 $x=-c$ 和 $x=c$ 中只讨论一点就行.

二、函数的间断点及其类型

定义 1.6.5 设 $f(x)$在点 x_0 的某一去心邻域(或左邻域或右邻域)内有定义,如果 $f(x)$在点 x_0处不连续,则称 $f(x)$在点 x_0处**间断**,称点 x_0为 $f(x)$的**间断点**.

由函数的连续性定义可知,若函数 $f(x)$在点 x_0处满足下列三个条件之一,则点 x_0为函数的间断点:

(1) $f(x)$在点 x_0处无定义;

(2) $f(x)$在点 x_0处有定义,但极限$\lim\limits_{x\to x_0}f(x)$不存在;

(3) $f(x)$在点 x_0处有定义,极限$\lim\limits_{x\to x_0}f(x)$存在,但$\lim\limits_{x\to x_0}f(x)\neq f(x_0)$.

例 1.6.5 求函数 $f(x)=\begin{cases}\dfrac{1}{x}, & x<1, x\neq 0,\\ x+1, & 1<x<2,\\ 1, & x=2\end{cases}$ 的间断点.

解 由初等函数的连续性知,$f(x)$在$(-\infty,0)\cup(0,1)\cup(1,2)$内连续,又因为 $f(x)$在 $x=0,1$ 处无定义,而且

$$\lim_{x\to 2^-}f(x)=\lim_{x\to 2^-}(x+1)=3\neq f(2),$$

故 $x=0,1,2$ 是 $f(x)$的间断点. 见图 1.18.

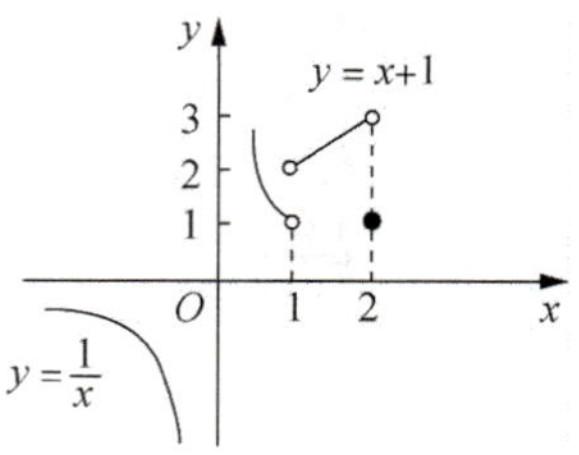

图 1.18

通常将函数的间断点,按其左、右极限是否存在分为两类:

设 x_0是函数 $f(x)$的间断点,那么

1. 如果左极限 $f(x_0^-)$ 与右极限 $f(x_0^+)$ 都存在，则称 x_0 为 $f(x)$ 的**第一类间断点**.

(1)当 $f(x_0^-)=f(x_0^+)$ 时，则称 x_0 为 $f(x)$ 的**可去间断点**；

(2)当 $f(x_0^-)\neq f(x_0^+)$ 时，则称 x_0 为 $f(x)$ 的**跳跃间断点**.

2. 不是第一类间断点的任何间断点，称为**第二类间断点**.

常见的第二类间断点有无穷间断点(如果 $\lim\limits_{x\to x_0}f(x)=\infty$)和振荡间断点(在 $x\to x_0$ 过程中，$f(x)$ 的函数值无限振荡，极限不存在).

例如，在例 1.6.5 中(图 1.18).

$x=0$ 是 $f(x)$ 的第二类的无穷间断点(因为 $\lim\limits_{x\to 0}f(x)=\lim\limits_{x\to 0}\dfrac{1}{x}=\infty$)；

$x=1$ 是 $f(x)$ 的第一类的跳跃间断点(因为 $\lim\limits_{x\to 1^-}f(x)=1$，$\lim\limits_{x\to 1^+}f(x)=2$)；

$x=2$ 是 $f(x)$ 的第一类的可去间断点. 如果修改函数在点 $x=2$ 处的函数值，即令 $f(2)=3$，则

$$\lim_{x\to 2^-}f(x)=3=f(2),$$

此时函数 $f(x)$ 在点 $x=2$ 处连续.

一般地，若 x_0 是 $f(x)$ 的可去间断点，则必有 $\lim\limits_{x\to x_0}f(x)=A$，但 $f(x)$ 或在 x_0 无定义，或 $f(x_0)\neq A$，这时，只要补充或修改 $f(x)$ 在 x_0 处的函数值，即可得到在 x_0 处连续的函数，"可去"的意义就在于此.

三、闭区间上连续函数的性质

在闭区间上的连续函数具有一些重要性质，因其严格证明较为复杂，下面只作叙述而略去其证明.

定理 1.6.6(最大值和最小值定理) 如果函数 $f(x)$ 在闭区间 $[a,b]$ 上连续，则在 $[a,b]$ 上至少有一点 x_1 和一点 x_2，使得对于任意 $x\in[a,b]$ 有

$$f(x_1)\leqslant f(x)\leqslant f(x_2),$$

即 $f(x_2)$ 与 $f(x_1)$ 分别是 $f(x)$ 在 $[a,b]$ 上的**最大值**与**最小值**.

这性质从几何上看是明显的，在闭区间上的连续曲线上至少有一点是最高点，也至少有一点是最低点(图 1.19). 但在闭区间内有间断点或在开区间内连续的函数，不一定具有这一性质(图 1.20，图 1.21). 函数的最大值和最小值统称为**函数最值**.

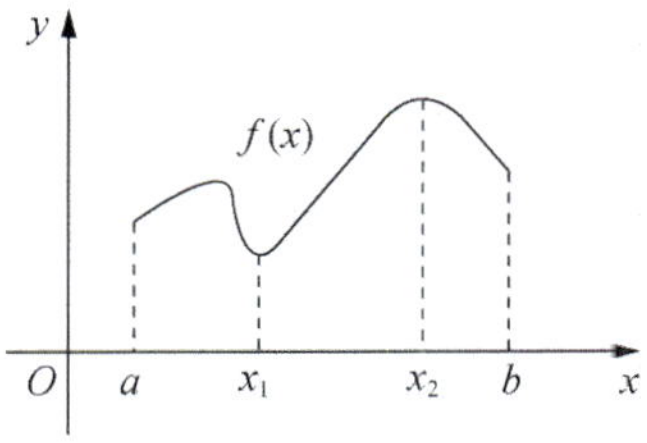

图 1.19

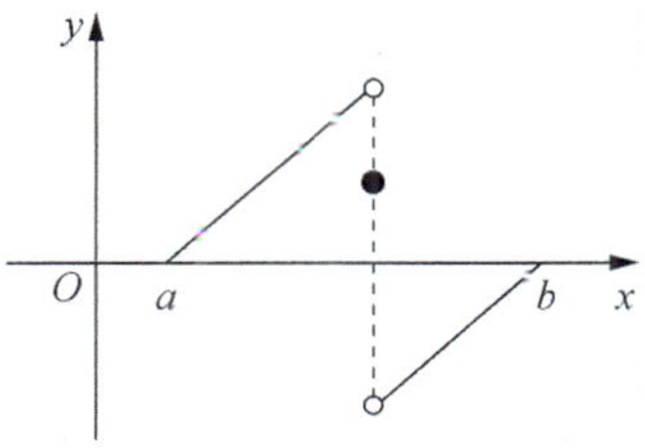

图 1.20

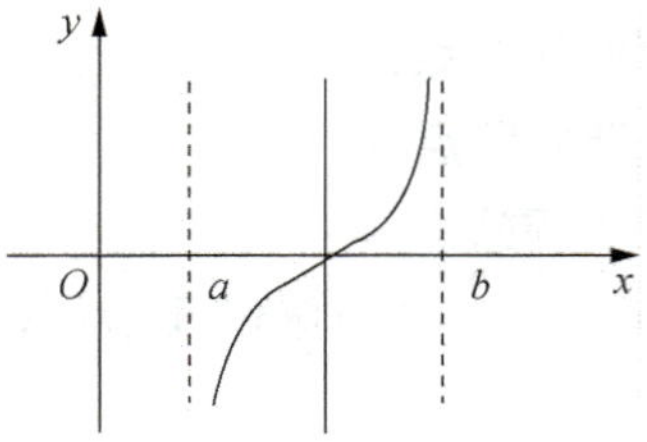

图 1.21

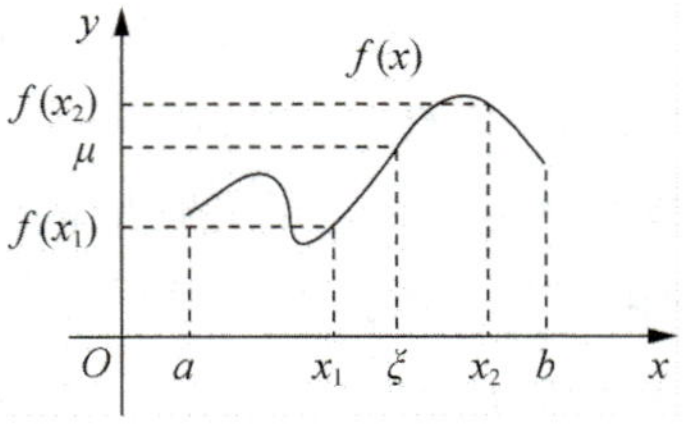

图 1.22

推论 1.6.1(有界性定理)　若函数 $f(x)$在$[a,b]$上连续，则 $f(x)$在$[a,b]$上一定有界.

定理 1.6.7(介值定理)　设函数 $f(x)$在$[a,b]$上连续，x_1，x_2是$[a,b]$上的任意两点，若 $f(x_1)\neq f(x_2)$，则对介于 $f(x_1)$与 $f(x_2)$之间的任何实数 μ，在 x_1与 x_2之间至少存在一点 ξ，使 $f(\xi)=\mu$.

介值定理说明 $f(x)$可以取得 $f(x_1)$与 $f(x_2)$之间的一切值，见图 1.22，由此可推知：

推论 1.6.2　在闭区间上的连续函数，必能取得它的最小值与最大值之间的一切值.

推论 1.6.3(零点定理)　若函数 $f(x)$在$[a,b]$上连续，且 $f(a)$与 $f(b)$异号，则在开区间(a,b)内至少有一点 ξ，使 $f(\xi)=0$.

注　若 $f(x_0)=0$，则 x_0称为 $f(x)$的**零点**. 推论 1.6.3 的结论等价于：方程$f(x)=0$在开区间(a,b)内至少有一个实根. 因此，零点定理可用于判断方程根的存在性.

例 1.6.6　证明方程 $x^5-3x=1$ 至少有一个根介于 1 和 2 之间.

解　设 $f(x)=x^5-3x-1$，则 $f(x)$在闭区间$[1,2]$上连续，又

$$f(1)=-3<0,\quad f(2)=25>0,$$

根据零点定理，在$(1,2)$内至少有一点 ξ，使得

$$f(\xi)=0,$$

即 $\xi^5-3\xi-1=0$，这说明方程 $x^5-3x=1$ 在区间$(1,2)$内至少有一个根 ξ.

习 题 1.6

1. 求函数 $y=-x^2+\dfrac{1}{2}x$ 当 $x=1$，$\Delta x=0.5$ 时的增量.

2. 求函数 $y=\sqrt{1+x}$当 $x=3$，$\Delta x=-0.2$ 时的增量.

3. 下列函数在点 $x=0$ 处是否连续？为什么？

(1) $f(x)=\begin{cases} e^x, & x\leqslant 0, \\ \dfrac{x}{\sin x}, & x>0; \end{cases}$　　(2) $f(x)=\begin{cases} \dfrac{1}{e^{\frac{1}{x}}+1}, & x\neq 0, \\ 1, & x=0. \end{cases}$

4. 求下列函数的连续区间，并求极限：

(1) $f(x)=\ln\arcsin x$，求 $\lim\limits_{x\to\frac{1}{2}} f(x)$；

(2) $f(x)=\begin{cases}x^2, & 0\leqslant x\leqslant 2,\\ 3-x, & 2<x\leqslant 3,\end{cases}$ 求 $\lim\limits_{x\to 1}f(x)$.

5. 设函数 $f(x)=\begin{cases}e^x, & x<0,\\ a+x, & x\geqslant 0,\end{cases}$ 应当怎样选择数 a，使得 $f(x)$ 在 $(-\infty,+\infty)$ 内连续.

6. 下列函数在指出的点处间断，说明这些间断点属于哪一类型，如果是可去间断点，则补充或改变函数的定义使它连续：

(1) $y=\dfrac{x^2-1}{x^2-3x+2}$，$x=1$，$x=2$；　　(2) $y=\dfrac{x}{\tan x}$，$x=0$，$x=\dfrac{\pi}{2}$，$x=\pi$.

7. 证明方程 $4x=2^x$ 在区间 $\left(0,\dfrac{1}{2}\right)$ 内必有实根.

8. 证明方程 $x=2+\sin x$ 至少有一个不超过 3 的正根.

★1.7　函数与极限应用案例

一、外币兑换中的损失

某人从美国到加拿大去度假，他把美元换成加拿大元时，币面数值增加 12%，回国后他发现把加拿大元兑换成美元时，币面数值减少 12%. 问经过这样一来一回的兑换后他是否亏损？

解　设 $f_1(x)$ 为将 x 美元兑换成的加拿大元数，$f_2(x)$ 为将 x 加拿大元兑换成的美元数，则

$$f_1(x)=x+x\cdot 12\%=1.12x\ (x\geqslant 0),\quad f_2(x)=x-x\cdot 12\%=0.88x\ (x\geqslant 0),$$

而 $f_2[f_1(x)]=0.88\times 1.12x=0.9856x<x$，所以，经过这样一来一回的兑换后他是亏损的，他亏损了 $x-0.9856x=0.0144x$（美元）.

二、二氧化碳的吸收

空气通过盛有 CO_2 吸收剂的圆柱形器皿，已知它吸收 CO_2 的量与 CO_2 的百分浓度及吸收层厚度成正比. 今有 CO_2 含量为 8% 的空气，通过厚度为 10 cm 的吸收层后，其 CO_2 含量为 2%，问：(1) 若通过的吸收层厚度为 30cm，出口处空气中 CO_2 的含量是多少？(2) 若要使出口处空气中 CO_2 的含量为 1%，其吸收层厚度应为多少？

解　设吸收层厚度为 d(cm). 现将吸收层等分成 n 小段，每小段吸收层的厚度为 $\dfrac{d}{n}$(cm). 已知吸收 CO_2 的量与百分浓度及吸收层厚度成正比. 今有 CO_2 含量为 8% 的空气，通过第一段吸收层后，吸收 CO_2 的量为 $k\cdot 8\%\cdot\dfrac{d}{n}$（$k>0$ 为比例常数），空气中 CO_2 的含量为

$$0.08-0.08k\cdot\frac{d}{n}=0.08\left(1-\frac{kd}{n}\right);$$

通过第二小段吸收层后，吸收 CO_2 的量为 $k\cdot 0.08\left(1-\frac{kd}{n}\right)\cdot\frac{d}{n}$，空气中 CO_2 的含量为

$$0.08\left(1-\frac{kd}{n}\right)-k\cdot 0.08\left(1-\frac{kd}{n}\right)\frac{d}{n}=0.08\left(1-\frac{kd}{n}\right)^2;$$

依此类推，通过第 n 小段吸收层后，空气中 CO_2 的含量为

$$0.08\left(1-\frac{kd}{n}\right)^n.$$

当 $n\to\infty$ 时，即将吸收层无限细分，通过厚度为 d(cm)的吸收层后，出口处空气中 CO_2 的含量为

$$\lim_{n\to\infty}0.08\left(1-\frac{kd}{n}\right)^n=0.08\lim_{n\to\infty}\left[\left(1-\frac{kd}{n}\right)^{-\frac{n}{kd}}\right]^{-kd}=0.08e^{-kd}.$$

因此，经过厚度为 d(cm)的吸收层后，其 CO_2 含量为

$$y(d)=0.08e^{-kd}\quad(k>0\text{ 为比例常数}).$$

已知通过厚度为 10cm 的吸收层后，其 CO_2 含量为 2%，即

$$0.08e^{-k\times 10}=0.02,$$

解得 $k=\frac{\ln 2}{5}$. 故

$$y(d)=0.08e^{-\frac{(\ln 2)d}{5}}.$$

(1) 当通过的吸收层厚度为 30cm，出口处空气中 CO_2 的含量为

$$0.08e^{-\frac{\ln 2}{5}\times 30}=\frac{0.08}{2^6}=0.125\%.$$

(2) 要使出口处空气中 CO_2 的含量为 1%，即

$$0.08e^{-\frac{\ln 2}{5}\times d}=0.01,$$

即 $2^{\frac{d}{5}}=2^3$，$d=15$(cm). 此时吸收层厚度为 15cm.

三、反复学习及效率

众所周知，任何一种新技能的获得和提高都要通过一定的时间学习. 在学习中，常会碰到这样的现象，某些人学得快、掌握得好，而有些人学得慢、掌握得差. 现以学习电脑为例，假设每学习电脑一次，都能掌握一定的新内容，其程度为常数 $r(0<r<1)$. 试用数学知识来描述经过多少次学习，就能基本掌握电脑知识.

解 设 a_n 表示经过 n 次学习电脑后所掌握的程度 $(n=0,1,2,\cdots)$，则 a_0 表示开始学习电脑时所掌握的程度 $(0\leqslant a_0\leqslant 1)$，$1-a_0$ 就是开始第一次学习时尚未掌握的新内容，经过一次学习掌握的新内容为 $r(1-a_0)$，于是

$$a_1-a_0=r(1-a_0),\tag{1.7.1}$$

类似有，

$$a_2-a_1=r(1-a_1),a_3-a_2=r(1-a_2),\cdots,a_{n+1}-a_n=r(1-a_n),$$

即有

$$a_{n+1}=a_n+r(1-a_n)=(1-r)a_n+r \quad (n=0,1,2,\cdots), \tag{1.7.2}$$

于是

$a_1=(1-r)a_0+r=1-(1-a_0)(1-r)$,

$a_2=(1-r)a_1+r=(1-r)[1-(1-a_0)(1-r)]+r=1-(1-a_0)(1-r)^2$,

$a_3=(1-r)a_2+r=(1-r)[1-(1-a_0)(1-r)^2]+r=1-(1-a_0)(1-r)^3$,

……

$a_n=(1-r)a_{n-1}+r=(1-r)[1-(1-a_0)(1-r)^{n-1}]+r=1-(1-a_0)(1-r)^n$,

即有

$$a_n=1-(1-a_0)(1-r)^n \quad (n=1,2,\cdots). \tag{1.7.3}$$

由此可看出，当学习次数 n 增大时，a_n 随之增大，且越来越接近于 $1(\lim\limits_{n\to\infty}a_n=1)$. 这说明了反复学习的重要性.

一般情况下 $a_0=0$，即开始学习时，对电脑一无所知，如果每次学习掌握程度 $r=30\%$，由式(1.7.3)，可得学习次数与掌握程度关系表(表 1.1).

表 1.1

n	1	2	3	4	5	6	7	8	9	10
a_n	0.3	0.51	0.66	0.76	0.83	0.88	0.92	0.94	0.96	0.97

习 题 1.7

1. 一只皮球从 30 m 高处自由落向地面，如果每次触地后均反弹至前一次下落高度的 $\frac{2}{3}$ 处. 问皮球静止不动时，总共经过了多少路程？

2. 曲线 $y=x^2$ 与 x 轴、直线 $x=1$ 围成的平面图形，称为曲边三角形. 求它的面积.

3. 由实验知，某种细菌繁殖的速度在培养基充足等条件满足时与当时已有的数量 A_0 成正比，即 $V=kA_0$ ($k>0$ 为比例常数)，问经过时间 t 以后细菌的数量是多少？

总 习 题 一

1. 填空题：

(1)设 $f(\sin x)=1+\cos 2x$，则 $f(x)=$________；

(2) $\lim\limits_{x\to\infty}\left[x\sin\frac{1}{x}+\left(1+\frac{1}{x}\right)^{2x}\right]=$________；

(3)* 设函数 $f(x)=a^x(a>0,a\neq1)$，则 $\lim\limits_{n\to\infty}\frac{1}{n^2}\ln[f(1)f(2)\cdots f(n)]=$________；

(4)* 极限 $\lim\limits_{x\to\infty}x\sin\frac{2x}{x^2+1}=$________.

2. 选择题：

(1) $\lim\limits_{x\to\infty}\dfrac{x^2+2x-\cos x}{2x^2+\sin x}=($　　$)$.

(A) $\dfrac{1}{2}$；　(B) 2；　(C) 0；　(D) 不存在.

(2) 数列 $f(n)=\begin{cases}\dfrac{n^2+1}{n}, & n\text{ 为奇数},\\ \dfrac{1}{n}, & n\text{ 为偶数},\end{cases}$ 当 $n\to\infty$ 时，$f(n)$ 是(　　).

(A) 无穷大量；　(B) 无穷小量；

(C) 有界变量，但非无穷小量；　(D) 无界变量，但非无穷大量.

(3) 已知当 $x\to0$ 时，$f(x)$ 是无穷大，下列函数当 $x\to0$ 时一定是无穷小的是(　　).

(A) $x\cdot f(x)$；　(B) $x+f(x)$；　(C) $\dfrac{x}{f(x)}$；　(D) $f(x)-\dfrac{1}{x}$.

3. 是非题(回答时需说明理由)：

(1) 若数列 x_n 是有界的，则它必存在极限；

(2) 若 $\lim\limits_{x\to a}[f(x)+g(x)]$ 和 $\lim\limits_{x\to a}f(x)$ 都存在，则 $\lim\limits_{x\to a}g(x)$ 也存在；

(3) 若 $\lim\limits_{x\to a}f(x)g(x)$ 和 $\lim\limits_{x\to a}f(x)$ 都存在，则 $\lim\limits_{x\to a}g(x)$ 也存在；

(4) 若 $f(x)>g(x)$ 且 $\lim\limits_{x\to a}f(x)$，$\lim\limits_{x\to a}g(x)$ 都存在，则必有 $\lim\limits_{x\to a}f(x)>\lim\limits_{x\to a}g(x)$；

(5) 设 $f(x)$ 在 $x=0$ 处连续，且 $\lim\limits_{x\to0}\dfrac{f(x)}{x}$ 存在，则 $f(0)=0$.

4. 求下列极限：

(1) $\lim\limits_{x\to0}(\csc x-\cot x)$；　(2) $\lim\limits_{x\to+\infty}x(\sqrt{x^2+1}-x)$；

(3) $\lim\limits_{x\to\infty}x(2^{\frac{1}{x}}-1)$；　(4) $\lim\limits_{x\to0}(\cos x)^{\frac{1}{x^2}}$；

(5) $\lim\limits_{n\to\infty}(1+2^n+3^n)^{\frac{1}{n}}$；　(6)* $\lim\limits_{x\to0}\left(\dfrac{2+e^{\frac{1}{x}}}{1+e^{\frac{4}{x}}}+\dfrac{\sin x}{|x|}\right)$；

(7) $\lim\limits_{n\to\infty}\left(\dfrac{1}{1+2}+\dfrac{1}{1+2+3}+\cdots+\dfrac{1}{1+2+3+\cdots+n}\right)$.

5. 讨论函数 $f(x)=\lim\limits_{n\to\infty}\dfrac{1}{1+x^n}\ (x\geqslant0)$ 的连续性，若有间断点，判别其类型.

6. 某工厂生产积木玩具，每生产一套积木玩具的可变成本为 15 元，每天的固定成本为 2000 元. 如果每套积木玩具的出厂价为 20 元，为了不亏本，该厂每天至少要生产多少套这种积木玩具？

7. 一房地产公司有 50 套公寓要出租，当租金定为每月每套 180 元时，公寓会全部租出去，当租金每增加 10 元时，就有一套公寓租不出去，而租出去的房子每月每套需花费 20 元的维修费，试将公寓出租的收入 R 表示为租金 x 的函数，并求当租金定为每月 350 元时的收入.

8. 若函数 $f(x)$ 在 $[a,b]$ 上连续，且无零点，证明：函数 $f(x)$ 在 $[a,b]$ 上恒正或恒负.

第 2 章　导数与微分

本章和第 3 章是微积分的重要组成部分——微分学. 本章将重点介绍微分学的基本概念导数与微分，并讨论它们的计算方法.

2.1　导 数 概 念

一、引例

为更好地理解微分学中导数的概念，先讨论与导数密切相关的两个问题：速度问题和切线问题.

1. 变速直线运动的速度问题

设一物体沿 x 轴作变速直线运动，时刻 t 物体在 x 轴上的位置坐标 $s=f(t)$，现讨论物体在 $t=t_0$时刻的速度 $v(t_0)$.

当 t 从 t_0变到 $t_0+\Delta t$ 时，物体的位置从 $s_0=f(t_0)$移到 $s=f(t_0+\Delta t)$，即物体位置函数的变化量为 $\Delta s=s-s_0=f(t_0+\Delta t)-f(t_0)$，则比值

$$\frac{\Delta s}{\Delta t}=\frac{f(t_0+\Delta t)-f(t_0)}{\Delta t}, \tag{2.1.1}$$

表示物体在 Δt 这一段时间内的**平均速度** $\bar{v}$. 当 Δt 很小时，$\bar{v}$ 近似地表示物体在 t_0时刻的速度 $v(t_0)$. 又由于 Δt 愈小，它们的近似程度就愈好. 因此，为精确求出物体在 t_0时刻的速度，令 $\Delta t\to 0$，对式(2.1.1)取极限，如果极限$\lim\limits_{\Delta t\to 0}\frac{\Delta s}{\Delta t}$存在，则称此极限为物体在 t_0 时刻的**瞬时速度**，即

$$v(t_0)=\lim_{\Delta t\to 0}\frac{\Delta s}{\Delta t}=\lim_{\Delta t\to 0}\frac{f(t_0+\Delta t)-f(t_0)}{\Delta t}.$$

2. 切线问题

设曲线 $L: y=f(x)$ 的图形如图 2.1 所示，$M(x_0,y_0)$是曲线上的一个定点，$N(x_0+\Delta x,y_0+\Delta y)$是曲线上的一个动点，则 $y_0=f(x_0)$，$y_0+\Delta y=f(x_0+\Delta x)$. 作割线 MN，易知此割线 MN 的斜率为

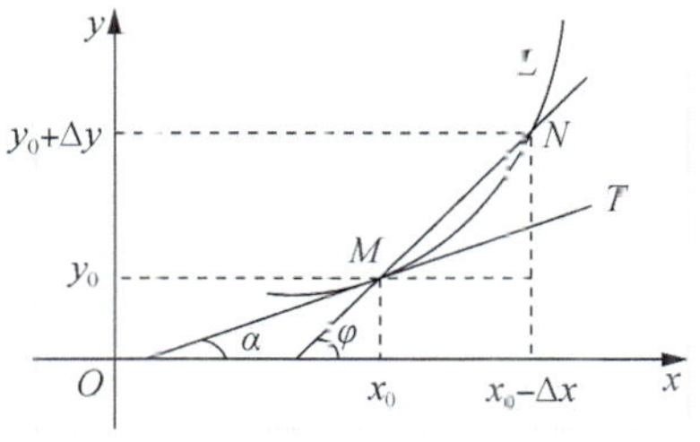

图 2.1

$$\tan\varphi=\frac{\Delta y}{\Delta x}=\frac{f(x_0+\Delta x)-f(x_0)}{\Delta x},$$

其中 φ 为割线 MN 的倾角.

当 $\Delta x \to 0$ 时，动点 N 将沿曲线趋于定点 M，割线 MN 也随之变动并趋于极限位置 MT，直线 MT 就称为曲线 $y=f(x)$ 在点 M 处的**切线**. 对上式取 $\Delta x \to 0$ 时的极限，如果极限 $\lim\limits_{\Delta x \to 0}\dfrac{\Delta y}{\Delta x}$ 存在，则此极限就是切线 MT 的斜率，即

$$\tan\alpha=\lim_{\Delta x \to 0}\tan\varphi=\lim_{\Delta x \to 0}\frac{\Delta y}{\Delta x}=\lim_{\Delta x \to 0}\frac{f(x_0+\Delta x)-f(x_0)}{\Delta x},$$

其中 α 为切线 MT 的倾角.

二、导数的定义

1. 导数的定义

以上讨论的两个问题虽然具体意义不相同，但从数量关系看，它们都可归结为以下特殊形式的极限：

$$\lim_{\Delta x \to 0}\frac{\Delta y}{\Delta x}=\lim_{\Delta x \to 0}\frac{f(x_0+\Delta x)-f(x_0)}{\Delta x}.$$

定义 2.1.1　设函数 $y=f(x)$ 在点 x_0 的某个邻域有定义，当自变量 x 在 x_0 处取得增量 Δx(假设 $x_0+\Delta x$ 仍在该邻域内)时，函数 $f(x)$ 取得相应增量 $\Delta y=f(x_0+\Delta x)-f(x_0)$. 如果极限 $\lim\limits_{\Delta x \to 0}\dfrac{\Delta y}{\Delta x}$ 存在，则称函数 $y=f(x)$ 在点 x_0 处**可导**，并称此极限值为函数 $y=f(x)$ 在点 x_0 处的**导数**，记为 $f'(x_0)$，$y'\Big|_{x=x_0}$，$\dfrac{\mathrm{d}y}{\mathrm{d}x}\Big|_{x=x_0}$ 或 $\dfrac{\mathrm{d}f(x)}{\mathrm{d}x}\Big|_{x=x_0}$；如果极限 $\lim\limits_{\Delta x \to 0}\dfrac{\Delta y}{\Delta x}$ 不存在，就说函数 $y=f(x)$ 在点 x_0 处不可导.

若函数 $y=f(x)$ 在点 x_0 处可导，则有

$$f'(x_0)=\lim_{\Delta x \to 0}\frac{\Delta y}{\Delta x}=\lim_{\Delta x \to 0}\frac{f(x_0+\Delta x)-f(x_0)}{\Delta x}. \tag{2.1.2}$$

函数 $y=f(x)$ 在点 x_0 处可导有时也称 $y=f(x)$ 在 x_0 处具有导数或存在导数.

令 $x_0+\Delta x=x$，则当 $\Delta x \to 0$，有 $x \to x_0$，从而得到导数定义式(2.1.2)的等价形式

$$f'(x_0)=\lim_{x \to x_0}\frac{f(x)-f(x_0)}{x-x_0}. \tag{2.1.3}$$

例 2.1.1　求函数 $f(x)=\sin x$ 在点 $x=0$ 处的导数.

解　$f'(0)=\lim\limits_{x \to 0}\dfrac{f(x)-f(0)}{x-0}=\lim\limits_{x \to 0}\dfrac{\sin x-\sin 0}{x-0}=\lim\limits_{x \to 0}\dfrac{\sin x}{x}=1.$

在实际中，常需要研究变量变化的快慢程度，即所谓函数的变化率问题，例如，城市人口增长的速度，国民经济发展的速度及劳动生产率等. 而由导数的定义可知，导数 $f'(x_0)$ 是因变量 y 在点 x_0 处的变化率，其大小反映了因变量随自变量的变化而变化的快慢程度. 因此，导数是对函数变化率的精确描述.

考虑到式(2.1.2)的左极限与右极限,下面给出左、右导数的概念.

如果极限

$$\lim_{\Delta x\to 0^-}\frac{f(x_0+\Delta x)-f(x_0)}{\Delta x}\quad 或\quad \lim_{x\to x_0^-}\frac{f(x)-f(x_0)}{x-x_0}$$

存在,就称此极限为 $f(x)$在点 x_0处的**左导数**,记作 $f'_-(x_0)$.

如果极限

$$\lim_{\Delta x\to 0^+}\frac{f(x_0+\Delta x)-f(x_0)}{\Delta x}\quad 或\quad \lim_{x\to x_0^+}\frac{f(x)-f(x_0)}{x-x_0}$$

存在,就称此极限为 $f(x)$在点 x_0处的**右导数**,记作 $f'_+(x_0)$.

由于极限存在的充要条件是其左、右极限存在且相等,所以函数 $f(x)$在点 x_0可导的充要条件是函数 $f(x)$在点 x_0的左、右导数都存在且相等.

例 2.1.2 讨论函数

$$f(x)=|x|=\begin{cases}x, & x\geqslant 0,\\ -x, & x<0\end{cases}$$

在点 $x=0$ 处的可导性.

解 由于

$$\frac{f(0+\Delta x)-f(0)}{\Delta x}=\frac{|\Delta x|}{\Delta x}.$$

当 $\Delta x<0$ 时,$\frac{|\Delta x|}{\Delta x}=-1$,故 $\lim\limits_{\Delta x\to 0^-}\frac{|\Delta x|}{\Delta x}=-1=f'_-(0)$;

当 $\Delta x>0$ 时,$\frac{|\Delta x|}{\Delta x}=1$,故 $\lim\limits_{\Delta x\to 0^+}\frac{|\Delta x|}{\Delta x}=1=f'_+(0)$.

因 $f'_-(0)\neq f'_+(0)$,所以 $f(x)$在点 $x=0$ 处不可导.

上面讨论的是函数在某点可导的概念.如果函数 $y=f(x)$在开区间(a,b)内每一点都可导,则称函数 $f(x)$在开区间(a,b)内可导.此时,对(a,b)内任一点 x,都有一个确定的 $f(x)$的导数值与它对应,这就定义了一个新的函数,称之为 $y=f(x)$在(a,b)内的**导函数**,简称为 $y=f(x)$的**导数**,记作 y',$f'(x)$,$\frac{\mathrm{d}y}{\mathrm{d}x}$或$\frac{\mathrm{d}f(x)}{\mathrm{d}x}$.

在式(2.1.2)中,只需把 x_0换成 x,即得到 $y=f(x)$的导函数的定义式

$$f'(x)=\lim_{\Delta x\to 0}\frac{f(x+\Delta x)-f(x)}{\Delta x}.$$

显然,函数 $f(x)$在点 x_0处的导数 $f'(x_0)$就是函数 $f(x)$的导函数 $f'(x)$在点$x=x_0$处的函数值,即

$$f'(x_0)=f'(x)\Big|_{x=x_0}.$$

如果 $f(x)$在开区间(a,b)内可导,且 $f'_+(a)$及 $f'_-(b)$都存在,就说 $f(x)$在闭区间$[a,b]$上可导.

2. 求导数举例

下面利用导数定义推导一些基本初等函数的导数公式.

例 2.1.3　求常数函数 $f(x)=C$(C 为常数)的导数.

解
$$f'(x)=\lim_{\Delta x\to 0}\frac{f(x+\Delta x)-f(x)}{\Delta x}=\lim_{\Delta x\to 0}\frac{C-C}{\Delta x}=0,$$

即$(C)'=0$.

这说明常数的导数为零. 由于 $f(x_0)$为 $f(x)$在 $x=x_0$处的函数值，故常把 $f(x_0)$理解为常函数，即$(f(x_0))'=0$. 因此要注意$(f(x_0))'$与 $f'(x_0)$的区别.

例 2.1.4　求函数 $f(x)=x^n$($n\in N^+$ 正整数集)的导数.

解
$$f'(x)=\lim_{\Delta x\to 0}\frac{f(x+\Delta x)-f(x)}{\Delta x}=\lim_{\Delta x\to 0}\frac{(x+\Delta x)^n-x^n}{\Delta x}$$
$$=\lim_{\Delta x\to 0}\frac{\left[x^n+nx^{n-1}\cdot\Delta x+\frac{n(n-1)}{2}x^{n-2}(\Delta x)^2+\cdots+(\Delta x)^n\right]-x^n}{\Delta x}$$
$$=\lim_{\Delta x\to 0}\left[nx^{n-1}+\frac{n(n-1)}{2}x^{n-2}\cdot\Delta x+\cdots+(\Delta x)^{n-1}\right]=nx^{n-1},$$

即$(x^n)'=nx^{n-1}$.

还可证明对一般的幂函数 $y=x^\mu$(μ 为常数)有导数公式
$$(x^\mu)'=\mu x^{\mu-1}.$$

例 2.1.5　求对数函数 $f(x)=\log_a x\ (a>0,a\neq 1)$的导数.

解
$$f'(x)=\lim_{\Delta x\to 0}\frac{f(x+\Delta x)-f(x)}{\Delta x}=\lim_{\Delta x\to 0}\frac{\log_a(x+\Delta x)-\log_a x}{\Delta x}$$
$$=\lim_{\Delta x\to 0}\frac{1}{\Delta x}\log_a\left(1+\frac{\Delta x}{x}\right)=\lim_{\Delta x\to 0}\frac{1}{x}\cdot\frac{x}{\Delta x}\log_a\left(1+\frac{\Delta x}{x}\right)$$
$$=\frac{1}{x}\lim_{\Delta x\to 0}\log_a\left(1+\frac{\Delta x}{x}\right)^{\frac{x}{\Delta x}}=\frac{1}{x}\log_a \mathrm{e}=\frac{1}{x\ln a},$$

即$(\log_a x)'=\dfrac{1}{x\ln a}$.

特别地，当 $a=\mathrm{e}$ 时，由上式得到自然对数的导数公式
$$(\ln x)'=\frac{1}{x}.$$

例 2.1.6　求正弦函数 $f(x)=\sin x$ 的导数.

解
$$f'(x)=\lim_{\Delta x\to 0}\frac{f(x+\Delta x)-f(x)}{\Delta x}=\lim_{\Delta x\to 0}\frac{\sin(x+\Delta x)-\sin x}{\Delta x}$$
$$=\lim_{\Delta x\to 0}2\cos\left(x+\frac{\Delta x}{2}\right)\cdot\frac{\sin\frac{\Delta x}{2}}{\Delta x}=\lim_{\Delta x\to 0}\cos\left(x+\frac{\Delta x}{2}\right)\cdot\lim_{\Delta x\to 0}\frac{\sin\frac{\Delta x}{2}}{\frac{\Delta x}{2}}=\cos x,$$

即$(\sin x)'=\cos x$.

类似地，可求得$(\cos x)'=-\sin x$.

三、导数的几何意义

由前面的切线问题及导数的定义可知，函数$y=f(x)$在点x_0处导数$f'(x_0)$在几何上表示曲线$y=f(x)$在点$M(x_0,f(x_0))$处的切线MT的斜率.

于是,由直线的点斜式方程可知曲线$y=f(x)$上点$M(x_0,y_0)$处的切线方程为

$$y-y_0=f'(x_0)(x-x_0).$$

我们把过切点$M(x_0,y_0)$且与切线垂直的直线称作曲线$y=f(x)$在点M处的**法线**. 若$f'(x_0)\neq 0$，则法线的斜率为$-\dfrac{1}{f'(x_0)}$，从而曲线$y=f(x)$在点M处的**法线方程**为

$$y-y_0=-\frac{1}{f'(x_0)}(x-x_0).$$

例 2.1.7 求$y=\sqrt{x^3}$在点(1,1)处的切线方程和法线方程.

解 由导数几何意义可知，所求切线的斜率为

$$k_1=y'\Big|_{x=1}=(x^{\frac{3}{2}})'\Big|_{x=1}=\frac{3}{2}\sqrt{x}\Big|_{x=1}=\frac{3}{2}.$$

故所求切线方程为

$$y-1=\frac{3}{2}(x-1),$$

即$3x-2y-1=0$. 所求法线的斜率为

$$k_2=-\frac{1}{k_1}=-\frac{2}{3},$$

于是所求法线方程为

$$y-1=-\frac{2}{3}(x-1),$$

即$2x+3y-5=0$.

四、可导与连续的关系

设函数$y=f(x)$在点x处可导，即有

$$\lim_{\Delta x\to 0}\frac{\Delta y}{\Delta x}=f'(x),$$

从而

$$\lim_{\Delta x\to 0}\Delta y=\lim_{\Delta x\to 0}\frac{\Delta y}{\Delta x}\cdot\Delta x=f'(x)\cdot 0=0.$$

即函数$y=f(x)$在点x处是连续的. 这说明，如果函数在点x处可导，则函数在该点必连续. 但反之不一定成立，即函数$y=f(x)$在点x处连续，但它在该点不一定可导.

例如，函数

$$f(x)=|x|=\begin{cases}x, & x\geqslant 0,\\ -x, & x<0\end{cases}$$

在点 $x=0$ 处连续，在例 2.1.2 的讨论中已知 $f(x)$ 在点 $x=0$ 处不可导.

例 2.1.8　讨论函数

$$f(x)=\begin{cases}x\sin\dfrac{1}{x}, & x\neq 0,\\ 0, & x=0\end{cases}$$

在点 $x=0$ 处连续性与可导性.

解　因为 $\lim\limits_{x\to 0}f(x)=\lim\limits_{x\to 0}x\sin\dfrac{1}{x}=0=f(0)$，所以 $f(x)$ 在点 $x=0$ 处连续.

又由于

$$\lim_{x\to 0}\frac{f(x)-f(0)}{x-0}=\lim_{x\to 0}\frac{x\sin\dfrac{1}{x}}{x}=\lim_{x\to 0}\sin\frac{1}{x}$$

不存在，所以 $f(x)$ 在点 $x=0$ 处不可导.

由以上讨论可知，函数在某点连续是函数在该点可导的必要条件，但不是充分条件，简而言之即是可导必连续，但连续不一定可导.

习 题 2.1

1. 设 $f(x)=1-2x^2$，试按导数的定义求 $f'(1)$.

2. 证明：$(\cos x)'=-\sin x$.

3. 设 $f'(x_0)$ 存在，求下列各极限：

(1) $\lim\limits_{\Delta x\to 0}\dfrac{f(x_0+3\Delta x)-f(x_0)}{\Delta x}$；　(2) $\lim\limits_{h\to 0}\dfrac{f(x_0-h)-f(x_0)}{h}$；

(3) $\lim\limits_{\Delta x\to 0}\dfrac{f(x_0-2\Delta x)-f(x_0+3\Delta x)}{\Delta x}$.

4. 设 $f(x)=\begin{cases}\dfrac{2}{3}x^3, & x\leqslant 1,\\ x^2, & x>1,\end{cases}$ 问 $f'_-(1)$，$f'_+(1)$ 是否存在？若存在，求出其值.

5. 求下列函数的导数：

(1) $y=\dfrac{1}{x}$；　(2) $y=x\sqrt[3]{x^2}$；　(3) $y=\dfrac{1}{\sqrt{x}}$；　(4) $y=\dfrac{x^2\sqrt[3]{x^2}}{\sqrt{x^5}}$.

6. 求曲线 $y=\sin x$ 在点 $x=\pi$ 处的切线方程和法线方程.

7*. 设周期函数 $f(x)$ 在 $(-\infty,+\infty)$ 内可导，周期为 4，又 $\lim\limits_{x\to 0}\dfrac{f(1)-f(1-x)}{2x}=-1$，试求曲线 $y=f(x)$ 在 $(5,f(5))$ 点处的切线斜率.

8. 已知物体的运动规律为 $s=t^3$(m)，求这物体在 $t=3$(s)时的速度.

9. 讨论下列函数在 $x=0$ 处的连续性和可导性.

(1) $y=x|x|$；　　(2) $y=\begin{cases}x^2\sin\dfrac{1}{x}, & x\neq 0,\\ 0, & x=0.\end{cases}$

10. 设 $f(x)=\begin{cases}x^2, & x\leqslant 1,\\ ax+b, & x>1,\end{cases}$ $f(x)$处处可导，求 a 及 b 的值.

11. 设时刻 t 细菌的种数为 $N=N(t)$，且细菌不断增长，求在时刻 t_0 时的细菌增长速度的表达式.

12. 当物体的温度高于周围介质的温度时，物体就不断冷却，若物体的温度 T 与时间 t 的函数关系为 $T=T(t)$，那么应怎样表达该物体在时刻 t 的冷却速度？

2.2 函数的求导法则与基本导数公式

前面根据导数的定义，求出了一些简单函数的导数，但是，对于比较复杂的函数，用定义直接求其导数往往很困难. 为便于求出初等函数的导数，在本节中，将介绍几个函数的基本求导法则，并给出基本初等函数的导数公式.

一、函数的和、差、积、商的求导法则

定理 2.2.1 如果函数 $u=u(x)$ 和 $v=v(x)$ 在点 x 处都可导，那么它们的和、差、积、商(除分母为零的点外)在点 x 处都可导，且有

(1) $[u(x)\pm v(x)]'=u'(x)\pm v'(x)$；

(2) $[u(x)v(x)]'=u'(x)v(x)+u(x)v'(x)$；

(3) $\left[\dfrac{u(x)}{v(x)}\right]'=\dfrac{u'(x)v(x)-u(x)v'(x)}{v^2(x)}\ (v(x)\neq 0)$.

证明 在此只证明法则(2)，法则(1)、(3)请读者自己证明.

(2) $[u(x)v(x)]'$

$$=\lim_{\Delta x\to 0}\frac{[u(x+\Delta x)v(x+\Delta x)-u(x)v(x)]}{\Delta x}$$

$$=\lim_{\Delta x\to 0}\frac{[u(x+\Delta x)v(x+\Delta x)-u(x)v(x+\Delta x)]}{\Delta x}+\lim_{\Delta x\to 0}\frac{[u(x)v(x+\Delta x)-u(x)v(x)]}{\Delta x}$$

$$=\lim_{\Delta x\to 0}\frac{[u(x+\Delta x)-u(x)]}{\Delta x}\cdot\lim_{\Delta x\to 0}v(x+\Delta x)+u(x)\cdot\lim_{\Delta x\to 0}\frac{[v(x+\Delta x)-v(x)]}{\Delta x}$$

$$=u'(x)v(x)+u(x)v'(x),$$

其中 $\lim\limits_{\Delta x\to 0}v(x+\Delta x)=v(x)$ 是由于 $v(x)$ 在 x 处可导，则必连续. 证毕.

为便于记忆，定理 2.2.1 中三个求导法则常简单地表示为

(1) $(u\pm v)'=u'\pm v'$；　(2) $(uv)'=u'v+uv'$；　(3) $\left(\dfrac{u}{v}\right)'=\dfrac{u'v-uv'}{v^2}$.

另外，法则(1)、(2)可推广到任意有限个可导函数的情形. 例如，设 u、v、w 均是可导的函数，则

$$(u\pm v\pm w)'=u'\pm v'\pm w',\quad (uvw)'=u'vw+uv'w+uvw'.$$

特别地，在法则(2)中，如 $v(x)=C$(C 为常数)，有

$$(Cu)'=Cu'.$$

说明常数因子可提到求导数记号的外面；而在法则(3)中，如 $u(x)=1$ 时，有

$$\left(\frac{1}{v}\right)'=-\frac{v'}{v^2}.$$

例 2.2.1　设 $y=2\sqrt{x}+\lg x\cdot\cos x-\ln 3$，求 y'.

解　$$\begin{aligned}y'&=(2\sqrt{x}+\lg x\cdot\cos x-\ln 3)'=(2\sqrt{x})'+(\lg x\cdot\cos x)'-(\ln 3)'\\&=2(x^{\frac{1}{2}})'+(\lg x)'\cos x+\lg x(\cos x)'-0\\&=\frac{1}{\sqrt{x}}+\frac{1}{x\ln 10}\cdot\cos x-\lg x\cdot\sin x.\end{aligned}$$

例 2.2.2　设 $y=\tan x$，求 y'.

解　$$\begin{aligned}y'&=(\tan x)'=\left(\frac{\sin x}{\cos x}\right)'=\frac{(\sin x)'\cos x-\sin x(\cos x)'}{\cos^2 x}\\&=\frac{\cos^2 x+\sin^2 x}{\cos^2 x}=\frac{1}{\cos^2 x}=\sec^2 x.\end{aligned}$$

从而得到正切函数的导数公式

$$(\tan x)'=\sec^2 x.$$

例 2.2.3　设 $y=\sec x$，求 y'.

解　$$y'=(\sec x)'=\left(\frac{1}{\cos x}\right)'=\frac{-(\cos x)'}{\cos^2 x}=\frac{\sin x}{\cos^2 x}=\sec x\tan x.$$

从而得到正割函数的导数公式

$$(\sec x)'=\sec x\tan x.$$

类似地，还可求得余切函数及余割函数的导数公式

$$(\cot x)'=-\csc^2 x,\quad (\csc x)'=-\csc x\cot x.$$

二、反函数的求导法则

由第 1 章可知，严格单调的连续函数的反函数也是严格单调的连续函数，下面讨论函数与其反函数的导数间的关系.

定理 2.2.2　如果函数 $y=f(x)$ 在区间 I_x 内单调，可导且 $f'(x)\neq 0$，则它的反函数 $x=f^{-1}(y)$ 在相应区间 $I_y=\{y\mid y=f(x),x\in I_x\}$ 内也可导，并且

$$[f^{-1}(y)]'=\frac{1}{f'(x)}\quad 或\quad \frac{\mathrm{d}x}{\mathrm{d}y}=\frac{1}{\dfrac{\mathrm{d}y}{\mathrm{d}x}}.\tag{2.2.1}$$

当 $f'(x)\neq 0$ 时，由式(2.2.1)可知 $[f^{-1}(y)]'\neq 0$，所以式(2.2.1)也常表示为

$$f'(x)=\frac{1}{[f^{-1}(y)]'}\quad 或\quad \frac{\mathrm{d}y}{\mathrm{d}x}=\frac{1}{\dfrac{\mathrm{d}x}{\mathrm{d}y}}.\tag{2.2.2}$$

此法则可简述为：反函数的导数等于直接函数导数的倒数.

例 2.2.4 设 $y=\arcsin x, x\in(-1,1)$，求 y'.

解 因为 $y=\arcsin x, x\in(-1,1)$ 的反函数 $x=\sin y$ 在 $\left(-\frac{\pi}{2},\frac{\pi}{2}\right)$ 内单调、可导且

$$(\sin y)'=\cos y.$$

而在 $\left(-\frac{\pi}{2},\frac{\pi}{2}\right)$ 内，$\cos y=\sqrt{1-\sin^2 y}=\sqrt{1-x^2}>0$. 所以，由式(2.2.2)，有

$$y'=(\arcsin x)'=\frac{1}{(\sin y)'}=\frac{1}{\cos y}=\frac{1}{\sqrt{1-x^2}},\quad x\in(-1,1).$$

从而得到反正弦函数的导数公式

$$(\arcsin x)'=\frac{1}{\sqrt{1-x^2}}.$$

例 2.2.5 设 $y=\arctan x, x\in(-\infty,+\infty)$，求 y'.

解 因为 $y=\arctan x$ 的反函数 $x=\tan y$ 在 $\left(-\frac{\pi}{2},\frac{\pi}{2}\right)$ 内单调、可导且

$$(\tan y)'=\sec^2 y\neq 0,$$

而

$$\sec^2 y=1+\tan^2 y=1+x^2.$$

所以由式(2.2.2)，有

$$y'=(\arctan x)'=\frac{1}{(\tan y)'}=\frac{1}{\sec^2 y}=\frac{1}{1+x^2}.$$

从而得到反正切函数的导数公式

$$(\arctan x)'=\frac{1}{1+x^2}.$$

类似地，可求得反余弦函数、反余切函数的导数公式

$$(\arccos x)'=-\frac{1}{\sqrt{1-x^2}},\quad (\operatorname{arccot} x)'=-\frac{1}{1+x^2}.$$

例 2.2.6 设 $y=a^x(a>0,a\neq 1)$，求 y'.

解 $y=a^x(a>0,a\neq 1)$ 的反函数 $x=\log_a y$ 在定义域上单调、可导且

$$(\log_a y)'=\frac{1}{y\ln a}\neq 0.$$

由式(2.2.2)，有

$$(a^x)'=\frac{1}{(\log_a y)'}=\frac{1}{\frac{1}{y\ln a}}=y\ln a=a^x\ln a.$$

从而得指数函数的导数公式

$$(a^x)'=a^x\ln a.$$

特别地，当 $a=\mathrm{e}$ 时，有

$$(\mathrm{e}^x)'=\mathrm{e}^x.$$

三、复合函数的求导法则

定理 2.2.3　如果 $u=g(x)$ 在点 x 处可导，而 $y=f(u)$ 在相应点 $u=g(x)$ 处可导，则复合函数 $y=f[g(x)]$ 在点 x 处可导，且

$$\frac{\mathrm{d}y}{\mathrm{d}x}=f'(u)\cdot g'(x) \quad \text{或} \quad \frac{\mathrm{d}y}{\mathrm{d}x}=\frac{\mathrm{d}y}{\mathrm{d}u}\cdot\frac{\mathrm{d}u}{\mathrm{d}x}. \tag{2.2.3}$$

证明从略.

式(2.2.3)表明，复合函数的因变量对自变量的导数等于因变量对中间变量的导数乘以中间变量对自变量的导数，通常把此复合函数求导的方法称为**链式法则**.

例 2.2.7　设 $y=\mathrm{e}^{x^2}$，求 $\frac{\mathrm{d}y}{\mathrm{d}x}$.

解　$y=\mathrm{e}^{x^2}$ 可看成由 $y=\mathrm{e}^u, u=x^2$ 复合而成，由式(2.2.3)有

$$\frac{\mathrm{d}y}{\mathrm{d}x}=\frac{\mathrm{d}y}{\mathrm{d}u}\cdot\frac{\mathrm{d}u}{\mathrm{d}x}=(\mathrm{e}^u)'\cdot(x^2)'=\mathrm{e}^u\cdot 2x=2x\mathrm{e}^{x^2}.$$

例 2.2.8　设 $y=\ln\cos x$，求 $\frac{\mathrm{d}y}{\mathrm{d}x}$.

解　$y=\ln\cos x$ 可看成由 $y=\ln u, u=\cos x$ 复合而成，由式(2.2.3)有

$$\frac{\mathrm{d}y}{\mathrm{d}x}=\frac{\mathrm{d}y}{\mathrm{d}u}\cdot\frac{\mathrm{d}u}{\mathrm{d}x}=(\ln u)'\cdot(\cos x)'=\frac{1}{u}\cdot(-\sin x)=\frac{-\sin x}{\cos x}=-\tan x.$$

一般在熟练掌握复合函数求导方法后，在计算过程中可以不用写出中间变量，而直接写出函数对中间变量的求导结果.

例 2.2.9　设 $y=\sin nx$，求 $\frac{\mathrm{d}y}{\mathrm{d}x}$.

解　$\frac{\mathrm{d}y}{\mathrm{d}x}=(\sin nx)'=\cos nx\cdot(nx)'=n\cos nx.$

例 2.2.10　设 $y=\arctan\frac{1}{x}$，求 $\frac{\mathrm{d}y}{\mathrm{d}x}$.

解　$\frac{\mathrm{d}y}{\mathrm{d}x}=\left(\arctan\frac{1}{x}\right)'=\frac{1}{1+\left(\frac{1}{x}\right)^2}\cdot\left(\frac{1}{x}\right)'=\frac{x^2}{1+x^2}\cdot\left(-\frac{1}{x^2}\right)=-\frac{1}{1+x^2}.$

重复利用式(2.2.3)可将复合函数的求导法则推广到有限个中间变量的情形，例如，设 $y=f(u), u=\varphi(v), v=\psi(x)$，则复合函数 $y=f\{\varphi[\psi(x)]\}$ 的导数为

$$\frac{\mathrm{d}y}{\mathrm{d}x}=f'(u)\cdot\varphi'(v)\cdot\psi'(x) \quad \text{或} \quad \frac{\mathrm{d}y}{\mathrm{d}x}=\frac{\mathrm{d}y}{\mathrm{d}u}\cdot\frac{\mathrm{d}u}{\mathrm{d}v}\cdot\frac{\mathrm{d}v}{\mathrm{d}x}.$$

例 2.2.11　设 $y=\mathrm{e}^{\arcsin\sqrt{x}}$，求 $\frac{\mathrm{d}y}{\mathrm{d}x}$.

解　$y=\mathrm{e}^{\arcsin\sqrt{x}}$ 可看成由 $y=\mathrm{e}^u, u=\arcsin v, v=\sqrt{x}$ 复合而成，则

$$\frac{\mathrm{d}y}{\mathrm{d}x}=\frac{\mathrm{d}y}{\mathrm{d}u}\cdot\frac{\mathrm{d}u}{\mathrm{d}v}\cdot\frac{\mathrm{d}v}{\mathrm{d}x}=(\mathrm{e}^u)'\cdot(\arcsin v)'\cdot(\sqrt{x})'$$

$$=e^u\cdot\frac{1}{\sqrt{1-v^2}}\cdot\frac{1}{2\sqrt{x}}=\frac{e^{\arcsin\sqrt{x}}}{2\sqrt{x(1-x)}}.$$

同样，在熟练掌握复合函数求导法则后，中间变量可以不用写出来，但要注意分清复合的步骤以及每一步是对哪一个变量求导. 如不写出中间变量，此例可写为

$$\frac{dy}{dx}=(e^{\arcsin\sqrt{x}})'=e^{\arcsin\sqrt{x}}\cdot(\arcsin\sqrt{x})'=e^{\arcsin\sqrt{x}}\cdot\frac{1}{\sqrt{1-(\sqrt{x})^2}}\cdot(\sqrt{x})'$$

$$=e^{\arcsin\sqrt{x}}\cdot\frac{1}{2\sqrt{x}\sqrt{1-x}}=\frac{e^{\arcsin\sqrt{x}}}{2\sqrt{x(1-x)}}.$$

例 2.2.12 设 $y=\ln\tan\frac{x}{2}$，求$\frac{dy}{dx}$.

解 $$\frac{dy}{dx}=\left(\ln\tan\frac{x}{2}\right)'=\frac{1}{\tan\frac{x}{2}}\cdot\left(\tan\frac{x}{2}\right)'=\cot\frac{x}{2}\cdot\sec^2\frac{x}{2}\cdot\left(\frac{x}{2}\right)'$$

$$=\frac{1}{2\sin\frac{x}{2}\cos\frac{x}{2}}=\frac{1}{\sin x}=\csc x.$$

四、基本求导法则与导数公式

在求初等函数的导数中，基本初等函数的导数公式和求导法则都起着重要的作用，为了便于记忆和使用，现把前面推导的导数公式和求导法则归纳如下：

1. 常数和基本初等函数的导数公式

(1) $(C)'=0$； (2) $(x^\mu)'=\mu x^{\mu-1}$；

(3) $(\sin x)'=\cos x$； (4) $(\cos x)'=-\sin x$；

(5) $(\tan x)'=\sec^2 x$； (6) $(\cot x)'=-\csc^2 x$；

(7) $(\sec x)'=\sec x\tan x$； (8) $(\csc x)'=-\csc x\cot x$；

(9) $(a^x)'=a^x\ln a$； (10) $(e^x)'=e^x$；

(11) $(\log_a x)'=\frac{1}{x\ln a}$； (12) $(\ln x)'=\frac{1}{x}$；

(13) $(\arcsin x)'=\frac{1}{\sqrt{1-x^2}}$； (14) $(\arccos x)'=-\frac{1}{\sqrt{1-x^2}}$；

(15) $(\arctan x)'=\frac{1}{1+x^2}$； (16) $(\text{arccot}\, x)'=-\frac{1}{1+x^2}$.

2. 函数的和、差、积、商的求导法则

设 $u=u(x),v=v(x)$都可导，则

(1) $(u\pm v)'=u'\pm v'$； (2) $(Cu)'=Cu'$（C 为常数）；

(3) $(uv)'=u'v+uv'$；　　　　(4) $\left(\frac{u}{v}\right)'=\frac{u'v-uv'}{v^2}\ (v\neq 0)$.

3. 反函数的求导法则

设 $y=f(x)$在区间 I_x内单调，可导且 $f'(x)\neq 0$，则它的反函数 $x=f^{-1}(y)$在区间 $I_y=f(I_x)$内也可导，且

$$[f^{-1}(y)]'=\frac{1}{f'(x)}\quad 或\quad \frac{\mathrm{d}x}{\mathrm{d}y}=\frac{1}{\frac{\mathrm{d}y}{\mathrm{d}x}}.$$

4. 复合函数的求导法

设 $y=f(u)$, $u=g(x)$，且 $f(u)$及 $g(x)$都可导，则复合函数 $y=f[g(x)]$的导数为

$$\frac{\mathrm{d}y}{\mathrm{d}x}=f'(u)\cdot g'(x)\quad 或\quad \frac{\mathrm{d}y}{\mathrm{d}x}=\frac{\mathrm{d}y}{\mathrm{d}u}\cdot\frac{\mathrm{d}u}{\mathrm{d}x}.$$

下面给出一些综合运用上述求导法则和公式的例子.

例 2.2.13　设 $y=\sin\frac{2x}{1+x^2}$，求$\frac{\mathrm{d}y}{\mathrm{d}x}$.

解　$$\frac{\mathrm{d}y}{\mathrm{d}x}=\cos\frac{2x}{1+x^2}\cdot\left(\frac{2x}{1+x^2}\right)'=\cos\frac{2x}{1+x^2}\cdot\frac{(2x)'(1+x^2)-2x(1+x^2)'}{(1+x^2)^2}$$
$$=\cos\frac{2x}{1+x^2}\cdot\frac{2(1+x^2)-(2x)^2}{(1+x^2)^2}$$
$$=\cos\frac{2x}{1+x^2}\cdot\frac{2(1-x^2)}{(1+x^2)^2}=\frac{2(1-x^2)}{(1+x^2)^2}\cos\frac{2x}{1+x^2}.$$

例 2.2.14　设 $y=\frac{2^x3^x}{5^x}+\frac{x\sqrt{x}}{\sqrt[3]{x}}-\ln\sqrt{\frac{\mathrm{e}^{2x}}{x^3}}$,求 y'.

解　因为

$$y=\left(\frac{2\times 3}{5}\right)^x+x^{1+\frac{1}{2}-\frac{1}{3}}-\frac{1}{2}[\ln\mathrm{e}^{2x}-\ln x^3]=\left(\frac{6}{5}\right)^x+x^{\frac{7}{6}}-x+\frac{3}{2}\ln x,$$

所以

$$y'=\left(\frac{6}{5}\right)^x\ln\frac{6}{5}+\frac{7}{6}x^{\frac{1}{6}}-1+\frac{3}{2x}.$$

例 2.2.15　设 $f(x)$可导，试求函数 $y=f(\sin^2x)+f(\cos 2x)$的导数.

解　$$y'=[f(\sin^2x)]'+[f(\cos 2x)]'$$
$$=f'(\sin^2x)\cdot(\sin^2x)'+f'(\cos 2x)\cdot(\cos 2x)'$$
$$=f'(\sin^2x)\cdot 2\sin x\cos x-f'(\cos 2x)\cdot 2\sin 2x$$
$$=f'(\sin^2x)\cdot\sin 2x-2f'(\cos 2x)\cdot\sin 2x$$
$$=\sin 2x[f'(\sin^2x)-2f'(\cos 2x)].$$

例 2.2.16　已知 $f(x)=\begin{cases}2x, & 0<x\leqslant 1,\\ x^2+1, & 1<x<2,\end{cases}$求 $f'(x)$.

解 求分段函数的导数时，除分段点处的导数需用导数定义讨论外，定义内的其他点的导数可按一般求导法则求之.

当 $0<x<1$ 时，$f'(x)=(2x)'=2$；

当 $1<x<2$ 时，$f'(x)=(x^2+1)'=2x$；

当 $x=1$ 时，

$$f'_-(1)=\lim_{x\to1^-}\frac{f(x)-f(1)}{x-1}=\lim_{x\to1^-}\frac{2x-2}{x-1}=2,$$

$$f'_+(1)=\lim_{x\to1^+}\frac{f(x)-f(1)}{x-1}=\lim_{x\to1^+}\frac{x^2+1-2}{x-1}=\lim_{x\to1^+}\frac{x^2-1}{x-1}=2,$$

由 $f'_-(1)=f'_+(1)=2$ 知，$f'(1)=2$. 所以

$$f'(x)=\begin{cases}2, & 0<x\leqslant1,\\ 2x, & 1<x<2.\end{cases}$$

习 题 2.2

1. 求下列函数的导数：

(1) $y=x^4+\dfrac{6}{x^2}-x^3\sqrt[5]{x}+12$； (2) $y=2\tan x+\sec x-1$； (3) $y=\dfrac{\ln x}{x}$；

(4) $y=2^x e^x$； (5) $y=x^2\ln x\cos x$； (6) $y=\dfrac{e^x}{x^2}+\ln3$；

(7) $y=\dfrac{5\sin x}{1+\cos x}$； (8) $y=\dfrac{\arccos x}{\sqrt{1-x^2}}$； (9) $y=x\arctan x$.

2. 求下列函数在给定点处的导数：

(1) $f(x)=x^3+4\cos x-\sin\dfrac{\pi}{2}$，求 $f'\left(\dfrac{\pi}{2}\right)$；

(2) 设 $f(x)=\dfrac{3}{5-x}+5x^2$，求 $f'(0)$；

(3)* 设 $y=\arctan e^x-\ln\sqrt{\dfrac{e^{2x}}{e^{2x}+1}}$，求 $\left.\dfrac{dy}{dx}\right|_{x=1}$；

(4)* 设 $y=f\left(\dfrac{3x-2}{3x+2}\right)$，$f'(x)=\arcsin(x^2)$，求 $\left.\dfrac{dy}{dx}\right|_{x=0}$.

3. 求下列函数的导数：

(1) $y=e^{4x}$； (2) $y=\sin^2 x$； (3) $y=\tan x^2$；

(4) $y=\ln\sin x$； (5) $y=\arcsin\sqrt{x}$； (6) $y=\left(\arctan\dfrac{x}{2}\right)^2$；

(7) $y=\ln\cos(e^x)$； (8) $y=\ln\ln\ln x$； (9) $y=e^{-\sin^2\frac{1}{x}}$.

4. 求曲线 $y=2\sin x+x^2$ 上横坐标为 $x=0$ 的点处的切线方程和法线方程.

5. a 为何值时，$y=ax^2$ 与 $y=\ln x$ 相切？

6. 现给一水箱放水，阀门打开 t 小时后水箱的深度 h 可近似认为由公式 $h=5\left(1-\dfrac{t}{10}\right)^2$ 给出. 求在时间 t 处水深下降的快慢程度 $\dfrac{dh}{dt}$.

7*. 曲线 $y=x+\sin^2 x$ 在点 $\left(\frac{\pi}{2},1+\frac{\pi}{2}\right)$ 处的切线方程是________.

8*. 设曲线 $f(x)=x^3+ax$ 与 $g(x)=bx^2+c$ 都通过点 $(-1,0)$，且在点 $(-1,0)$ 有公切线，则 $a=$________，$b=$________，$c=$________.

9*. 设 (x_0,y_0) 是抛物线 $y=ax^2+bx+c$ 上的一点，若在该点的切线过原点，则系数应满足的关系是________.

10. 求下列函数的导数：

(1) $y=(2+3x^2)\sqrt{1+5x^2}$；　(2) $y=\mathrm{e}^{-\frac{x}{2}}\cos 3x$；　(3) $y=\ln\sqrt{x}+\sqrt{\ln x}$；

(4) $y=\dfrac{\sin 2x}{x}$；　(5) $y=\arcsin(1-2x)$；　(6) $y=\dfrac{x}{\sqrt{1-x^2}}$；

(7) $y=\sqrt{1+\ln^2 x}$；　(8) $y=\log_a(1+x^2)$；　(9) $y=\cos(x^2)\sin^2\dfrac{1}{x}$；

(10) $y=\mathrm{e}^{\cos x^3}$；　(11) $y=\dfrac{(x+4)^2}{x+3}$；　(12) $y=\ln(x+\sqrt{x^2-a^2})$；

(13) $y=\arcsin\dfrac{2x}{1+x^2}$；　(14) $y=\sqrt{x+\sqrt{x}}$；　(15) $y=\ln\sqrt{\dfrac{x^2-1}{x^2+1}}$.

11. 设 $f(x)$ 可导，求下列函数的导数 $\dfrac{\mathrm{d}y}{\mathrm{d}x}$：

(1) $y=f(\mathrm{e}^x)\mathrm{e}^{f(x)}$；　(2) $y=f\left(\arcsin\dfrac{1}{x}\right)$；　(3) $y=f(x^2+\sin\sqrt{x})$.

12*. 设 $f(t)=\lim\limits_{x\to\infty}t\left(\dfrac{x+t}{x-t}\right)^x$，则 $f'(t)=$________.

13. 已知 $f(x)=\begin{cases}\sin x, & x<0,\\ x, & x\geqslant 0,\end{cases}$ 求 $f'(x)$.

2.3 高阶导数

由 2.1 节知道，作变速直线运动的物体在 t 时刻的速度是其位置函数 $s=f(t)$ 对时间 t 的导数，即

$$v=\frac{\mathrm{d}s}{\mathrm{d}t} \quad 或 \quad v=s'=f'(t),$$

而由物理学可知，加速度是速度对时间的变化率，故速度 v 对时间 t 的导数就是在 t 时刻的加速度 a，即

$$a=\frac{\mathrm{d}v}{\mathrm{d}t}=\frac{\mathrm{d}}{\mathrm{d}t}\left(\frac{\mathrm{d}s}{\mathrm{d}t}\right) \quad 或 \quad a=(s')'=(f'(t))'.$$

这种导数的导数 $\dfrac{\mathrm{d}}{\mathrm{d}t}\left(\dfrac{\mathrm{d}s}{\mathrm{d}t}\right)$ 或 $(s')'$ 称为函数 s 对 t 的二阶导数. 因此，作变速直线运动物体的加速度是位置函数 $s=f(t)$ 对时间 t 的二阶导数. 下面引入有关高阶导数的概念.

定义 2.3.1　若函数 $y=f(x)$ 的导数 $y'=f'(x)$ 仍可导，即

$$[f'(x)]'=\lim_{\Delta x\to 0}\frac{f'(x+\Delta x)-f'(x)}{\Delta x}$$

存在，则称 $[f'(x)]'$ 为函数 $y=f(x)$ 的**二阶导数**，记作 y''，$f''(x)$，$\dfrac{\mathrm{d}^2 y}{\mathrm{d}x^2}$ 或 $\dfrac{\mathrm{d}^2 f(x)}{\mathrm{d}x^2}$.

如果二阶导数 $f''(x)$ 仍可导，则称导数 $[f''(x)]'$ 为 $f(x)$ 的**三阶导数**，记作

$$y''', f'''(x), \frac{d^3y}{dx^3} \quad 或 \quad \frac{d^3f(x)}{dx^3}.$$

一般地，如果函数 $y=f(x)$ 的 $(n-1)$ 阶导数 $f^{(n-1)}(x)$ 仍可导，则称其导数 $[f^{(n-1)}(x)]'$ 为 $f(x)$ 的 ***n* 阶导数**，记作

$$y^{(n)}, f^{(n)}(x), \frac{d^ny}{dx^n} \quad 或 \quad \frac{d^nf(x)}{dx^n}.$$

二阶及二阶以上的导数统称为**高阶导数**，相应地，把 $f'(x)$ 称为 $f(x)$ 的**一阶导数**.

由以上定义易知，如果函数 $y=f(x)$ 在点 x 处具有 n 阶导数，那么 $y=f(x)$ 在点 x 的某一邻域内必定具有一切低于 n 阶的导数.

例 2.3.1 $y=\sqrt{2x-x^2}$，求 y''.

解 $y'=\dfrac{2-2x}{2\sqrt{2x-x^2}}=\dfrac{1-x}{\sqrt{2x-x^2}}$，

$$y''=\frac{(1-x)'\sqrt{2x-x^2}-(1-x)(\sqrt{2x-x^2})'}{(\sqrt{2x-x^2})^2}$$

$$=\frac{-\sqrt{2x-x^2}-(1-x)\dfrac{2-2x}{2\sqrt{2x-x^2}}}{2x-x^2}$$

$$=\frac{-2x+x^2-(1-x)^2}{(2x-x^2)\sqrt{2x-x^2}}=-\frac{1}{(2x-x^2)^{\frac{3}{2}}}.$$

例 2.3.2* 设 $y=\ln(x+\sqrt{x^2+1})$，求 $y'''\Big|_{x=\sqrt{3}}$.

解 $y'=\dfrac{1}{x+\sqrt{1+x^2}}\left(1+\dfrac{x}{\sqrt{1+x^2}}\right)=\dfrac{1}{\sqrt{1+x^2}}$，

$$y''=-\frac{1}{2}(1+x^2)^{-\frac{3}{2}}(2x)=-x(1+x^2)^{-\frac{3}{2}},$$

$$y'''=\frac{3x}{2}(1+x^2)^{-\frac{5}{2}}(2x)-(1+x^2)^{-\frac{3}{2}}=3x^2(1+x^2)^{-\frac{5}{2}}-(1+x^2)^{-\frac{3}{2}},$$

于是

$$y'''\Big|_{x=\sqrt{3}}=3(\sqrt{3})^2(1+(\sqrt{3})^2)^{-\frac{5}{2}}-(1+(\sqrt{3})^2)^{-\frac{3}{2}}=\frac{5}{32}.$$

一般求一个函数的 n 阶导数，可先求出其前几阶导数，然后用归纳法得出 n 阶导数的表达式. 下面介绍几个常见初等函数的 n 阶导数公式.

例 2.3.3 求 $y=e^x$ 的 n 阶导数.

解 因为 $y'=(e^x)'=e^x, y''=e^x, y'''=e^x$，所以 $y^{(n)}=e^x$，即 $(e^x)^{(n)}=e^x$.

例 2.3.4 求 $y=\sin x$ 的 n 阶导数.

解 $y'=\cos x=\sin\left(x+\dfrac{\pi}{2}\right)$，

$$y''=-\sin x=\cos\left(x+\frac{\pi}{2}\right)=\sin\left(x+2\cdot\frac{\pi}{2}\right),$$

$$y'''=-\cos x=\cos\left(x+2\cdot\frac{\pi}{2}\right)=\sin\left(x+3\cdot\frac{\pi}{2}\right),$$

$$y^{(4)}=\sin x=\cos\left(x+3\cdot\frac{\pi}{2}\right)=\sin\left(x+4\cdot\frac{\pi}{2}\right).$$

一般地，可得

$$y^{(n)}=\sin\left(x+n\cdot\frac{\pi}{2}\right),$$

即

$$(\sin x)^{(n)}=\sin\left(x+n\cdot\frac{\pi}{2}\right).$$

类似地，可求余弦函数的 n 阶导数公式

$$(\cos x)^{(n)}=\cos\left(x+n\cdot\frac{\pi}{2}\right).$$

例 2.3.5　求 $y=\ln(1+x)$的 n 阶导数.

解　$y'=\frac{1}{1+x}$，　$y''=-\frac{1}{(1+x)^2}$，　$y'''=\frac{1\cdot 2}{(1+x)^3}$，　$y^{(4)}=-\frac{1\cdot 2\cdot 3}{(1+x)^4}$，

一般地，可得

$$y^{(n)}=(-1)^{n-1}\frac{(n-1)!}{(1+x)^n},$$

即

$$[\ln(1+x)]^{(n)}=(-1)^{n-1}\frac{(n-1)!}{(1+x)^n}.$$

通常规定 $0!=1$，因此这个公式当 $n=1$ 时也成立.

例 2.3.6　求 $y=x^{\mu}$(μ 是任意常数)的 n 阶导数.

解　$y'=\mu x^{\mu-1}$，　$y''=\mu(\mu-1)x^{\mu-2}$，　$y'''=\mu(\mu-1)(\mu-2)x^{\mu-3}$，

一般地，可得

$$y^{(n)}=\mu(\mu-1)(\mu-2)(\mu-3)\cdots(\mu-n+1)x^{\mu-n}.$$

特别地，当 $\mu=n$ 时，有

$$(x^n)^{(n)}=n(n-1)(n-2)\cdots 3\cdot 2\cdot 1=n!,$$

而$(x^n)^{(n+1)}=0$.

如果函数 $u=u(x)$和 $v=v(x)$在点 x 处具有 n 阶导数，则有

$$(u\pm v)^{(n)}=u^{(n)}\pm v^{(n)},\quad (uv)^{(n)}=\sum_{k=0}^{n}C_n^k u^{(n-k)}v^{(k)}.$$

例 2.3.7*　$f(x)=2\sin^2\frac{x}{2}$，求 $f^{(2003)}(x)$.

解　$f^{(2003)}(x)=\left(2\sin^2\frac{x}{2}\right)^{(2003)}=(1-\cos x)^{(2003)}=0-(\cos x)^{(2003)}$

$$=-\cos\left(x+2003\cdot\frac{\pi}{2}\right)=-\cos\left(x+\frac{3\pi}{2}+500\cdot 2\pi\right)$$

$$=-\cos\left(x+\frac{3\pi}{2}\right)=-\sin x.$$

习 题 2.3

1. 求下列函数的二阶导数：

(1) $y=2x^2+x\ln x$；　(2) $y=e^{3x-1}$；　(3) $y=x\cos x$；

(4) $y=\sqrt{a^2-x^2}$；　(5) $y=\ln(x^2+1)$；　(6) $y=\cot x$；

(7) $y=\dfrac{1}{x^2+1}$；　(8) $y=(x^2+1)\arctan x$；　(9) $y=\dfrac{e^x}{x}$.

2. 设 $f''(x)$ 存在，求下列函数的二阶导数 $\dfrac{d^2y}{dx^2}$：

(1) $y=f(x^2)$；　(2) $y=\ln[f(x)]$.

3. 设 y 的 $n-2$ 阶导数 $y^{(n-2)}=\dfrac{x}{\ln x}$，求 $y^{(n)}$.

4. 求下列函数的 n 阶导数：

(1) $y=\cos^2 x$；　(2)* $y=\dfrac{1-x}{1+x}$.

2.4 由参数方程所确定的函数及隐函数的导数

一、由参数方程所确定的函数的导数

函数 $y=f(x)$ 表示两个变量 y 与 x 之间的对应关系，这种对应关系有时可用不同的方式表示.

若参数方程

$$\begin{cases}x=\varphi(t),\\ y=\psi(t),\end{cases}\tag{2.4.1}$$

确定 y 与 x 之间的函数关系，则称此函数关系所表达的函数为**由参数方程所确定的函数**.

如何求由参数方程(2.4.1)所确定的函数的导数，直接的想法就是从参数方程(2.4.1)中消去参数 t 后，再求导数. 但有时这样做会有困难，甚至是不可能的. 因此，下面给出一种直接由参数方程(2.4.1)求其所确定函数导数的方法.

在式(2.4.1)中，假设函数 $x=\varphi(t)$ 具有单调连续反函数 $t=\varphi^{-1}(x)$，并能与函数 $y=\psi(t)$ 构成复合函数，则函数 $y=\psi[\varphi^{-1}(x)]$ 就是由参数方程(2.4.1)所确定的函数.

因此，如再假设 $x=\varphi(t)$，$y=\psi(t)$ 都可导，且 $\psi'(t)\neq 0$. 由复合函数的求导法则与反函数的求导法则，可得

$$\frac{dy}{dx}=\frac{dy}{dt}\cdot\frac{dt}{dx}=\frac{dy}{dt}\cdot\frac{1}{\frac{dx}{dt}}=\frac{\psi'(t)}{\varphi'(t)},$$

即

$$\frac{dy}{dx}=\frac{\psi'(t)}{\varphi'(t)}\quad 或\quad \frac{dy}{dx}=\frac{\frac{dy}{dt}}{\frac{dx}{dt}}. \tag{2.4.2}$$

这就是由参数方程(2.4.1)所确定 x 的函数的导数公式.

值得注意的是，由参数方程(2.4.1)所确定的函数作为 x 的函数，其导数$\frac{dy}{dx}$也应是 x 的函数，因此，$\frac{dy}{dx}$应表示为

$$\begin{cases}x=\varphi(t),\\ \dfrac{dy}{dx}=\dfrac{\psi'(t)}{\varphi'(t)},\end{cases}$$

即$\frac{dy}{dx}$也是由参数方程确定，但为方便起见，$\frac{dy}{dx}$常常以式(2.4.2)的形式呈现.

由于由参数方程确定的函数的导数也由参数方程确定，因此，如果 $x=\varphi(t)$，$y=\psi(t)$还具有二阶导，则可进一步求得由方程(2.4.1)所确定函数的二阶导数，即

$$\frac{d^2y}{dx^2}=\frac{d}{dx}\left(\frac{dy}{dx}\right)=\frac{d\left(\frac{dy}{dx}\right)}{dt}\cdot\frac{1}{\frac{dx}{dt}}=\frac{\left(\frac{\psi'(t)}{\varphi'(t)}\right)'}{\varphi'(t)}.$$

例 2.4.1* 　求曲线$\begin{cases}x=e^t\sin 2t\\ y=e^t\cos t\end{cases}$,在点(0,1)处的切线方程.

解 　显然曲线上点(0,1)对应的参数值为 $t=0$,而曲线在该点的切线斜率是

$$\left.\frac{dy}{dx}\right|_{t=0}=\left.\frac{(e^t\cos t)'}{(e^t\sin 2t)'}\right|_{t=0}=\left.\frac{e^t\cos t-e^t\sin t}{e^t\sin 2t+2e^t\cos 2t}\right|_{t=0}=\frac{1}{2}.$$

所求的切线方程为

$$y-1=\frac{1}{2}(x-0),$$

即 $x-2y+2=0$.

例 2.4.2 　求参数方程$\begin{cases}x=\ln\sqrt{1+t^2}\\ y=\arctan t\end{cases}$,所确定的函数 $y=y(x)$的二阶导数$\frac{d^2y}{dx^2}$.

解 　$$\frac{dy}{dx}=\frac{\frac{dy}{dt}}{\frac{dx}{dt}}=\frac{(\arctan t)'}{(\ln\sqrt{1+t^2})'}=\frac{\frac{1}{1+t^2}}{\frac{1}{2}\cdot\frac{2t}{1+t^2}}=\frac{1}{t},$$

$$\frac{d^2y}{dx^2}=\frac{\left(\frac{1}{t}\right)'}{(\ln\sqrt{1+t^2})'}=\frac{-\frac{1}{t^2}}{\frac{1}{2}\cdot\frac{2t}{1+t^2}}=-\frac{1+t^2}{t^3}.$$

二、隐函数的导数

若 x 在区间 I 内任取一值时，总有唯一确定的 y 值与其对应，它们满足 $F(x,y)=0$，则方程 $F(x,y)=0$ 在区间 I 内确定了一个 y 关于 x 的函数，称此函数为**隐函数**. 为了区别起见，将以 $y=f(x)$ 形式给出的函数称为**显函数**，而把一个隐函数化成显函数的过程，称为隐函数的**显化**. 例如，方程 $x+y^3-1=0$ 在 $(-\infty,+\infty)$ 内确定一个 y 关于 x 的函数，而从方程解出 $y=\sqrt[3]{1-x}$，就是把隐函数化成了显函数.

如何计算隐函数的导数？如果一个隐函数易于显化，自然可经显化后，再求其导数. 但有些隐函数的显化是困难甚至是不可能的. 例如，方程 $x^3+y^3-3xy=0$ 可确定 y 是 x 的隐函数，但此隐函数就不可能显化. 因此，研究无需将隐函数显化就能求其导数的方法是十分必要的，下面通过具体例子介绍一种隐函数求导的方法.

例 2.4.3 求由方程 $x^3+y^3-3xy=0$ 所确定的隐函数的导数 $\frac{\mathrm{d}y}{\mathrm{d}x}$.

解 把 x 看成自变量，而 y 看成 x 的函数. 方程两边对 x 求导得

$$3x^2+3y^2\frac{\mathrm{d}y}{\mathrm{d}x}-3\left(y+x\frac{\mathrm{d}y}{\mathrm{d}x}\right)=0,$$

解出 $\frac{\mathrm{d}y}{\mathrm{d}x}$，得 $\frac{\mathrm{d}y}{\mathrm{d}x}=\frac{y-x^2}{y^2-x}$.

例 2.4.4* 求曲线 $xy+2\ln x=y^4$ 在点 $(1,1)$ 处的切线方程.

解 把 y 看成 x 的函数，方程两边分别对 x 求导，得

$$y+x\frac{\mathrm{d}y}{\mathrm{d}x}+\frac{2}{x}=4y^3\frac{\mathrm{d}y}{\mathrm{d}x},$$

解出 $\frac{\mathrm{d}y}{\mathrm{d}x}$，得

$$\frac{\mathrm{d}y}{\mathrm{d}x}=\frac{y+\frac{2}{x}}{4y^3-x}=\frac{xy+2}{4xy^3-x^2}.$$

由导数的几何意义，所求切线的斜率为

$$k=\left.\frac{\mathrm{d}y}{\mathrm{d}x}\right|_{(1,1)}=\left.\frac{xy+2}{4xy^3-x^2}\right|_{(1,1)}=\frac{1-2}{4-1}=1,$$

于是所求的切线方程为 $y-1=x-1$，即 $x-y=0$.

例 2.4.5 求由方程 $y=1+xe^y$ 所确定的隐函数的二阶导数 $\frac{\mathrm{d}^2y}{\mathrm{d}x^2}$.

解 把 y 看成 x 的函数，方程两边对 x 求导，得

$$\frac{\mathrm{d}y}{\mathrm{d}x}=\mathrm{e}^y+x\mathrm{e}^y\cdot\frac{\mathrm{d}y}{\mathrm{d}x},$$

于是 $\frac{\mathrm{d}y}{\mathrm{d}x}=\frac{\mathrm{e}^y}{1-x\mathrm{e}^y}$，利用已知方程可得 $\frac{\mathrm{d}y}{\mathrm{d}x}=\frac{\mathrm{e}^y}{2-y}$.

将 y 依然看成 x 的函数，上式两边再对 x 求导，得

$$\frac{d^2y}{dx^2}=\frac{e^y\cdot\frac{dy}{dx}\cdot(2-y)+\frac{dy}{dx}\cdot e^y}{(2-y)^2}=\frac{e^y\cdot(3-y)\cdot\frac{dy}{dx}}{(2-y)^2}$$

$$=\frac{e^y\cdot(3-y)\cdot\frac{e^y}{2-y}}{(2-y)^2}=\frac{e^{2y}\cdot(3-y)}{(2-y)^3}.$$

例 2.4.6* 设函数 $y=y(x)$ 由方程 $xe^{f(y)}=e^y$ 确定，其中 f 具有二阶导数，且 $f'\neq1$，求 $\frac{d^2y}{dx^2}$.

解 把 y 看成 x 的函数，方程两边对 x 求导，得

$$e^{f(y)}+xe^{f(y)}\cdot f'(y)\cdot\frac{dy}{dx}=e^y\cdot\frac{dy}{dx},$$

于是

$$\frac{dy}{dx}=\frac{e^{f(y)}}{e^y-xe^{f(y)}f'(y)},$$

又由 $e^y=xe^{f(y)}$，则有

$$\frac{dy}{dx}=\frac{1}{x(1-f'(y))},$$

上式两边再对 x 求导，并将上式代入整理得

$$\frac{d^2y}{dx^2}=-\frac{(1-f'(y))-xf''(y)\frac{dy}{dx}}{x^2(1-f'(y))^2}=\frac{f''(y)-(1-f'(y))^2}{x^2(1-f'(y))^3}.$$

有时为了便于计算，在对某些函数 $y=f(x)$ 进行求导时，可先对 $y=f(x)$ 的两边取对数，并利用对数运算性质改变取对数后的函数的运算构成，然后利用隐函数求导法求 y 的导数，这种方法就称为**对数求导法**. 下面通过例子介绍对数求导法.

例 2.4.7 求函数 $y=\frac{\sqrt{x+2}(3-x)^4}{(x+1)^5}$ 的导数.

解 先对函数两边取对数，并化简得

$$\ln y=\frac{1}{2}\ln(x+2)+4\ln(3-x)-5\ln(x+1),$$

上式两边再对 x 求导得

$$\frac{1}{y}y'=\frac{1}{2(x+2)}-\frac{4}{3-x}-\frac{5}{x+1},$$

于是

$$y'=y\left[\frac{1}{2(x+2)}-\frac{4}{3-x}-\frac{5}{x+1}\right],$$

即

$$y'=\frac{\sqrt{x+2}(3-x)^4}{(x+1)^5}\left[\frac{1}{2(x+2)}-\frac{4}{3-x}-\frac{5}{x+1}\right].$$

例 2.4.8 求 $y=x^{\sin x}(x>0)$ 的导数.

解 先对 $y=x^{\sin x}$ 两边取对数，得 $\ln y=\sin x\cdot\ln x$. 两边再对 x 求导，得

$$\frac{1}{y}y'=\cos x\cdot\ln x+\sin x\cdot\frac{1}{x},$$

于是

$$y'=y\left(\cos x\cdot\ln x+\frac{\sin x}{x}\right),$$

即

$$y'=x^{\sin x}\left(\cos x\cdot\ln x+\frac{\sin x}{x}\right).$$

幂指函数也可以利用对数恒等式 $x=e^{\ln x}$ 化简后，再求导. 如例 2.4.8 也可以这样求导：

由于

$$y=x^{\sin x}=e^{\sin x\cdot\ln x},$$

于是

$$y'=(e^{\sin x\cdot\ln x})'=e^{\sin x\cdot\ln x}(\sin x\cdot\ln x)'$$
$$=e^{\sin x\cdot\ln x}\left(\cos x\cdot\ln x+\frac{\sin x}{x}\right)=x^{\sin x}\left(\cos x\cdot\ln x+\frac{\sin x}{x}\right).$$

习 题 2.4

1. 求下列参数方程所确定的函数的导数 $\frac{dy}{dx}$：

(1) $\begin{cases}x=t\ln t,\\ y=\frac{\ln t}{t};\end{cases}$　(2) $\begin{cases}x=t\cos t,\\ y=t\sin t;\end{cases}$　(3) $\begin{cases}x=t-\ln(1+t),\\ y=t^3+t^2.\end{cases}$

2. 求曲线 $\begin{cases}x=1+t^2,\\ y=t^3\end{cases}$ 在 $t=2$ 处的切线方程.

3. 求下列参数方程所确定的函数的二阶导数 $\frac{d^2y}{dx^2}$：

(1) $\begin{cases}x=1+t^2,\\ y=\cos t;\end{cases}$　(2) $\begin{cases}x=\ln\cos t,\\ y=\sin t-t\cos t;\end{cases}$　(3) $\begin{cases}x=5(t-\sin t),\\ y=5(1-\sin t).\end{cases}$

4. 求由下列方程所确定的隐函数的导数 $\frac{dy}{dx}$：

(1) $x-y-e^y=0$；　(2) $y\sin x-\cos(x-y)=0$；

(3) $\arctan\frac{y}{x}=\ln\sqrt{x^2+y^2}$；　(4) $ye^x+\ln y=1$；

(5) $e^{x+y}+\cos(xy)=0$；　(6)* $e^{xy}+y^2=\cos x$.

5. 设函数 $y=y(x)$ 由方程 $\ln(x^2+y)=x^3y+\sin x$ 确定，求 $\left.\frac{dy}{dx}\right|_{x=0}$.

6. 求曲线 $e^y+xy=e$ 在点 $(0,1)$ 处的切线方程及法线方程.

7. 求由下列方程所确定的隐函数的二阶导数$\frac{d^2y}{dx^2}$：

(1) $x-y+\frac{1}{2}\sin y=0$；　　　　(2) $y=\tan(x+y)$.

8. 设 $y=f(x^2+y)$，其中 f 具有一阶导数，且 $f'(x)\neq 1$，求 y'.

9. 求下列函数的导数：

(1) $y=(\ln x)^x$；　　　　(2) $y=\left(\frac{x}{1+x}\right)^x$；

(3) $y=\sqrt[5]{\frac{x-5}{\sqrt[5]{x^2+2}}}$；　　　　(4) $y=\sqrt{x\sin x\sqrt{1-e^x}}$.

10. 设由方程 $x^y=y^x$ 确定 y 是 x 的函数，求$\frac{dy}{dx}$.

2.5　函数的微分

一、微分的定义

微分是微分学的另一个重要的基本概念，它与导数密切相关，但又有本质的差别. 在介绍微分的概念前，先分析一个具体问题.

设一块密度均匀的正方形钢板，因受热后均匀膨胀，其边长由原来的 x 变到 $x+\Delta x$，问此钢板的面积 S 增加了多少？因为正方形面积 S 与边长 x 的函数关系式是：$S=x^2$，所以当正方形边长由 x 增加到 $x+\Delta x$ 时，正方形面积的增量为

$$\Delta S=S(x+\Delta x)-S(x)=(x+\Delta x)^2-x^2=2x\Delta x+(\Delta x)^2.$$

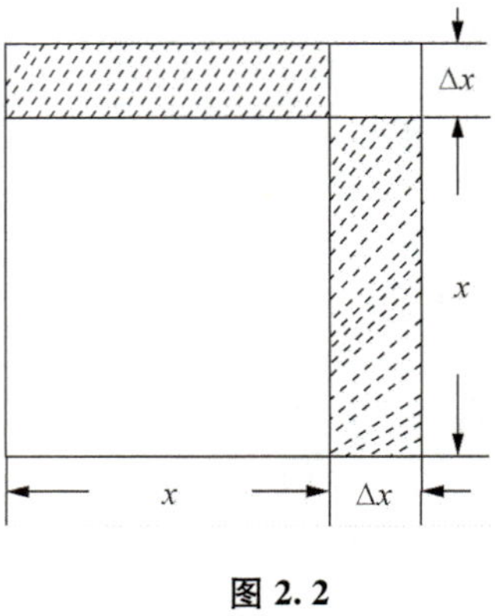

图 2.2

从上式可看出，ΔS 分成两部分之和，第一部分为 $2x\Delta x$，它是 Δx 的线性函数，即图 2.2 中带有斜线的两个矩形面积之和，第二部分是$(\Delta x)^2$，当 $\Delta x\to 0$ 时，它是比 Δx 高阶的无穷小，即$(\Delta x)^2=o(\Delta x)$. 由此可见，$|\Delta x|$很小时，面积的改变量 ΔS 可近似地用 $2x\Delta x$ 来代替，即 $\Delta S\approx 2x\Delta x$，二者的误差只是一个比 Δx 高阶的无穷小量. 把 $2x\Delta x$ 称为函数 $S=x^2$ 的微分，记作 $dS=2x\Delta x$.

定义 2.5.1　设函数 $y=f(x)$在区间 I 内有定义，当自变量 x 在 x_0处取增量 Δx(x_0及 $x_0+\Delta x$ 均在区间 I 内)，如果函数增量 $\Delta y=f(x_0+\Delta x)-f(x_0)$可表示为

$$\Delta y=A\Delta x+o(\Delta x), \qquad (2.5.1)$$

其中 A 是不依赖于 Δx 的常数，则称函数 $y=f(x)$在点 x_0是**可微**的，而把 $A\Delta x$ 称为函数 $y=f(x)$在点 x_0的**微分**，记作$dy|_{x=x_0}$，即

$$dy|_{x=x_0}=A\Delta x.$$

一般直接从微分定义判断函数是否可微，有时会很困难，甚至无法做到，因此，下面讨论函数可微的条件.

定理 2.5.1 函数 $f(x)$在点 x_0可微的充分必要条件是函数 $f(x)$在点 x_0可导，且当 $f(x)$在点 x_0可微时，有

$$\mathrm{d}y\big|_{x=x_0}=f'(x_0)\Delta x. \tag{2.5.2}$$

事实上，设函数 $y=f(x)$在点 x_0可微，则由微分定义，有

$$\Delta y=A\Delta x+o(\Delta x),$$

两边同时除以 Δx，得

$$\frac{\Delta y}{\Delta x}=A+\frac{o(\Delta x)}{\Delta x},$$

于是，当 $\Delta x\to 0$ 时，对上式取极限得

$$\lim_{\Delta x\to 0}\frac{\Delta y}{\Delta x}=A=f'(x_0).$$

这表明，如果函数 $f(x)$在点 x_0可微，则 $f(x)$在点 x_0也必定可导，且 $f'(x_0)=A$.

反之，如果 $f(x)$在点 x_0可导，即

$$\lim_{\Delta x\to 0}\frac{\Delta y}{\Delta x}=f'(x_0),$$

根据极限与无穷小的关系，则有$\dfrac{\Delta y}{\Delta x}=f'(x_0)+\alpha$，其中$\lim\limits_{\Delta x\to 0}\alpha=0$，从而

$$\Delta y=f'(x_0)\Delta x+\alpha\Delta x.$$

显然，$\alpha\Delta x=o(\Delta x)$，且 $f'(x_0)$不依赖于 Δx，由微分定义，$f(x)$在点 x_0是可微的，且其微分$\mathrm{d}y\big|_{x=x_0}=f'(x_0)\Delta x$.

若函数 $f(x)$在任意点 x 是可微，则把函数 $f(x)$在任意点 x 的微分称为**函数 $f(x)$ 的微分**，记作 $\mathrm{d}y$ 或 $\mathrm{d}f(x)$，即

$$\mathrm{d}y=f'(x)\Delta x.$$

如果函数 $y=x$，则其微分 $\mathrm{d}x=x'\Delta x=\Delta x$. 即自变量 x 的增量 Δx 等于自变量的微分，于是函数 $y=f(x)$的微分又可记作

$$\mathrm{d}y=f'(x)\mathrm{d}x,$$

即函数的微分就是函数的导数与自变量的微分之乘积，从而有

$$\frac{\mathrm{d}y}{\mathrm{d}x}=f'(x),$$

即函数的导数等于函数的微分 $\mathrm{d}y$ 与自变量的微分 $\mathrm{d}x$ 之商. 因此，导数也常称作“**微商**”.

综上可知，求微分的问题可归结为求导数的问题.

例 2.5.1 求函数 $y=x^3$ 当 x 从 1 变到 1.01 时的微分.

解 函数的微分为 $\mathrm{d}y=(x^3)'\Delta x=3x^2\Delta x$，由所给条件知，$x=1$，$\Delta x=1.01-1=0.01$，从而有

$$\mathrm{d}y\Big|_{\substack{x=1\\ \Delta x=0.01}}=3x^2\Delta x\Big|_{\substack{x=1\\ \Delta x=0.01}}=3\times1\times0.01=0.03.$$

例 2.5.2　求函数 $y=\sin x$ 的微分.

解　$\mathrm{d}y=(\sin x)'\mathrm{d}x=\cos x\mathrm{d}x$.

二、微分的几何意义

函数的微分有明显的几何意义.

在直角坐标系中作函数 $y=f(x)$ 图形 L 如图 2.3,在曲线 L 上取定一点 $M(x,y)$，过 M 作曲线的切线 MT，它的倾角为 α，则此切线的斜率为

$$\tan\alpha=f'(x),$$

当自变量在点 x 有微小增量 Δx 时，就得到曲线上另一点 $N(x+\Delta x,y+\Delta y)$，由图 2.3 易知 $MQ=\Delta x$，$NQ=\Delta y$. 则由直角三角形 ΔMPQ 的边角关系，有

$$QP=MQ\cdot\tan\alpha=\Delta x\cdot f'(x),$$

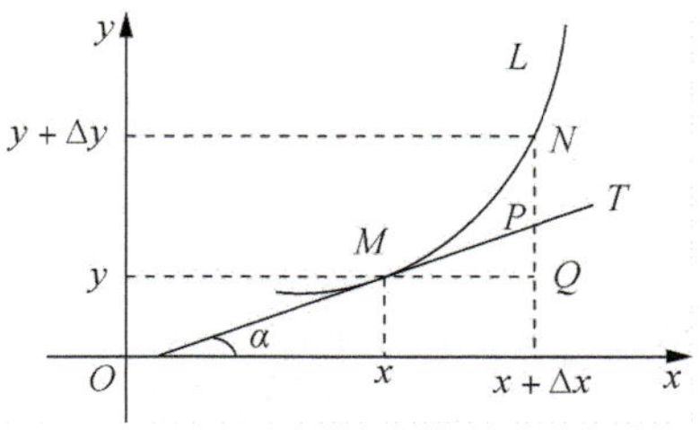

图 2.3

即 $QP=\mathrm{d}y$.

由此可见，当函数 $y=f(x)$ 的自变量在点 x 处取得改变量 Δx 时，函数 $y=f(x)$ 的微分 $\mathrm{d}y$ 就是曲线 $y=f(x)$ 过点 $M(x,y)$ 切线的相应纵坐标的改变量，而 Δy 是曲线 $y=f(x)$ 的相应纵坐标增量. 从图 2.3 还可看出，当 $|\Delta x|$ 很小时，有

$$\Delta y\approx\mathrm{d}y=f'(x)\Delta x.$$

三、微分基本公式与微分运算法则

由 $\mathrm{d}y=f'(x)\mathrm{d}x$ 可知，求函数 $y=f(x)$ 的微分，可先求出函数的导数 $f'(x)$，再乘以自变量的微分 $\mathrm{d}x$ 即可. 另外,由导数基本公式和导数运算法则，不难得到以下微分基本公式与微分运算法则.

1. 基本初等函数的微分公式

(1) $\mathrm{d}(C)=0$；　　(2) $\mathrm{d}(x^{\mu})=\mu x^{\mu-1}\mathrm{d}x$；

(3) $\mathrm{d}(a^x)=a^x\ln a\mathrm{d}x$；　　(4) $\mathrm{d}(\mathrm{e}^x)=\mathrm{e}^x\mathrm{d}x$；

(5) $\mathrm{d}(\log_a x)=\dfrac{1}{x\ln a}\mathrm{d}x$；　　(6) $\mathrm{d}(\ln x)=\dfrac{1}{x}\mathrm{d}x$；

(7) $\mathrm{d}(\sin x)=\cos x\mathrm{d}x$；　　(8) $\mathrm{d}(\cos x)=-\sin x\mathrm{d}x$；

(9) $\mathrm{d}(\tan x)=\sec^2 x\mathrm{d}x$；　　(10) $\mathrm{d}(\cot x)=-\csc^2 x\mathrm{d}x$；

(11) $\mathrm{d}(\sec x)=\sec x\tan x\mathrm{d}x$；　　(12) $\mathrm{d}(\csc x)=-\csc x\cot x\mathrm{d}x$；

(13) $d(\arcsin x)=\frac{1}{\sqrt{1-x^2}}dx$； (14) $d(\arccos x)=-\frac{1}{\sqrt{1-x^2}}dx$；

(15) $d(\arctan x)=\frac{1}{1+x^2}dx$； (16) $d(\text{arccot}\, x)=-\frac{1}{1+x^2}dx$.

2. 函数和、差、积、商的微分法则

(1) $d(u\pm v)=du\pm dv$； (2) $d(uv)=udv+vdu$；

(3) $d(Cu)=Cdu$ (C 为常数)； (4) $d\left(\frac{u}{v}\right)=\frac{vdu-udv}{v^2}$ $(v\neq 0)$.

3. 复合函数的微分法则

设 $y=f(u)$ 及 $u=g(x)$ 都可导，则复合函数 $y=f[g(x)]$ 的微分

$$dy=f'[g(x)]g'(x)dx.$$

由于 $f'[g(x)]=f'(u)$，$g'(x)dx=du$，所以上式又可写成：

$$dy=f'(u)du.$$

由此可见，对可导函数 $y=f(u)$ 来说，不论 u 是自变量还是中间变量，其微分都具有相同形式，即都是 $dy=f'(u)du$，这一性质称为**一阶微分形式的不变性**.

下面给出一些应用微分基本公式和微分运算法则求函数微分的例子.

例 2.5.3 $y=\ln^2(1-x)$，求 dy.

解 $dy=d[\ln^2(1-x)]=2\ln(1-x)d[\ln(1-x)]=2\ln(1-x)\frac{1}{1-x}d(1-x)$

$$=\frac{2\ln(1-x)}{1-x}(-dx)=\frac{2\ln(1-x)}{x-1}dx.$$

例 2.5.4 $y=e^{3x}\cos(2x+3)$，求 dy.

解 $dy=d[e^{3x}\cos(2x+3)]=\cos(2x+3)d(e^{3x})+e^{3x}d[\cos(2x+3)]$

$$=\cos(2x+3)e^{3x}d(3x)-e^{3x}\sin(2x+3)d(2x+3)$$

$$=\cos(2x+3)e^{3x}\cdot 3dx-e^{3x}\sin(2x+3)\cdot 2dx$$

$$=e^{3x}[3\cos(2x+3)-2\sin(2x+3)]dx.$$

例 2.5.5 设方程 $\ln\frac{x^2}{y}-xy^2=1$ 确定 y 是 x 的函数，求 dy.

解 将方程变形为

$$2\ln x-\ln y-xy^2=1,$$

两边求微分，有

$$d(2\ln x)-d(\ln y)-d(xy^2)=d(1),$$

即

$$\frac{2}{x}dx-\frac{1}{y}dy-(y^2dx+x\cdot 2ydy)=0,$$

整理得

$$\left(\frac{2}{x}-y^2\right)\mathrm{d}x-\left(\frac{1}{y}+2xy\right)\mathrm{d}y=0,$$

解出

$$\mathrm{d}y=\frac{\dfrac{2}{x}-y^2}{\dfrac{1}{y}+2xy}\mathrm{d}x=\frac{y(2-y^2x)}{x(1+2xy^2)}\mathrm{d}x.$$

四、微分在近似计算中的应用

由微分的定义可知，当 $f'(x_0)\neq 0$，且 $|\Delta x|$ 很小时，有

$$\Delta y\approx \mathrm{d}y=f'(x_0)\Delta x. \tag{2.5.3}$$

此公式常用来近似计算函数的 Δy.

例 2.5.6 有一个半径为 10cm 的球，问当其半径增加 0.01cm 时，球的体积大约增加多少？

解 半径为 R 的球体积为

$$V=f(R)=\frac{4}{3}\pi R^3,$$

当自变量 R 在点 $R=10$ 取得增量 $\Delta R=0.01$ 时，球的体积增量大约为

$$\Delta V\approx \mathrm{d}V\Big|_{\substack{R=10\\ \Delta R=0.01}}=\left(\frac{4}{3}\pi R^3\right)'\cdot\Delta R\Big|_{\substack{R=10\\ \Delta R=0.01}}=4\pi R^2\cdot\Delta R\Big|_{\substack{R=10\\ \Delta R=0.01}}$$
$$\approx 4\times 3.14\times 10^2\times 0.01=12.56(\mathrm{cm}^3).$$

式(2.5.3)也可以表示为 $f(x_0+\Delta x)-f(x_0)\approx f'(x_0)\Delta x$，从而

$$f(x_0+\Delta x)\approx f(x_0)+f'(x_0)\Delta x. \tag{2.5.4}$$

此公式常用来近似计算 $f(x)$ 在某点附近的函数值.

例 2.5.7 利用微分求 $\sqrt[3]{1.02}$ 的近似值.

解 将此问题看成求函数 $f(x)=\sqrt[3]{x}$ 在 $x=1.02$ 处的函数值的近似值问题，此时 $f'(x)=\dfrac{1}{3\sqrt[3]{x^2}}$，取 $x_0=1$，则 $f(1)=1$ 与 $f'(1)=\dfrac{1}{3}$ 都易计算，且 $\Delta x=1.02-1=0.02$ 也比较小，利用式(2.5.4)得

$$\sqrt[3]{1.02}=f(1.02)=f(1+0.02)\approx f(1)+f'(1)\cdot 0.02=1+\frac{1}{3}\times 0.02\approx 1.0067.$$

习 题 2.5

1. 设 $y=x^4-2x$，求 $x=2$，$\mathrm{d}x=0.1$ 时 $\mathrm{d}y$ 的值.

2. 求下列函数的微分：

(1) $y=x\sin 2x$； (2) $y=\sqrt[7]{x}+\sqrt[x]{7}+\sqrt[7]{7}$； (3) $y=\ln\sqrt{1-x^3}$；

(4) $y=\ln^2(3+x)$；　(5) $y=\arcsin\sqrt{x}$；　(6) $y=\dfrac{x}{\sqrt{x^2+1}}$；

(7) $y=\tan^2(1+2x^2)$；　(8) $y=x^x$；　(9) $y=\arctan\dfrac{1-x^2}{1+x^2}$.

3. 利用微分法则求下列方程所确定的隐函数的微分 dy：

(1) $\tan y=x+y$；　(2) $\ln\sqrt{xy}+x^2+y^3=1$.

4*. 设 $y=f(\ln x)e^{f(x)}$，其中 f 可微，则 dy=________.

5*. 假设方程 $x=y^y$ 确定 y 是 x 的函数，则 dy=________.

6. 一平面圆环形，其内半径为 10cm，宽为 0.1cm，求其面积的精确值与近似值.

7. 求下列各式的近似值：

(1) $\sqrt{1.05}$；　(2) $e^{0.05}$；　(3) $\tan46°$；　(4) $\ln1.01$.

★2.6 导数在经济分析中的应用

一、边际分析

1. 边际函数

由 2.1 节可知，函数 $y=f(x)$ 的函数值的改变量 Δy 与自变量的改变量 Δx 之比

$$\frac{\Delta y}{\Delta x}=\frac{f(x_0+\Delta x)-f(x_0)}{\Delta x}$$

就是函数 $y=f(x)$ 在 $(x_0,x_0+\Delta x)$ 内的平均变化率，若函数 $y=f(x)$ 在点 x_0 处可导，则

$$\lim_{\Delta x\to0}\frac{\Delta y}{\Delta x}=\lim_{\Delta x\to0}\frac{f(x_0+\Delta x)-f(x_0)}{\Delta x}=f'(x_0)$$

称为 $f(x)$ 在 x_0 处的瞬时变化率，简称为变化率，即**导数**. 在经济分析中，称 $f'(x_0)$ 为 $f(x)$ 在 x_0 处的边际函数值.

由微分的应用可知，设在点 $x=x_0$ 处，x 改变一个单位，即 $\Delta x=1$，则函数 $y=f(x)$ 的相应改变量 $\Delta y=f(x_0+1)-f(x_0)$ 的近似值为

$$\Delta y\approx dy\Big|_{\substack{x=x_0\\ \Delta x=1}}=f'(x)\Delta x\Big|_{\substack{x=x_0\\ \Delta x=1}}=f'(x_0).$$

这说明在点 $x=x_0$ 处，x 改变一个单位时，y 近似改变 $f'(x_0)$ 个单位. 在经济分析中解释边际函数值的具体意义时，往往省略"近似"二字. 于是，有如下定义.

定义 2.6.1 设函数 $y=f(x)$ 在 x 处可导，则称导数 $f'(x)$ 为 $f(x)$ 的**边际函数**，$f'(x)$ 在点 x_0 处的值 $f'(x_0)$ 称为 $f(x)$ 在 x_0 处的**边际函数值**.

函数 $y=f(x)$ 在 x_0 处的边际 $f'(x_0)$ 的意义是：当 $x=x_0$ 时，若 x 改变一个单位，则 y 将改变 $f'(x_0)$ 个单位.

2. 经济学中常见的边际函数

(1) 边际成本

总成本函数 $C=C(Q)$（Q 是产量）的导数 $C'(Q)$ 称为**边际成本**.

例 2.6.1　设生产某种产品 Q 个单位的总成本为 $C(Q)=100+\frac{Q^2}{4}$，求当 $Q=10$ 时的总成本、平均成本及边际成本，并解释边际成本的经济意义.

解　边际成本函数 $$C'(Q)=\frac{Q}{2},$$

平均成本 $$\overline{C}(Q)=\frac{C(Q)}{Q}=\frac{100}{Q}+\frac{Q}{4}.$$

当 $Q=10$ 时，总成本为 $C(10)=125$，平均成本平 $\overline{C}(10)=12.5$，边际成本 $C'(10)=5$，边际成本的经济意义为：当产量为 10 个单位时，若产量再增加（或减少）一个单位，则成本将增加（或减少）5 个单位.

(2)边际收益与边际利润

设 Q 为产品的销售量. 则收益函数 $R(Q)$ 的导数 $R'(Q)$ 称为**边际收益函数**，利润函数 $L(Q)$ 的导数 $L'(Q)$ 称为**边际利润函数**.

例 2.6.2　设某产品的需求函数为 $Q=1000-100P$，求当需求量 $Q=300$ 时的总收益和边际收益.

解　销售 Q 件价格为 P 的产品收益为
$$R(Q)=P\cdot Q,$$
由需求函数 $Q=1000-100P$，得 $P=10-0.01Q$，从而总收益函数为
$$R(Q)=(10-0.01Q)\cdot Q=10Q-0.01Q^2.$$
边际收益函数为 $R'(Q)=(10Q-0.01Q^2)'=10-0.02Q$.

当 $Q=300$ 时的总收益为
$$R(300)=10\times 300-0.01\times 300^2=2100,$$
边际收益为 $R'(300)=10-0.02\times 300=4$.

例 2.6.3　设某产品的需求函数为 $P=80-0.1Q$（P 是价格，Q 是需求量），成本函数为 $C=5000+20Q$（元）. 求边际利润函数 $L'(Q)$，并分别求 $Q=150$ 和 $Q=400$ 时的边际利润，并说明其经济意义.

解　总收益为　$R(Q)=P\cdot Q=(80-0.1Q)Q=80Q-0.1Q^2$，

总利润为　$L(Q)=R(Q)-C(Q)=(80Q-0.1Q^2)-(5000+20Q)$，

边际利润函数为
$$L'(Q)=(-0.1Q^2+60Q-5000)'=-0.2Q+60.$$
当 $Q=150$ 时的边际利润为
$$L'(150)=-0.2\times 150+60=30.$$
其经济意义是，当销售量为 150 时，若再多销售一个产品，利润会增加 30 元.

当 $Q=400$ 时的边际利润为
$$L'(400)=-0.2\times 400+60=-20.$$
其经济意义是：当销售量为 400 时，若再多销售一个产品，利润将减少 20 元. 这说明，并

非产量越大利润越大.

(3)边际需求

若 $Q=f(P)$ 是需求函数，则需求量 Q 对价格 P 的导数 $\frac{\mathrm{d}Q}{\mathrm{d}P}=f'(P)$ 称为**边际需求函数**.

例 2.6.4 某商品的需求函数为 $Q(P)=75-P^2$，求 $P=4$ 时的边际需求，并说明其经济意义.

解 $Q'(P)=-2P$，当 $P=4$ 时的边际需求为 $Q'(4)=-8$. 它的经济意义是：当价格为 4 时，若价格上涨(或下降)1 个单位，则需求量将减少(或增加)8 个单位.

二、弹性分析

边际分析中所研究的是函数的绝对改变量与绝对变化率. 而在实际问题中，仅仅用绝对数的概念是不足以深入分析问题的. 例如，甲商品每单位价格 5 元，涨价 1 元；乙商品每单位价格 200 元，也涨价 1 元，两种商品价格的绝对改变量都是 1 元，哪个商品的涨价幅度更大呢？只要用它们与其原价相比就能获得问题的解答. 甲商品涨价百分比为 20%，乙商品涨价百分比为 0.5%，显然，甲商品的涨价幅度比乙商品的涨价幅度更大. 为此，有必要研究函数的相对改变量与相对变化率.

1. 函数弹性的概念

设函数为 $y=x^2$，当 x 从 8 增加到 10 时，相应的 y 从 64 增加到 100，即自变量 x 的绝对增量 $\Delta x=2$，函数 y 的绝对增量 $\Delta y=36$，又

$$\frac{\Delta x}{x}=\frac{2}{8}=25\%,\quad \frac{\Delta y}{y}=\frac{36}{64}=56.25\%.$$

这表示当 $x=8$ 增加到 $x=10$ 时，x 增加了 25%，函数 y 相应地增加了 56.25%. 这就是 x 与 y 的相对改变量. 而

$$\frac{\Delta y/y}{\Delta x/x}=\frac{56.25\%}{25\%}=2.25$$

表示在开区间(8,10)内，从 $x=8$ 起，x 增加 1%，则相应的 y 便增加 2.25%，称它为从 $x=8$ 到 $x=10$ 时，函数 $y=x^2$ 的平均相对变化率. 下面引入函数弹性的概念.

定义 2.6.2 设函数 $y=f(x)$ 可导，函数的相对改变量

$$\frac{\Delta y}{y}=\frac{f(x+\Delta x)-f(x)}{f(x)}$$

与自变量的相对改变量 $\frac{\Delta x}{x}$ 之比 $\frac{\Delta y/y}{\Delta x/x}$，称为函数 $f(x)$ 从 x 到 $x+\Delta x$ **两点间的弹性(或两点间的相对变化率)**. 而极限

$$\lim_{\Delta x\to 0}\frac{\Delta y/y}{\Delta x/x}$$

称为函数 $f(x)$ 在点 x 的**弹性(或相对变化率)**，记为 $\frac{\mathrm{E}y}{\mathrm{E}x}$ 或 $\frac{\mathrm{E}}{\mathrm{E}x}f(x)$.

$$\frac{\mathrm{E}y}{\mathrm{E}x}=\lim_{\Delta x\to 0}\frac{\Delta y/y}{\Delta x/x}=\lim_{\Delta x\to 0}\frac{\Delta y}{\Delta x}\cdot\frac{x}{y}=y'\frac{x}{y}.$$

注　(1)函数 $f(x)$ 在点 x 的弹性反映随 x 的变化 $f(x)$ 变化幅度的大小，即 $f(x)$ 对 x 变化反应的强烈程度或**灵敏度**.

(2) $\frac{\mathrm{E}}{\mathrm{E}x}f(x)$ 表示，在点 x 处，当 x 产生 1% 的改变时，函数 $f(x)$ 近似地改变 $\frac{\mathrm{E}}{\mathrm{E}x}f(x)\%$，在解释弹性的具体意义时，通常略去“近似”二字.

(3) 两点间的弹性是有方向的，因为“相对性”是对初始值相对而言的.

由弹性的定义

$$\frac{\mathrm{E}y}{\mathrm{E}x}=y'\cdot\frac{x}{y}=\frac{y'}{y/x}.$$

这样，弹性在经济学上又可理解为边际函数与平均函数之比.

当函数的弹性为常数时，称为**不变弹性函数**，例如，幂函数 $y=x^a$ 的弹性为常数 a.

2. 经济分析中常见的弹性函数

(1)需求对价格的弹性

设需求函数 $Q=f(P)$ 在 P_0 处可导，$Q_0=f(P_0)$，这里 P 表示商品的价格. 因需求函数是单调减少函数，ΔP 和 ΔQ 符号相反，故 $\frac{\Delta Q/Q_0}{\Delta P/P_0}$ 和 $\frac{\mathrm{d}Q}{\mathrm{d}P}\cdot\frac{P_0}{Q_0}$ 均非正数，为了用正数表示弹性，定义该商品在价格为 P_0 时的需求弹性如下：

$$\eta=\eta(P_0)=-\lim_{\Delta P\to 0}\frac{\Delta Q/Q_0}{\Delta P/P_0}=-\frac{\mathrm{d}Q}{\mathrm{d}P}\cdot\frac{P_0}{Q_0}=-P_0\cdot\frac{f'(P_0)}{f(P_0)}.$$

需求弹性 $\eta(P_0)$ 的经济意义：在价格为 P_0 时，若价格变动 1%，则需求量将变化 $\eta(P_0)\%$.

在经济分析中，通常认为某种商品的需求弹性对总收益有直接的影响. 下面用需求弹性分析总收益的变化.

总收益 R 是商品价格 P 与销售量 Q 的乘积，即 $R=P\cdot Q=P\cdot f(P)$，

$$R'=f(P)+Pf'(P)=f(P)\left(1+f'(P)\frac{P}{f(P)}\right)=f(P)(1-\eta).$$

于是

①若 $\eta<1$，即需求变动的幅度小于价格变动的幅度时，有 $R'>0$，　即 R 递增. 说明此时价格上涨，总收益增加；价格下跌，总收益减少.

②若 $\eta>1$，即需求变动的幅度大于价格变动的幅度时，有 $R'<0$，R 递减. 说明此时价格上涨，总收益减少；价格下跌，总收益增加.

③若 $\eta=1$，即需求变动的幅度等于价格变动的幅度时，有 $R'=0$，此时 R 取得最

大值.

综上所述，总收益的变化受需求弹性的制约，随商品需求弹性的变化而变化，其关系如图 2.4 所示.

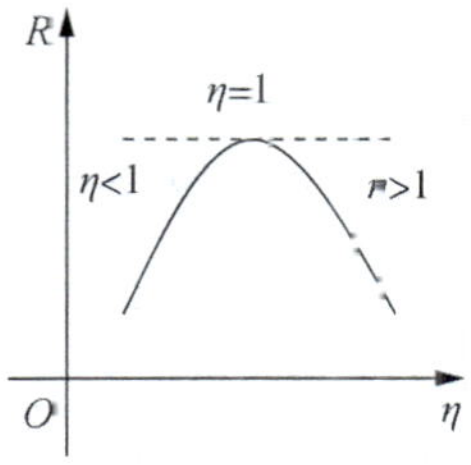

图 2.4

(2)供给对价格的弹性

设商品的供给量 Q 是价格 P 的函数，$Q=Q(P)$，定义供给对价格的弹性为

$$\frac{\mathrm{E}Q}{\mathrm{E}P}=\frac{\mathrm{d}Q}{\mathrm{d}P}\cdot\frac{P}{Q}=P\cdot\frac{Q'(P)}{Q(P)},$$

简称**供给弹性**.

(3)收益弹性

设销售的总收益 R 是商品的价格 P 的函数 $R=R(P)$，定义收益对价格的弹性为

$$\frac{\mathrm{E}R}{\mathrm{E}P}=\frac{\mathrm{d}R}{\mathrm{d}P}\cdot\frac{P}{R}=P\cdot\frac{R'(P)}{R(P)},$$

简称**收益弹性**.

例 2.6.5　某商品的需求函数为 $Q=75-P^2$（Q 为需求量，P 为价格）.

① 求 $P=4$ 时的需求弹性，并说明其经济意义.

② 当 $P=4$ 时，若价格 P 上涨 1%，总收益将变化百分之几？是增加还是减少？

③ 当 $P=6$ 时，若价格 P 上涨 1%，总收益将变化百分之几？是增加还是减少？

解　① 需求弹性

$$\eta=-Q'(P)\cdot\frac{P}{Q(P)}=2P\cdot\frac{P}{75-P^2}.$$

当 $P=4$ 时的需求弹性为

$$\eta(4)=8\times\frac{4}{75-4^2}=\frac{32}{59}\approx 0.54,$$

其经济意义：当 $P=4$ 时，若价格上涨（或下降）1%，则需求量减少（或增加）0.54%.

② 总收益　　$R=P\cdot Q=P\cdot(75-P^2)=75P-P^3$，

收益弹性　$\dfrac{\mathrm{E}R}{\mathrm{E}P}=\dfrac{P}{R}\cdot\dfrac{\mathrm{d}R}{\mathrm{d}P}=\dfrac{P}{75P-P^3}(75-3P^2)=\dfrac{75-3P^2}{75-P^2}$，

故

$$\left.\frac{\mathrm{E}R}{\mathrm{E}P}\right|_{P=4}=\left.\frac{75-3P^2}{75-P^2}\right|_{P=4}\approx 0.46.$$

所以当 $P=4$ 时，若价格上涨 1%，则总收益增加 0.46%.

③ 因为 $\left.\dfrac{\mathrm{E}R}{\mathrm{E}P}\right|_{P=6}=\left.\dfrac{75-3P^2}{75-P^2}\right|_{P=6}\approx -0.85$，所以，当 $P=6$ 时，若价格上涨 1%，则总收益将减少 0.85%.

习 题 2.6

1. 求下列函数的边际函数与弹性函数：

(1) $y=\frac{e^x}{x}$；　　(2) $y=x^a e^{-b(x+c)}$；　　(3) $y=10\sqrt{9-x}$.

2. 设函数 $y=10xe^{-\frac{x}{5}}$，试求 $x=10$ 时的边际函数值，并解释其意义.

3. 设生产某种产品 Q 个单位的总成本为 $C(Q)=200+5Q+\frac{Q^2}{20}$，求当 $Q=20$ 时的总成本、平均成本及边际成本，并解释边际成本的经济意义.

4. 已知某产品的需求函数为 $P=10-\frac{Q}{5}$，成本函数为 $C(Q)=50+2Q$，求当 $Q=30$ 时的总收益、边际收益和边际利润.

5. 设某商品的需求函数为 $Q=12-\frac{P}{2}$（Q 为需求量，P 为价格）.

(1) 求需求弹性函数；(2) 求 $P=6$ 的需求弹性；(3) 在 $P=6$ 时，若价格 P 上涨 1%，总收益将增加还是减少？将变化百分之几？

6. 设需求量 Q 关于价格 P 的函数为：$Q=ae^{-bP}$ $(a>0,b>0)$. 求

(1) 总收益函数、平均收益函数和边际收益函数；

(2) 求需求弹性 $\frac{EQ}{EP}$.

7*. 设某商品需求量 Q 是价格 P 的单调减少函数：$Q=Q(P)$，其需求弹性 $\eta=\frac{2p^2}{192-p^2}>0$，设 R 为总收益函数.

(1) 证明 $\frac{dR}{dP}=Q(1-\eta)$；

(2) 求 $P=6$ 时，总收益对价格的弹性，并说明其经济意义.

8*. 设某产品需求函数为 $Q=Q(P)$，其对应价格 P 的弹性 $\xi_p=0.2$，则当需求量为 10 000 件时，价格增加 1 元会使产品收益增加多少元？

★2.7　导数与微分应用案例

一、拉船靠岸问题

如图 2.5 所示，在离水面高度为 h(m)的岸上，有人用绳子拉船靠岸，假定绳长为 l(m)，船位于离岸壁 s(m)处，试问：当收绳速度为 v_0(m/s)时，船的速度、加速度各是多少？

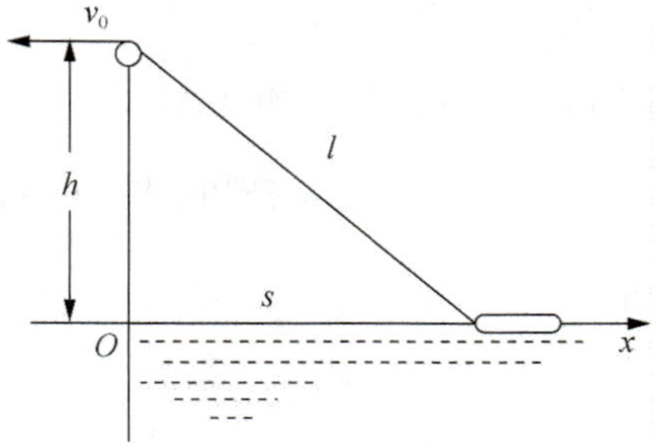

图 2.5　当船靠近岸时，v 与 a 都不断加大

解　l、h、s 三者构成了直角三角形，由勾股定理得

$$l^2=h^2+s^2, \tag{2.7.1}$$

两端对时间求导，得

$$2l\frac{dl}{dt}=0+2s\frac{ds}{dt},$$

由此得

$$l\frac{dl}{dt}=s\frac{ds}{dt}. \tag{2.7.2}$$

l 为绳长，按速度定义，$\frac{dl}{dt}$即为收绳速度 v_0，船只能沿 s 线在水面上行驶逐渐靠近岸壁，因而$\frac{ds}{dt}$应为船速 v，将它们代入式(2.7.2)得船速

$$v=\frac{l}{s}v_0, \tag{2.7.3}$$

利用式(2.7.1)消去 l，得

$$v=\frac{\sqrt{h^2+s^2}}{s}v_0(\mathrm{m/s}), \tag{2.7.4}$$

式(2.7.4) 中 h、v_0均为常数，只有 s 是变量. 按加速度定义

$$a=\frac{dv}{dt}=\frac{dv}{ds}\cdot\frac{ds}{dt}=\left(-\frac{h^2}{s^2\sqrt{h^2+s^2}}v_0\right)v,$$

将式(2.7.4)代入上式，得

$$a=-\frac{h^2{v_0}^2}{s^3}(\mathrm{m/s}). \tag{2.7.5}$$

(这里的负号表明加速度的方向与 x 轴正向相反. 事实上，船速 v、收绳速度 v_0 的方向也与 x 轴正向相反.)

由式(2.7.4)与式(2.7.5)可知，船速与船的加速度均与船的位置有关，它们是变化的，当船靠近岸时，船速与加速度都不断增大. 细心的读者，当您在公园划船需要交船了，服务员用钩子把船勾住往岸边拉时，您是否注意到了这一现象呢(服务员用的"劲"——即收绳速度一样，您却感到船速越来越快)?

二、航空摄影问题

一飞机在离地面 2km 的高度，以每小时 200km 的速度飞临某目标之上空，以便进行航空摄影. 试求飞机飞至该目标上方时摄影机转动的速度.

解　坐标系的选择如图 2.6 所示：把目标取为坐标原点，飞机与目标的水平距离为 $x$km，则有

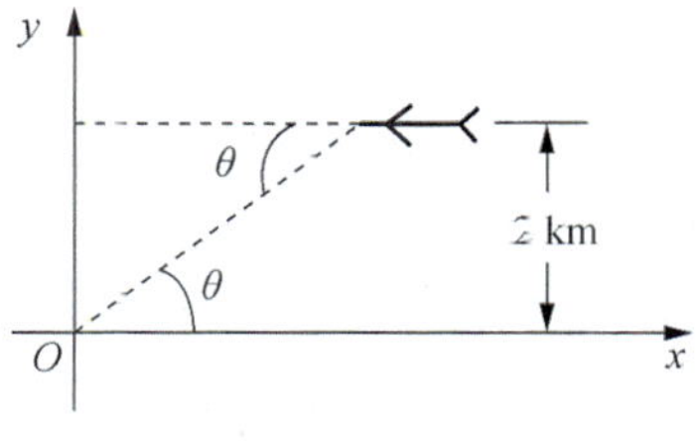

图 2.6　从高空下拍摄目标 O

$$\tan\theta=\frac{2}{x}.$$

由于 x 与 θ 都是时间 t 的函数,将等式两边分别对 t 求导,可得

$$\sec^2\theta\cdot\frac{\mathrm{d}\theta}{\mathrm{d}t}=-\frac{2}{x^2}\cdot\frac{\mathrm{d}x}{\mathrm{d}t}$$

或

$$\frac{\mathrm{d}\theta}{\mathrm{d}t}=-2\cdot\frac{\cos^2\theta}{x^2}\cdot\frac{\mathrm{d}x}{\mathrm{d}t}=-\frac{2}{x^2}\cdot\frac{x^2}{x^2+4}\cdot\frac{\mathrm{d}x}{\mathrm{d}t}=\frac{-2}{x^2+4}\frac{\mathrm{d}x}{\mathrm{d}t},$$

现 $x=0(\mathrm{km})$,$\frac{\mathrm{d}x}{\mathrm{d}t}=-200(\mathrm{km/h})$ (负号表示 x 在减小),故有

$$\frac{\mathrm{d}\theta}{\mathrm{d}t}=\frac{-2}{4}\cdot(-200)=100(\mathrm{rad/h}),$$

即角速度为 100rad/h,化为角度就是

$$\frac{100}{60\times60}\times\frac{180}{\pi}=\frac{5}{\pi}(\text{度/秒}).$$

三、飞机的降落曲线

在研究飞机的自动着陆系统时,技术人员需要分析飞机的降落曲线. 根据经验,一架水平飞行的飞机,其降落曲线是一条三次抛物线. 如图 2.7 所示,已知飞机的飞行高度为 h,飞机着陆点为原点 O,且在整个降落过程中,飞机的水平速度始终保持为常数 u. 出于安全考虑,飞机垂直加速度的最大绝对值不得超过$\frac{g}{10}$,此处 g 是重力加速度.

(1) 若飞机从 $x=x_0$处开始下降,试确定出飞机的降落曲线.

(2) 求开始下降点 x_0所能允许的最小值.

解　设飞机降落时在铅直平面内飞行,其降落曲线是该铅直平面内的一条平面曲线. 以飞机着陆点为原点,以铅直面与地面的交线为 x 轴建立平面直角坐标系,y 表示飞机的高度,如图 2.7.

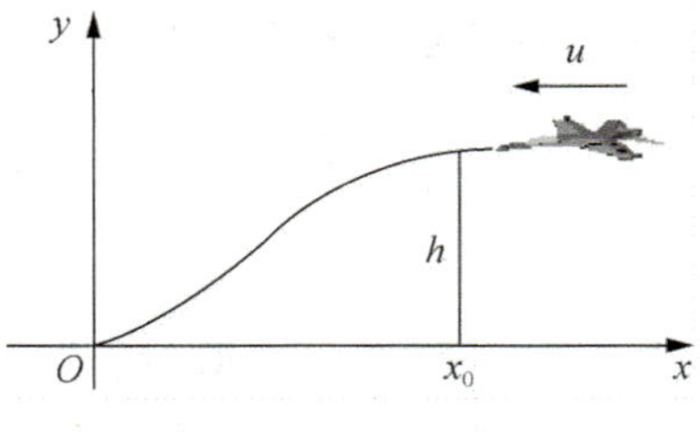

图 2.7　降落曲线

(1) 设飞机的降落曲线为

$$y=ax^3+bx^2+cx+d,$$

由题设条件有

$$y(0)=0,\quad y(x_0)=h.$$

由于飞机的飞行曲线是光滑的，即 $y(x)$具有连续一阶导数，所以 $y(x)$还要满足

$$y'(0)=0,\quad y'(x_0)=0.$$

将上述四个条件代入 y 的表达式：

$$\begin{cases} y(0)=d=0, \\ y'(0)=c=0, \\ y(x_0)=ax_0{}^3+bx_0{}^2+cx_0+d=h, \\ y'(x_0)=3ax_0{}^2+2bx_0+c=0, \end{cases}$$

解此方程组得到 $a=-\dfrac{2h}{x_0^3},b=\dfrac{3h}{x_0^2},c=d=0$，飞机的降落曲线为

$$y=-\frac{2h}{x_0^3}x^3+\frac{3h}{x_0^2}x^2=-\frac{h}{x_0^2}\left(\frac{2}{x_0}x^3-3x^2\right) \tag{2.7.6}$$

(2)飞机的垂直速度是 y 关于时间 t 的导数，故

$$\frac{\mathrm{d}y}{\mathrm{d}t}=-\frac{h}{x_0^2}\left(\frac{6}{x_0}x^2-6x\right)\frac{\mathrm{d}x}{\mathrm{d}t},$$

其中$\dfrac{\mathrm{d}x}{\mathrm{d}t}$是飞机的水平速度. 据题设$\dfrac{\mathrm{d}x}{\mathrm{d}t}=u$，因此

$$\frac{\mathrm{d}y}{\mathrm{d}t}=-\frac{6hu}{x_0^2}\left(\frac{x^2}{x_0}-x\right),$$

垂直加速度为

$$\frac{\mathrm{d}^2y}{\mathrm{d}t^2}=-\frac{6hu}{x_0^2}\left(\frac{2x}{x_0}-1\right)\frac{\mathrm{d}x}{\mathrm{d}t}=-\frac{6hu^2}{x_0^2}\left(\frac{2x}{x_0}-1\right), \tag{2.7.7}$$

将垂直加速度记为 $a(x)$,则

$$|a(x)|=\frac{6hu^2}{x_0^2}\left|\frac{2x}{x_0}-1\right|,\quad x\in[0,x_0],$$

因此,垂直加速度的最大绝对值为

$$\max_{x\in[0,x_0]}|a(x)|=\frac{6hu^2}{x_0^2},$$

根据设计要求,有

$$\frac{6hu^2}{x_0^2}\leqslant\frac{g}{10},$$

此时 x_0必须满足

$$x_0\geqslant u\cdot\sqrt{\frac{60h}{g}},$$

所以,x_0所能允许的最小值为 $u\cdot\sqrt{\dfrac{60h}{g}}$.

通过上述分析可知,飞机降落所需的水平距离不得小于 $u\cdot\sqrt{\dfrac{60h}{g}}$. 例如,当飞机以

水平速度 540km/h 、高度 1000m 飞临机场上空时

$$x_0=\frac{540\times 1000}{3600}\sqrt{\frac{60\times 1000}{9.8}}\approx 11\ 737(\mathrm{m}),$$

即飞机所需的降落距离不得小于 11 737m.

习 题 2.7

1.（人影移动的速率）某人高 1.8m，在水平路面上以 1.6m/s 的速率走向一街灯，若此街灯在路面上方 5m，当此人与灯的水平距离为 4m 时，人影端点移动的速率为多少？

2.(陨石下落)地球的质量是 5.983×10^{24}kg，今有一块质量为 10 000kg 的陨石正在朝着地球的方向运动.

(1) 当陨石与地球相距 100km 时，求它们之间的引力（以牛顿为单位）；

(2) 如果陨石继续朝地球的方向运动，则在相距 100km 时，引力的递增速度是多少？

3. 落在平静水面的石头，产生同心波纹. 若最外一圈波半径的增大率为 6m/s，问在 2s 时刻，扰动水面面积的增大率为多少？

总 习 题 二

1. 在“充分”、“必要”和“充分必要”三者中选择一个正确的填入下列空格内：

(1) $f(x)$在点 x_0 连续是 $f(x)$在点 x_0 可导的________条件；

(2) $f(x)$在点 x_0 连续是极限 $\lim\limits_{x\to x_0}f(x)$存在的________条件；

(3) $f(x)$在点 x_0 左、右导数都存在是 $f(x)$在点 x_0 可导的________条件；

(4) $f(x)$在点 x_0 可微是 $f(x)$在点 x_0 可导的________条件. $f(x)$在点 x_0 连续是 $f(x)$在点 x_0 可微的________条件.

2*. 设函数 $f(x)$在点 $x=a$ 处可导，则函数$|f(x)|$在点 $x=a$ 处不可导的充分条件是(　　).

(A) $f(a)=0$ 且 $f'(a)=0$；　(B) $f(a)=0$ 且 $f'(a)\neq 0$；

(C) $f(a)>0$ 且 $f'(a)>0$；　(D) $f(a)<0$ 且 $f'(a)<0$.

3*. 设函数 $f(x)=|x^3-1|\varphi(x)$，其中 $\varphi(x)$在 $x=1$ 处连续，则 $\varphi(1)=0$ 是 $f(x)$在 $x=1$ 处可导的(　　).

(A)充分必要条件；　(B)必要但非充分条件；

(C)充分但非必要条件；　(D)既非充分也非必要条件.

4*. 已知 $f'(x_0)=-1$，则 $\lim\limits_{x\to 0}\dfrac{x}{f(x_0-2x)-f(x_0-x)}=$________.

5*. 设 $f(x)=\begin{cases} x^{\lambda}\cos\dfrac{1}{x}, & x\neq 0,\\ 0, & x=0,\end{cases}$ 其导函数在 $x=0$ 处连续，则 λ 的取值范围是________.

6*. 已知曲线 $y=x^3-3a^2x+b$ 与 x 轴相切，则 b^2 可以通过 a 表示为 $b^2=$________.

7. 讨论函数 $f(x)=\begin{cases} \dfrac{x}{1+\mathrm{e}^{\frac{1}{x}}}, & x\neq 0,\\ 0, & x=0\end{cases}$ 在 $x=0$ 处的连续性和可导性.

8. 求下列函数的导数：

(1) $y=\sec^3(\ln x)$； (2) $y=\ln(e^x+\sqrt{1+e^{2x}})$；

(3) $y=\frac{x}{2}\sqrt{a^2-x^2}+\frac{a^2}{2}\arcsin\frac{x}{a}$； (4) $y=x^{\frac{1}{x}}(x>0)$；

(5) $y=\sqrt{x\sin\sqrt{1-e^{-x}}}$； (6) $y=f(e^{-x}+\cos x)$，其中 $f(x)$ 可导.

9. 求下列函数的二阶导数：

(1) $y=\cos^2 x\cdot\ln x$； (2) $y=\frac{x}{\sqrt{1-x^2}}$；

(3) $y=x^x e^x$； (4) $y=f(x^2-x)$，其中 $f(x)$ 具有二阶导数.

10. 求下列参数方程所确定的函数一阶导数 $\frac{dy}{dx}$ 及二阶导数 $\frac{d^2y}{dx^2}$：

(1) $\begin{cases}x=1-t^2,\\ y=t-t^3;\end{cases}$ (2) $\begin{cases}x=\ln(1+t^2),\\ y=t-\operatorname{arccot} t.\end{cases}$

11. 求由下列方程所确定的隐函数的导数 $\frac{dy}{dx}$：

(1) $e^{x+y}=xy$； (2) $(\cos x)^y=(\sin y)^x$.

12. 求曲线 $\begin{cases}x=\sin t,\\ y=\cos 2t\end{cases}$ 在 $t=\frac{\pi}{4}$ 处的切线方程和法线方程.

13. 求下列函数的微分：

(1) $y=x^2e^{2x}$； (2) $y=\arctan\sqrt{x}$； (3) $y=\cos^2(1-2x^2)$.

第 3 章　中值定理与导数的应用

第 2 章以几个实际问题的变化率为背景，引进了导数的概念及与之密切相关的微分概念. 从前面的讨论可知，在可微点附近的函数可以用线性函数来近似，这对研究函数的局部性质和近似计算很有用. 本章将进一步讨论导数在研究函数性质方面的应用. 首先介绍微分学基本定理——微分中值定理，然后介绍求未定式极限的重要方法——洛必达法则，以及应用导数研究函数的性态，例如，函数的单调性、凹凸性、函数的极值、最大(小)值以及函数图形等，最后讨论导数在几何、物理、经济等方面的应用.

3.1　中 值 定 理

罗尔(Rolle)、拉格朗日(Lagrange)和柯西(Cauchy)中值定理揭示了函数在某区间的整体性质与该区间内部某一点的导数之间的关系，因而称为中值定理.

一、罗尔定理

观察图 3.1，设函数 $y=f(x)$ 在区间 $[a,b]$ 上的图像是一条光滑曲线弧 $\overset{\frown}{AB}$，此曲线在弧上每一点都存在不垂直于 x 轴的切线，弧段两端点的高度相等，则可发现在曲线弧 $\overset{\frown}{AB}$ 上至少有一点 C，曲线在 C 点的切线平行于 x 轴. 用数学语言描述这一几何现象，就可得到罗尔定理.

从图中可以看出：符合条件的点出现在最大值或最小值点，由此得到启发证明罗尔定理. 为方便应用，先介绍费马定理.

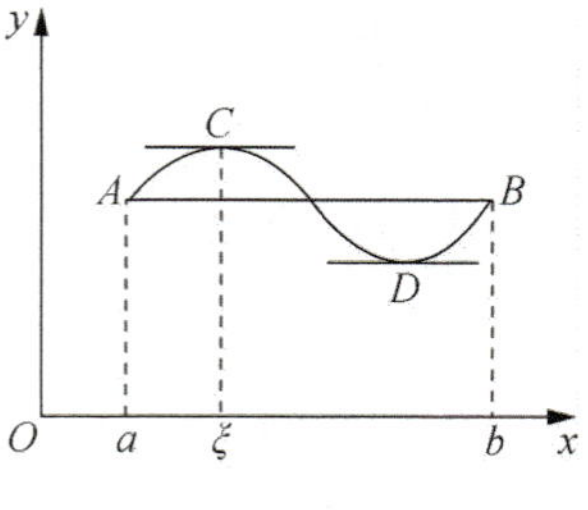

图 3.1

引理(费马(Fermat)引理)　设函数 $f(x)$ 在点 x_0 的某邻域 $U(x_0)$ 内有定义，并且在点 x_0 处可导，若对任意 $x\in U(x_0)$，有 $f(x)\leqslant f(x_0)$ (或 $f(x)\geqslant f(x_0)$)，则 $f'(x_0)=0$.

证明　不妨设 $x\in U(x_0)$ 时，$f(x)\leqslant f(x_0)$ (若 $f(x)\geqslant f(x_0)$，可以类似地证明).

于是对于 $x_0+\Delta x\in U(x_0)$，有 $f(x_0+\Delta x)\leqslant f(x_0)$，从而

当 $\Delta x>0$ 时，$\dfrac{f(x_0+\Delta x)-f(x_0)}{\Delta x}\leqslant 0$；

当 $\Delta x<0$ 时，$\dfrac{f(x_0+\Delta x)-f(x_0)}{\Delta x}\geqslant 0$.

根据函数 $f(x)$ 在 x_0 处可导及极限的保号性得

$$f'(x_0)=f'_+(x_0)=\lim_{\Delta x\to 0^+}\frac{f(x_0+\Delta x)-f(x_0)}{\Delta x}\leqslant 0,$$

$$f'(x_0)=f'_-(x_0)=\lim_{\Delta x\to 0^-}\frac{f(x_0+\Delta x)-f(x_0)}{\Delta x}\geqslant 0,$$

所以 $f'(x_0)=0$，证毕.

通常称导数等于零的点为函数的**驻点**(或**稳定点**). 由费马引理可知,可导函数的局部最值点必为驻点. 其几何意义是:可导函数的局部最值点的切线平行于 x 轴.

罗尔定理 设函数 $f(x)$满足条件:

(1)在闭区间$[a,b]$上连续； (2)在开区间(a,b)内可导； (3)$f(a)=f(b)$.

则在(a,b)内至少存在一点 $\xi(a<\xi<b)$,使得 $f'(\xi)=0$.

证明 由于 $f(x)$在$[a,b]$上连续,根据闭区间上连续函数的性质知,$f(x)$在$[a,b]$上必定取得最大值 M 和最小值 m,下面分两种情况讨论:

(1)若 $M=m$,则 $f(x)$在$[a,b]$上必为常数,即 $f(x)=M$,由此得 $f'(x)=0$. 因此,任取 $\xi\in(a,b)$,都有 $f'(\xi)=0$.

(2)若 $M>m$,由于 $f(a)=f(b)$,所以 M 和 m 至少有一个不等于 $f(x)$在区间$[a,b]$端点处的函数值. 不妨设 $M\neq f(a)$(若 $m\neq f(a)$,可类似证明),则必定在(a,b)有一点 ξ 使 $f(\xi)=M$. 因此任取 $x\in[a,b]$均有 $f(x)\leqslant f(\xi)$，从而由费马引理有 $f'(\xi)=0$. 证毕.

例 3.1.1 验证罗尔定理对函数 $f(x)=x^2-2x-3$ 在区间$[-1,3]$上的正确性.

解 显然 $f(x)=x^2-2x-3=(x-3)(x+1)$在$[-1,3]$上连续,在$(-1,3)$内可导,且 $f(-1)=f(3)=0$，又因为 $f'(x)=2(x-1)$,所以存在 $\xi=1\in(-1,3)$,使 $f'(\xi)=0$.

说明 如果罗尔定理的三个条件中有一个不满足，其结论可能不成立.

例如,图 3.2 中的四个图形对应的函数 $y=f(x)$均不存在 $\xi\in(a,b)$,使 $f'(\xi)=0$.

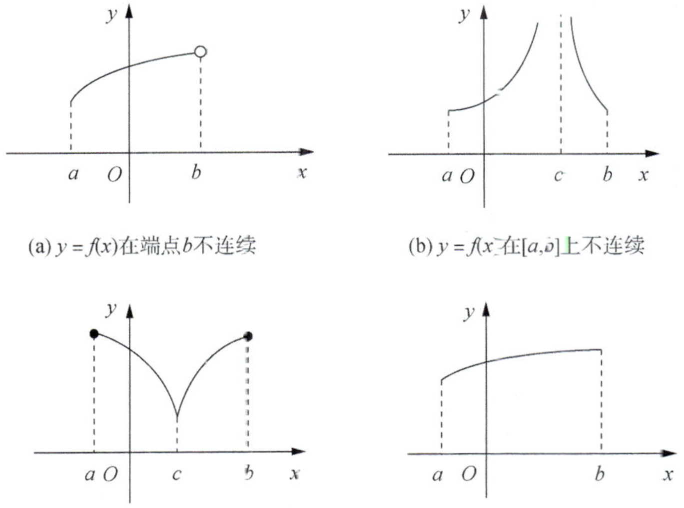

(a) $y=f(x)$在端点b不连续

(b) $y=f(x)$在$[a,b]$上不连续

(c) $y=f(x)$在c点不可导

(d) $f(a)\neq f(b)$

图 3.2

例 3.1.2　设函数 $f(x)=(x-1)(x-2)(x-3)(x-4)$，不计算 $f'(x)$，指出方程 $f'(x)=0$有几个实根，各属于什么区间？

解　$f(x)=(x-1)(x-2)(x-3)(x-4)$是四次多项式，故 $f'(x)=0$ 是一元三次方程，最多有三个实根. 因 $f(x)$在闭区间$[1,2]$上连续，在开区间$(1,2)$内可导，且 $f(1)=f(2)=0$. 由罗尔定理，存在 $\xi_1\in(1,2)$，使得 $f'(\xi_1)=0$，即 ξ_1是方程 $f'(x)=0$ 的一个实根；同理可知，方程还有两个根 ξ_2，ξ_3分别属于区间$(2,3)$及$(3,4)$. 因此，有且仅有三个实根，它们分别属于区间$(1,2)$、$(2,3)$及$(3,4)$.

例 3.1.3　若 $f(x)$在区间$[a,b]$上连续，在(a,b)内可导，且满足 $f'(x)>0$，及 $f(a)\cdot f(b)<0$，证明方程 $f(x)=0$ 在(a,b)内有唯一实根.

证明　因 $f(x)$在区间$[a,b]$上连续，$f(a)\cdot f(b)<0$，根据闭区间上连续函数的零点定理，存在 $\xi\in(a,b)$，使 $f(\xi)=0$，即 $x=\xi$ 是方程 $f(x)=0$ 的根；

再证根的唯一性，用反证法，假设 $f(x)=0$ 在(a,b)内有两个根 $\xi_1,\xi_2\in(a,b)$，且 $\xi_1<\xi_2$，则 $f(x)$在区间$[\xi_1,\xi_2]$上满足罗尔定理的条件，故存在 $\xi\in(\xi_1,\xi_2)\subset(a,b)$，使得 $f'(\xi)=0$，与 $f'(x)>0$ 矛盾.

二、拉格朗日中值定理

罗尔定理中 $f(a)=f(b)$这个条件是相当特殊的，它使罗尔定理的应用受到限制. 如果将条件(3)去掉，并保留其余两个条件，就得到微分学中十分重要的拉格朗日中值定理.

拉格朗日中值定理　设函数 $f(x)$满足条件：

(1)在闭区间$[a,b]$上连续；　(2)在开区间(a,b)内可导.

则在(a,b)内至少有一点 $\xi(a<\xi<b)$，使得

$$f'(\xi)=\frac{f(b)-f(a)}{b-a} \tag{3.1.1}$$

或

$$f(b)-f(a)=f'(\xi)(b-a).$$

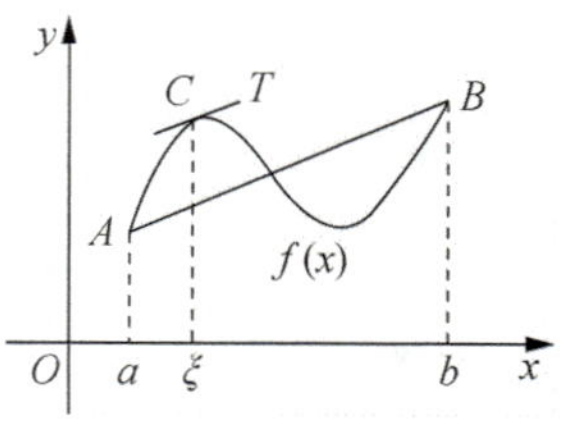

图 3.3

几何意义　连续曲线弧$\overset{\frown}{AB}$上除端点外，处处有不垂直于 x 轴的切线，则曲线上至少存在一点 C，使得过 C 点的切线平行于弦$\overline{AB}$.

当 $f(a)=f(b)$时，得到了罗尔定理，即罗尔定理是拉格朗日中值定理的特例，下面利用罗尔定理证明拉格朗日中值定理.

分析　弦$\overline{AB}$的方程为　$y=f(a)+\dfrac{f(b)-f(a)}{b-a}(x-a)$.

显然，$y(a)-f(a)=y(b)-f(b)=0$.

证明 作辅助函数

$$F(x)=f(x)-\left[f(a)+\frac{f(b)-f(a)}{b-a}(x-a)\right],$$

易验证 $F(x)$ 满足罗尔定理的条件，并且 $F'(x)=f'(x)-\frac{f(b)-f(a)}{b-a}$，从而在 (a,b) 内至少存在一点 ξ，使得 $F'(\xi)=0$. 即 $f'(\xi)=\frac{f(b)-f(a)}{b-a}$. 证毕.

说明 $f(b)-f(a)=f'(\xi)(b-a)$ 又称为**拉格朗日中值公式**，此公式对于 $b<a$ 也成立；拉格朗日中值公式反映了可导函数在 $[a,b]$ 上整体平均变化率与在 (a,b) 内某点 ξ 处函数的局部变化率的关系.

若取 $a=x,b=x+\Delta x$，则在区间 $[x,x+\Delta x]$ 上，拉格朗日中值公式可写成

$$\Delta y=f(x+\Delta x)-f(x)=f'(\xi)\Delta x, \tag{3.1.2}$$

其中 ξ 介于 x 与 $x+\Delta x$ 之间，因 ξ 总可以写成 $\xi=x+\theta\Delta x(0<\theta<1)$，所以式(3.1.2)又可写成

$$\Delta y=f'(x+\theta\Delta x)\Delta x, 0<\theta<1. \tag{3.1.3}$$

式(3.1.2)和式(3.1.3)称为**有限增量公式**.

拉格朗日中值定理在微分学中占有重要地位，通常称为微分中值定理. 它给出了函数增量 Δy 与自变量增量 Δx 通过导数来联系的一个精确关系式，这就为通过导数来研究函数的性态提供了极大的方便.

由第 2 章知道，如果函数 $f(x)$ 在某一区间上是一个常数，那么 $f(x)$ 在该区间上的导数恒为零. 下面证明它的逆命题也是成立的.

推论 3.1.1 若函数 $f(x)$ 在区间 I 上导数 $f'(x)\equiv 0$，则 $f(x)$ 在区间 I 上是一个常数.

证明 任取 $x_1,x_2\in I$，不妨设 $x_1<x_2$，在 $[x_1,x_2]$ 应用拉格朗日中值定理，有

$$f(x_2)-f(x_1)=f'(\xi)(x_2-x_1),\quad x_1<\xi<x_2,$$

由于 $f'(x)\equiv 0$，所以 $f'(\xi)=0$，从而

$$f(x_2)-f(x_1)=0,$$

即 $f(x_2)=f(x_1)$，由于 $x_1,x_2\in I$ 的任意性，$f(x)$ 在 I 上恒等于常数.

推论 3.1.2 若函数 $f(x)$ 与 $g(x)$ 在区间 I 上 $f'(x)\equiv g'(x)$，则在区间 I 上

$$f(x)=g(x)+C\ (C\text{ 为常数}).$$

证明 令 $\varphi(x)=f(x)-g(x)$，对 $\varphi(x)$ 利用推论 3.1.1 即可证得推论 3.1.2.

例 3.1.4 证明 $\arcsin x+\arccos x=\frac{\pi}{2}\ (-1\leqslant x\leqslant 1)$.

证明 设 $f(x)=\arcsin x+\arccos x\ (-1\leqslant x\leqslant 1)$. 因为

$$f'(x)=\frac{1}{\sqrt{1-x^2}}+\left(-\frac{1}{\sqrt{1-x^2}}\right)\equiv 0,\quad -1<x<1,$$

所以 $f(x)\equiv C(-1<x<1)(C$ 为常数). 又因 $f(0)=\frac{\pi}{2}$，所以 $C=\frac{\pi}{2}$，即

$$f(x)\equiv\frac{\pi}{2},\quad -1<x<1.$$

显然 $f(\pm1)=\frac{\pi}{2}$,从而

$$\arcsin x+\arccos x=\frac{\pi}{2},\quad -1\leqslant x\leqslant 1.$$

例 3.1.5　证明不等式

$$\frac{b-a}{b}<\ln\frac{b}{a}<\frac{b-a}{a},\quad 0<a<b.$$

证明　设 $f(x)=\ln x$,则 $f(x)$在$[a,b]$上连续,在(a,b)内可导,由拉格朗日中值定理,有 $f(b)-f(a)=f'(\xi)(b-a)$,$a<\xi<b$,即 $\ln b-\ln a=\frac{1}{\xi}(b-a)$,$a<\xi<b$.

由于 $a<\xi<b$,从而$\frac{1}{b}<\frac{1}{\xi}<\frac{1}{a}$,因此,有

$$\frac{b-a}{b}<\ln b-\ln a<\frac{b-a}{a},$$

即$\frac{b-a}{b}<\ln\frac{b}{a}<\frac{b-a}{a}$.

三、柯西中值定理

柯西中值定理　设函数 $f(x)$及 $F(x)$满足条件:

(1)在闭区间$[a,b]$上连续;(2)在开区间(a,b)内可导,且 $F'(x)$在(a,b)内每一点处均不为零.则在(a,b)内至少有一点 $\xi(a<\xi<b)$,使得

$$\frac{f(b)-f(a)}{F(b)-F(a)}=\frac{f'(\xi)}{F'(\xi)}.\tag{3.1.4}$$

证明　作辅助函数

$$\varphi(x)=f(x)-f(a)-\frac{f(b)-f(a)}{F(b)-F(a)}[F(x)-F(a)],$$

容易验证 $\varphi(x)$满足罗尔定理的条件,于是在(a,b)内至少存在一点 ξ,使得 $\varphi'(\xi)=0$,即

$$f'(\xi)-\frac{f(b)-f(a)}{F(b)-F(a)}F'(\xi)=0,$$

从而

$$\frac{f(b)-f(a)}{F(b)-F(a)}=\frac{f'(\xi)}{F'(\xi)}.$$

特别　当 $F(x)=x$ 时,式(3.1.4)成为

$$f(b)-f(a)=f'(\xi)(b-a),\quad \xi\in(a,b).$$

故拉格朗日中值定理是柯西中值定理的特例.

习 题 3.1

1. 下列函数在所给区间上是否满足罗尔定理的条件?若满足,求出定理结论中的 ξ.

(1) $f(x)=\ln\sin x$, $\left[\frac{\pi}{6},\frac{5\pi}{6}\right]$;　　(2) $f(x)=\frac{1}{1+x^2}$, $[-2,2]$;

(3) $f(x)=x\sqrt{3-x}$, $[0,3]$;　　(4) $f(x)=\sqrt[3]{x^2}$, $[-1,1]$.

2. 验证拉格朗日中值定理对函数 $f(x)=e^x$ 在区间 $[0,\ln 2]$ 上的正确性.

3. 试证对函数 $f(x)=px^2+qx+r$ 在任一区间上应用拉格朗日中值定理所得的点 ξ 总是该区间的中点.

4. 证明方程 $x^5-5x+1=0$ 有且仅有一个小于 1 的正根.

5. 证明下列不等式:

(1) $e^x>ex$, $x>1$;　　(2) $\frac{x}{1+x}<\ln(1+x)<x$, $x>0$;

(3) $|\sin b-\sin a|\leqslant|b-a|$.

6. 证明等式 $\arctan x+\text{arccot}\, x=\frac{\pi}{2}$, $-\infty<x<+\infty$.

7. 若方程 $a_0x^n+a_1x^{n-1}+\cdots+a_{n-1}x=0$ 有一个正根 $x=x_0$,证明方程

$$a_0nx^{n-1}+a_1(n-1)x^{n-2}+\cdots+a_{n-1}=0$$

必有一个小于 x_0 的正根.

8. 若 $f'(x)=k$,则 $f(x)=kx+b$.

9. 设 $f(x)$ 在 $[0,a]$ 上连续,在 $(0,a)$ 内可导,且 $f(a)=0$. 证明存在一点 $\xi\in(0,a)$,使 $\xi f'(\xi)+f(\xi)=0$.

10*. 若函数 $f(x)$ 在 $x=0$ 处连续,在 $(0,\delta)(\delta>0)$ 内可导,且 $\lim\limits_{x\to 0^+}f'(x)=A$. 证明 $f'_+(0)$ 存在且 $f'_+(0)=A$.

3.2 洛必达法则

在 x 的某个变化过程中,如果函数 $f(x)$ 与 $F(x)$ 都趋于零或都趋于无穷大,那么 $\lim\frac{f(x)}{F(x)}$ 可能存在,也可能不存在,通常把这两种类型的极限分别称为 $\frac{0}{0}$ 型和 $\frac{\infty}{\infty}$ 型的未定式. 重要极限 $\lim\limits_{x\to 0}\frac{\sin x}{x}$ 就是 $\frac{0}{0}$ 型未定式的一个例子. 下面介绍求这两类极限的一种简单且重要的方法,即洛必达法则.

一、$\frac{0}{0}$ 型和 $\frac{\infty}{\infty}$ 型未定式

定理(洛必达法则)　设

(1) 当 $x\to a$ 时,函数 $f(x)$ 和 $F(x)$ 都趋于零;

(2) 在 a 点的某去心邻域内,$f'(x)$ 和 $F'(x)$ 都存在且 $F'(x)\neq 0$;

(3) $\lim\limits_{x\to a}\frac{f'(x)}{F'(x)}$ 存在(或为无穷大),

则 $\lim\limits_{x\to a}\frac{f(x)}{F(x)}=\lim\limits_{x\to a}\frac{f'(x)}{F'(x)}$.

证明　因为$\dfrac{f(x)}{F(x)}$当$x\to a$时的极限与$f(a)$及$F(a)$无关,所以可以假定$f(a)=F(a)=0$,于是由条件(1)、(2)知道,$f(x)$及$F(x)$在点a的某邻域内连续. 设x是这邻域内的一点,则在以a和x为端点的区间上,$f(x)$及$F(x)$满足柯西中值定理的条件,因此有

$$\frac{f(x)}{F(x)}=\frac{f(x)-f(a)}{F(x)-F(a)}=\frac{f'(\xi)}{F'(\xi)},\quad \xi\text{在}a\text{与}x\text{之间}.$$

令$x\to a$对上式两端求极限,注意到$x\to a$时$\xi\to a$,即得

$$\lim_{x\to a}\frac{f(x)}{F(x)}=\lim_{\xi\to a}\frac{f'(\xi)}{F'(\xi)}=\lim_{x\to a}\frac{f'(x)}{F'(x)}.$$

说明　(1) 如果$\lim\limits_{x\to a}\dfrac{f'(x)}{F'(x)}$仍属于$\dfrac{0}{0}$型,且$f'(x)$和$F'(x)$满足洛必达法则的条件,则可继续使用洛必达法则,即

$$\lim_{x\to a}\frac{f(x)}{F(x)}=\lim_{x\to a}\frac{f'(x)}{F'(x)}=\lim_{x\to a}\frac{f''(x)}{F''(x)}=\cdots$$

(2)对于x的其他变化趋势(如$x\to a^+,x\to a^-,x\to\infty,x\to+\infty$或$x\to-\infty$)的$\dfrac{0}{0}$型未定式,以及$x$的各种变化趋势下的$\dfrac{\infty}{\infty}$未定式,也有相应的洛必达法则.

例 3.2.1　求$\lim\limits_{x\to 0}\dfrac{e^{3x}-1}{2x}$. $\left(\dfrac{0}{0}\text{型}\right)$

解　$\lim\limits_{x\to 0}\dfrac{e^{3x}-1}{2x}=\lim\limits_{x\to 0}\dfrac{(e^{3x}-1)'}{(2x)'}=\lim\limits_{x\to 0}\dfrac{3e^{3x}}{2}=\dfrac{3}{2}$.

例 3.2.2　求$\lim\limits_{x\to 1}\dfrac{x^3-3x+2}{x^3-x^2-x+1}$. $\left(\dfrac{0}{0}\text{型}\right)$

解　$\lim\limits_{x\to 1}\dfrac{x^3-3x+2}{x^3-x^2-x+1}=\lim\limits_{x\to 1}\dfrac{3x^2-3}{3x^2-2x-1}=\lim\limits_{x\to 1}\dfrac{6x}{6x-2}=\dfrac{6}{6-2}=\dfrac{3}{2}$.

注意　每次运用洛必达法则之前应检查极限是否为$\dfrac{0}{0}$型或$\dfrac{\infty}{\infty}$型,如果不是就不能使用法则. 如例 3.2.2 中$\lim\limits_{x\to 1}\dfrac{6x}{6x-2}$已不是不定式,不能再用洛必达法则,否则会导致错误结果.

例 3.2.3　求$\lim\limits_{x\to+\infty}\dfrac{\ln x}{x^n}(n>0)$. $\left(\dfrac{\infty}{\infty}\text{型}\right)$

解　$\lim\limits_{x\to+\infty}\dfrac{\ln x}{x^n}=\lim\limits_{x\to+\infty}\dfrac{\frac{1}{x}}{nx^{n-1}}=\lim\limits_{x\to+\infty}\dfrac{1}{nx^n}=0$.

例 3.2.4　求$\lim\limits_{x\to\frac{\pi}{2}}\dfrac{\tan x}{\tan 3x}$. $\left(\dfrac{\infty}{\infty}\text{型}\right)$

解
$$\lim_{x\to\frac{\pi}{2}}\frac{\tan x}{\tan 3x}=\lim_{x\to\frac{\pi}{2}}\frac{\sec^2 x}{3\sec^2 3x}=\frac{1}{3}\lim_{x\to\frac{\pi}{2}}\frac{\cos^2 3x}{\cos^2 x}=\frac{1}{3}\lim_{x\to\frac{\pi}{2}}\frac{-6\cos 3x\sin 3x}{-2\cos x\sin x}$$
$$=\lim_{x\to\frac{\pi}{2}}\frac{\sin 6x}{\sin 2x}=\lim_{x\to\frac{\pi}{2}}\frac{6\cos 6x}{2\cos 2x}=3.$$

在应用洛必达法则求极限时，注意化简、应用等价无穷小替换等，会使计算简便.

例 3.2.5 求$\lim\limits_{x\to 0}\dfrac{3x-\sin 3x}{(1-\cos x)\ln(1+2x)}$.

解 因为 $x\to 0$ 时，$1-\cos x\sim\dfrac{1}{2}x^2$，$\ln(1+2x)\sim 2x$，所以

$$\lim_{x\to 0}\frac{3x-\sin 3x}{(1-\cos x)\ln(1+2x)}=\lim_{x\to 0}\frac{3x-\sin 3x}{x^3}=\lim_{x\to 0}\frac{3-3\cos 3x}{3x^2}=\lim_{x\to 0}\frac{3\sin 3x}{2x}=\frac{9}{2}.$$

二、其他类型的未定式

未定式除了$\dfrac{0}{0}$型和$\dfrac{\infty}{\infty}$型，还有

$$0\cdot\infty;\quad \infty-\infty;\quad 0^0;\quad 1^\infty;\quad \infty^0$$

等类型. 一般可将其化为$\dfrac{0}{0}$型或$\dfrac{\infty}{\infty}$型，然后再用洛必达法则.

例 3.2.6 求 $\lim\limits_{x\to 0^+}x\ln x$.

解 这是 $0\cdot\infty$型，化为$\dfrac{\infty}{\infty}$型后再用洛必达法则.

$$\lim_{x\to 0^+}x\ln x=\lim_{x\to 0^+}\frac{\ln x}{\dfrac{1}{x}}=\lim_{x\to 0^+}\frac{\dfrac{1}{x}}{-\dfrac{1}{x^2}}=-\lim_{x\to 0^+}x=0.$$

注意 此例若化成$\dfrac{0}{0}$型，则得不出结果，可见将 $0\cdot\infty$ 化成$\dfrac{\infty}{\infty}$型还是$\dfrac{0}{0}$型应有所选择.

例 3.2.7 求$\lim\limits_{x\to 0}\left(\dfrac{1}{\sin x}-\dfrac{1}{x}\right)$.

解 这是$\infty-\infty$型，可通分化为$\dfrac{0}{0}$型来计算.

$$\lim_{x\to 0}\left(\frac{1}{\sin x}-\frac{1}{x}\right)=\lim_{x\to 0}\frac{x-\sin x}{x\sin x}=\lim_{x\to 0}\frac{x-\sin x}{x^2}=\lim_{x\to 0}\frac{1-\cos x}{2x}=0.$$

对于 0^0，1^∞，∞^0 型，可以先化为以 e 为底的指数函数的极限，再利用指数函数的连续性，转化为求指数函数的极限，即

$$\lim f(x)^{g(x)}=\lim \mathrm{e}^{\ln f(x)^{g(x)}}=\lim \mathrm{e}^{g(x)\ln f(x)}=\mathrm{e}^{\lim g(x)\ln f(x)}.$$

例 3.2.8 求 $\lim\limits_{x\to 0^+}x^x$. ($0^0$型)

解
$$\lim_{x\to 0^+}x^x=\lim_{x\to 0^+}\mathrm{e}^{x\ln x}=\mathrm{e}^{\lim\limits_{x\to 0^+}x\ln x},$$

而

$$\lim_{x\to 0^+}x\ln x=\lim_{x\to 0^+}\frac{\ln x}{\dfrac{1}{x}}=\lim_{x\to 0^+}\frac{\dfrac{1}{x}}{-\dfrac{1}{x^2}}=-\lim_{x\to 0^+}x=0,$$

所以 $\lim\limits_{x\to0^+}x^x=e^0=1$.

例 3.2.9 求 $\lim\limits_{x\to0^+}(\cos\sqrt{x})^{\frac{\pi}{x}}$. ($1^\infty$ 型)

解 $\lim\limits_{x\to0^+}(\cos\sqrt{x})^{\frac{\pi}{x}}=e^{\lim\limits_{x\to0^+}\frac{\pi}{x}\ln\cos\sqrt{x}}=e^{\lim\limits_{x\to0^+}\frac{\pi\ln\cos\sqrt{x}}{x}}=e^{\pi\lim\limits_{x\to0^+}\frac{-\sin\sqrt{x}}{\cos\sqrt{x}}\cdot\frac{1}{2\sqrt{x}}}=e^{-\frac{\pi}{2}}$.

例 3.2.10 求 $\lim\limits_{n\to\infty}\sqrt[n]{n}$ (n 为正整数).

解 n 不是连续变量,不能直接用洛必达法则,先考虑 ∞^0 型未定式 $\lim\limits_{x\to+\infty}x^{\frac{1}{x}}$,因为

$$\lim_{x\to+\infty}\ln x^{\frac{1}{x}}=\lim_{x\to+\infty}\frac{\ln x}{x}=\lim_{x\to+\infty}\frac{\frac{1}{x}}{1}=0,$$

所以 $\lim\limits_{x\to+\infty}x^{\frac{1}{x}}=e^0=1$,从而 $\lim\limits_{n\to\infty}\sqrt[n]{n}=1$.

最后还需指出,洛必达法则给出求未定式的一种方法,当法则条件满足时,所求极限存在(或为∞),但当法则条件不满足时,所求极限不一定不存在,即当 $\lim\frac{f'(x)}{F'(x)}$ 不存在时(等于无穷大的情况除外),$\lim\frac{f(x)}{F(x)}$ 仍可能存在.

例 3.2.11 求 $\lim\limits_{x\to\infty}\frac{x+\sin x}{x}$.

解 这是 $\frac{\infty}{\infty}$ 型未定式,因为 $\lim\limits_{x\to\infty}\frac{(x+\sin x)'}{x'}=\lim\limits_{x\to\infty}\frac{1+\cos x}{1}$ 不存在,所以不能使用洛必达法则,但有

$$\lim_{x\to\infty}\frac{x+\sin x}{x}=\lim_{x\to\infty}\left(1+\frac{1}{x}\sin x\right)=1+0=1.$$

习 题 3.2

1. 用洛必达法求下列极限:

(1) $\lim\limits_{x\to a}\frac{\sin x-\sin a}{x-a}$;

(2) $\lim\limits_{x\to1}\frac{2x^3-3x^2+1}{x^3-3x+2}$;

(3) $\lim\limits_{x\to0}\frac{e^x-e^{-x}-2x}{x-\sin x}$;

(4) $\lim\limits_{x\to1}\frac{\ln x}{(1-x)^2}$;

(5) $\lim\limits_{x\to0}\frac{\tan x-x}{x-\sin x}$;

(6) $\lim\limits_{x\to0}\frac{a^x-b^x}{x}$;

(7) $\lim\limits_{x\to+\infty}\frac{x^a}{e^x}$ (a 为任意正实数);

(8) $\lim\limits_{x\to+\infty}\frac{\pi-2\arctan x}{\ln\left(1+\frac{1}{x}\right)}$;

(9) $\lim\limits_{x\to0^+}\frac{\ln\cot x}{\ln x}$;

(10) $\lim\limits_{x\to\infty}x(e^{\frac{1}{x}}-1)$;

(11) $\lim\limits_{x\to0}\left(\frac{1}{e^x-1}-\frac{1}{\sin x}\right)$;

(12) $\lim\limits_{x\to0}\left(\frac{1}{x}-\frac{1}{\ln(1+x)}\right)$;

(13) $\lim\limits_{x\to0^+}x^{\sin x}$;

(14) $\lim\limits_{x\to0^+}\left(\frac{1}{x}\right)^{\tan x}$;

(15) $\lim\limits_{x\to+\infty}\left(\frac{\pi}{2}-\arctan x\right)^{\frac{1}{x}}$； (16) $\lim\limits_{x\to0}(\cos x)^{\frac{1}{x^2}}$.

2. 下列极限是否可用洛必达法求出？请用恰当的方法求出下列极限：

(1) $\lim\limits_{x\to\infty}\frac{x+\cos x}{x}$； (2) $\lim\limits_{x\to+\infty}\frac{e^x-e^{-x}}{e^x+e^{-x}}$.

3. 若 $f(x)$有二阶导数，证明 $f''(x)=\lim\limits_{h\to0}\frac{f(x+h)-2f(x)+f(x-h)}{h^2}$

4. 求下列极限：

(1)* $\lim\limits_{x\to0}\left(\frac{1}{\sin^2 x}-\frac{\cos^2 x}{x^2}\right)$； (2) $\lim\limits_{x\to+\infty}(x+\sqrt{1+x^2})^{\frac{1}{x}}$；

(3)* $\lim\limits_{x\to0}\left(\frac{e^x+e^{2x}+\cdots+e^{nx}}{n}\right)^{\frac{1}{x}}$； (4)* $\lim\limits_{x\to0}\frac{\arctan x-\sin x}{x^3}$.

3.3 函数的单调性与曲线的凹凸性

一、函数的单调性

单调性是函数的一个重要性质，直接运用单调性的定义判定一般函数的单调性往往是困难或繁琐的，为此，本节利用拉格朗日中值定理导出用函数的导数来判定函数的单调性和曲线的凹凸性的简便方法.

如图 3.4 所示，如果函数 $y=f(x)$在$[a,b]$上单调增加(或单调减少)，那么它的图形是一条沿 x 轴正向上升(或下降)的曲线，这时曲线的各点处的切线斜率是非负的(或非正的)，即 $y'=f'(x)\geqslant0$(或 $y'=f'(x)\leqslant0$)，由此可见，函数的单调性与导数的符号有着密切的关系. 下面给出用导数的符号来判定函数的单调性的方法.

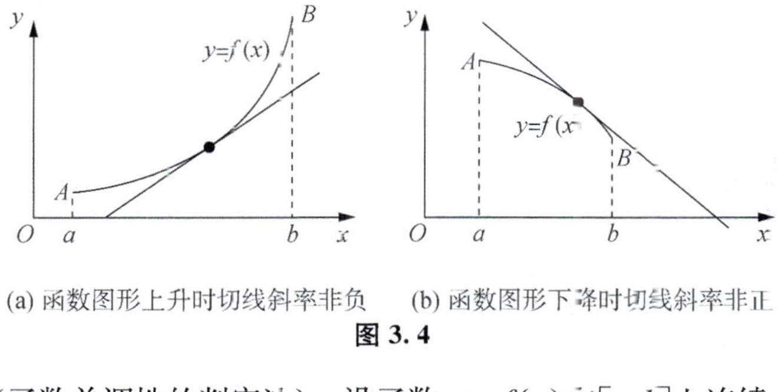

图 3.4

定理 3.3.1(函数单调性的判定法) 设函数 $y=f(x)$在$[a,b]$上连续，在(a,b)内可导.

(1) 若在(a,b)内 $f'(x)>0$，则函数 $y=f(x)$在$[a,b]$上单调增加；

(2) 若在(a,b)内 $f'(x)<0$，则函数 $y=f(x)$在$[a,b]$上单调减少.

证明 只证(1)((2)可类似证明)，在$[a,b]$上任取两点 x_1,x_2(设 $x_1<x_2$)，应用拉格朗日中值定理，得

$$f(x_2)-f(x_1)=f'(\xi)(x_2-x_1)\ (x_1<\xi<x_2).$$

由于 $x_2-x_1>0$，因此，若在 (a,b) 内 $f'(x)>0$，则也有 $f'(\xi)>0$，于是

$$f(x_2)-f(x_1)=f'(\xi)(x_2-x_1)>0,$$

从而 $f(x_1)<f(x_2)$，因此函数 $y=f(x)$ 在 $[a,b]$ 上单调增加. 证毕.

例 3.3.1　判定函数 $y=x-\sin x$ 在 $[0,2\pi]$ 上的单调性.

解　$y=x-\sin x$ 在 $[0,2\pi]$ 上连续，在 $(0,2\pi)$ 内 $y'=1-\cos x>0$，所以由判定法可知，函数 $y=x-\sin x$ 在 $[0,2\pi]$ 上单调增加.

注　① 判定法中的闭区间可换成其他各种区间，结论也成立. ② 如果函数 $y=f(x)$ 在区间 I 上单调，则称区间 I 为单调区间. 由定理 3.3.1 可知，要确定函数 $y=f(x)$ 的单调区间，可找出 $f(x)$ 的所有驻点及不可导点，然后用这些点将 $f(x)$ 的定义域分成若干个小区间，并根据 $f'(x)$ 在各区间的正负号确定 $f(x)$ 的单调性.

例 3.3.2　讨论函数 $y=\sqrt[3]{x^2}$ 的单调性.

解　函数的定义域为 $(-\infty,+\infty)$，

$$y'=\frac{2}{3\sqrt[3]{x}}\quad (x\neq 0),$$

函数在 $x=0$ 处不可导. 又因为

当 $x<0$ 时，$y'<0$，所以函数在 $(-\infty,0]$ 上单调减少；

当 $x>0$ 时，$y'>0$，所以函数在 $[0,+\infty)$ 上单调增加(见图 3.5).

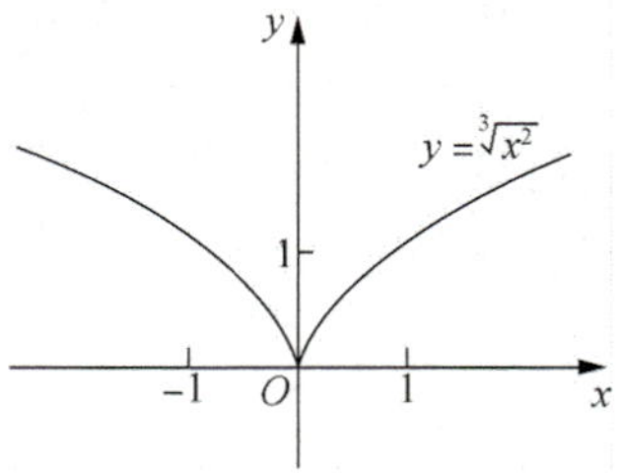

图 3.5

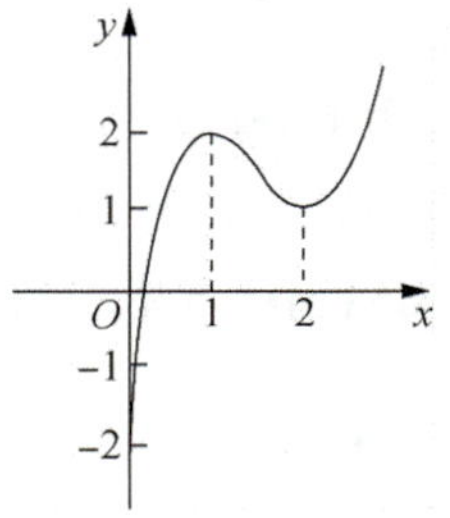

图 3.6

例 3.3.3　确定函数 $f(x)=2x^3-9x^2+12x-3$ 的单调区间.

解　函数的定义域为 $(-\infty,+\infty)$. 因为

$$f'(x)=6x^2-18x+12=6(x-1)(x-2),$$

所以，由 $f'(x)=0$，解得驻点 $x_1=1,x_2=2$. 列表(表 3.1)讨论如下：

表 3.1

x	$(-\infty,1)$	$(1,2)$	$(2,+\infty)$
$f'(x)$	+	−	+
$f(x)$	↗	↘	↗

函数 $f(x)$ 单调增加区间为 $(-\infty,1]$ 和 $[2,+\infty)$，单调减少区间为 $[1,2]$（见图 3.6）.

例 3.3.4 讨论函数 $y=x^3$ 的单调性.

解 函数的定义域为 $(-\infty,+\infty)$，$y'=3x^2$，除 $x=0$ 时 $y'=0$ 外，在其余各点处均有 $y'>0$，因此函数 $y=x^3$ 在 $(-\infty,0]$ 及 $[0,+\infty)$ 上都是单调增加的. 从而在整个定义域 $(-\infty,+\infty)$ 内 $y=x^3$ 是单调增加的（见图 3.7）.

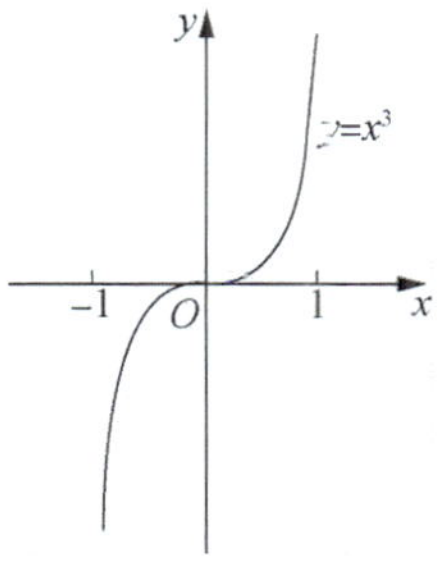

图 3.7

一般，若 $f'(x)$ 在任一有限区间上只有有限个零点，除此之外 $f'(x)$ 保持相同的符号，则函数 $f(x)$ 仍然是单调的.

例 3.3.5 证明方程 $x^5+x+1=0$，在区间 $(-1,0)$ 内有且只有一个实根.

证 令 $f(x)=x^5+x+1$，因为 $f(x)$ 在闭区间 $[-1,0]$ 上连续，且

$$f(-1)=-1<0,\quad f(0)=1>0.$$

根据零点定理，$f(x)$ 在 $(-1,0)$ 内有一个零点.

另一方面，对于任意实数 x，有 $f'(x)=5x^4+1>0$，所以 $f(x)$ 在 $(-\infty,+\infty)$ 内单调增加，因此曲线 $y=f(x)$ 与 x 轴至多只有一个交点. 即 $f(x)$ 至多有一个零点.

综上所述可知，方程 $x^5+x+1=0$ 在区间 $(-1,0)$ 内有且只有一个实根.

例 3.3.6 证明：当 $x>0$ 时，$x>\ln(1+x)$.

证 设 $f(x)=x-\ln(1+x)$，则 $f'(x)=\dfrac{x}{1+x}$.

因为 $f(x)$ 在 $[0,+\infty)$ 上连续，且在 $(0,+\infty)$ 内 $f'(x)>0$，所以 $f(x)$ 在 $[0,+\infty)$ 上单调增加，又因 $f(0)=0$，所以当 $x>0$ 时，$f(x)>f(0)=0$，即 $x>\ln(1+x)$. 证毕.

二、曲线的凹凸性与拐点

1. 凹凸性的概念

函数的单调性反映在图形上，表现为曲线的上升或下降，但还不能反映曲线的弯曲方向. 如图 3.8 所示，曲线在区间 (a,b) 虽然一直上升，但却有不同的弯曲情况（曲线先是凸的，后是凹的）. 因此，为了更精确地描述函数图形，考察它的弯曲方向以及扭转弯曲方向的点，是很有必要的. 从几何上看，在凹（见图 3.9(a)）的曲线上任取两点，则连接这两点间的弦总位于这两点间弧段的上方，而在凸（见图 3.9(b)）的曲线上任取两点，则连接这两点间的弦总位于这两点间弧段的下方.

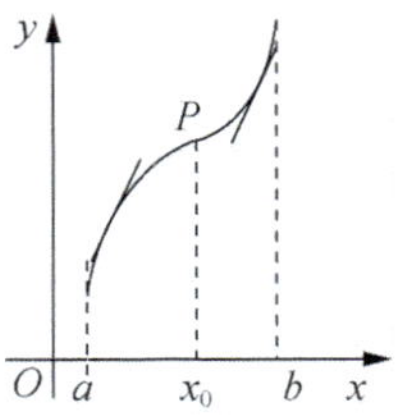

图 3.8

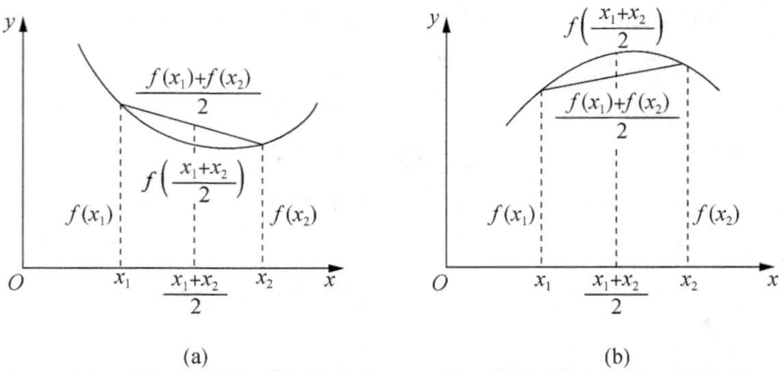

图 3.9

定义 3.3.1　设 $f(x)$在区间 I 上连续，如果对 I 上任意两点 x_1,x_2，恒有

$$f\left(\frac{x_1+x_2}{2}\right)<\frac{f(x_1)+f(x_2)}{2},$$

则称 $f(x)$在 I 上的图形是(向上)凹的；如果恒有

$$f\left(\frac{x_1+x_2}{2}\right)>\frac{f(x_1)+f(x_2)}{2},$$

则称 $f(x)$在 I 上的图形是(向上)凸的.

2. 曲线凹凸性的判定

不难看出，对于凹曲线，当自变量 x 从小变大时，其切线斜率是增加的，即 $f'(x)$是单调增加的，若二阶导数存在，必有 $f''(x)\geqslant 0$. 对于凸曲线则有相反的结论，于是有下述判定曲线凹凸性的定理.

定理 3.3.2　设 $f(x)$在$[a,b]$上连续，在(a,b)内具有一阶和二阶导数，那么

(1) 若在(a,b)内 $f''(x)>0$，则 $f(x)$在$[a,b]$上的图形是凹的；

(2) 若在(a,b)内 $f''(x)<0$，则 $f(x)$在$[a,b]$上的图形是凸的.

证明　只证(1)((2)的证明类似). 设 $x_1,x_2\in[a,b]$，$(x_1<x_2)$，记 $x_0=\frac{x_1+x_2}{2}$.
由拉格朗日中值公式，得

$$f(x_1)-f(x_0)=f'(\xi_1)(x_1-x_0)=f'(\xi_1)\frac{x_1-x_2}{2},\quad x_1<\xi_1<x_0,$$

$$f(x_2)-f(x_0)=f'(\xi_2)(x_2-x_0)=f'(\xi_2)\frac{x_2-x_1}{2},\quad x_0<\xi_2<x_2,$$

两式相加并应用拉格朗日中值公式得

$$\begin{aligned}f(x_1)+f(x_2)-2f(x_0)&=[f'(\xi_2)-f'(\xi_1)]\frac{x_2-x_1}{2}\\&=f''(\xi)(\xi_2-\xi_1)\frac{x_2-x_1}{2}>0,\quad \xi_1<\xi<\xi_2,\end{aligned}$$

即$\frac{f(x_1)+f(x_2)}{2}>f\left(\frac{x_1+x_2}{2}\right)$，所以 $f(x)$在$[a,b]$上的图形是凹的.

连续曲线 $y=f(x)$ 上凹弧与凸弧的分界点称为这曲线的**拐点**.

根据定理 3.3.2,如果 $f''(x)$ 在 x_0 左右两侧异号,则点 $(x_0,f(x_0))$ 是曲线 $y=f(x)$ 的拐点. 因此,如果函数 $y=f(x)$ 有连续二阶导数,而 $(x_0,f(x_0))$ 为其拐点,则 $f''(x)=0$;另外,使 $f''(x)$ 不存在所对应曲线上的点也可能是拐点.

由上述讨论可知,判定曲线 $y=f(x)$ 凹凸性及求其拐点的步骤如下:

(1) 求 $f''(x)$;

(2) 令 $f''(x)=0$,解出该方程的全部实根,并求出 $f''(x)$ 不存在的点;

(3) 对于步骤(2)求出的每一个点 x_0,检查 $f''(x)$ 在 x_0 左右两侧邻近的符号,并确定曲线的凹凸性和拐点.

例 3.3.7 判定曲线 $y=x-\ln(1+x)$ 的凹凸性.

解 $y=x-\ln(1+x)$ 的定义域为 $(-1,+\infty)$,$y'=1-\dfrac{1}{1+x}$,$y''=\dfrac{1}{(1+x)^2}$,在其定义域 $(-1,+\infty)$ 内 $y''>0$,因此,曲线是凹的.

例 3.3.8 求曲线 $y=(x-2)^{\frac{5}{3}}-\dfrac{5}{9}x^2$ 的凹、凸区间及拐点.

解 函数的定义域为 $(-\infty,+\infty)$,因为

$$y'=\frac{5}{3}(x-2)^{\frac{2}{3}}-\frac{10}{9}x,\quad y''=\frac{10}{9}(x-2)^{-\frac{1}{3}}-\frac{10}{9}.$$

所以,由 $y''=0$,解得 $x=3$;而 $x=2$ 时,y'' 不存在. 列表判断如下:

表 3.2

x	$(-\infty,2)$	2	$(2,3)$	3	$(3,+\infty)$
y''	$-$	不存在	$+$	0	$-$
y	$\cap$	拐点	$\cup$	拐点	$\cap$

因此,曲线的凸区间为 $(-\infty,2]$ 和 $[3,+\infty)$, 凹区间为 $(2,3)$,拐点为 $\left(2,-\dfrac{20}{9}\right)$ 和 $(3,-4)$.

习 题 3.3

1. 判定下列函数的单调性:

(1) $y=\arctan x-x$; (2) $y=\ln(x+\sqrt{1+x^2})$;

(3) $y=x+\cos x$.

2. 求下列函数的单调区间:

(1) $y=x-\ln(1+x^2)$; (2) $y=2x^3-6x^2-18x-7$;

(3) $y=2x+\dfrac{8}{x}(x>0)$; (4) $y=xe^{-x}$;

(5) $y=2x^2-\ln x$; (6) $y=\dfrac{2}{3}x-\sqrt[3]{x^2}$.

3. 证明方程 $\sin x=x$ 有唯一实根.

4. 证明当 $0<x<\frac{\pi}{2}$ 时, $\tan x+\sin x>2x$.

5. 求下列曲线的凹凸区间及拐点:

(1) $y=xe^{-x}$;　　(2) $y=\ln(1+x^2)$;

(3) $y=2x^3+3x^2-12x+14$;　　(4) $y=x\arctan x$;

(5) $y=(x-1)x^{\frac{2}{3}}$.

6. 设曲线 $y=x^3+ax^2+bx+1$ 有拐点 $(-1,0)$, 则 a,b 为何值?

7. 试确定函数 $y=x^3+ax^2+bx+4$ 中的 a,b, 使得 $x=-1$ 为函数的驻点, 点 $(1,y(1))$ 为函数的拐点, 并求出拐点.

8. 利用曲线的凹凸性, 证明下列不等式:

(1) $\frac{x^n+y^n}{2}>\left(\frac{x+y}{2}\right)^n$ $(x>0,y>0,x\neq y,n>1)$;

(2) $\frac{e^x+e^y}{2}>e^{\frac{x+y}{2}}$ $(x\neq y)$.

3.4　函数的极值与最大、最小值

在生产、工程设计、科学研究与经营管理等领域, 常常遇到这样一类问题: 在一定条件下, 怎样使"产量最高"、"利润最大"、"容积最大", 怎样使"用料最省"、"成本最低"、"路程最短"等. 这类问题有时可归结为求某个函数 $f(x)$(通常称为目标函数)的最小值或最大值问题. 为此, 首先介绍函数的极值及其求法.

一、函数的极值

定义 3.4.1　设函数 $f(x)$ 在 x_0 的某一邻域 $U(x_0)$ 内有定义, 如果对于去心邻域 $\mathring{U}(x_0)$ 内的任一 x, 有 $f(x)<f(x_0)$(或 $f(x)>f(x_0)$), 则称 $f(x_0)$ 是函数 $f(x)$ 的一个**极大值**(或**极小值**).

函数的极大值与极小值统称为函数的**极值**, 使函数取得极值的点称为**极值点**.

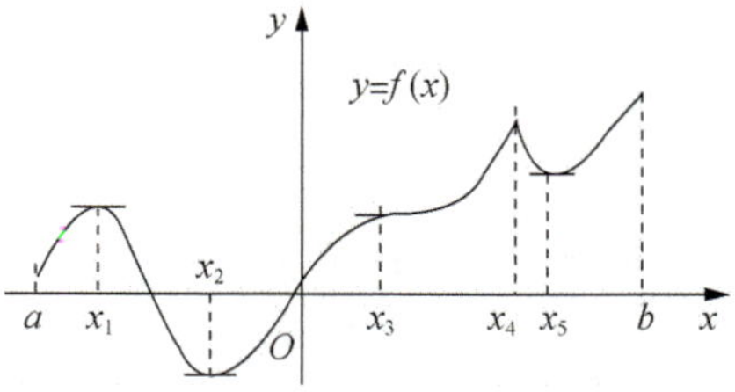

图 3.10

说明　函数的极大值和极小值是局部性的. 如果 $f(x_0)$ 是函数 $f(x)$ 的一个极大值, 那只是就 x_0 附近的一个局部范围来说 $f(x_0)$ 是 $f(x)$ 的最大值, 但就 $f(x)$ 的整个定义域来说, $f(x_0)$ 不一定是最大值. 对于极小值也有类似情况. 如图 3.10 所示的函数 $f(x)$ 有两个极大值 $f(x_1)$, $f(x_4)$, 有两个极小值 $f(x_2)$, $f(x_5)$. 其中极小值 $f(x_5)$ 比极大值 $f(x_1)$ 大, 极小值 $f(x_2)$ 是最小值, 而两个极大值都不是最大值. 从图中还可以看到, 在函数取得极值处, 曲线的切线平行于 x 轴或不存在, 但曲线上有水平切线的点 x_3, 不是函数极值点.

下面给出极值存在的必要条件和充分条件. 首先由费马引理可得:

定理 3.4.1(必要条件) 设函数 $f(x)$ 在点 x_0 处可导，且在 x_0 处取得极值，则函数在 x_0 处的导数为零，即 $f'(x_0)=0$.

定理 3.4.1 表明：可导函数 $f(x)$ 的极值点必定是使函数导数为零的点(称为**驻点**). 但反之不成立，即函数 $f(x)$ 的驻点不一定是极值点. 例如，考察函数 $f(x)=x^3$ 在 $x=0$ 处的情况. 显然 $x=0$ 是函数 $f(x)=x^3$ 的驻点，但 $x=0$ 不是函数 $f(x)=x^3$ 的极值点.

另外，函数的极值点也可能是导数不存在的点(如图 3.10 中的点 x_5).

综上所述，函数的驻点和导数不存在点(也称为不可导点)都可能是函数的极值点。那么，如何判别这两类点是否为函数的极值点？下面给出判别的两个充分条件.

定理 3.4.2(第一充分条件) 设函数 $f(x)$ 在点 x_0 处连续，在 x_0 的某去心邻域 $\mathring{U}(x_0,\delta)$ 内可导.

(1) 若 $x\in(x_0-\delta,x_0)$ 时，$f'(x)>0$，而 $x\in(x_0,x_0+\delta)$ 时，$f'(x)<0$，则函数 $f(x)$ 在 x_0 处取得极大值；

(2) 若 $x\in(x_0-\delta,x_0)$ 时，$f'(x)<0$，而 $x\in(x_0,x_0+\delta)$ 时，$f'(x)>0$，则函数 $f(x)$ 在 x_0 处取得极小值；

(3) 如果 $x\in\mathring{U}(x_0,\delta)$ 时，$f'(x)$ 不改变符号，则函数 $f(x)$ 在 x_0 处无极值.

根据函数单调性及极值的定义，易证明定理成立. 图 3.11 给出定理的几何图示.

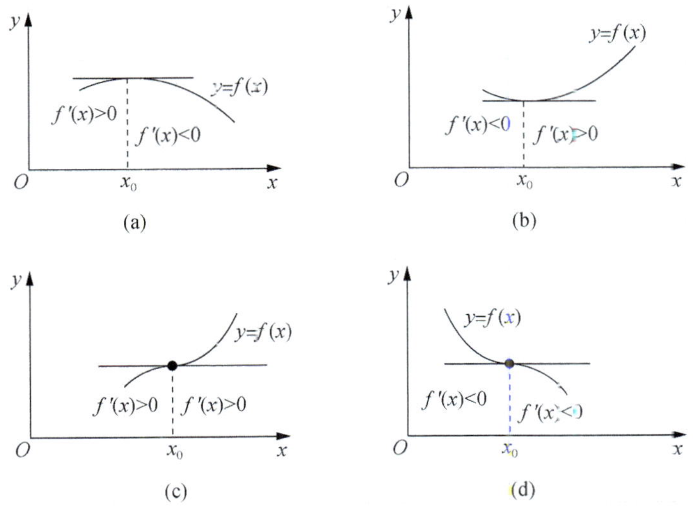

图 3.11

根据定理 3.4.1 和定理 3.4.2，可按下列步骤确定函数的极值点和极值：

(1)确定函数 $f(x)$ 的定义域，并求 $f'(x)$；

(2)解方程 $f'(x)=0$ 求出 $f(x)$ 的全部驻点，并找出 $f(x)$ 的不可导点；

(3)考察 $f'(x)$ 在驻点和不可导点的左、右两侧邻近的符号，确定函数的极值点，对于极值点，进一步确定是极大值点还是极小值点；

(4)求出每个极值点的函数值，即得函数的全部极值.

以上步骤可类似讨论函数单调性用表格表示.

例 3.4.1　求函数 $f(x)=x^3-3x^2-9x+5$ 的极值.

解　函数 $f(x)$ 的定义域为 $(-\infty,+\infty)$，且 $f'(x)=3x^2-6x-9=3(x+1)(x-3)$.

令 $f'(x)=0$，解得驻点 $x_1=-1$，$x_2=3$，$f(x)$ 无不可导点. 列表判断如下：

表 3.3

x	$(-\infty,-1)$	-1	$(-1,3)$	3	$(3,+\infty)$
$f'(x)$	$+$	0	$-$	0	$+$
$f(x)$	↗	极大值	↘	极小值	↗

因此，$f(x)$ 的极大值为 $f(-1)=10$，极小值为 $f(3)=-22$.

例 3.4.2　求函数 $f(x)=\sqrt[3]{x(1-x)^2}$ 的极值.

解　$f(x)$ 在其定义域 $(-\infty,+\infty)$ 内连续.

$$f'(x)=\frac{1-3x}{3\sqrt[3]{x^2(1-x)}},$$

令 $f'(x)=0$，解得驻点 $x=\dfrac{1}{3}$，而 $x=0$ 及 $x=1$ 时，$f'(x)$ 不存在，列表判断如下：

表 3.4

x	$(-\infty,0)$	0	$(0,1/3)$	$1/3$	$(1/3,1)$	1	$(1,+\infty)$
$f'(x)$	$+$	∞	$+$	0	$-$	∞	$+$
$f(x)$	↗	无极值	↗	极大值	↘	极小值	↗

因此，$x=0$ 不是极值点；$x=\dfrac{1}{3}$ 为极大值点，$f\left(\dfrac{1}{3}\right)=\dfrac{\sqrt[3]{4}}{3}$ 为极大值；$x=1$ 为极小值点，$f(1)=0$ 为极小值.

定理 3.4.3（第二充分条件）　设函数 $f(x)$ 在点 x_0 处具有二阶导数，且 $f'(x_0)=0$，$f''(x_0)\neq 0$，则

(1) 当 $f''(x_0)<0$ 时，函数 $f(x)$ 在 x_0 处取得极大值；

(2) 当 $f''(x_0)>0$ 时，函数 $f(x)$ 在 x_0 处取得极小值.

证明　对情形(1)，由二阶导数定义，并注意到 $f'(x_0)=0$，则有

$$f''(x_0)=\lim_{x\to x_0}\frac{f'(x)-f'(x_0)}{x-x_0}=\lim_{x\to x_0}\frac{f'(x)}{x-x_0}<0,$$

由极限的保号性知，在 x_0 的足够小的邻域内有 $\dfrac{f'(x)}{x-x_0}<0$.

于是，当 $x<x_0$ 时，$f'(x)>0$；当 $x>x_0$ 时，$f'(x)<0$. 根据定理 3.4.2，$f(x)$ 在 x_0 处取得极大值.

同理可证(2).

注 当 $f''(x_0)=0$ 时，x_0 可能是 $f(x)$ 的极值点，也可能不是. 例如，$x=0$ 是 $y=x^4$ 的极值点，但不是 $y=x^3$ 的极值点，而这两个函数在 $x=0$ 处的二阶导数均为 0. 一般，当 $f''(x_0)=0$ 或 $f''(x_0)$ 不存在时，不能用定理 3.4.2 判定，可改用第一充分条件来判定.

例 3.4.3 求函数 $f(x)=(x^2-1)^3+1$ 的极值.

解 函数 $f(x)$ 的定义域为 $(-\infty,+\infty)$，且

$$f'(x)=6x(x^2-1)^2,\quad f''(x)=6(x^2-1)(5x^2-1).$$

令 $f'(x)=0$，解得驻点 $x_1=-1, x_2=0, x_3=1$.

因为 $f''(0)=6>0$，所以 $f(x)$ 在 $x=0$ 处取得极小值，极小值为 $f(0)=0$.

又因为 $f''(-1)=f''(1)=0$，所以用定理 3.4.3 无法判别. 而 $f(x)$ 在 $x=-1$ 处的左、右邻域内 $f'(x)<0$，所以，$f(-1)$ 不是极值.

同理，$f(1)$ 也不是极值(见图 3.12).

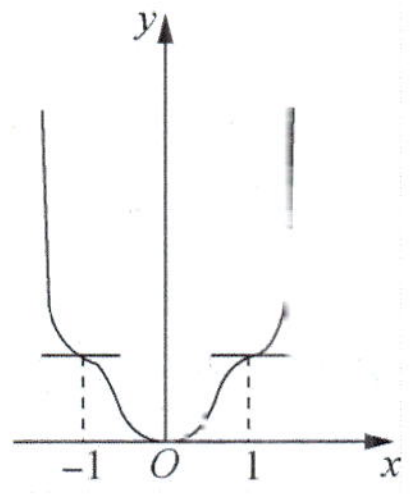

图 3.12

二、函数的最大最小值

最大(小)值通常是指函数在所讨论的整个区间上函数值的最大(小)值. 由第 1 章连续函数性质可知，如果函数 $f(x)$ 在闭区间 $[a,b]$ 上连续，则函数 $f(x)$ 在 $[a,b]$ 上必有最大值和最小值. 显然，若函数在开区间 (a,b) 内取得最值，则这个最值一定是函数的极值；另外，函数的最值也有可能在区间的端点取得. 因此，求连续函数在闭区间 $[a,b]$ 上的最值的方法是：

(1)求出 $f(x)$ 在 (a,b) 内的驻点和不可导点 $x_1,x_2,\cdots,x_n$；

(2)计算并比较 $f(a),f(x_1),f(x_2),\cdots,f(x_n),f(b)$ 的大小，其中最大(小)者就是 $f(x)$ 在 $[a,b]$ 上的最大(小)值.

注 若 $f(x)$ 在一个区间(有限或无限，开或闭)内可导且只有一个极值点 x_0，则当 $f(x_0)$ 是极大(小)值时，$f(x_0)$ 就是 $f(x)$ 在该区间上的最大(小)值(见图 3.13).

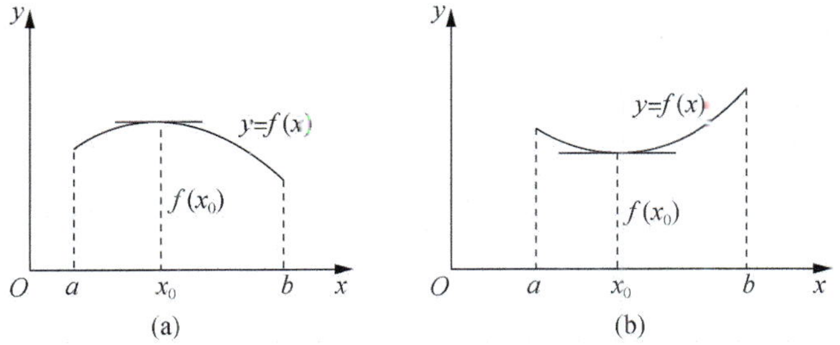

图 3.13

一般在求实际问题的最大值或最小值时，可以根据问题的性质判定相应函数确有最大值或最小值，并且一定在定义区间内部取得，这时若函数 $f(x)$ 在定义区间内部只有一

个驻点 x_0，则可断定 $f(x_0)$ 是最大值或最小值.

例 3.4.4　求函数 $f(x)=2x^3+3x^2-12x+14$ 在 $[-3,4]$ 上的最大值与最小值.

解　$f'(x)=6x^2+6x-12$，令 $f'(x)=0$，解得 $x_1=-2$，$x_2=1$.

由于 $f(-3)=23$，$f(-2)=34$，$f(1)=7$，$f(4)=142$. 因此，函数 $f(x)=2x^3+3x^2-12x+14$ 在 $[-3,4]$ 上的最大值为 $f(4)=142$，最小值为 $f(1)=7$.

例 3.4.5　工厂铁路线上 AB 段的距离为 100km. 工厂 C 距 A 处为 20km，AC 垂直于 AB（图 3.14）. 为了运输需要，要在 AB 线上选定一点 D 向工厂修筑一条公路. 已知铁路每公里货运的运费与公路上每公里货运的运费之比 3∶5. 为了使货物从供应站 B 运到工厂 C 的运费最省，问 D 点应选在何处？

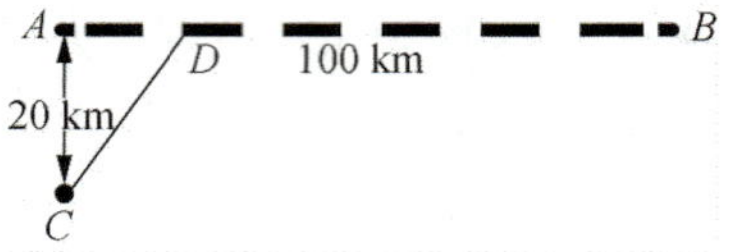

图 3.14

解　设 $AD=x$，则

$$DB=100-x,\quad CD=\sqrt{20^2+x^2}.$$

由题意从 B 点到 C 点需要的总运费为

$$y=5k\sqrt{400+x^2}+3k(100-x),\quad 0\leqslant x\leqslant 100,$$

其中 k 为比例常数. 从而 $y'=k\left(\dfrac{5x}{\sqrt{400+x^2}}-3\right)$.

令 $y'=0$，解得驻点 $x=15$(km). 因为 $x=15$ 是函数 y 在其定义域内唯一的驻点，所以，$x=15$ 是函数 y 的最小值点. 所以当 $AD=15$(km)时总运费最省.

例 3.4.6　某糖果厂每周的销售量为 Q 千袋，每袋价格为 2 元，总成本函数为

$$C(Q)=100Q^2+1300Q+1000(\text{元}),$$

求：(1)可取得利润的销售量；

(2)取得最大利润的销售量和最大利润；

(3)平均成本最小时的产量.

解　利润函数为

$$L(Q)=2000Q-C(Q)=-100Q^2+700Q-1000=-100(Q-2)(Q-5).$$

于是

(1)取得利润时的销售量为使得 $L(Q)>0$，从而 $2<Q<5$.

(2)令 $L'(Q)=-200Q+700=0$，解得 $Q=3.5$，又 $L''(Q)=-200<0$，所以 $Q=3.5$ 时取得最大利润. 最大利润为

$$L(3.5)=\frac{900}{4}=225(\text{元}).$$

(3) 平均成本$\overline{C}(Q)=\dfrac{C(Q)}{Q}=100Q+1300+\dfrac{1000}{Q}$,则$\overline{C}'(Q)=100-\dfrac{1000}{Q^2}$,令$\overline{C}'(Q)=0$,解得$Q=\sqrt{10}\approx3.16$,并且$\overline{C}''(Q)=\dfrac{2000}{Q^3}>0$,所以平均成本最小时的产量约为3.16千袋.

例 3.4.7 某商品年需求量为3600吨,分若干批进货,每次进货量均为Q,每次订货费为10元,商品价值为100元/吨,库存费用率为20%,设该商品的销售是均匀的,求使得商品订货费与库存费之和最小的订货批量,并求出最小总费用.

解 当订货批量为Q时,订货费用为$C_1(Q)=10\times\dfrac{3600}{Q}$,因为销售均匀,所以平均库存的商品数应为每批进货的商品数Q的一半,从而商品的库存费为

$$C_2(Q)=\frac{1}{2}Q\cdot100\times20\%=10Q,$$

总费用$C(Q)=C_1(Q)+C_2(Q)=\dfrac{36\,000}{Q}+10Q\ (Q>0)$.

令$C'(Q)=-\dfrac{36\,000}{Q^2}+10=0$,解得唯一驻点$Q=60$,且$C''(60)=\dfrac{1}{3}>0$,所以当$Q=60$时,$C(Q)$取得极小值$C(60)=1200$,故也必为最小值,亦即当订货批量$Q=60$吨时,总费用最小,最小总费用为1200元.

例 3.4.8 船航行一昼夜的耗费由两部分组成:一为固定耗费,设为a元;另一为变动耗费,设它与速度的立方成正比,试问应以怎样的速度行驶为最经济?

解 设时间以小时为单位,v为船速,则船一昼夜所行驶的路程$S=24v$,从而船航行每单位路程的费用为

$$F(v)=\frac{a+kv^3}{24v}(\text{元}),$$

由于$F'(v)=\dfrac{2kv^3-a}{24v^2}$,令$F'(v)=0$,解得$v=\sqrt[3]{\dfrac{a}{2k}}$(唯一驻点,且为极小值点),故其为最小值点.所以船应以速度$v=\sqrt[3]{\dfrac{a}{2k}}$行驶为最经济.

习题 3.4

1. 求下列函数的极值:

(1) $y=2x^3-9x^2+12x-3$;

(2) $y=e^x+e^{-x}$;

(3) $y=x+\cos x$;

(4) $y=\dfrac{1}{5}x^5-\dfrac{1}{3}x^3$;

(5) $y=(x-4)\sqrt[3]{(x+1)^2}$;

(6) $y=1-(x-2)^{\frac{2}{3}}$.

2. 求下列函数的最大值和最小值:

(1) $y=2x^3-3x^2,\quad -1\leqslant x\leqslant4$;

(2) $y=x-\sin x,\quad 0\leqslant x\leqslant2\pi$;

(3) $y=x+\dfrac{3}{2}x^{\frac{2}{3}},\quad -8\leqslant x\leqslant\dfrac{1}{8}$.

3. 函数 $y=x^2-\frac{54}{x}(x<0)$ 在何处取得最小值? 并求出最小值.

4. 求函数 $f(x)=|x^2-3x+2|$ 在 $[-3,4]$ 上的最大值与最小值.

5. 确定二次三项式 $f(x)=x^2+ax+b$ 的系数 a,b,使该二次三项式当 $x=1$ 时有最小值 $y=3$.

6. 在抛物线 $y^2=4x$ 上求一点,使它与点(3,0)的距离最近.

7. 将边长为 a 的一块正方形铁皮,四角各截去大小相同的小正方形,然后将四边折起做成一个无盖的方盒.问截掉的小正方形边长 x 为多大时,所得方盒容积最大?

8. 欲做一个容积为 V 的无盖圆柱形蓄水池,已知池底单位造价为周围单位造价的两倍,问蓄水池的尺寸应怎样设计才能使总造价最低.

9. 设某产品的成本函数和价格函数分别为

$$C(x)=3800+5x-\frac{x^2}{1000},\quad P(x)=50-\frac{x}{100},$$

决定产品的生产量 x,以使利润达到最大.

10. 已知某厂生产 x 件产品的成本为 $C=25\ 000+200x+\frac{1}{40}x^2$(元),试问:

(1)要使平均成本最小,应生产多少件产品?

(2)若产品以每件 500 元售出,要使利润最大,应生产多少件产品?

11. 设某厂在一个计算期内产品的产量 x 与其成本 C 的关系为

$$C=C(x)=1000+6x-0.003x^2+0.000\ 001x^3\text{(元)},$$

根据市场调研得知,每单位该种产品的价格为 6 元,且全部能够销售出,试求使利润最大的产量.

12. 设某产品的需求函数为 $x=125-5P$,若生产该产品的固定成本为 100(百元),每生产一个产品成本增加 2(百元),工厂产销平衡,问如何定价使工厂获最大利润? 最大利润是多少?

13. 某工厂计划全年需要某种原料 100 万吨,并且其消耗是均匀的,已知该原料分期分批均匀进货,每次进货手续费为 1000 元,而每吨原料全年库存费为 0.05 元,试求使总费用最省的经济批量和相应的订货次数.

14. 设某银行总存款数量与银行付给储户的年利率的平方成正比,若银行以 10%的年利率把总存款的 90%贷出,问它给储户支付的年利率为多少时才能获得最大利润?

15. 高速公路上行驶的汽车,应保持什么样的速度 V 可使行驶成本费最小? 已知每小时消耗成本费为 $a+bV^2$,其中 a,b 是正常数.

16. 对一物体长度测量 n 次,得 n 个数据 $x_1,x_2,\cdots x_n$,现要确定一个数 x,使得它与测得的数值之差的平方和最小.

★3.5　函数图形的描绘

根据函数的单调性、极值和函数曲线的凹凸性及拐点等特征,就能较全面地掌握函数的变化性态,从而较准确地作出函数的图形.下面介绍依据函数的性态描绘函数图形的方法.

一、曲线的渐近线

有些函数的定义域或值域是无穷区间,其图形向无限远处延伸,如双曲线、抛物线等. 为了把握曲线在无限变化中的趋势,我们先介绍曲线的渐近线及其求法.

定义 3.5.1 若当曲线 $y=f(x)$ 上的动点 P 沿曲线移向无穷远时,动点 P 到某定直线 L 的距离趋向于零,则直线 L 称为曲线 $y=f(x)$ 的一条**渐近线**.

渐近线分为水平渐近线、铅直渐近线和斜渐近线三种.

1. 水平渐近线

若 $\lim\limits_{x\to-\infty}f(x)=A$ 或 $\lim\limits_{x\to+\infty}f(x)=A$,则称直线 $y=A$ 是曲线 $y=f(x)$ 的水平渐近线.

2. 铅直渐近线

若 $\lim\limits_{x\to x_0^-}f(x)=\infty$ 或 $\lim\limits_{x\to x_0^+}f(x)=\infty$,则称直线 $x=x_0$ 是曲线 $y=f(x)$ 的铅直渐近线.

例如,对于曲线 $y=\arctan x$,因为 $\lim\limits_{x\to-\infty}\arctan x=-\dfrac{\pi}{2}$, $\lim\limits_{x\to+\infty}\arctan x=\dfrac{\pi}{2}$,所以曲线有两条水平渐近线 $y=-\dfrac{\pi}{2}$ 和 $y=\dfrac{\pi}{2}$.

又如,对于 $y=\dfrac{1}{x-1}$,因为 $\lim\limits_{x\to\infty}\dfrac{1}{x-1}=0$,所以直线 $y=0$ 是曲线的一条水平渐近线.

又因为 $\lim\limits_{x\to1}\dfrac{1}{x-1}=\infty$,所以直线 $x=1$ 是曲线的铅直渐近线(见图 3.15).

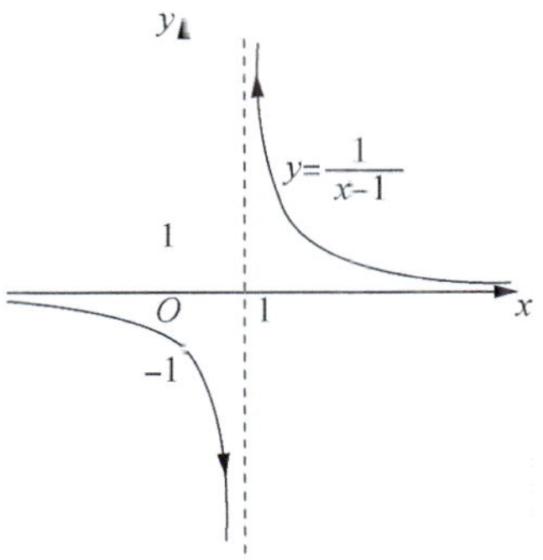

图 3.15

3. 斜渐近线

若 $\lim\limits_{x\to\infty}[f(x)-(ax+b)]=0$ (a,b 为常数),则称 $y=ax+b$ 是曲线 $y=f(x)$ 的斜渐近线. 其中 $\lim\limits_{x\to\infty}\dfrac{f(x)}{x}=a$, $\lim\limits_{x\to\infty}[f(x)-ax]=b$.

注 $x\to\infty$ 也可以统一改为 $x\to-\infty$ 或 $x\to+\infty$.

二、函数图形的描绘

将前面利用导数研究函数性质的方法结合起来,可以给出函数作图的主要步骤如下:

(1)确定函数 $y=f(x)$ 的定义域,考察函数的对称性、周期性、奇偶性等特性;

(2)求出函数一阶、二阶导数为零的点,并指出一阶、二阶导数不存在的点;

(3)列表分析,确定函数的单调区间和函数对应曲线的凹凸区间;

(4)检查是否有渐近线；

(5)确定并描出曲线上极值对应的点、拐点、与坐标轴的交点和其他特殊点；

(6)再根据所列的表格信息，将上述点用光滑曲线连接.

例 3.5.1　作函数 $f(x)=\dfrac{1}{\sqrt{2\pi}}\mathrm{e}^{-\frac{1}{2}x^2}$ 的图形.

解　函数定义域为$(-\infty,+\infty)$，是偶函数，图形关于 y 轴对称.

$$f'(x)=-\frac{x}{\sqrt{2\pi}}\mathrm{e}^{-\frac{1}{2}x^2},\quad f''(x)=\frac{(x+1)(x-1)}{\sqrt{2\pi}}\mathrm{e}^{-\frac{1}{2}x^2}.$$

令 $f'(x)=0$，解得驻点 $x=0$；再令 $f''(x)=0$，解得 $x=-1$ 和 $x=1$. 列表讨论如下：

表 3.5

x	$(-\infty,-1)$	1	$(-1,0)$	0	$(0,1)$	1	$(1,+\infty)$
$f'(x)$	+	+	+	0	−	−	−
$f''(x)$	+	0	−	−	−	0	+
$f(x)$	$\nearrow$	$\left(-1,\dfrac{1}{\sqrt{2\pi\mathrm{e}}}\right)$ 拐点	$\nearrow$	$\dfrac{1}{\sqrt{2\pi}}$ 极大值	$\searrow$	$\left(1,\dfrac{1}{\sqrt{2\pi\mathrm{e}}}\right)$ 拐点	$\searrow$

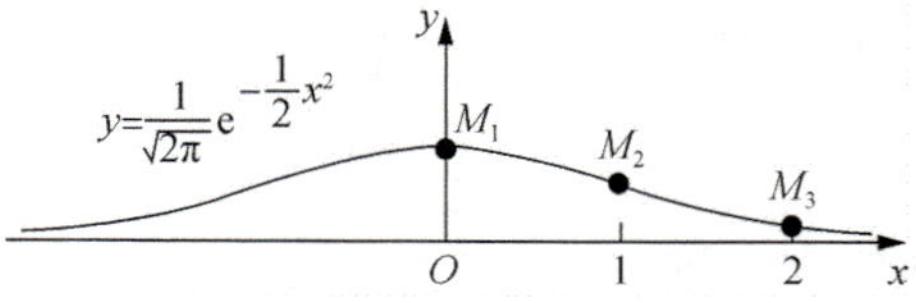

图 3.16

因为 $\lim\limits_{x\to\infty}f(x)=0$，所以曲线有水平渐近线 $y=0$.

先作出区间$(0,+\infty)$内的图形，然后利用对称性作出区间$(-\infty,0)$内的图形(见图 3.16). 这条曲线称为正态分布曲线，在概率统计中经常用到.

例 3.5.2　描绘函数 $f(x)=\dfrac{4(x+1)}{x^2}-2$ 的图形.

解　函数的定义域为$(-\infty,0)\cup(0,+\infty)$，

$$f'(x)=-\frac{4(x+2)}{x^3},\quad f''(x)=\frac{8(x+3)}{x^4},$$

令 $f'(x)=0$，解得驻点 $x=-2$，再令 $f''(x)=0$，解得 $x=-3$，又因为

$$\lim_{x\to\infty}f(x)=\lim_{x\to\infty}\left[\frac{4(x+1)}{x^2}-2\right]=-2,\ \lim_{x\to0}f(x)=\lim_{x\to0}\left[\frac{4(x+1)}{x^2}-2\right]=+\infty,$$

所以曲线有水平渐近线 $y=-2$ 和铅直渐近线 $x=0$. 列表讨论如下：

表 3.6

x	$(-\infty,-3)$	-3	$(-3,-2)$	-2	$(-2,0)$	0	$(0,+\infty)$
$f'(x)$	−	−	−	0	+	不存在	−
$f''(x)$	−	0	+	+	+		+
$f(x)$	$\searrow$	拐点 $\left(-3,-\dfrac{26}{9}\right)$	$\searrow$	极小值 -3	$\nearrow$	间断点	$\searrow$

补充点：$(1-\sqrt{3},0)$，$(1+\sqrt{3},0)$，$C(-1,-2)$，$D(1,6)$，$E(2,1)$．描点连线画出图形(见图 3.17)．

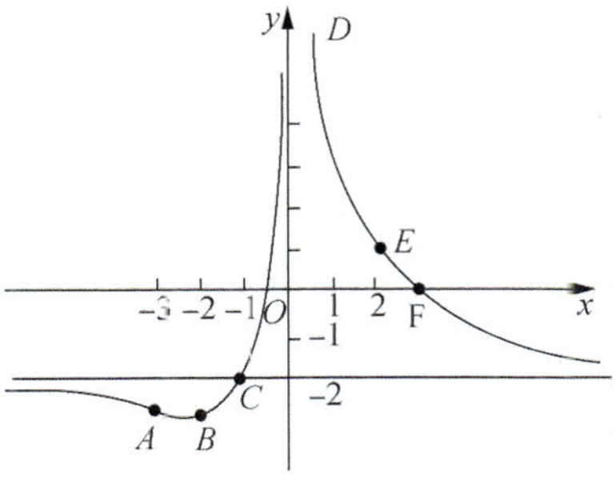

图 3.17

习 题 3.5

1. 求下列曲线的水平渐近线和铅直渐近线：

(1) $y=\dfrac{x^2}{1+x}$；　(2) $y=e^{-\frac{1}{x}}$；　(3) $y=\dfrac{e^x}{1+x}$；

(4) $y=x\sin\dfrac{1}{x}\ (x>0)$；　(5) $y=1+\dfrac{36x}{(x+3)^2}$．

2*．求曲线 $y=\dfrac{1}{x}+\ln(1+e^x)$ 的渐近线．

3. 描绘下列函数的图形：

(1) $y=x^3-3x$；　(2) $y=\dfrac{x}{1+x^2}$；　(3) $y=\dfrac{\ln x}{x}$．

★3.6 泰勒公式

多项式是一类形式简单，具有任意阶导数等良好性质的函数，本节主要讨论用多项式来近似表达较复杂函数的问题．

在微分的应用中已经知道，当$|x|$很小时，有如下的近似等式：

$$e^x\approx 1+x,\quad \ln(1+x)\approx x.$$

这些都是用一次多项式来近似表达函数的例子．一般，如果函数 $f(x)$在 x_0处可导，则有

$$f(x)=f(x_0)+f'(x_0)(x-x_0)+o(x-x_0).$$

即在点 x_0 附近，用一次多项式 $f(x_0)+f'(x_0)(x-x_0)$ 近似表示 $f(x)$时，其误差为$(x-x_0)$的高阶无穷小，但对于精确度要求较高且需要估计误差时候，就必须用高次多项式来近似表达函数，并给出误差公式．

定理 3.6.1(泰勒中值定理)　如果函数 $f(x)$在含有 x_0的某个开区间(a,b)内具有直到 $n+1$ 阶导数，则当 x 在(a,b)内时，$f(x)$可以表示为 $x-x_0$的一个 n 次多项式与一个余项 $R_n(x)$之和，即

$$f(x)=f(x_0)+f'(x_0)(x-x_0)+\frac{f''(x_0)}{2!}(x-x_0)^2+\cdots+\frac{f^{(n)}(x_0)}{n!}(x-x_0)^n+R_n(x),\tag{3.7.1}$$

其中

$$R_n(x)=\frac{f^{(n+1)}(\xi)}{(n+1)!}(x-x_0)^{n+1},\xi\text{介于}x_0\text{与}x\text{之间}. \tag{3.7.2}$$

证明　略.

说明　(1)式(3.7.1)称为 $f(x)$ 按 $x-x_0$ 的幂展开的 ***n* 阶泰勒公式**. $R_n(x)$ 的表达式(3.7.2)称为**拉格朗日型余项**.

(2)当 $n=0$ 时,泰勒公式变成拉格朗日中值公式:

$$f(x)=f(x_0)+f'(\xi)(x-x_0),\quad \xi\text{介于}x_0\text{与}x\text{之间},$$

因此,泰勒中值定理是拉格朗日中值定理的推广.

(3)如果对于某个固定的 n,当 x 在区间 (a,b) 内变动时,$|f^{(n+1)}(x)|\leqslant M$,则有

$$|R_n(x)|=\left|\frac{f^{(n+1)}(\xi)}{(n+1)!}(x-x_0)^{n+1}\right|\leqslant\frac{M}{(n+1)!}|x-x_0|^{n+1}. \tag{3.7.3}$$

从而 $\lim\limits_{x\to x_0}\frac{R_n(x)}{(x-x_0)^n}=0$. 可见,当 $x\to x_0$ 时,误差 $|R_n(x)|$ 是比 $(x-x_0)^n$ 高阶的无穷小,即

$$R_n(x)=o((x-x_0)^n). \tag{3.7.4}$$

该余项称为**皮亚诺型余项**.

(4)当不需要给出余项的精确表达式时,n 阶泰勒公式也可写成

$$f(x)=f(x_0)+f'(x_0)(x-x_0)+\frac{f''(x_0)}{2!}(x-x_0)^2+\cdots+\frac{f^{(n)}(x_0)}{n!}(x-x_0)^n+o((x-x_0)^n). \tag{3.7.5}$$

(5)当 $x_0=0$ 时的泰勒公式称为**麦克劳林(Maclaurin)公式**:

$$f(x)=f(0)+f'(0)x+\frac{f''(0)}{2!}x^2+\cdots+\frac{f^{(n)}(0)}{n!}x^n+R_n(x) \tag{3.7.6}$$

或

$$f(x)=f(0)+f'(0)x+\frac{f''(0)}{2!}x^2+\cdots+\frac{f^{(n)}(0)}{n!}x^n+o(x^n), \tag{3.7.7}$$

其中

$$R_n(x)=\frac{f^{(n+1)}(\xi)}{(n+1)!}x^{n+1}\quad(\xi\text{介于}0\text{与}x\text{之间}) \tag{3.7.8}$$

由此得近似计算公式

$$f(x)\approx f(0)+f'(0)x+\frac{f''(0)}{2!}x^2+\cdots+\frac{f^{(n)}(0)}{n!}x^n. \tag{3.7.9}$$

误差估计式变为 $|R_n(x)|=\frac{M}{(n+1)!}|x|^{n+1}$. (3.7.10)

泰勒公式在近似计算中具有非常重要的应用.

例 3.6.1　求 $f(x)=e^x$ 的 n 阶麦克劳林公式.

解　由于 $f'(x)=f''(x)=\cdots=f^{(n)}(x)=e^x$,所以

$$f(0)=f'(0)=f''(0)=\cdots=f^{(n)}(0)=1,\quad f^{(n+1)}(\theta x)=e^{\theta x}.$$

代入公式,得

$$e^x=1+x+\frac{x^2}{2!}+\cdots+\frac{x^n}{n!}+\frac{e^{\theta x}}{(n+1)!}x^{n+1}\quad(0<\theta<1).$$

由此可知

$$e^x\approx1+x+\frac{x^2}{2!}+\cdots+\frac{x^n}{n!},$$

估计误差

$$|R_n(x)|=\left|\frac{e^{\theta x}}{(n+1)!}x^{n+1}\right|<\frac{e^{|x|}}{(n+1)!}|x^{n+1}|\quad(0<\theta<1).$$

取 $x=1$,得无理数 e 的近似式为

$$e\approx1+1+\frac{1}{2!}+\cdots+\frac{1}{n!},$$

其误差$|R_n|<\frac{e}{(n+1)!}<\frac{3}{(n+1)!}$.

当 $n=10$ 时,计算得 $e\approx2.718282$,其误差不超过 10^{-6}.

例 3.6.2 求 $f(x)=\sin x$ 的 n 阶麦克劳林公式.

解 $f'(x)=\cos x$, $f''(x)=-\sin x$, $f'''(x)=-\cos x$, $f^{(4)}(x)=\sin x$,

$$\cdots,f^{(n)}(x)=\sin\left(x+\frac{n\pi}{2}\right),$$

由此得 $f'(0)=1,f''(0)=0,f'''(0)=-1,f^{(4)}(0)=0,\cdots$.

$\sin x$ 的各阶导数依序循环地取四个数 $0,1,0,-1$,令 $n=2m$,则

$$\sin x=x-\frac{x^3}{3!}+\frac{x^5}{5!}-\cdots+(-1)^{m-1}\frac{x^{2m-1}}{(2m-1)!}+R_{2m}(x),$$

其中

$$R_{2m}(x)=\frac{\sin\left[\theta x-(2m+1)\frac{\pi}{2}\right]}{(2m+1)!}x^{2m+1}\quad(0<\theta<1).$$

当 $m=1,2,3$ 时,分别有近似公式

$$\sin x\approx x,\quad \sin x\approx x-\frac{1}{3!}x^3,\quad \sin x\approx x-\frac{1}{3!}x^3+\frac{1}{5!}x^5.$$

这时误差分别不超过$\frac{|x^3|}{3!}$,$\frac{|x^5|}{5!}$和$\frac{|x^7|}{7!}$.

这三个近似公式及正弦函数的图形画在图 3.18 中,以便于比较.

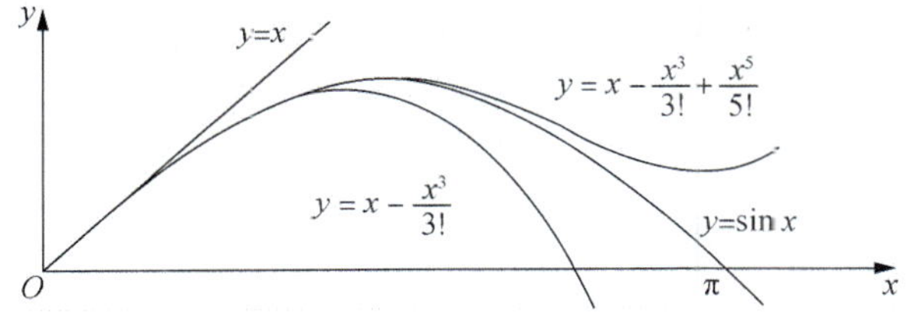

图 3.18

常用函数的麦克劳林公式

$\sin x=x-\frac{x^3}{3!}+\frac{x^5}{5!}-\cdots+(-1)^n\frac{x^{2n+1}}{(2n+1)!}+o(x^{2n+2})$,

$\cos x=1-\frac{x^2}{2!}+\frac{x^4}{4!}-\frac{x^6}{6!}+\cdots+(-1)^n\frac{x^{2n}}{(2n)!}+o(x^{2n+1})$,

$\frac{1}{1-x}=1+x+x^2+\cdots+x^n+o(x^n)$,

$\ln(1+x)=x-\frac{x^2}{2}+\frac{x^3}{3}-\cdots+(-1)^{n-1}\frac{x^n}{n}+o(x^n)$,

$(1+x)^m=1+mx+\frac{m(m-1)}{2!}x^2+\cdots+\frac{m(m-1)\cdots(m-n+1)}{n!}x^n+o(x^n)$.

习题 3.6

1. 按 $(x+1)$ 幂展开多项式 $f(x)=x^3+3x^2-2x+4$.
2. 求函数 $f(x)=\tan x$ 带有皮亚诺型余项的三阶麦克劳林公式.
3. 用间接展开法求 $y=\frac{1}{3-x}$ 在 $x=1$ 的泰勒展开式.
4. 求函数 $f(x)=xe^{-x}$ 的带有皮亚诺型余项的 n 阶麦克劳林公式.
5. 应用三阶泰勒公式计算下列各数的近似值,并估计误差:

(1) $\sqrt[3]{30}$;　　(2) $\sin 18°$.

★3.7　导数应用案例

一、生猪的出售时机问题

某生猪饲养场每天投入 10 元资金用于食料、人工等,估计可使一头 80kg 重的生猪每天增加 2kg. 目前生猪出售的市场价格为每公斤 25 元,但是预计每天会降低 0.4 元,问该饲养场应该在什么时候出售这样的生猪获利最大?

解　设这样的生猪饲养 t 天后出售,则由题意,每头新增利润为

$$L(t)=(25-0.4t)(80+2t)-10t-25\times80=-0.8t^2+8t.$$

因为 $L'(t)=-1.6t+8$,所以,由 $L'(t)=0$,解得驻点 $t=5$.

又因为 $L''(t)=-1.6<0$,所以 $t=5$ 为极大值点(唯一).

故这样的生猪继续饲养 5 天后出售,每头生猪获得利润最大.

二、公寓出租问题

某房地产公司有 50 套公寓要出租,当租金定为每月 180 元时,公寓会全部租出去.

当租金每月增加 10 元时，就有一套公寓租不出去，而租出去的房子每月需花费 20 元的整修维护费. 试问房租定为多少可获得最大收入？

解 设房租为每月 x 元，租出去的房子有$\left(50-\frac{x-180}{10}\right)$套，每月总收入为

$$R(x)=(x-20)\left(50-\frac{x-180}{10}\right)=(x-20)\left(68-\frac{x}{10}\right),$$

$$R'(x)=\left(68-\frac{x}{10}\right)+(x-20)\left(-\frac{1}{10}\right)=70-\frac{x}{5}.$$

令 $R'(x)=0$，解得 $x=350$(唯一驻点，且为极小值点).

故每月每套租金为 350 元时收入最高. 最大收入为

$$R(x)=(350-20)\left(68-\frac{350}{10}\right)=10\ 890(\text{元}).$$

三、最大税收问题*

某商品的价格函数 $P=7-0.2x$（万元/吨），x 表商品销售量，总成本函数为$C=3x+1$(万元).

(1)若每销售一吨商品，政府要征税 t(万元)，求该商家获得最大利润时的销量；

(2)企业在获得最大利润条件下，t 为何值时，政府税收总额最大？

解 (1) 设税收 $T=tx$，所以总利润函数为

$$\begin{aligned}L(x)&=R(x)-C(x)-T\\&=7x-0.2x^2-(3x+1)-tx\\&=(4-t)x-0.2x^2-1\quad(x>0),\end{aligned}$$

令 $L'(x)=4-t-0.4x=0$，解得唯一驻点 $x=10-2.5t$，又因为

$$L''(10-2.5t)=-0.4<0,$$

从而当 $x=10-2.5t$ 时 $L(x)$取得极大值，也是最大值，即当 $x=10-2.5t$(吨)时，企业获利最大.

(2) 政府税收总额为 $T=tx$，在企业获得最大利润条件下则税收为

$$T=t(10-2.5t)=10t-2.5t^2,$$

令 $T'=10-5t=0$ 得唯一驻点 $t=2$，$T''(2)=-5<0$，所以 $t=2$ 时 $T(t)$取得极大值. 故必为最大值，亦即当每吨税收为 2 万元时，政府税收总额最大，且为 $T(2)=10$(万元).

习 题 3.7

1. 酒店客房定价问题：某家酒店拥有 150 间客房，经过一段时间的经营实践获得如下信息：如果每间客房定价为 160 元，住房率为 55%；定价为 140 元，住房率为 65%；定价为 120 元，住房率为 75%；定价为 100 元，住房率为 85%. 欲使每天收入最高，问每间客房定价应是多少？

2. 利率的确定问题：某银行的统计资料表明，存放在银行中的总存款量正比于银行付给储户利率

的平方. 现假设银行可以以 20%的年利率把总存款的 90%贷出去，试问为得到最大利润，银行所支付给储户的利率应定为多少？

3*. 设某酒厂有一批新酿的好酒，如果现在(假定 $t=0$)就售出，总收入为 R_0 元，如果窖藏起来待来日按陈酒价格出售，t 年末总收入为 $R=R_0 e^{\frac{2}{5}\sqrt{t}}$. 假定银行的年利率为 r，并以连续复利计息，试求窖藏多少年售出可使总收入的现值最大，并求 $r=0.06$ 时的 t 值.

总 习 题 三

1. 求下列极限：

(1) $\lim\limits_{x\to 0}\dfrac{\arctan x-x}{\ln(1+2x^3)}$；　　(2) $\lim\limits_{x\to 1^-}\dfrac{\ln\tan\frac{\pi}{2}x}{\ln(1-x)}$；

(3) $\lim\limits_{x\to\frac{\pi}{2}}\dfrac{\ln\sin x}{(\pi-2x)^2}$；　　(4) $\lim\limits_{x\to 0}\left(\dfrac{\sin x}{x}\right)^{\frac{1}{1-\cos x}}$.

2. $f(x)$在 $x=0$ 处具有二阶连续导数，且 $f(0)=0, f'(0)=1, f''(0)=-2$，求$\lim\limits_{x\to 0}\dfrac{f(x)-x}{x^2}$.

3. $y=k(x^2-3)^2$ 在拐点处的法线通过原点，求常数 k.

4. 若函数 $f(x)$在(a,b)内具有二阶导数，且 $f(x_1)=f(x_2)=f(x_3)$，其中 $a<x_1<x_2<x_3<b$，证明至少存在一点 $\xi\in(a,b)$，使得 $f''(\xi)=0$.

5. 设 $a>b>0, n>1$. 证明：$nb^{n-1}(a-b)<a^n-b^n<na^{n-1}(a-b)$.

6. 证明当 $0<x<\dfrac{\pi}{2}$时，$\tan x>x+\dfrac{1}{3}x^3$.

7. 证明不等式：$\ln(1+x)>\dfrac{\arctan x}{1+x}\ (x>0)$.

8. 试确定曲线 $y=ax^3+bx^2+cx+d$ 中的 a,b,c,d，使得 $x=-2$ 处曲线的切线为水平，点$(1,-10)$为拐点，且点$(-2,44)$在曲线上.

9. 求数列$\{\sqrt[n]{n}\}$的最大项.

10. 某隧道的截面拟建成矩形加半圆(矩形的上底边与半圆的直径重合)，截面面积为 5，问底宽 x 为多少时截面的周长最小，从而使建造时所用的材料最省？

11. 服用一剂药，当药剂量为 D 时病人体温所产生的变化为 $T=\left(\dfrac{C}{2}-\dfrac{D}{3}\right)D^2$，其中 C 是正常数. (1)多大剂量的药使体温变化最大？(2)在药剂量为 D 时，身体对药物的敏感度定义为$\dfrac{\mathrm{d}T}{\mathrm{d}D}$，药物的剂量多大时，身体对药物的敏感度最大？

12. 已知某产品的需求函数为 $2Q+P=12$，总成本函数为

$$C(Q)=100+4Q-Q^2+\frac{1}{3}Q^3$$

(其中 Q 是需求量，P 是价格)，求：

(1)使总收入 $R(Q)$为最大的 Q 值；

(2)使边际成本为最小的 Q 值；

(3)使总利润为最大的 Q 值.

13. 某商场每年销售某商品 a 件，分为 x 批采购进货. 已知每批采购费用为 b 元，而未售商品的库存费用为 c 元/年 · 件，设销售商品是均匀的，问分多少批进货时，才能使以上两种费用的总和为最省？

(a,b,c为常数且$a,b,c>0$).

14. 某商品的平均成本为$\overline{C}(x)=2$,价格函数$P=20-4x$(x为商品数量),国家向企业每件商品征税t.

(1)生产多少商品,利润最大?

(2)企业在获得最大利润条件下,t为何值时,总税收最大?

15. 某商品的平均成本为$C=1+120Q^3-6Q^2$.

(1)求平均成本的极小值;

(2)求总成本曲线的拐点;

(3)说明总成本曲线的拐点为边际成本曲线的的最低点.

16*. 设$f(x)$的导数在$x=a$处连续,又$\lim\limits_{x\to a}\frac{f'(x)}{x-a}=-1$,则(　　).

(A)$x=a$是$f(x)$的极小值点;

(B)$x=a$是$f(x)$的极大值点;

(C)$(a,f(a))$是曲线$y=f(x)$的拐点;

(D)$x=a$不是$f(x)$的极值点,$(a,f(a))$也不是曲线$y=f(x)$的拐点.

17*. 已知$f(x)$在$(-\infty,+\infty)$内可导,且

$$\lim_{x\to\infty}f'(x)=\mathrm{e},\lim_{x\to\infty}\left(\frac{x+c}{x-c}\right)^x=\lim_{x\to\infty}[f(x)-f(x-1)],$$

求c的值.

18*. 设$a>1$,$f(t)=a^t-at$在$(-\infty,+\infty)$内的驻点为$t(a)$. 问a为何值时,$t(a)$最小? 并求出最小值.

第4章　不 定 积 分

在科学技术与生产实际问题中，不仅会遇到求函数的导数问题，而且还会遇到与此相反的问题：已知一个函数的导函数，求其原来的函数，这是积分学所研究的问题. 本章介绍不定积分的概念、性质和基本积分方法.

4.1　不定积分的概念与性质

一、原函数与不定积分的概念

讨论物理学中质点沿直线运动时，由于实际问题的要求不同，常需要解决两个方面的问题. 一方面是已知路程函数 $s=s(t)$，求质点运动的速度 $v=v(t)$，这个问题已在微分学中解决，即有 $v=s'(t)$；另一方面是已知质点作直线运动的速度 $v=v(t)$，求路程函数 $s=s(t)$，对于这类实际问题，从数学的角度来看，其实质是已知函数 $f(x)$，求满足关系式 $F'(x)=f(x)$的函数 $F(x)$. 对于这类问题，在数学上抽象出原函数的概念.

定义 4.1.1　设函数 $f(x)$在区间 I 内有定义，如果在 I 内，可导函数 $F(x)$的导函数为 $f(x)$，即对任意 $x\in I$，都有

$$F'(x)=f(x) \quad 或 \quad dF(x)=f(x)dx,$$

则函数 $F(x)$称为 $f(x)$在区间 I 内的一个**原函数**.

例如，在$(-\infty,+\infty)$内，因为$(\sin x)'=\cos x$，所以 $\sin x$ 是 $\cos x$ 在$(-\infty,+\infty)$内的一个原函数. 又如在$(-\infty,+\infty)$内，$(x^2)'=2x$，故 x^2 是 $2x$ 在$(-\infty,+\infty)$内的一个原函数. 在$(0,+\infty)$内，$(\ln x)'=\frac{1}{x}$，于是 $\ln x$ 是$\frac{1}{x}$在$(0,+\infty)$内的一个原函数.

关于原函数，需要考虑如下两个问题：

(1)一个函数具备什么条件，它的原函数一定存在？

(2)如果 $F(x)$是 $f(x)$在区间 I 内的原函数，那么 $f(x)$还有没有别的原函数？若有，它们和 $F(x)$有什么联系？

对于问题(1)，先给出原函数的存在定理，其证明将在第 5 章给出.

定理 4.1.1(原函数存在定理)　如果函数 $f(x)$在区间 I 内连续，则 $f(x)$在 I 内的原函数必存在，即在 I 内存在可导函数 $F(x)$，使对任意 $x\in I$，都有

$$F'(x)=f(x).$$

简而言之即：连续函数的原函数一定存在. 于是，初等函数在其定义区间内都有原函数.

对于问题(2)，讨论如下.

首先，若 $F(x)$ 是 $f(x)$ 在区间 I 内的一个原函数，则对任意 $x\in I$ 及常数 C，都有

$$[F(x)+C]'=F'(x)=f(x),$$

这说明对任何常数 C，$F(x)+C$ 也是 $f(x)$ 的原函数.

其次，如果 $\varphi(x)$ 和 $F(x)$ 都是 $f(x)$ 在 I 内的原函数，则对任意 $x\in I$，

$$[\varphi(x)-F(x)]'=\varphi'(x)-F'(x)=f(x)-f(x)=0,$$

由于导数恒等于零的函数必为常数，所以

$$\varphi(x)-F(x)=C_0,\ C_0\text{ 为某一常数},$$

这表明 $\varphi(x)$ 与 $F(x)$ 只相差一个常数. 即 $f(x)$ 的任意两个原函数之间只差一个常数.

由此可见，若 $F(x)$ 是 $f(x)$ 在区间 I 内的一个原函数，则 $F(x)+C$（C 为任意常数）表示 $f(x)$ 在 I 内原函数的一般表达式. 从而引出如下不定积分的概念.

定义 4.1.2　函数 $f(x)$ 在区间 I 内的原函数全体称为 $f(x)$ 在 I 内的不定积分，记为

$$\int f(x)\mathrm{d}x,$$

其中，记号 $\int$ 称为积分号，$f(x)$ 称为被积函数，$f(x)\mathrm{d}x$ 称为被积表达式，x 称为积分变量.

由定义 4.1.2 及上面的讨论知，如果 $F(x)$ 是 $f(x)$ 在区间 I 内的一个原函数，那么

$$\int f(x)\mathrm{d}x=F(x)+C,\quad C\text{ 为任意常数},$$

这说明只要求出 $f(x)$ 的一个原函数，再加上任意常数 C，就可得到 $f(x)$ 的不定积分.

例 4.1.1　求 $\int x^2\mathrm{d}x$.

解　因为 $\left(\frac{x^3}{3}\right)'=x^2$，所以 $\frac{x^3}{3}$ 是 x^2 的一个原函数. 因此，$\int x^2\mathrm{d}x=\frac{x^3}{3}+C$.

例 4.1.2　求 $\int\frac{1}{1+x^2}\mathrm{d}x$.

解　因为 $(\arctan x)'=\frac{1}{1+x^2}$，所以 $\arctan x$ 是 $\frac{1}{1+x^2}$ 的一个原函数. 因此

$$\int\frac{1}{1+x^2}\mathrm{d}x=\arctan x+C.$$

例 4.1.3　求 $\int\frac{1}{x}\mathrm{d}x$.

解　当 $x>0$ 时，由于 $(\ln x)'=\frac{1}{x}$，所以 $\int\frac{1}{x}\mathrm{d}x=\ln x+C(x>0)$；当 $x<0$ 时，由于 $[\ln(-x)]'=\frac{1}{x}$，所以 $\int\frac{1}{x}\mathrm{d}x=\ln(-x)+C(x<0)$. 因此，不论 $x>0$ 或 $x<0$，都有

$$\int\frac{1}{x}\mathrm{d}x=\ln|x|+C.$$

由于不定积分是被积函数的全体原函数的一般表达式，所以在求不定积分时，要注

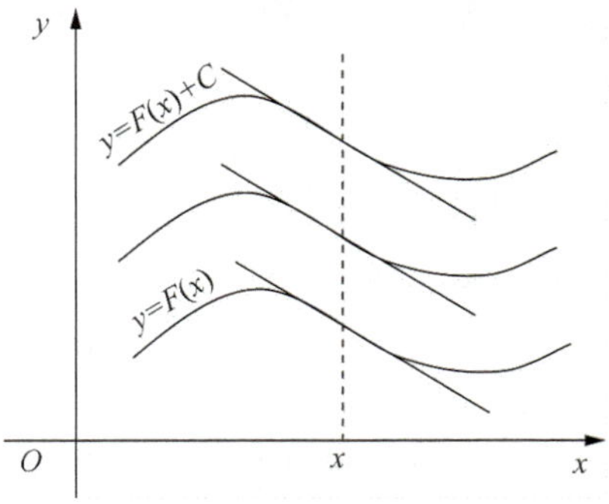

图 4.1

意在求出被积函数的一个原函数之后，千万不要忘记加上任意常数 C.

在几何上，函数 $f(x)$ 的原函数 $F(x)$ 的图形称为 $f(x)$ 的积分曲线，从而，不定积分 $\int f(x)\mathrm{d}x$ 就是一族平行(对应点切线平行)于 $F(x)$ 的积分曲线(图 4.1).

例 4.1.4　已知某曲线 $y=f(x)$ 在任意一点 x 处的切线斜率为 $2x$，且该曲线过点(1,2)，求此曲线方程.

解　由题意有 $f'(x)=2x$，即 $f(x)$ 是 $2x$ 的一个原函数. 从而

$$f(x)=\int 2x\mathrm{d}x=x^2+C.$$

又因为 $f(1)=2$，所以

$$2=1^2+C,$$

从而 $C=1$. 故所求的曲线为 $y=x^2+1$. 见图 4.2.

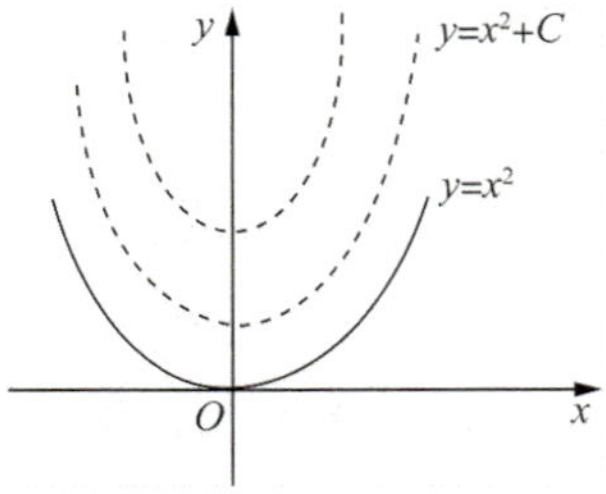

图 4.2

由不定积分定义可知，求不定积分与求导数(或求微分)是两种互逆的运算，它们的互逆关系是：

(1) $\left(\int f(x)\mathrm{d}x\right)'=f(x)$ 或 $\mathrm{d}\left(\int f(x)\mathrm{d}x\right)=f(x)\mathrm{d}x$.

此式表明，若先求积分后求导数(或求微分)，则两者的作用相互抵消.

(2) $\int f'(x)\mathrm{d}x=f(x)+C$ 或 $\int \mathrm{d}f(x)=\int f'(x)\mathrm{d}x=f(x)+C$.

此式表明，若先求导数(或求微分)后求积分，则两者的作用抵消后还保留有任意常数 C.

二、基本积分公式

因为积分运算是微分运算的逆运算，所以，由一个导数公式就相应地得到一个不定积分公式. 例如，由导数公式 $(\tan x)'=\sec^2 x$，得到相应的不定积分公式 $\int \sec^2 x\mathrm{d}x=\tan x+C$；再如，由导数 $(\arcsin x)'=\dfrac{1}{\sqrt{1-x^2}}$，得到相应的不定积分公式 $\int \dfrac{1}{\sqrt{1-x^2}}\mathrm{d}x=\arcsin x+C$. 于是，由导数的基本公式，就可以直接得到不定积分的基本公式. 为今后应用方便起见，现将与导数基本公式相应的一些基本积分公式汇总如下：

(1) $\int k\mathrm{d}x=kx+C$ (k 为常数)；　　(2) $\int x^{\mu}\mathrm{d}x=\dfrac{1}{\mu+1}x^{\mu+1}+C$ ($\mu\neq-1$，为常数)；

(3) $\int \dfrac{1}{x}\mathrm{d}x=\ln|x|+C$；　　(4) $\int \mathrm{e}^x\mathrm{d}x=\mathrm{e}^x+C$；

(5) $\int a^x \mathrm{d}x = \frac{a^x}{\ln a} + C$；　　(6) $\int \cos x \mathrm{d}x = \sin x + C$；

(7) $\int \sin x \mathrm{d}x = -\cos x + C$；

(8) $\int \frac{1}{\cos^2 x}\mathrm{d}x = \int \sec^2 x \mathrm{d}x = \tan x + C$；

(9) $\int \frac{1}{\sin^2 x}\mathrm{d}x = \int \csc^2 x \mathrm{d}x = -\cot x + C$；

(10) $\int \sec x \tan x \mathrm{d}x = \sec x + C$；

(11) $\int \csc x \cot x \mathrm{d}x = -\csc x + C$；

(12) $\int \frac{1}{1+x^2}\mathrm{d}x = \arctan x + C = -\operatorname{arccot} x + C$；

(13) $\int \frac{1}{\sqrt{1-x^2}}\mathrm{d}x = \arcsin x + C = -\arccos x + C$；

(14) $\int \mathrm{sh} x \mathrm{d}x = \mathrm{ch} x + C$；　　(15) $\int \mathrm{ch} x \mathrm{d}x = \mathrm{sh} x + C$.

以后将陆续补充一些公式，这些公式是求不定积分的基础，应该熟记和灵活运用，下面举两个例子.

例 4.1.5 求不定积分.

(1) $\int \frac{1}{x^2}\mathrm{d}x$；　　(2) $\int \frac{x^2\sqrt{x}}{\sqrt[3]{x}}\mathrm{d}x$.

解 先把被积函数化为幂函数的形式，再利用基本积分公式(2).

(1) $\int \frac{1}{x^2}\mathrm{d}x = \int x^{-2}\mathrm{d}x = \frac{1}{-2+1}x^{-2+1} + C = -\frac{1}{x} + C$.

(2) $\int \frac{x^2\sqrt{x}}{\sqrt[3]{x}}\mathrm{d}x = \int x^{2+\frac{1}{2}-\frac{1}{3}}\mathrm{d}x = \int x^{\frac{13}{6}}\mathrm{d}x = \frac{1}{\frac{13}{6}+1}x^{\frac{13}{6}+1} + C = \frac{6}{19}x^{\frac{19}{6}} + C$.

例 4.1.6 求不定积分 $\int 3^x \mathrm{e}^x \mathrm{d}x$.

解 这个积分虽然在基本积分公式中查不到，但对被积函数稍加变形，化为指数函数形式，就可利用基本积分公式(5)，求出其积分.

$$\int 3^x \mathrm{e}^x \mathrm{d}x = \int (3\mathrm{e})^x \mathrm{d}x = \frac{(3\mathrm{e})^x}{\ln(3\mathrm{e})} + C = \frac{3^x \mathrm{e}^x}{1+\ln 3} + C.$$

三、不定积分的性质

根据不定积分的定义，可以推得它有如下两个性质：

性质 4.1.1 两个函数代数和的不定积分等于各个函数不定积分的代数和，即

$$\int[f(x) \pm g(x)]\mathrm{d}x = \int f(x)\mathrm{d}x \pm \int g(x)\mathrm{d}x.$$

证明　根据不定积分定义，只需验证上式左、右端的导数相等即可，事实上

$$\left(\int(f(x) \pm g(x))\mathrm{d}x\right)' = f(x) \pm g(x) = \left(\int f(x)\mathrm{d}x\right)' \pm \left(\int g(x)\mathrm{d}x\right)'.$$

此性质可推广到有限多个函数代数和的情况，即

$$\int[f_1(x) \pm f_2(x) \pm \cdots \pm f_n(x)]\mathrm{d}x = \int f_1(x)\mathrm{d}x \pm \int f_2(x)\mathrm{d}x \pm \cdots \pm \int f_n(x)\mathrm{d}x.$$

性质 4.1.2　被积函数中的不为零的常数因子可以提到积分号外，即

$$\int kf(x)\mathrm{d}x = k\int f(x)\mathrm{d}x \text{ (}k\text{ 为不为零的常数)}.$$

证明　类似性质 4.1.1 的证法，有

$$\left(\int kf(x)\mathrm{d}x\right)' = kf(x) = k\left(\int f(x)\mathrm{d}x\right)'.$$

利用基本积分公式和性质求不定积分的方法称为**直接积分法**. 用直接积分法可求出某些简单函数的不定积分.

例 4.1.7　求 $\int\left(\sin x - 2a^x + \frac{1}{1+x^2}\right)\mathrm{d}x$.

解　用直接积分法

$$\begin{aligned}\int\left(\sin x - 2a^x + \frac{1}{1+x^2}\right)\mathrm{d}x &= \int\sin x\mathrm{d}x - 2\int a^x\mathrm{d}x + \int\frac{1}{1+x^2}\mathrm{d}x \\ &= -\cos x - \frac{2a^x}{\ln a} + \arctan x + C.\end{aligned}$$

说明　(1)分项积分后，按理每一个积分都含有一个任意常数，但由于任意常数的和仍为任意常数，所以只需总的写出一个任意常数 C 即可.

(2)检验不定积分计算结果是否正确，只需将结果求导，看它的导数是否等于被积函数.

例 4.1.8　求 $\int\frac{(\sqrt{x}+1)^2}{\sqrt[3]{x}}\mathrm{d}x$.

解　把被积函数变形，化为代数和形式，再分项积分.

$$\begin{aligned}\int\frac{(\sqrt{x}+1)^2}{\sqrt[3]{x}}\mathrm{d}x &= \int\frac{x+2\sqrt{x}+1}{\sqrt[3]{x}}\mathrm{d}x \\ &= \int\left(x^{\frac{2}{3}} + 2x^{\frac{1}{6}} + x^{-\frac{1}{3}}\right)\mathrm{d}x = \frac{3}{5}x^{\frac{5}{3}} + \frac{12}{7}x^{\frac{7}{6}} + \frac{3}{2}x^{\frac{2}{3}} + C.\end{aligned}$$

例 4.1.9　求 $\int\frac{1}{x^2(1+x^2)}\mathrm{d}x$.

解　被积函数是分式，通常是把被积函数分项，化为几个分式之和，再分项积分.

$$\int\frac{1}{x^2(1+x^2)}\mathrm{d}x = \int\frac{1+x^2-x^2}{x^2(1+x^2)}\mathrm{d}x$$

$$=\int\left(\frac{1}{x^2}-\frac{1}{1+x^2}\right)dx=-\frac{1}{x}-\arctan x+C.$$

例 4.1.10 求$\int\cos^2\frac{x}{2}dx$.

解 此题是被积函数含余弦的平方，为了利用直接积分法，可由半角公式把余弦平方的次数降低.

$$\int\cos^2\frac{x}{2}dx=\int\frac{1+\cos x}{2}dx=\frac{1}{2}\int(1+\cos x)dx=\frac{1}{2}(x+\sin x)+C.$$

例 4.1.11 求$\int\tan^2 x dx$.

解 利用三角恒等式 $1+\tan^2x=\sec^2x$ 把被积函数写成 $\tan^2x=\sec^2x-1$ 的形式，再分项积分.

$$\int\tan^2xdx=\int(\sec^2x-1)dx=\int\sec^2xdx-\int dx=\tan x-x+C.$$

例 4.1.12 求$\int\frac{dx}{\sin^2x\cos^2x}$.

解 把被积函数变形$\frac{1}{\sin^2x\cos^2x}=\frac{\sin^2x+\cos^2x}{\sin^2x\cos^2x}=\frac{1}{\cos^2x}+\frac{1}{\sin^2x}=\sec^2x+\csc^2x$，故

$$\int\frac{dx}{\sin^2x\cos^2x}=\int(\sec^2x+\csc^2x)dx=\tan x-\cot x+C.$$

习 题 4.1

1. 指出在下列 12 个函数中，其中 6 个是另外 6 个的原函数.

$\frac{1}{x^2}$， $\frac{2x}{\sqrt{1+x^2}}$， $2\sqrt{1+x^2}$， $1-\frac{1}{x}$， $4x(1+x^2)$， $3\sqrt[3]{x}$，

$4x^3$， $x^{-\frac{2}{3}}$， $\ln(1+x^2)$， $\frac{2x}{1+x^2}$， $1+x^4$， $(1+x^2)^2$.

2. 证明$(e^x+e^{-x})^2$，$(e^x-e^{-x})^2$都是同一个函数的原函数，并指出这个函数.

3. 求下列不定积分.

(1)$\int 5x^4dx$； (2)$\int\left(\frac{4}{\sqrt{x}}-\frac{x\sqrt{x}}{4}\right)dx$；

(3)$\int\frac{(x^2-3)(x+1)}{x^2}dx$； (4)$\int\frac{x-9}{\sqrt{x}-3}dx$；

(5)$\int\frac{(1-x)^2}{x}dx$； (6)$\int(3-x^2)^2dx$；

(7)$\int(8^x+x^8)dx$； (8)$\int e^x\left(2^x+\frac{e^{-x}}{\sqrt{1-x^2}}\right)dx$；

(9)$\int\frac{3\cdot 2^x+4\cdot 3^x}{2^x}dx$； (10)$\int\frac{e^{2x}-1}{e^x+1}dx$

(11)$\int(1+\sin x+\cos x)dx$； (12)$\int\sec x(\sec x-\tan x)dx$；

(13)$\int\csc x(\csc x-\cot x)dx$； (14)$\int\frac{\cos 2x}{\cos x-\sin x}dx$；

(15) $\int 2^x e^x \mathrm{d}x$；　　　　(16) $\int \left(\frac{3}{1+x^2} - \frac{8}{\sqrt{1-x^2}}\right)\mathrm{d}x$；

(17) $\int e^x \left(1 - \frac{e^{-x}}{\sqrt{x}}\right)\mathrm{d}x$；　　　　(18) $\int \sin^2 \frac{x}{2}\mathrm{d}x$；

(19) $\int \left(1 - \frac{1}{x^2}\right)\sqrt{x\sqrt{x}}\,\mathrm{d}x$；　　　　(20) $\int \frac{x^2}{1+x^2}\mathrm{d}x$.

4. 一曲线通过点$(e^3,5)$，且在任一点处的切线斜率等于该点横坐标的倒数，求该曲线方程.

5. 已知函数 $f(x)=2x+3$ 的一个原函数为 $F(x)$，且满足 $F(1)=2$，求 $F(x)$.

6. 一物体由静止开始运动，经 t(s)后的速度是 $3t^2$(m/s)，问：

(1) 在 3 s 后物体离开出发点的距离是多少？

(2) 物体走完 360 m 需要多少时间？

4.2　不定积分的换元积分法

利用基本积分公式和不定积分的性质所能计算的不定积分是十分有限的. 例如，简单积分 $\int \cos 3x \mathrm{d}x$ 不能利用积分公式直接计算. 由于微分与积分互为逆运算，所以可以把复合函数的求导法则反过来用于求不定积分，给出不定积分的换元积分法. 它把一些较为复杂函数的积分，先通过适当积分变量的变换代换，转化为可采用直接积分法积分的形式，然后计算其不定积分，并回代用原来的积分变量表示. 这种通过积分变量代换的积分法称为**换元积分法**. 换元积分法通常有两类，即第一类换元积分法和第二类换元积分法.

一、第一类换元积分法

对于不定积分 $\int \cos 3x \mathrm{d}x$，不能利用基本积分公式直接计算. 但若把积分作如下改写：

$$\int \cos 3x \mathrm{d}x = \frac{1}{3}\int 3\cos 3x \mathrm{d}x = \frac{1}{3}\int \cos 3x \mathrm{d}(3x)$$

(因为 $\mathrm{d}(3x)=3\mathrm{d}x$). 令 $u=3x$，则上式可写成

$$\int \cos 3x \mathrm{d}x = \frac{1}{3}\int \cos u \mathrm{d}u.$$

将 $\int \cos x \mathrm{d}x = \sin x + C$ 用到 $\int \cos u \mathrm{d}u$ 上，即 $\int \cos u \mathrm{d}u = \sin u + C$，则有

$$\int \cos 3x \mathrm{d}x = \frac{1}{3}\int \cos u \mathrm{d}u = \frac{1}{3}\sin u + C = \frac{1}{3}\sin 3x + C.$$

容易验证 $\frac{1}{3}\sin 3x$ 是 $\cos 3x$ 的一个原函数，也就是说上述做法是可行的.

定理 4.2.1(第一类换元积分法)　设函数 $f(u)$ 具有原函数 $F(u)$，且 $u=\varphi(x)$ 可导，则 $F[\varphi(x)]$ 是 $f[\varphi(x)]\varphi'(x)$ 的原函数，即有换元公式

$$\int f[\varphi(x)]\varphi'(x)\mathrm{d}x = F[\varphi(x)] + C = \left[\int f(u)\mathrm{d}u\right]_{u=\varphi(x)}. \tag{4.2.1}$$

证明 已知 $F'(u)=f(u)$，$u=\varphi(x)$，则

$$[F(\varphi(x))]'=F'(u)\cdot u'(x)=f(u)\cdot\varphi'(x)=f(\varphi(x))\cdot\varphi'(x),$$

所以

$$\int f[\varphi(x)]\varphi'(x)\mathrm{d}x = F[\varphi(x)] + C = \left[\int f(u)\mathrm{d}u\right]_{u=\varphi(x)},$$

其中 $\left[\int f(u)\mathrm{d}u\right]_{u=\varphi(x)}$ 表示先求出不定积分 $\int f(u)\mathrm{d}u$，然后将 $u=\varphi(x)$ 代入积分结果中.

应用第一类换元积分公式(4.2.1)求不定积分 $\int g(x)\mathrm{d}x$，关键是将被积函数 $g(x)$ 表示成 $g(x)=f[\varphi(x)]\varphi'(x)$ 的形式，使得 $u=\varphi(x)$ 是复合函数 $f[\varphi(x)]$ 的中间变量，$\varphi'(x)\mathrm{d}x$ 要能凑成 u 的微分即 $\varphi'(x)\mathrm{d}x=\mathrm{d}u$，且 $\int f(u)\mathrm{d}u$ 易求出，从而 $g(x)$ 的不定积分就转化为 $f(u)$ 的不定积分. 即

$$\begin{aligned}\int g(x)\mathrm{d}x &= \int f[\varphi(x)]\varphi'(x)\mathrm{d}x = \left[\int f(u)\mathrm{d}u\right]_{u=\varphi(x)}\\ &= F(u)+C\Big|_{u=\varphi(x)} = F[\varphi(x)]+C.\end{aligned}$$

因此第一换元积分法通常也称为“凑微分法”. 下面举例说明换元公式(4.2.1)的应用.

例 4.2.1 求 $\int \sin(3x+2)\mathrm{d}x$.

解 $$\begin{aligned}\int \sin(3x+2)\mathrm{d}x &= \frac{1}{3}\int[\sin(3x+2)]\cdot(3x+2)'\mathrm{d}x = \frac{1}{3}\int[\sin(3x+2)]\cdot\mathrm{d}(3x+2)\\ &\overset{u=3x+2}{\underset{\text{换元}}{=}} \frac{1}{3}\int \sin u\mathrm{d}u = -\frac{1}{3}\cos u + C \overset{u=3x+2}{\underset{\text{回代}}{=}} -\frac{1}{3}\cos(3x+2)+C.\end{aligned}$$

例 4.2.2 求 $\int (4x+5)^{99}\mathrm{d}x$.

解 $$\begin{aligned}\int (4x+5)^{99}\mathrm{d}x &= \frac{1}{4}\int[(4x+5)^{99}]\cdot(4x+5)'\mathrm{d}x = \frac{1}{4}\int[(4x+5)^{99}]\cdot\mathrm{d}(4x+5)\\ &\overset{u=4x+5}{\underset{\text{换元}}{=}} \frac{1}{4}\int u^{99}\mathrm{d}u = \frac{1}{4}\times\frac{u^{100}}{100}+C \overset{u=4x+5}{\underset{\text{回代}}{=}} \frac{(4x+5)^{100}}{400}+C.\end{aligned}$$

熟练掌握凑微分法运算之后，可省略“换元”与“回代”两个步骤，直接写出其结果.

例 4.2.3 求 $\int \frac{\ln x}{x}\mathrm{d}x$.

解 因为 $\frac{1}{x}\mathrm{d}x=\mathrm{d}(\ln x)$，所以

$$\begin{aligned}\int \frac{\ln x}{x}\mathrm{d}x &= \int(\ln x)\mathrm{d}(\ln x) \quad \left(\text{利用公式}\int x\mathrm{d}x = \frac{1}{2}x^2+C\right)\\ &= \frac{1}{2}(\ln x)^2+C = \frac{1}{2}\ln^2 x + C.\end{aligned}$$

例 4.2.4　求 $\int \frac{e^x}{1+e^{2x}}dx$.

解　因为 $e^x dx = d(e^x)$，所以

$$\int \frac{e^x}{1+e^{2x}}dx = \int \frac{1}{1+(e^x)^2} \cdot e^x dx = \int \frac{1}{1+(e^x)^2} d(e^x)$$

$$= \arctan e^x + C \quad \left(利用公式 \int \frac{1}{1+x^2}dx = \arctan x + C\right).$$

例 4.2.5　求 $\int x\sqrt{1+x^2}dx$.

解　因为 $xdx = \frac{1}{2}d(x^2) = \frac{1}{2}d(1+x^2)$，所以

$$\int x\sqrt{1+x^2}dx = \frac{1}{2}\int \sqrt{1+x^2}d(x^2) = \frac{1}{2}\int \sqrt{1+x^2}d(1+x^2)$$

$$= \frac{1}{2} \times \frac{(1+x^2)^{\frac{1}{2}+1}}{1+\frac{1}{2}} + C = \frac{1}{3}(1+x^2)^{\frac{3}{2}} + C.$$

从以上各例看出，用凑微分法求不定积分的关键是"凑微分"，下列是一些常用的凑微分等式，其中 a,b 均为常数，且 $a \neq 0$.

$dx = \frac{1}{a}d(ax) = \frac{1}{a}d(ax+b)$；　　$xdx = \frac{1}{2}d(x^2) = \frac{1}{2a}d(ax^2+b)$；

$\frac{1}{x}dx = d(\ln x) = \frac{1}{a}d(a\ln x + b)$；　　$\frac{1}{\sqrt{x}}dx = 2d(\sqrt{x}) = \frac{2}{a}d(a\sqrt{x}+b)$；

$\frac{1}{x^2}dx = -d\left(\frac{1}{x}\right)$；　　$e^x dx = d(e^x) = d(e^x + b)$；

$e^{ax}dx = \frac{1}{a}d(e^{ax}) = \frac{1}{a}d(e^{ax}+b)$；　　$\cos x dx = d(\sin x) = \frac{1}{a}d(a\sin x + b)$；

$\sin x dx = -d(\cos x)$；　　$\sec^2 x dx = d(\tan x)$；

$\csc^2 x dx = -d(\cot x)$；

$\frac{1}{\sqrt{1-x^2}}dx = d(\arcsin x) = -d(\arccos x)$；

$\frac{1}{1+x^2}dx = d(\arctan x) = -d(\text{arccot}\, x)$.

一般有，$\varphi'(x)dx = d[\varphi(x)] = \frac{1}{a}d[a\varphi(x)+b]$.

例 4.2.6　求下列不定积分：

(1) $\int \tan x dx$；　(2) $\int \cot x dx$；　(3) $\int \csc x dx$；　(4) $\int \sec x dx$.

解　(1) $\int \tan x dx = \int \frac{\sin x}{\cos x}dx = -\int \frac{d(\cos x)}{\cos x} = -\ln|\cos x| + C$；

(2) $\int \cot x dx = \int \frac{\cos x}{\sin x}dx = \int \frac{d(\sin x)}{\sin x} = \ln|\sin x| + C$；

(3) $\int \csc x \mathrm{d}x = \int \frac{\mathrm{d}x}{\sin x} = \int \frac{\mathrm{d}x}{2\sin \frac{x}{2} \cos \frac{x}{2}} = \int \frac{\mathrm{d}\left(\frac{x}{2}\right)}{\tan \frac{x}{2} \cos^2 \frac{x}{2}}$

$$= \int \frac{1}{\tan \frac{x}{2}} \cdot \left(\sec \frac{x}{2}\right)^2 \mathrm{d}\left(\frac{x}{2}\right)$$

$$= \int \frac{1}{\tan \frac{x}{2}} \mathrm{d}\left(\tan \frac{x}{2}\right) = \ln\left|\tan \frac{x}{2}\right| + C = \ln|\csc x - \cot x| + C;$$

(4) $\int \sec x \mathrm{d}x = \int \frac{\mathrm{d}x}{\cos x} = \int \frac{\mathrm{d}\left(x + \frac{\pi}{2}\right)}{\sin\left(x + \frac{\pi}{2}\right)}$

$$= \ln\left|\csc\left(x + \frac{\pi}{2}\right) - \cot\left(x + \frac{\pi}{2}\right)\right| + C = \ln|\sec x + \tan x| + C.$$

例 4.2.7 求下列不定积分：

(1) $\int \frac{\mathrm{d}x}{a^2 + x^2} (a \neq 0)$； (2) $\int \frac{\mathrm{d}x}{\sqrt{a^2 - x^2}} (a > 0)$； (3) $\int \frac{\mathrm{d}x}{x^2 - a^2} (a \neq 0)$.

解 (1) $\int \frac{\mathrm{d}x}{a^2 + x^2} = \frac{1}{a^2} \int \frac{\mathrm{d}x}{1 + \left(\frac{x}{a}\right)^2} = \frac{1}{a} \int \frac{\mathrm{d}\left(\frac{x}{a}\right)}{1 + \left(\frac{x}{a}\right)^2} = \frac{1}{a} \arctan \frac{x}{a} + C$;

(2) $\int \frac{\mathrm{d}x}{\sqrt{a^2 - x^2}} = \frac{1}{a} \int \frac{\mathrm{d}x}{\sqrt{1 - \left(\frac{x}{a}\right)^2}} = \int \frac{\mathrm{d}\left(\frac{x}{a}\right)}{\sqrt{1 - \left(\frac{x}{a}\right)^2}} = \arcsin \frac{x}{a} + C$;

(3) $\int \frac{\mathrm{d}x}{x^2 - a^2} = \frac{1}{2a} \int \left(\frac{1}{x - a} - \frac{1}{x + a}\right) \mathrm{d}x$

$$= \frac{1}{2a}\left[\int \frac{\mathrm{d}(x - a)}{x - a} - \int \frac{\mathrm{d}(x + a)}{x + a}\right] = \frac{1}{2a} \ln\left|\frac{x - a}{x + a}\right| + C.$$

注 例 4.2.6、例 4.2.7 中的积分结果可作积分公式使用.

例 4.2.8 求 $\int \sin^3 x \cos^2 x \mathrm{d}x$.

解 被积函数中 $\sin^3 x = (\sin^2 x)\sin x$，凑微分 $(\sin x)\mathrm{d}x = \mathrm{d}(-\cos x)$，于是有

$$\int \sin^3 x \cos^2 x \mathrm{d}x = \int (\sin^2 x) \cdot (\cos^2 x) \cdot (\sin x) \mathrm{d}x = \int (1 - \cos^2 x)\cos^2 x \cdot \mathrm{d}(-\cos x)$$

$$= \int (\cos^4 x - \cos^2 x) \mathrm{d}(\cos x) = \frac{1}{5}\cos^5 x - \frac{1}{3}\cos^3 x + C.$$

例 4.2.9 求 $\int \sin^2 x \cos^2 x \mathrm{d}x$.

解 利用倍角公式，$\sin 2x = 2\sin x \cos x$，得

$$\int \sin^2 x\cos^2 x\mathrm{d}x = \int \frac{1}{4}(\sin 2x)^2\mathrm{d}x = \frac{1}{8}\int(1-\cos 4x)\mathrm{d}x = \frac{1}{8}\int\mathrm{d}x - \frac{1}{32}\int\cos 4x\mathrm{d}(4x)$$

$$= \frac{x}{8} - \frac{1}{32}\sin 4x + C.$$

一般地，对于形如 $\int \sin^m x\cos^n x\mathrm{d}x$ 的积分($m,n\in N$)，可按如下处理：

(1)m,n 中至少有一个为奇数时，例如，$n=2k+1$，

$$\int \sin^m x\cos^{2k+1}x\mathrm{d}x = \int \sin^m x(1-\sin^2 x)^k \cdot \mathrm{d}(\sin x) \overset{u=\sin x}{=} \int u^m(1-u^2)^k\mathrm{d}u,$$

可将三角函数的积分转化为多项式的积分.

(2)m,n 都为偶数时，可用半角公式

$$\sin^2 x = \frac{1-\cos 2x}{2},\quad \cos^2 x = \frac{1+\cos 2x}{2}$$

降低三角函数的幂次.

例 4.2.10　$\int \tan^2 x\sec^4 x\mathrm{d}x$.

解　$\int \tan^2 x\sec^4 x\mathrm{d}x = \int \tan^2 x\sec^2 x \cdot \sec^2 x\mathrm{d}x = \int \tan^2 x(1+\tan^2 x)\mathrm{d}(\tan x)$

$$= \int(\tan^2 x + \tan^4 x)\mathrm{d}(\tan x) = \frac{1}{3}\tan^3 x + \frac{1}{5}\tan^5 x + C.$$

例 4.2.11　$\int \sin 3x\cos 4x\mathrm{d}x$.

解　可通过三角函数的积化和差，将被积函数化作两项之和，再分项积分.

因为

$$\sin 3x\cos 4x = \frac{1}{2}[\sin(3x+4x)+\sin(3x-4x)],$$

于是

$$\int \sin 3x\cos 4x\mathrm{d}x = \frac{1}{2}\int[\sin 7x + \sin(-x)]\mathrm{d}x = \frac{1}{2}\left(\int \sin 7x\mathrm{d}x - \int \sin x\mathrm{d}x\right)$$

$$= \frac{1}{2}\left[\frac{1}{7}\int \sin 7x\mathrm{d}(7x) + \cos x\right] = \frac{1}{2}\cos x - \frac{1}{14}\cos 7x + C.$$

通过上面所举的例子可以看到，利用第一类换元积分法求不定积分，需要一定的技巧，关键是要在被积表达式中凑出适用的微分因子，进而进行变量代换，这方面无一般法则可循，需根据被积表达式的特征进行具体分析.

二、第二类换元积分法

对某些积分，例如，$\int \sqrt{a^2-x^2}\mathrm{d}x$，$\int \frac{1}{\sqrt{x^2+a^2}}\mathrm{d}x$ 等，如以 x 为积分变量，则不能化成

基本积分公式中所具有的形式,因而不能积出.但有时可适当地选择变换 $x=\varphi(t)$,其中 $\varphi(t)$可微,$\mathrm{d}x=\varphi'(t)\mathrm{d}t$,将积分转化为易计算的以 t 为积分变量的积分.这种积分方法就是所谓的第二类换元积分法.

定理 4.2.2(第二类换元积分法) 设 $x=\varphi(t)$ 单调,可导且 $\varphi'(t)\neq 0$,又设 $f(\varphi(t))\varphi'(t)$具有原函数 $\Phi(t)$,则有换元公式

$$\begin{aligned}\int f(x)\mathrm{d}x &= \int f[\varphi(t)]\varphi'(t)\mathrm{d}t \\ &=\Phi(t)+C=\Phi[\varphi^{-1}(x)]+C\end{aligned} \tag{4.2.2}$$

这里 $t=\varphi^{-1}(x)$是 $x=\varphi(t)$的反函数.

证 由 $x=\varphi(t)$单调,可导且 $\varphi'(t)\neq 0$,可知 $x=\varphi(t)$有单调可导的反函数$t=\varphi^{-1}(x)$且$\dfrac{\mathrm{d}t}{\mathrm{d}x}=\dfrac{1}{\varphi'(t)}$.

又因 $f[\varphi(t)]\varphi'(t)$的原函数为 $\Phi(t)$,令 $F(x)=\Phi[\varphi^{-1}(x)]$,由复合函数及反函数求导公式得

$$\frac{\mathrm{d}F(x)}{\mathrm{d}x}=\frac{\mathrm{d}\Phi}{\mathrm{d}t}\cdot\frac{\mathrm{d}t}{\mathrm{d}x}=f[\varphi(t)]\varphi'(t)\frac{1}{\varphi'(t)}=f[\varphi(t)]=f(x),$$

所以

$$\int f(x)\mathrm{d}x = F(x)+C=\Phi[\varphi^{-1}(x)]+C.$$

使用式(4.2.2)时应注意,在求出 $\int f(\varphi(t))\varphi'(t)\mathrm{d}t$ 之后,须用 $x=\varphi(t)$ 的反函数 $t=\varphi^{-1}(x)$代回原变量.

第二类换元积分法的关键在于选择合适的换元:$x=\varphi(t)$.但是这个换元关系往往不明显,通常是由 $x=\varphi(t)$的反函数关系 $\varphi^{-1}(x)=t$ 求得.

下面举例说明换元公式(4.2.2)的应用.

1. 简单根式代换

一般,当被积函数中含$\sqrt[n]{ax+b}$时,可令$\sqrt[n]{ax+b}=t$.

例 4.2.12 求$\displaystyle\int\frac{\sqrt{x-1}}{x}\mathrm{d}x$.

解 为去掉被积函数中的根号,令$\sqrt{x-1}=t$,即 $x=1+t^2$,则 $\mathrm{d}x=2t\mathrm{d}t$,于是有

$$\begin{aligned}\int\frac{\sqrt{x-1}}{x}\mathrm{d}x &= 2\int\frac{t^2}{1+t^2}\mathrm{d}t \\ &=2\int\frac{(t^2+1)-1}{1+t^2}\mathrm{d}t \\ &=2\int\left(1-\frac{1}{1+t^2}\right)\mathrm{d}t=2(t-\arctan t)+C.\end{aligned}$$

回代变量,$t=\sqrt{x-1}$,得

$$\int \frac{\sqrt{x-1}}{x}\mathrm{d}x = 2(\sqrt{x-1} - \arctan\sqrt{x-1}) + C.$$

例 4.2.13　求$\int \frac{1}{\sqrt{x}+\sqrt[4]{x}}\mathrm{d}x$.

解　被积函数含根式$\sqrt{x}$,$\sqrt[4]{x}$,为去根号，令$\sqrt[4]{x}=t$,即 $x=t^4$，则 $\mathrm{d}x=4t^3\mathrm{d}t$,于是有

$$\int \frac{1}{\sqrt{x}+\sqrt[4]{x}}\mathrm{d}x = \int \frac{4t^3}{t^2+t}\mathrm{d}t = 4\int \frac{t^2}{t+1}\mathrm{d}t = 4\int \frac{(t^2-1)+1}{t+1}\mathrm{d}t$$

$$= 4\int\left(t-1+\frac{1}{t+1}\right)\mathrm{d}t = 4\left(\frac{1}{2}t^2 - t + \ln|t+1|\right) + C.$$

回代变量,$t=\sqrt[4]{x}$,得

$$\int \frac{1}{\sqrt{x}+\sqrt[4]{x}}\mathrm{d}x = 2\sqrt{x} - 4\sqrt[4]{x} + 4\ln(\sqrt[4]{x}+1) + C.$$

2. 三角代换

当被积函数含有$\sqrt{a^2-x^2}$或$\sqrt{x^2\pm a^2}$时,可作如下三角代换:

(1)含根式$\sqrt{a^2-x^2}$时，可作代换 $x=a\sin t$ 或 $x=a\cos t$;

(2)含根式$\sqrt{x^2-a^2}$时，可作代换 $x=a\sec t$ 或 $x=a\csc t$;

(3)含根式$\sqrt{x^2+a^2}$时，可作代换 $x=a\tan t$ 或 $x=a\cot t$.

例 4.2.14　求$\int \sqrt{a^2-x^2}\mathrm{d}x\ (a>0)$.

解　令 $x=a\sin t\left(-\frac{\pi}{2}<t<\frac{\pi}{2}\right)$,则

$$\sqrt{a^2-x^2}=\sqrt{a^2-a^2\sin^2 t}=a\cos t,\quad \mathrm{d}x=a\cos t\mathrm{d}t,$$

于是

$$\int \sqrt{a^2-x^2}\mathrm{d}x = \int a\cos t\cdot a\cos t\mathrm{d}t = \frac{a^2}{2}\int(1+\cos 2t)\mathrm{d}t$$

$$=\frac{a^2}{2}t+\frac{a^2}{4}\sin 2t+C,$$

为将 t 换回原变量 x,由 $x=a\sin t$,有

$$t=\arcsin\frac{x}{a},\quad \sin 2t=2\sin t\cos t=\frac{2}{a^2}x\sqrt{a^2-x^2},$$

所以

$$\int \sqrt{a^2-x^2}\mathrm{d}x = \frac{a^2}{2}\arcsin\frac{x}{a} + \frac{1}{2}x\sqrt{a^2-x^2} + C.$$

例 4.2.15　求$\int \frac{\mathrm{d}x}{\sqrt{x^2+a^2}}\ (a>0)$.

解　令 $x=a\tan t\left(-\frac{\pi}{2}<t<\frac{\pi}{2}\right)$,则

$$\sqrt{x^2+a^2}=\sqrt{a^2\tan^2 t+a^2}=a\sec t,\quad dx=a\sec^2 t dt.$$

于是

$$\int\frac{dx}{\sqrt{x^2+a^2}}=\int\frac{a\sec^2 t}{a\sec t}dt=\int\sec t dt=\ln|\sec t+\tan t|+C,$$

根据 $\tan t=\frac{x}{a}$ 作辅助直角三角形(如图 4.3),$\sec t=\frac{\sqrt{x^2+a^2}}{a}$,因此

$$\int\frac{dx}{\sqrt{x^2+a^2}}=\ln\left|\frac{x}{a}+\frac{\sqrt{x^2+a^2}}{a}\right|+C_1$$

$$=\ln(x+\sqrt{x^2+a^2})+C\quad(C=C_1-\ln a).$$

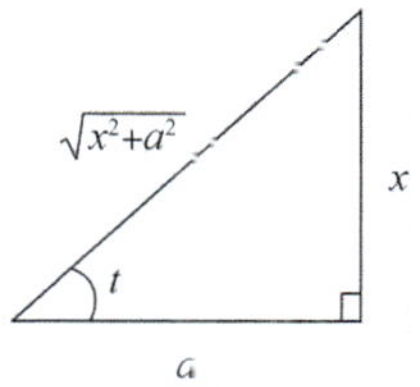

图 4.3

例 4.2.16 求 $\int\frac{dx}{\sqrt{x^2-a^2}}\ (a>0)$.

解 令 $x=a\sec t\left(0<t<\frac{\pi}{2}\right)$,则 $dx=a\tan t\sec t dt$,于是

$$\int\frac{dx}{\sqrt{x^2-a^2}}=\int\frac{a\tan t\sec t}{a\tan t}dt=\int\sec t dt=\ln|\sec t+\tan t|+C,$$

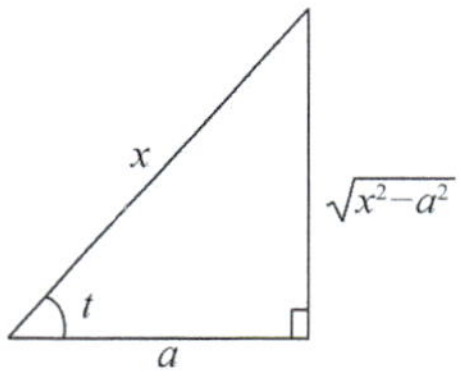

图 4.4

根据 $\sec t=\frac{x}{a}$ 作辅助直角三角形(如图 4.4),$\tan t=\frac{\sqrt{x^2-a^2}}{a}$,因此

$$\int\frac{dx}{\sqrt{x^2-a^2}}=\ln\left|\frac{x}{a}+\frac{\sqrt{x^2-a^2}}{a}\right|+C_1$$

$$=\ln|x+\sqrt{x^2-a^2}|+C\quad(C=C_1-\ln a).$$

必须指出,如何选择变量代换要根据被积函数的不同情况灵活运用,不可呆板地拘泥于某一种代换.如求 $\int x\sqrt{1-x^2}dx$ 及 $\int\frac{x}{\sqrt{a^2+x^2}}dx$ 时,就不必用三角代换,可用凑微分法.

$$\int x\sqrt{1-x^2}dx=-\frac{1}{2}\int(1-x^2)^{\frac{1}{2}}d(1-x^2)=-\frac{1}{3}(1-x^2)^{\frac{3}{2}}+C.$$

$$\int\frac{x}{\sqrt{a^2+x^2}}dx=\frac{1}{2}\int(a^2+x^2)^{-\frac{1}{2}}d(a^2+x^2)=\sqrt{a^2+x^2}+C.$$

用换元积分法求不定积分时,有些积分可以用几种变量代换方法.

例 4.2.17 求 $\int\frac{dx}{x\sqrt{x^2-1}}(x>0)$.

解 方法一(三角代换法) 令 $x=\sec t$,则 $dx=\sec t\cdot\tan t dt$,于是

$$\int\frac{dx}{x\sqrt{x^2-1}}=\int\frac{\sec t\cdot\tan t}{\sec t\cdot\tan t}dt=\int dt=t+C=\arccos\frac{1}{x}+C.$$

方法二(凑微分法)

$$\int\frac{\mathrm{d}x}{x\sqrt{x^2-1}}=\int\frac{\mathrm{d}x}{x^2\sqrt{1-\left(\frac{1}{x}\right)^2}}=-\int\frac{\mathrm{d}\left(\frac{1}{x}\right)}{\sqrt{1-\left(\frac{1}{x}\right)^2}}=-\arcsin\frac{1}{x}+C.$$

方法三(倒代换法)　令 $x=\frac{1}{t}$，则 $\mathrm{d}x=-\frac{1}{t^2}\mathrm{d}t$，于是

$$\int\frac{\mathrm{d}x}{x\sqrt{x^2-1}}=\int\frac{-\frac{1}{t^2}\mathrm{d}t}{\frac{1}{t}\sqrt{\frac{1}{t^2}-1}}=-\int\frac{\mathrm{d}t}{\sqrt{1-t^2}}=-\arcsin t+C=-\arcsin\frac{1}{x}+C.$$

倒代换是第二类换元积分法中常用的一种代换方式，采用这种代换常可消去被积函数的分母中的变量因子 x^m，使积分变得简单.

当被积函数含二次三项式 ax^2+bx+c 或 $\sqrt{ax^2+bx+c}$时，可先对 ax^2+bx+c 配方，然后再用换元积分法.

例 4.2.18　求 $\int\frac{1}{x^2+x+1}\mathrm{d}x$.

解　$$\int\frac{1}{x^2+x+1}\mathrm{d}x=\int\frac{1}{\left(x+\frac{1}{2}\right)^2+\left(\frac{\sqrt{3}}{2}\right)^2}\mathrm{d}x=\int\frac{1}{\left(x+\frac{1}{2}\right)^2+\left(\frac{\sqrt{3}}{2}\right)^2}\mathrm{d}\left(x+\frac{1}{2}\right)$$

$$=\frac{2}{\sqrt{3}}\arctan\frac{x+\frac{1}{2}}{\frac{\sqrt{3}}{2}}+C=\frac{2}{\sqrt{3}}\arctan\frac{2x+1}{\sqrt{3}}+C.$$

例 4.2.19　求 $\int\frac{1}{\sqrt{9x^2+6x-1}}\mathrm{d}x$.

解　$$\int\frac{1}{\sqrt{9x^2+6x-1}}\mathrm{d}x=\frac{1}{3}\int\frac{1}{\sqrt{(3x+1)^2-(\sqrt{2})^2}}\mathrm{d}(3x+1)$$

$$=\frac{1}{3}\ln|3x+1+\sqrt{9x^2+6x-1}|+C.$$

本节某些例题的结果，可作为补充的积分公式，为了方便起见统一归纳如下：

(16) $\int\tan x\mathrm{d}x=-\ln|\cos x|+C$；　　(17) $\int\cot x\mathrm{d}x=\ln|\sin x|+C$；

(18) $\int\sec x\mathrm{d}x=\ln|\sec x+\tan x|+C$；　　(19) $\int\csc x\mathrm{d}x=\ln|\csc x-\cot x|+C$；

(20) $\int\frac{\mathrm{d}x}{\sqrt{a^2-x^2}}=\arcsin\frac{x}{a}+C$；　　(21) $\int\frac{\mathrm{d}x}{a^2+x^2}=\frac{1}{a}\arctan\frac{x}{a}+C$；

(22) $\int\frac{\mathrm{d}x}{x^2-a^2}=\frac{1}{2a}\ln\left|\frac{x-a}{x+a}\right|+C$；　　(23) $\int\frac{\mathrm{d}x}{\sqrt{x^2\pm a^2}}=\ln\left|x+\sqrt{x^2\pm a^2}\right|+C$；

(24) $\int\sqrt{a^2-x^2}\mathrm{d}x=\frac{a^2}{2}\arcsin\frac{x}{a}+\frac{1}{2}x\sqrt{a^2-x^2}+C.$

习 题 4.2

1. 在下列各式等式右端的划线处填入适当的系数，使等式成立(例如：$dx=\frac{1}{5}d(5x+7)$)：

(1) $dx=$________$d(-6x+7)$；

(2) $\frac{dx}{\sqrt{x}}=$________$d(\sqrt{x}+6)$；

(3) $\frac{dx}{x^2}=$________$d\left(\frac{1}{x}\right)$；

(4) $\sqrt{x}dx=$________$d(x^{\frac{3}{2}}-5)$；

(5) $xdx=$________$d(3x^2+4)$；

(6) $x^2dx=$________$d(x^3+7)$；

(7) $x^3dx=$________$d(5x^4-6)$；

(8) $\sin 2xdx=$________$d(\cos 2x)$；

(9) $\cos\frac{7}{3}xdx=$________$d\left(5-\sin\frac{7}{3}x\right)$；

(10) $\csc^2 xdx=$________$d(\cot x)$；

(11) $\frac{dx}{x}=$________$d(5-\ln|x|)$；

(12) $e^{6x}dx=$________$d(e^{6x}-6)$；

(13) $e^{-\frac{x}{5}}dx=$________$d(e^{-\frac{x}{5}}+2)$；

(14) $\frac{dx}{\sqrt{1-x^2}}=$________$d(2-\arcsin x)$；

(15) $\frac{xdx}{\sqrt{1-x^2}}=$________$d(\sqrt{1-x^2})$；

(16) $\frac{2xdx}{\sqrt{1+x^2}}=$________$d(\sqrt{1+x^2})$；

(17) $\frac{dx}{1+4x^2}=$________$d(\arctan 2x)$；

(18) $\frac{dx}{\sqrt{1-4x^2}}=$________$d(\arccos 2x+3)$；

(19) $\csc^2 9xdx=$________$d(\cot 9x)$；

(20) $\sec^2 3xdx=$________$d(\tan 3x)$.

2. 求下列不定积分.

(1) $\int(2x-4)^4\,dx$；

(2) $\int\frac{1}{(1-2x)^2}\,dx$；

(3) $\int\frac{1}{\sqrt{2-5x}}\,dx$；

(4) $\int x^2\sqrt{4-3x^3}\,dx$；

(5) $\int\frac{1}{\sqrt{2x-1}(2x-1)}\,dx$；

(6) $\int\frac{x^2}{4+x^2}\,dx$；

(7) $\int\frac{x}{\sqrt{1-x^4}}\,dx$；

(8) $\int\frac{e^{\sqrt{x}}+\cos\sqrt{x}}{\sqrt{x}}\,dx$；

(9) $\int x^3\sin(5-x^4)\,dx$；

(10) $\int\frac{e^{\frac{1}{x}}}{x^2}\,dx$；

(11) $\int\frac{e^x}{3+e^x}\,dx$；

(12) $\int\frac{1}{x\sqrt{1+\ln x}}\,dx$；

(13) $\int\cos^2 3x\,dx$；

(14) $\int\sin 3x\sin 5x\,dx$；

(15) $\int\frac{10^{2\arccos x}}{\sqrt{1-x^2}}\,dx$；

(16) $\int\frac{1}{2x^2-1}\,dx$；

(17) $\int\frac{1}{e^{-x}+e^x}\,dx$；

(18) $\int\frac{\ln(\ln x)}{x\ln x}\,dx$；

(19) $\int\frac{\ln\tan x}{\sin x\cos x}\,dx$；

(20) $\int\frac{\sin x\cos x}{1+\sin^4 x}\,dx$；

(21) $\int\frac{\sin 2x}{(1+\cos 2x)^2}\,dx$；

(22) $\int\tan^3 xdx$；

(23) $\int \frac{\arctan\sqrt{x}}{\sqrt{x}(1+x)}\,dx$；(24) $\int \frac{1}{x(x^6+4)}\,dx$；

(25) $\int \frac{1}{1+\sqrt{2x}}\,dx$；(26) $\int \frac{\sqrt{x+1}-1}{\sqrt{x+1}+1}\,dx$；

(27) $\int \frac{1}{\sqrt{x-x^2}}\,dx$；(28) $\int \frac{e^x}{\sqrt{1+e^{2x}}}\,dx$；

(29) $\int \frac{1}{x^2\sqrt{1-x^2}}\,dx$；(30) $\int \frac{1}{\sqrt{(x^2+1)^3}}\,dx$；

(31) $\int \frac{1}{1+\sqrt{1-x^2}}\,dx$；(32) $\int \frac{1}{\sqrt{x^2-2x+2}}\,dx$.

4.3 不定积分的分部积分法

4.2 节利用复合函数求导法则，得到了在计算积分时十分有用的换元积分法，而有些积分，如 $\int xe^x\,dx$，用换元积分法却无法积出. 观察此积分，被积函数为两类基本初等函数的乘积形式，由此启发利用两个函数乘积的求导法则，推出求不定积分的另一种基本方法即分部积分法.

设函数 $u=u(x)$ 及 $v=v(x)$ 具有连续导数，根据乘积的微分公式

$$d(uv)=udv+vdu,$$

对等式两端求不定积分，得

$$uv=\int udv+\int vdu,$$

从而

$$\int udv = uv-\int vdu \quad 或 \quad \int uv'dx = uv-\int vu'dx. \tag{4.3.1}$$

式(4.3.1)称为**不定积分的分部积分公式**.

当求 $\int udv$ 有困难，而求 $\int vdu$ 比较容易时，分部积分法就可以发挥作用了，下面举例说明.

例 4.3.1 求 $\int xe^x dx$.

解 设 $u=x, dv=e^x dx=d(e^x)$，则 $du=dx, v=e^x$，由分部积分公式，得

$$\int xe^x dx=\int xd(e^x)=xe^x-\int e^x\,dx=xe^x-e^x+C.$$

但如果设 $u=e^x, dv=xdx=d(\frac{x^2}{2})$，则 $du=e^x dx, v=\left(\frac{x^2}{2}\right)$，从而

$$\int xe^x dx=\int e^x\,d\left(\frac{x^2}{2}\right)=\frac{x^2}{2}e^x-\int \frac{x^2}{2}e^x dx=\frac{x^2}{2}e^x-\frac{1}{2}\int x^2e^x dx,$$

而上式右端的积分 $\int x^2e^x dx$ 比原积分 $\int xe^x dx$ 更复杂，所以不能这样选择 u 和 dv.

由此可见，运用分部积分法的关键在于恰当地选择 u 和 dv. 一般选择 u 和 dv 的原则是：(1)v 要容易求得；(2) 积分 $\int v du$ 要容易计算.

通常根据被积函数的表达式，按"反函数，对数函数，幂函数，指数函数，三角函数"的顺序，排前者取为 u，排后者与 dx 合并构成 dv.

例 4.3.2 求 $\int x\cos x dx$.

解 被积函数是幂函数与余弦函数的乘积，取 $u=x, dv=\cos x dx=d(\sin x)$，则 $du=dx, v=\sin x$，于是

$$\int x\cos x dx=\int x d(\sin x)=x\sin x-\int \sin x\, dx$$
$$=x\sin x-(-\cos x)+C=x\sin x+\cos x+C.$$

例 4.3.3 求 $\int x^2 e^{-x} dx$.

解 被积函数是幂函数与指数函数的乘积，取幂函数为 u.

$$\int x^2 e^{-x} dx=-\int x^2 d(e^{-x})=-x^2 e^{-x}+\int e^{-x} d(x^2)=-x^2 e^{-x}+2\int xe^{-x} dx.$$

对积分 $\int xe^{-x} dx$ 继续用分部积分法，得

$$\int xe^{-x} dx=-\int x d(e^{-x})=-xe^{-x}+\int e^{-x} dx=-xe^{-x}-e^{-x}+C.$$

故

$$\int x^2 e^{-x} dx=-x^2 e^{-x}+2(-xe^{-x}-e^{-x})+C=-x^2 e^{-x}-2xe^{-x}-2e^{-x}+C.$$

例 4.3.4 求 $\int x\ln x dx$.

解 被积函数是幂函数与对数函数的乘积，取对数函数为 u.

$$\int x\ln x dx=\frac{1}{2}\int \ln x d(x^2)=\frac{1}{2}x^2\ln x-\frac{1}{2}\int x^2 d(\ln x)$$
$$=\frac{1}{2}x^2\ln x-\frac{1}{2}\int x dx=\frac{1}{2}x^2\ln x-\frac{1}{4}x^2+C.$$

例 4.3.5 求 $\int \arcsin x dx$.

解 被积函数单独出现反三角函数，取反三角函数为 u.

$$\int \arcsin x dx=x\arcsin x-\int x d(\arcsin x)=x\arcsin x-\int \frac{x}{\sqrt{1-x^2}}dx$$
$$=x\arcsin x+\frac{1}{2}\int (1-x^2)^{-\frac{1}{2}} d(1-x^2)=x\arcsin x+\sqrt{1-x^2}+C.$$

例 4.3.6 求 $\int x\arctan x dx$.

解 被积函数是幂函数与反三角函数的乘积，取反三角函数为 u.

$$\int x\arctan x\mathrm{d}x = \frac{1}{2}\int \arctan x\mathrm{d}(x^2) = \frac{1}{2}x^2\arctan x - \frac{1}{2}\int x^2\,\mathrm{d}(\arctan x)$$
$$= \frac{1}{2}x^2\arctan x - \frac{1}{2}\int \frac{x^2}{1+x^2}\,\mathrm{d}x$$
$$= \frac{1}{2}x^2\arctan x - \frac{1}{2}\int \left(1-\frac{1}{1+x^2}\right)\mathrm{d}x$$
$$= \frac{1}{2}x^2\arctan x - \frac{x}{2} + \frac{1}{2}\arctan x + C.$$

例 4.3.7　求 $\int \mathrm{e}^x\sin x\mathrm{d}x$.

解　当被积函数是指数函数与三角函数的乘积时，取指数函数为 u.

$$\int \mathrm{e}^x\sin x\mathrm{d}x = \int \mathrm{e}^x\mathrm{d}(-\cos x) = \mathrm{e}^x\cdot(-\cos x) - \int(-\cos x)\mathrm{e}^x\mathrm{d}x$$
$$= -\mathrm{e}^x\cos x + \int \mathrm{e}^x\cos x\,\mathrm{d}x = -\mathrm{e}^x\cos x + \int \mathrm{e}^x\mathrm{d}(\sin x)$$
$$= -\mathrm{e}^x\cos x + \mathrm{e}^x\sin x - \int \mathrm{e}^x\sin x\mathrm{d}x,$$

移项有 $2\int \mathrm{e}^x\sin x\mathrm{d}x = -\mathrm{e}^x\cos x + \mathrm{e}^x\sin x + C_1$，从而

$$\int \mathrm{e}^x\sin x\mathrm{d}x = \frac{1}{2}\mathrm{e}^x(\sin x - \cos x) + C.$$

由例 4.3.7 可知，某些积分在连续使用分部积分公式的过程中，有时会出现与原积分相同的积分，这时只要把等式看成以原积分为未知量的方程，移项解之，即可得所求积分.

有些不定积分需要综合运用换元积分法与分部积分法才能求出结果.

例 4.3.8　求 $\int \mathrm{e}^{\sqrt{x}}\mathrm{d}x$.

解　$$\int \mathrm{e}^{\sqrt{x}}\mathrm{d}x \overset{t=\sqrt{x}}{\underset{\text{换元}}{=}} 2\int t\mathrm{e}^t\mathrm{d}t = 2\int t\mathrm{d}(\mathrm{e}^t) \xlongequal{\text{分部积分}} 2\left(t\mathrm{e}^t - \int \mathrm{e}^t\mathrm{d}t\right)$$
$$= 2t\mathrm{e}^t - 2\mathrm{e}^t + C \overset{t=\sqrt{x}}{\underset{\text{回代}}{=}} 2\mathrm{e}^{\sqrt{x}}(\sqrt{x}-1) + C.$$

例 4.3.9　求 $\int x^3\mathrm{e}^{x^2}\mathrm{d}x$.

解　$$\int x^3\mathrm{e}^{x^2}\mathrm{d}x = \frac{1}{2}\int x^2\mathrm{e}^{x^2}\mathrm{d}(x^2) \overset{t=x^2}{\underset{\text{换元}}{=}} \frac{1}{2}\int t\mathrm{e}^t\mathrm{d}t = \frac{1}{2}\int t\mathrm{d}(\mathrm{e}^t) \xlongequal{\text{分部积分}} \frac{1}{2}\left(t\mathrm{e}^t - \int \mathrm{e}^t\mathrm{d}t\right)$$
$$= \frac{1}{2}(t\mathrm{e}^t - \mathrm{e}^t) + C \overset{t=x^2}{\underset{\text{回代}}{=}} \frac{1}{2}(x^2-1)\mathrm{e}^{x^2} + C.$$

例 4.3.10*　求 $\int \frac{\ln(1+x)}{\sqrt{x}}\mathrm{d}x$.

解　先用分部积分法，再用换元积分法.

$$\int \frac{\ln(1+x)}{\sqrt{x}}\mathrm{d}x = 2\int \ln(1+x)\mathrm{d}(\sqrt{x}) \xlongequal{\text{分部积分}} 2\left[\sqrt{x}\ln(1+x) - \int \sqrt{x}\,\mathrm{d}(\ln(1+x))\right]$$

$$= 2\sqrt{x}\ln(1+x) - 2\int \frac{\sqrt{x}}{1+x}\,\mathrm{d}x,$$

而

$$\int \frac{\sqrt{x}}{1+x}\,\mathrm{d}x \overset{t=\sqrt{x}}{\underset{换元}{=}} \int \frac{2t^2}{1+t^2}\mathrm{d}t = 2\int\left(1-\frac{1}{1+t^2}\right)\mathrm{d}t$$

$$= 2(t-\arctan t)+C \overset{t=\sqrt{x}}{\underset{回代}{=}} 2(\sqrt{x}-\arctan\sqrt{x})+C,$$

从而

$$\int \frac{\ln(1+x)}{\sqrt{x}}\mathrm{d}x = 2\sqrt{x}\ln(1+x) - 4\sqrt{x} + 4\arctan\sqrt{x} + C.$$

例 4.3.11* 已知 $f(x)$的一个原函数为 $\ln^2 x$，求 $\int xf'(x)\,\mathrm{d}x$.

解 因为

$$\int xf'(x)\mathrm{d}x = \int x\mathrm{d}f(x) = xf(x) - \int f(x)\mathrm{d}x,$$

而由已知 $f(x)=(\ln^2 x)'=\dfrac{2\ln x}{x}$，$\int f(x)\mathrm{d}x = \ln^2 x + C_1$，所以

$$\int xf'(x)\mathrm{d}x = x\cdot\frac{2\ln x}{x} - (\ln^2 x + C_1) = 2\ln x - \ln^2 x + C.$$

习 题 4.3

求下列不定积分：

(1) $\int x\sin x\mathrm{d}x$； (2) $\int \ln x\mathrm{d}x$； (3) $\int\left(\frac{1}{x}+\ln x\right)\mathrm{e}^x\mathrm{d}x$；

(4) $\int \ln(x+\sqrt{x^2+1})\mathrm{d}x$； (5) $\int \frac{x}{\sin^2 x}\mathrm{d}x$； (6) $\int x^2\arctan x\mathrm{d}x$；

(7) $\int x^2\mathrm{e}^{3x}\mathrm{d}x$； (8) $\int \sin(\ln x)\mathrm{d}x$； (9) $\int \arctan x\mathrm{d}x$；

(10) $\int \mathrm{arccot}x\mathrm{d}x$； (11) $\int \arccos x\mathrm{d}x$； (12) $\int \mathrm{e}^{3x}\cos 2x\mathrm{d}x$；

(13) $\int (\arcsin x)^2\mathrm{d}x$； (14) $\int \frac{\ln x}{\sqrt{x}}\mathrm{d}x$； (15) $\int \frac{\ln(\ln x)}{x}\mathrm{d}x$；

(16) $\int \frac{\ln(\sin x)}{\cos^2 x}\mathrm{d}x$； (17) $\int \frac{x\cos x}{\sin^3 x}\mathrm{d}x$； (18) $\int \frac{\arcsin x\,\mathrm{e}^{\arcsin x}}{\sqrt{1-x^2}}\mathrm{d}x$；

(19) $\int \frac{x\arcsin x}{\sqrt{1-x^2}}\mathrm{d}x$； (20) $\int \frac{\arctan\mathrm{e}^x}{\mathrm{e}^x}\mathrm{d}x$； (21) $\int \cos^2\sqrt{x}\mathrm{d}x$；

(22) $\int \frac{x\arctan x}{\sqrt{1+x^2}}\mathrm{d}x$； (23) $\int xf''(x)\mathrm{d}x$； (24) $\int \mathrm{e}^{\sqrt[3]{x}}\mathrm{d}x$；

(25) $\int \frac{\ln x}{(1-x)^2}\mathrm{d}x$； (26) $\int \mathrm{e}^x\sin^2 x\mathrm{d}x$；

★4.4 几类特殊函数的积分

前面介绍了求不定积分的直接积分法：换元积分法和分部积分法，它们适用于求各

类函数的不定积分. 本节讨论几类特殊函数的积分方法.

一、有理函数的积分

有理函数是指由两个多项式的商所表示的函数，具体形式如下：

$$\frac{P(x)}{Q(x)}=\frac{a_0x^n+a_1x^{n-1}+\cdots+a_{n-1}x+a_n}{b_0x^m+b_1x^{m-1}+\cdots+b_{m-1}x+b_m},\tag{4.4.1}$$

其中 m 和 n 均为非负整数；$a_0,a_1,\cdots,a_n$ 及 $b_0,b_1,\cdots,b_m$ 均为实数，且 $a_0\neq 0,b_0\neq 0$. 当 $m\leqslant n$时，式(4.4.1)称为**有理假分式**；当 $m>n$ 时，式(4.4.1)称为**有理真分式**. 同时设分子 $P(x)$与分母 $Q(x)$之间没有公因式.

利用多项式除法，总可以把假分式化为一个多项式与真分式之和，例如，

$$\frac{x^3+1}{x^2+x+1}=x-1+\frac{2}{x^2+x+1},\quad \frac{x^2-5x+4}{x^2+3x+1}=1+\frac{-8x+3}{x^2+3x+1}.$$

对于多项式的不定积分可直接逐项积分即可，下面讨论如何求真分式的积分.

一般真分式积分方法是把真分式分成多个简单分式的代数和，然后再逐项积分. 下面先介绍真分式的分解方法，然后再给出一些求真分式不定积分的例子.

(1)当分母中含有重因式$(x-a)^n$时，则分解式中应有下列 n 个项：

$$\frac{A_1}{(x-a)}+\frac{A_2}{(x-a)^2}+\cdots+\frac{A_n}{(x-a)^n},$$

其中 $A_i(i=1,2,\cdots,n)$是待定常数. 特别，若 $n=1$，则分解式有$\frac{A}{x-a}$项.

(2)当分母含有质因式$(x^2+px+q)^n$(其中 $p^2-4q<0$)时，则分解式中应有下列 n 个项：

$$\frac{A_1x+B_1}{x^2+px+q}+\frac{A_2x+B_2}{(x^2+px+q)^2}+\cdots+\frac{A_nx+B_n}{(x^2+px+q)^n},$$

其中 $A_i,B_i(i=1,2,\cdots,n)$都是待定常数. 特别，若 $n=1$，则分解式有$\frac{Ax+B}{x^2+px+q}$项.

综合以上讨论，有理真分式积分不外乎有下列四种形式：

(1) $\int\frac{A}{x-a}\,dx$；　　(2) $\int\frac{A}{(x-a)^n}\,dx$；

(3) $\int\frac{Ax+B}{x^2+px+q}dx$；　　(4) $\int\frac{Ax+B}{(x^2+px+q)^n}dx$.

其中 $n>1,p^2-4q<0$. 前两种积分，简单凑微分即可求得，例如

例 4.4.1　求 $\int\frac{x-5}{x^3-3x^2+4}\,dx$.

解　因为分母 $x^3-3x^2+4=(x+1)(x-2)^2$，可设

$$\frac{x-5}{x^3-3x^2+4}=\frac{A}{x+1}+\frac{B}{x-2}+\frac{C}{(x-2)^2},$$

去分母，得

$$x-5=A(x-2)^2+B(x+1)(x-2)+C(x-1).$$

令 $x=-1$，得 $A=-\frac{2}{3}$；令 $x=2$，得 $C=-1$；比较上式两边 x^2 的系数，得

$$-\frac{2}{3}+B=0,$$

即 $B=\frac{2}{3}$. 因此，

$$\frac{x-5}{x^3-3x^2+4}=-\frac{2}{3}\frac{1}{x+1}+\frac{2}{3}\frac{1}{x-2}-\frac{1}{(x-2)^2},$$

从而

$$\begin{aligned}\int\frac{x-5}{x^3-3x^2+4}\,\mathrm{d}x&=-\frac{2}{3}\int\frac{1}{x+1}\,\mathrm{d}x+\frac{2}{3}\int\frac{1}{x-2}\,\mathrm{d}x-\int\frac{1}{(x-2)^2}\,\mathrm{d}x\\&=-\frac{2}{3}\ln|x+1|+\frac{2}{3}\ln|x-2|+\frac{1}{x-2}+C\\&=\frac{2}{3}\ln\left|\frac{x-2}{x+1}\right|+\frac{1}{x-2}+C.\end{aligned}$$

对于 $\int\frac{Ax+B}{x^2+px+q}\mathrm{d}x$ 的积分，一般可将分子拆为两部分：一部分为分母导数的倍数，另一部分为常数. 例如：

例 4.4.2 求 $\int\frac{3x-2}{x^2+2x+4}\mathrm{d}x$.

解 因为分子 $3x-2=\frac{3}{2}(x^2+2x+4)'-5$，所以

$$\begin{aligned}\int\frac{3x-2}{x^2+2x+4}\mathrm{d}x&=\frac{3}{2}\int\frac{(x^2+2x+4)'}{x^2+2x+4}\mathrm{d}x-5\int\frac{1}{x^2+2x+4}\mathrm{d}x\\&=\frac{3}{2}\int\frac{1}{x^2+2x+4}\mathrm{d}(x^2+2x+4)-5\int\frac{1}{(x+1)^2+(\sqrt{3})^2}\mathrm{d}(x-1)\\&=\frac{3}{2}\ln(x^2+2x+4)-\frac{5\sqrt{3}}{3}\int\frac{1}{1+\left(\frac{x+1}{\sqrt{3}}\right)^2}\mathrm{d}\left(\frac{x+1}{\sqrt{3}}\right)\\&=\frac{3}{2}\ln(x^2+2x+4)-\frac{5\sqrt{3}}{3}\arctan\frac{x+1}{\sqrt{3}}-C.\end{aligned}$$

例 4.4.3 求 $\int\frac{x}{x^3-x^2+x-1}\,\mathrm{d}x$.

解 因为 $x^3-x^2+x-1=(x-1)(x^2+1)$，可设

$$\frac{x}{x^3-x^2+x-1}=\frac{A}{x-1}+\frac{Bx+C}{x^2+1}.$$

去分母，得 $x=A(x^2+1)+(Bx+C)(x-1)$. 在上式中，令 $x=1$，得 $A=\frac{1}{2}$；令 $x=0$，得 $C=\frac{1}{2}$；比较上式两边 x^2 的系数，得 $0=A+B$，得 $B=-\frac{1}{2}$. 因此

$$\int \frac{x}{x^3-x^2+x-1}\mathrm{d}x = \frac{1}{2}\int \frac{1}{x-1}\mathrm{d}x - \frac{1}{2}\int \frac{x-1}{x^2+1}\mathrm{d}x$$
$$= \frac{1}{2}\ln|x-1| - \frac{1}{2}\int \frac{x}{x^2+1}\mathrm{d}x + \frac{1}{2}\int \frac{1}{x^2+1}\mathrm{d}x$$
$$= \frac{1}{2}\ln|x-1| - \frac{1}{4}\ln(x^2+1) + \frac{1}{2}\arctan x + C$$
$$= \frac{1}{4}\ln\frac{(x-1)^2}{x^2+1} + \frac{1}{2}\arctan x + C.$$

对于 $\int \frac{Ax+B}{(x^2+px+q)^n}\mathrm{d}x$ 的积分，将分母二次质因式配方得 $x^2+px+q=\left(x+\frac{p}{2}\right)^2+q-\frac{p^2}{4}$. 令 $t=x+\frac{p}{2}$,并记 $x^2+px+q=t^2+k^2$, $Ax+B=At+b$. 则有

$$\int \frac{Ax+B}{(x^2+px+q)^n}\mathrm{d}x = \int \frac{At}{(t^2+k^2)^n}\mathrm{d}t + \int \frac{b}{(t^2+k^2)^n}\mathrm{d}t,$$

上式右端第一个积分用凑微分法即可积出,而第二个积分用分部积分法建立递推公式也可积出.

二、三角函数有理式的积分

由三角函数和常数经过有限次四则运算得到的函数称为三角函数有理式. 由于各种三角函数都可以用 $\sin x$ 及 $\cos x$ 的有理式表示，故三角函数有理式也是 $\sin x$, $\cos x$ 的有理式，记作 $R(\sin x, \cos x)$. 其中 $R(u,v)$表示 u, v 两个变量的有理式.

由三角学知道, $\sin x$, $\cos x$ 都可用 $\tan\frac{x}{2}$的有理式表示，即

$$\sin x = 2\sin\frac{x}{2}\cos\frac{x}{2} = \frac{2\tan\frac{x}{2}}{\sec^2\frac{x}{2}} = \frac{2\tan\frac{x}{2}}{1+\tan^2\frac{x}{2}},$$

$$\cos x = \cos^2\frac{x}{2} - \sin^2\frac{x}{2} = \frac{1-\tan^2\frac{x}{2}}{\sec^2\frac{x}{2}} = \frac{1-\tan^2\frac{x}{2}}{1+\tan^2\frac{x}{2}}.$$

所以,如果作变换 $t=\tan\frac{x}{2}$,则

$$\sin x = \frac{2t}{1+t^2}, \quad \cos x = \frac{1-t^2}{1+t^2},$$

$$x = 2\arctan t, \quad \mathrm{d}x = \frac{2}{1+t^2}\mathrm{d}t,$$

于是三角函数有理式的积分就化为有理函数积分

$$\int R(\sin x, \cos x)\mathrm{d}x = \int R\left(\frac{2t}{1+t^2}, \frac{1-t^2}{1+t^2}\right)\frac{2}{1+t^2}\mathrm{d}t,$$

所作的变换 $t=\tan\frac{x}{2}$ 称为“**万能代换**”.

例 4.4.4　求 $\int\frac{1+\sin x}{\sin x(1+\cos x)}\,dx$.

解　作万能代换 $t=\tan\frac{x}{2}$，则有

$$\begin{aligned}\int\frac{1+\sin x}{\sin x(1+\cos x)}\,dx&=\int\frac{1+\frac{2t}{1+t^2}}{\frac{2t}{1+t^2}\left(1+\frac{1-t^2}{1+t^2}\right)}\frac{2}{1+t^2}dt\\&=\frac{1}{2}\int\frac{t^2+2t+1}{t}\,dt=\frac{1}{2}\int\left(t+2+\frac{1}{t}\right)dt\\&=\frac{1}{4}t^2+t+\frac{1}{2}\ln|t|+C\\&=\frac{1}{4}\tan^2\frac{x}{2}+\tan\frac{x}{2}+\frac{1}{2}\ln\left|\tan\frac{x}{2}\right|+C.\end{aligned}$$

虽然“万能代换”总能把三角函数有理式的积分转化为有理函数的积分，但是，在多数情况下，实行这种变换后将导致积分运算比较复杂，故不应把这种变换作为首选方法. 下面举一例说明.

例 4.4.5　求 $\int\frac{1}{\sin x+\cos x}\,dx$.

解　作万能代换 $t=\tan\frac{x}{2}$，则 $\sin x=\frac{2t}{1+t^2}$，$\cos x=\frac{1-t^2}{1+t^2}$，$dx=\frac{2}{1+t^2}dt$，则

$$\begin{aligned}\int\frac{1}{\sin x+\cos x}\,dx&=\int\frac{2}{1+2t-t^2}\,dt=2\int\frac{dt}{2-(t-1)^2}\\&=\frac{\sqrt{2}}{2}\int\left[\frac{1}{t-(1-\sqrt{2})}-\frac{1}{t-(1+\sqrt{2})}\right]dt\\&=\frac{\sqrt{2}}{2}\ln\left|\frac{t-(1-\sqrt{2})}{t-(1+\sqrt{2})}\right|+C\\&=\frac{\sqrt{2}}{2}\ln\left|\frac{\tan\frac{x}{2}-1+\sqrt{2}}{\tan\frac{x}{2}-1-\sqrt{2}}\right|+C\end{aligned}$$

该不定积分也可采用下面较为简便的方法来求

$$\begin{aligned}\int\frac{1}{\sin x+\cos x}\,dx&=\frac{\sqrt{2}}{2}\int\frac{1}{\frac{\sqrt{2}}{2}\sin x+\frac{\sqrt{2}}{2}\cos x}\,dx=\frac{\sqrt{2}}{2}\int\frac{dx}{\cos\left(x-\frac{\pi}{4}\right)}\\&=\frac{\sqrt{2}}{2}\int\sec\left(x-\frac{\pi}{4}\right)\,d\left(x-\frac{\pi}{4}\right)\\&=\frac{\sqrt{2}}{2}\ln\left|\sec\left(x-\frac{\pi}{4}\right)+\tan\left(x-\frac{\pi}{4}\right)\right|+C.\end{aligned}$$

三、简单无理函数的积分举例

(1)被积函数为 $R(x,\sqrt{a^2-x^2})$型，可作变换 $x=a\sin t$ 或 $x=a\cos t$；

(2)被积函数为 $R(x,\sqrt{a^2+x^2})$型，可作变换 $x=a\tan t$ 或 $x=a\cot t$；

(3)被积函数为 $R(x,\sqrt{x^2-a^2})$型，可作变换 $x=a\sec t$ 或 $x=a\csc t$；

(4)被积函数为 $R\left(x,\sqrt[n]{\dfrac{ax+b}{cx+d}}\right)$型，可作变换 $t=\sqrt[n]{\dfrac{ax+b}{cx+d}}$；

(5)被积函数为 $R(\sqrt[m]{x},\sqrt[n]{x})$型，可作变换 $t=\sqrt[k]{x}$，其中 k 为 m 与 n 的最小公倍数；

(6)被积函数为 $R(x,\sqrt{ax^2+bx+c})$型，可先对 ax^2+bx+c 配方，再作三角变换.

下面通过几个例子简单说明.

例 4.4.6　求 $\displaystyle\int\frac{1}{1+\sqrt[3]{x+2}}\,dx$.

解　设 $\sqrt[3]{x+2}=t$，则 $x=t^3-2,dx=3t^2dt$,于是

$$\begin{aligned}\int\frac{1}{1+\sqrt[3]{x+2}}\,dx&=\int\frac{3t^2}{1+t}\,dt=3\int\left(t-1+\frac{1}{1+t}\right)dt\\&=3\left(\frac{1}{2}t^2-t+\ln|1+t|\right)+C\\&=\frac{3}{2}\sqrt[3]{(x+2)^2}-3\sqrt[3]{x+2}+3\ln|1+\sqrt[3]{x+2}|)+C.\end{aligned}$$

例 4.4.7　求 $\displaystyle\int\frac{1}{(1+\sqrt[3]{x})\cdot\sqrt{x}}\,dx$.

解　令 $t=\sqrt[6]{x}$，则 $x=t^6,dx=6t^5dt$,于是

$$\begin{aligned}\int\frac{1}{(1+\sqrt[3]{x})\sqrt{x}}dx&=\int\frac{6t^5}{(1+t^2)t^3}\,dt=6\int\frac{t^2}{1+t^2}\,dt=6\int\left(1-\frac{1}{1+t^2}\right)dt\\&=6(t-\arctan t)+C=6(\sqrt[6]{x}-\arctan\sqrt[6]{x})+C.\end{aligned}$$

读者已经看到，求积分比求导数需要更多的技巧，有时积分过程相当复杂. 为了实用的方便，人们往往把常用的积分公式按照被积函数的类型汇集成表，这种表称为积分表. 求积分时，可根据被积函数的类型直接地或经过简单变形后，在表中查得所需的结果. 限于篇幅，本书未引入积分表，读者在需要时可查阅其他教材或数学手册.

习 题 4.4

求下列不定积分：

(1) $\displaystyle\int\frac{dx}{3x^2-2x+2}$；　(2) $\displaystyle\int\frac{x^5+x^4-8}{x^3-x}\,dx$；　(3) $\displaystyle\int\frac{dx}{(x^2+a^2)^2}\ (a>0)$；

(4) $\displaystyle\int\frac{dx}{x^2(1-x)}$；　(5) $\displaystyle\int\frac{x+5}{x^2-2x-1}dx$；　(6) $\displaystyle\int\frac{x}{x^3-1}\,dx$；

(7) $\int \tan^4 x \mathrm{d}x$;　(8) $\int \frac{\mathrm{d}x}{2+\cos x}$;　(9) $\int \frac{\mathrm{d}x}{\sin x+1}$;

(10) $\int \frac{\mathrm{d}x}{1+\sin x+\cos x}$;　(11) $\int \frac{\mathrm{d}x}{2+5\cos x}$;　(12) $\int \frac{1-\tan x}{1+\tan x}\mathrm{d}x$;

(13) $\int \frac{\sqrt{x-1}}{x}\mathrm{d}x$;　(14) $\int \frac{x}{\sqrt{3x+1}+\sqrt{2x+1}}\mathrm{d}x$;　(15) $\int \frac{\mathrm{d}x}{\sqrt{e^x+1}}$;

(16) $\int \frac{\mathrm{d}x}{\sqrt{2x+1}-\sqrt[4]{2x+1}}$;　(17) $\int \frac{\sqrt{x+1}}{1+\sqrt{x+1}}\mathrm{d}x$;　(18) $\int \frac{x}{\sqrt{1+x-x^2}}\mathrm{d}x$;

(19) $\int \sqrt{\frac{1-x}{1+x}}\mathrm{d}x$;　(20) $\int \frac{\mathrm{d}x}{\sqrt{x(1+x)}}$.

★4.5　不定积分应用案例

一、石油的消耗量的估计

近年来，世界范围内每年的石油消耗率呈指数增长，增长指数大约为 0.07. 1970 年初，消耗率大约为每年 161 亿桶. 设 $R(t)$表示从 1970 年起第 t 年的石油消耗率，则 $R(t)=161e^{0.07t}$(亿桶). 试用此式估算从 1970 年到 2010 年间石油消耗的总量.

解　设 $T(t)$表示从 1970 年起($t=0$)直到第 t 年的石油消耗总量.

要求从 1970 年到 2010 年间石油消耗总量，即求 $T(40)$. 由于 $T(t)$是石油消耗总量，所以 $T'(t)$就是石油消耗率 $R(t)$，即 $T'(t)=R(t)$. 那么 $T(t)$就是 $R(t)$的一个原函数.

$$T(t)=\int R(t)\mathrm{d}t=\int 161e^{0.07t}\,\mathrm{d}t=\frac{161}{0.07}e^{0.07t}+C=2300e^{0.07t}+C,$$

由 $T(0)=0$，得 $C=-2300$，所以

$$T(t)=2300(e^{0.07t}-1),$$

从 1970 年到 2010 年间石油消耗总量为：$T(40)=2300(e^{0.07\times 40}-1)\approx 35\ 523$(亿桶).

二、十字路口交通黄色信号灯应亮多久

在十字路口的交通管理中，亮红灯之前，要亮一段时间的黄灯，这是为了让那些正行驶在十字路口的驾驶员注意，红灯即将亮起，如果你能停住，应当马上刹车，以免闯红灯违反交通规则，那么黄灯应当亮多久才合适呢？

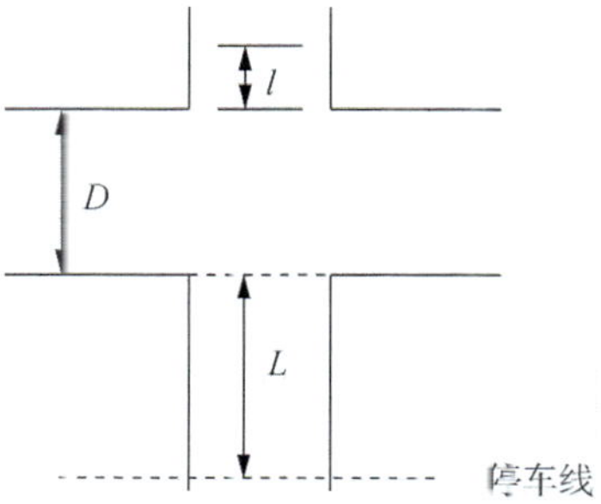

图 4.5

解　(1)问题分析：驶近十字路口的驾驶员在看到黄色信号灯亮起时，需做出决定：是停车还是通过路口. 如果决定停车，则必须有足够的距离让驾驶员能停得住车. 也就是说，道路上存在一条无形的停车线(如图 4.5)，从

这条线到十字路口的距离与此道路的规定速度有关,规定速度越大,此距离也就越长. 当黄色信号灯亮起时,若车子已通过了此线就不能停车(否则会挡住路口),否则,必须停车. 对于已经经过线而无法停住的车辆,黄色信号灯必须留有足够的时间让这些车辆能顺利地通过路口.

(2)停车线的确定

停车线的确定需考虑两点:①驾驶员看到黄灯并决定停车需要一段的反应时间 t_1,在此段时间内,驾驶员尚未刹车. ②驾驶员刹车后,车还需继续向前行驶一段距离,此段距离称为刹车距离.

一般驾驶员的反应时间 t_1 可以根据经验或由统计数据确定,而刹车距离可采用如下方法确定.

当驾驶员踩动刹车踏板时,便产生一种摩擦力,它使汽车减速并最终停下. 设道路规定的速度为 v_0,汽车质量为 m,刹车摩擦系数为 k,$x(t)$ 表示刹车后在 t 时刻内汽车向前行驶的距离. 根据刹车规律,刹车的制动力为 kmg(其中 g 为重力加速度),从而由牛顿第二定律得到刹车后车辆的运动方程.

$$m\frac{\mathrm{d}^2x}{\mathrm{d}t^2}=-kmg, \tag{4.5.1}$$

且 $x(0)=0,\left.\frac{\mathrm{d}x}{\mathrm{d}t}\right|_{t=0}=v_0$.

方程(4.5.1)两边除以 m,并积分一次得

$$\frac{\mathrm{d}x}{\mathrm{d}t}=-kgt+C_1,$$

将 $\left.\frac{\mathrm{d}x}{\mathrm{d}t}\right|_{t=0}=v_0$ 代入上式得 $C_1=v_0$,从而

$$\frac{\mathrm{d}x}{\mathrm{d}t}=-kgt+v_0, \tag{4.5.2}$$

令 $\frac{\mathrm{d}x}{\mathrm{d}t}=0$,由式(4.5.2)可求得车辆从刹车至停止所需要的时间 $t_2=\frac{v_0}{kg}$.

对于式(4.5.2)两边再积分一次,得

$$x(t)=-\frac{1}{2}kgt^2+v_0t+C_2,$$

将 $x(0)=0$ 代入上式得 $C_2=0$,因此刹车后车辆的运动规律为

$$x(t)=-\frac{1}{2}kgt^2+v_0t, \tag{4.5.3}$$

将 $t_2=\frac{v_0}{kg}$ 代入式(4.5.3),得刹车后车辆继续行驶的距离为

$$x(t_2)=\frac{1}{2}\frac{{v_0}^2}{kg},$$

因此,停车线到路口的距离应为

$$L=v_0t_1+\frac{1}{2}\frac{{v_0}^2}{kg}.$$

(3)黄灯时间的确定

黄灯时间应当保证已经过线的车辆顺利通过路口.

若十字路口的宽度为 D,车辆平均车身长为 l,则过线的车辆应通过的路程最长可达到 $L+D+l$. 因而,为了保证过线的车辆全部顺利通过,黄灯持续时间至少为

$$T=\frac{L+D+l}{v_0}.$$

三、人在月球上能跳多高

某人身高 2m,在地面上可跳过与其身高相同的高度. 假设他以同样的初速度在月球上跳,请问能跳多高? 又为了能在月球上跳过 2m,他需要多大的初速度?

解　在地面跳高,就是克服地球引力把身体"抛"到高处. 这里跳过了 2m,是指人体的重心约在身高的一米偏上一点处,故,若把人体当作质点来看,则可视跳高为以初速 v_0 把位于$\left(身高\times\frac{1}{2}\right)$处的一质点铅直上抛. 为了求出所跳高度与时间 t 的函数关系,建立如图 4.6 所示的坐标系.

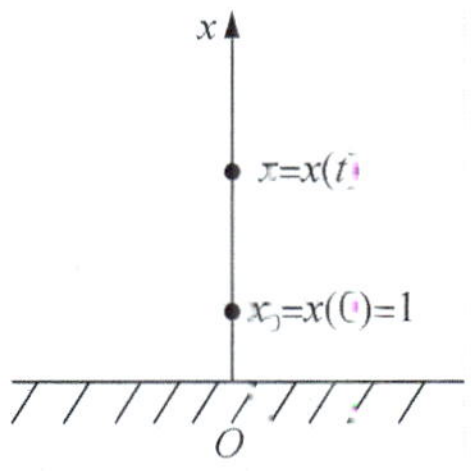

图 4.6　跳高示意图

由 $\frac{\mathrm{d}v}{\mathrm{d}t}=-g$ 及 $v(0)=v_0$, 得

$$v(t)=-gt+v_0. \tag{4.5.4}$$

由 $\frac{\mathrm{d}x}{\mathrm{d}t}=v(t)$ 及 $x(0)=2\times\frac{1}{2}=1$, 得

$$x(t)=-\frac{1}{2}gt^2+v_0t+1. \tag{4.5.5}$$

在月球上跳高的情况与此类似,不同的只是这里的 g 由月面上的重力加速度 g_m 所代替,若记月球上的速度及位置函数分别为 v_m, x_m(因题设初速相同,故仍记月球上的初速为 v_0),则有

$$v_m(t)=-g_mt+v_0, \tag{4.5.6}$$

$$x_m(t)=-\frac{1}{2}g_mt^2+v_0t+1, \tag{4.5.7}$$

由式(4.5.7)知,为求此人在月球上能跳多高,需分别求出初速 v_0 及跳到最高处所需时间.

现初速 v_0 与地球上的相同,故可由式(4.5.4)、式(4.5.5)求之.

因跳到最高处时 $v(t)=0$,故 $v_0=gt$,于是 $t=\frac{v_0}{g}$. 又,此人在月球上跳了 2m 高,故有

$$2=-\frac{1}{2}g\left(\frac{v_0}{g}\right)^2+v_0\left(\frac{v_0}{g}\right)+1,$$

由此得

$$2g = {v_0}^2, \quad v_0 = \sqrt{2g} \approx 4.427\text{m/s}, \tag{4.5.8}$$

于是此人在地面上跳到 2m 高所用的时间 $t = \frac{v_0}{g} = \sqrt{\frac{2}{g}} \approx 0.45\text{s}$.

再求在月面上以初速 v_0 跳到最高处所用的时间 t_m.

由式(4.5.6)及 $v_m(t)=0$ 得 $v_0 = g_m t_m$，即 $\sqrt{2g} = g_m t_m$，由此可得

$$t_m = \frac{\sqrt{2g}}{g_m}, \tag{4.5.9}$$

将式(4.5.8)、式(4.5.9)代入式(4.5.7)，便有

$$\begin{aligned} x_m &= -\frac{1}{2} g_m \left(\frac{\sqrt{2g}}{g_m}\right)^2 + \sqrt{2g}\left(\frac{\sqrt{2g}}{g_m}\right) + 1 \\ &= \frac{g}{g_m} + 1 = \frac{9.8054}{1.5545} + 1 \approx 7.3078(\text{m}). \end{aligned}$$

即，在月球上能跳高的高度约为 7.3078m.

用与上面完全类似的推导可以得出，在月球上跳 2m 高所需初速为 $\sqrt{2g_m} \approx 1.763\text{m/s}$（见式(4.5.8)），所用时间为 $\sqrt{\frac{2}{g_m}} \approx 1.13\text{s}$.

比较 $t=0.45\text{s}$ 与 $t=1.13\text{s}$ 不难看出，同样是跳 2m 高，在月球上所需时间比在地面上要慢一个因子 0.4($0.45 \div 1.13 \approx 0.398$)，这个结论具有普遍性，可用下面的地月定理来证明.

地月定理：设 $x(t)$ 是“地面上的运动”，则

$$x_m(t) = x(kt), \tag{4.5.10}$$

是在“月面上的运动”，这里 $k = \sqrt{\frac{g_m}{g}} \approx 0.398$.

证　对式(4.5.10)两端求导，则有

$$x'_m(t) = v_m(t) = kv(kt),$$

再对 t 求导，且利用 $\frac{\mathrm{d}v}{\mathrm{d}t} = -g$ 得

$$a_m = \frac{\mathrm{d}v_m(t)}{\mathrm{d}t} = k\frac{\mathrm{d}v(kt)}{\mathrm{d}t} = k(-kg) = -k^2 g = -\left(\sqrt{\frac{g_m}{g}}\right)^2 \cdot g = -\frac{g_m}{g} \cdot g = -g_m,$$

因此，$x_m(t)$ 满足月面运动方程. 证毕.

式(4.5.10)揭示了地、月两种运动之间的内在联系：地面运动改变到月面运动时，时间变慢了一个因子 0.4. 据此原理，如果我们想看看模拟的月面运动，只需用正常速度的 0.4 倍放映地面运动的电影即可.

习 题 4.5

1. 油井收入为多少问题.

一个月产 300 桶原油的油井，在 3 年后将要枯竭. 预计从现在开始 t 个月后，原油价格将是每桶

$$P(t)=18+0.3\sqrt{t}(\text{美元}),$$

如果假定油一生产出就被售出，则问：从这口井可得到多少美元的收入？

2. 一质点以 50m/s 的发射速度从地面垂直射向空中，若质点运动过程中只受重力的作用（重力加速度 $g=10\mathrm{m/s^2}$），试求：

(1)该质点能达到的最大高度.

(2)该质点何时重新落回地面，落回地面时刻的速度是多少？

3. 雪球融化问题.

假定一个雪球是半径为 r 的球，其融化时体积的变化率正比于雪球的表面积，比例常数为 $k>0$（k 与环境的相对湿度、阳光、空气温度等因素有关）. 已知两小时内融化了其体积的四分之一. 问其余部分在多长时间内全部融化完？

总 习 题 四

1. 填空题：

(1)设 $f(t)$的一个原函数为 $F(t)$，则 $f(3t+5)$的原函数为________；

(2)设 $\int xf(x)\mathrm{d}x=\arcsin x+C$，则$\int\frac{\mathrm{d}x}{f(x)}=$________；

(3)设 $f'(x^2)=\frac{1}{x}(x>0)$，则 $f(x)=$________；

(4) $\int\frac{\mathrm{d}x}{\sqrt{x(4-x)}}=$________；

(5) $\int\frac{\ln x-1}{x^2}\mathrm{d}x=$________；

(6)$\int\frac{\mathrm{d}x}{1+\mathrm{e}^x}=$________.

2. 单项选择题：

(1) 设 $\ln|x|$为 $f(x)$的一个原函数，则 $f(x)$的另一个原函数为(　　).

(A)$\ln|x+a|$；　(B)$\frac{1}{a}\ln|ax|$；　(C)$\frac{1}{2}\ln^2 x$；　(D)$\ln|ax|$.

(2)$\frac{x}{\sqrt{1-x^2}}$的一个原函数为(　　).

(A)$2\sqrt{1-x^2}$；　(B)$-\sqrt{1-x^2}$；　(C)$-2\sqrt{1-x^2}$；　(D)$\sqrt{1-x^2}$.

(3)在下列等式中，正确的是(　　).

(A)$\int f'(x)\mathrm{d}x=f(x)$；　(B)$\int\mathrm{d}f(x)=f(x)$；

(C)$\frac{\mathrm{d}}{\mathrm{d}x}\int f(x)\mathrm{d}x=f(x)$；　(D)$\mathrm{d}\left[\int f(x)\mathrm{d}x\right]=f(x)$.

(4) 若$\int\mathrm{d}f(x)=\int\mathrm{d}g(x)$，则下列结论中错误的是(　　).

(A)$f'(x)=g'(x)$；　(B)$\mathrm{d}f(x)=\mathrm{d}g(x)$；

(C)$\mathrm{d}\left(\int f'(x)\mathrm{d}x\right)=\mathrm{d}\left(\int g'(x)\mathrm{d}x\right)$；　(D)$f(x)=g(x)$.

(5) $\int xf''(x)\mathrm{d}x=$ (　　).

(A) $xf''(x)-xf'(x)-f(x)+C$；　　(B) $xf(x)-\int f(x)\mathrm{d}x$；

(C) $xf'(x)-f(x)+C$；　　(D) $xf'(x)+f(x)+C$.

(6) 若 $x>1$，则 $\int\frac{\mathrm{d}x}{x\sqrt{x^2-1}}=$ (　　).

(A) $\arccos\frac{1}{x}+C$；　　(B) $\arcsin\frac{1}{x}+C$；

(C) $\arcsin x+C$；　　(D) $\sqrt{x^2-1}+C$.

3. 求下列不定积分：

(1) $\int\frac{3x^2+2}{x^2(x^2+1)}\mathrm{d}x$；　　(2) $\int\frac{x^\lambda}{\sqrt{1+x^{2\lambda+2}}}\mathrm{d}x$；

(3) $\int\frac{\cos x}{\sqrt{2+\cos 2x}}\mathrm{d}x$；　　(4) $\int\frac{1}{\sin^2x+2\cos^2x}\mathrm{d}x$；

(5) $\int \mathrm{e}^{x^2+\ln x}\mathrm{d}x$；　　(6) $\int\frac{\ln x}{x\sqrt{1+\ln x}}\mathrm{d}x$；

(7) $\int\frac{\mathrm{d}x}{x^2\sqrt{a^2-x^2}}\ (a>0)$；　　(8) $\int\frac{\mathrm{d}x}{\sqrt{x^2-2x+5}}$；

(9) $\int\frac{2x+3}{\sqrt{-x^2+6x-8}}\mathrm{d}x$；　　(10) $\int\frac{x}{\sin^2x}\mathrm{d}x$；

(11) $\int\frac{x+\ln^3x}{(x\ln x)^2}\mathrm{d}x$；　　(12) $\int\frac{\ln(\mathrm{e}^x+1)}{\mathrm{e}^x}\mathrm{d}x$；

(13) $\int\tan x\sec c^4x\,\mathrm{d}x$；　　(14) $\int\frac{x\arctan x}{\sqrt{1+x^2}}\mathrm{d}x$；

(15) $\int x^3\sqrt{4-x^2}\mathrm{d}x$；　　(16) $\int\frac{x}{\sqrt[3]{1-3x}}\mathrm{d}x$；

(17) $\int\sqrt{\frac{a+x}{a-x}}\mathrm{d}x\ (a>0)$；　　(18) $\int\frac{\ln x}{x^2}\mathrm{d}x$；

(19) $\int\frac{4x+3}{(x-2)^2}\mathrm{d}x$；　　(20) $\int\frac{x^{11}}{x^8+3x^4+2}\mathrm{d}x$；

(21) $\int\frac{\sqrt[3]{x}}{x(\sqrt{x}+\sqrt[3]{x})}\mathrm{d}x$；　　(22) $\int\frac{1}{(1+\mathrm{e}^x)^2}\mathrm{d}x$.

4. 已知$\frac{\sin x}{x}$是 $f(x)$ 的一个原函数，求 $\int x^3f'(x)\mathrm{d}x$.

5. 设 $f(x^2-1)=\ln\frac{x^2}{x^2-2}$，且 $f[g(x)]=\ln x$，求 $\int g(x)\mathrm{d}x$.

6. $f(x)$ 在 $[0,+\infty)$ 可导，$f(1)=0$，$f'(\mathrm{e}^x+1)=3\mathrm{e}^{2x}+2$，求 $f(x)$.

第 5 章　定积分及其应用

在学习不定积分的基础上，本章先从几何问题与力学问题引入定积分的概念，接着讨论定积分的性质、计算方法以及定积分在几何学与经济学等方面的应用.

5.1　定积分的概念

一、定积分问题举例

1. 曲边梯形的面积

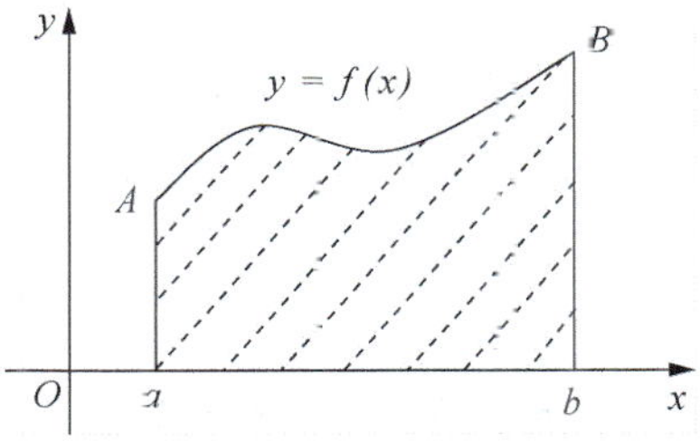

图 5.1

设 $y=f(x)$是区间$[a,b]$上非负的连续函数. 由直线 $x=a,x=b,x$ 轴及曲线 $y=f(x)$所围成的图形(图 5.1)称为曲边梯形，其中曲线弧$\overset{\frown}{AB}$称为曲边.

应如何计算曲边梯形的面积?

矩形的面积可按公式

$$面积=底\times高$$

计算，但不能直接用梯形的面积公式来求曲边梯形的面积. 由于 $f(x)$在$[a,b]$上连续变化，因此，在很小一段区间上 $f(x)$变化很小(近似于不变). 如果把$[a,b]$划分成许多小区间，在每个小区间上用其中某一点处的高作为该小区间上的窄曲边梯形的高，这样得到的窄矩形的面积就可以近似地看成同底上的窄曲边梯形的面积(图 5.2)，所有窄矩形面积总和可以作为整个曲边梯形面积的近似值. 当把区间$[a,b]$无限细分，即使每一个小区间的长度都趋于零，这时，所有窄矩形面积的总和的极限就是曲边梯形的面积. 下面给出计算曲边梯形面积的方法：

(1)分割

在区间$[a,b]$中任意插入 $n-1$ 个分点 $x_i(i=1,2,\cdots,n-1)$：

$$a=x_0<x_1<x_2<\cdots<x_{i-1}<x_i<\cdots<x_{n-1}<x_n=b,$$

把$[a,b]$分成 n 个小区间$[x_{i-1},x_i]$，其长度为 $\Delta x_i=x_i-x_{i-1}(i=1,2,\cdots n)$.

(2)近似代替

经过每个分点作平行于 y 轴的直线，把曲边梯形分成 n 个窄曲边梯形(如图 5.2). 在每个小区间$[x_{i-1},x_i]$上任取一点 ξ_i，以线段 $x_{i-1}x_i$ 为底边，$f(\xi_i)$为高的窄矩形的面积 $f(\xi_i)\Delta x_i$可近似表示第 i 个小窄曲边梯形的面积，即

$$\Delta A_i\approx f(\xi_i)\Delta x_i.$$

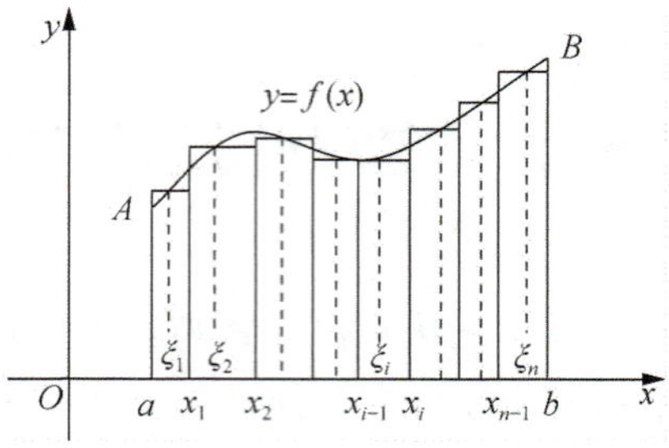

图 5.2

(3)求和

上述 n 个窄矩形的面积之和，可作为所求曲边梯形面积 A 的近似值，即

$$A=\sum_{i=1}^{n}\Delta A_i\approx\sum_{i=1}^{n}f(\xi_i)\Delta x_i.$$

(4)取极限

记 $\lambda=\max\{\Delta x_1,\Delta x_2,\cdots,\Delta x_n\}$，当 $\lambda\to 0$(这时所有小区间的长度都趋于零，同时分段数 n 无限增多，即 $n\to\infty$)时，上述和式的极限，就是曲边梯形的面积，即

$$A=\lim_{\lambda\to 0}\sum_{i=1}^{n}f(\xi_i)\Delta x_i.$$

2. 变速直线运动的路程问题

设某物体作变速直线运动，已知速度 $v=v(t)$是时间间隔$[T_1,T_2]$上的一个连续函数,且$v(t)\geqslant 0$，要计算在这段时间内物体所经过的路程 s.

如果物体的运动是匀速的，可用公式

路程=速度×时间

求 s. 但现在物体作变速直线运动，则上述公式不能直接用来计算 s. 由于物体运动速度的变化是连续的，在很短的一段时间内变速近似于匀速. 因而，如果把$[T_1,T_2]$分成 n 个小区间$[t_{i-1},t_i]$$(i=1,2,\cdots,n)$，在时间段 $\Delta t_i=t_i-t_{i-1}$内物体经过的路程可由

$$s_i\approx v(\tau_i)\Delta t_i,\tau_i\in[t_{i-1},t_i]\quad(i=1,2,\cdots,n),$$

将上述 n 段路程的近似值相加：

$$s\approx\sum_{i=1}^{n}v(\tau_i)\Delta t_i,$$

记 $\lambda=\max\{\Delta t_1,\Delta t_2,\cdots,\Delta t_n\}$，令 $\lambda\to 0$，上述和式的极限，就是变速直线运动的路程：

$$s=\lim_{\lambda\to 0}\sum_{i=1}^{n}v(\tau_i)\Delta t_i.$$

以上两例虽然实际意义不同,但解决问题的思路和方法完全相同,即都经过分割、近似、求和、取极限等过程. 如果抛开这些问题的具体意义，抓住它们在处理问题上的共同本质与特性加以概括，即可以抽象出下述定积分的定义.

二、定积分定义

定义 设函数 $f(x)$在$[a,b]$上有界，在$[a,b]$中任意插入 $n-1$ 个分点

$$a=x_0<x_1<x_2<\cdots<x_{i-1}<x_i<\cdots x_{n-1}<x_n=b,$$

把区间$[a,b]$分成 n 个小区间

$$[x_0,x_1],[x_1,x_2],\cdots,[x_{n-1},x_n],$$

各小区间的长度分别为

$$\Delta x_1=x_1-x_0,\Delta x_2=x_2-x_1,\cdots,\Delta x_n=x_n-x_{n-1},$$

在每个小区间$[x_{i-1},x_i]$上任取一点 $\xi_i(x_{i-1}\leqslant\xi_i\leqslant x_i)$，求和式

$$S_n=\sum_{i=1}^{n}f(\xi_i)\Delta x_i. \tag{5.1.1}$$

记 $\lambda=\max\limits_{1\leqslant i\leqslant n}\{\Delta x_i\}$，如果无论对$[a,b]$怎样划分，也无论 ξ_i 在小区间$[x_{i-1},x_i]$上怎样取法，只要当 $\lambda\to 0$ 时，S_n 总趋于确定的极限 A，则称这个极限 A 为函数 $f(x)$在区间$[a,b]$上的**定积分**，记作 $\int_a^b f(x)\mathrm{d}x$，即

$$\int_a^b f(x)\mathrm{d}x=\lim_{\lambda\to 0}\sum_{i=1}^{n}f(\xi_i)\Delta x_i=A, \tag{5.1.2}$$

其中 $f(x)$称为**被积函数**，$f(x)\mathrm{d}x$ 称为**被积表达式**，x 称为**积分变量**，a 称为**积分下限**，b 称为**积分上限**，$[a,b]$称为**积分区间**.

关于定积分的定义，作如下几点说明：

1. 定积分是由被积函数与积分区间所决定的一个确定的常数，该常数与被积函数 $f(x)$以及积分区间有关，与积分变量的记号无关，即

$$\int_a^b f(x)\mathrm{d}x=\int_a^b f(u)\mathrm{d}u=\int_a^b f(t)\mathrm{d}t=\cdots.$$

2. 当函数 $y=f(x)$在区间$[a,b]$上的定积分存在时，称 $y=f(x)$在区间$[a,b]$上**可积**，否则称为**不可积**.

那么函数 $y=f(x)$在$[a,b]$上满足怎样的条件，其在$[a,b]$上一定可积？下面的定理给出可积的充分条件.

定理 5.1.1 设 $f(x)$在$[a,b]$上连续，则 $f(x)$在$[a,b]$上可积.

定理 5.1.2 设 $f(x)$在$[a,b]$上有界，且只有有限多个间断点，则 $f(x)$在$[a,b]$上可积.

根据定积分的定义，前面所讨论的两个实际问题可分别表述如下.

以闭区间$[a,b]$为底边，曲线 $y=f(x)(f(x)\geqslant 0)$为曲边的曲边梯形(如图 5.1)的面积 A 可表示为

$$A=\int_a^b f(x)\mathrm{d}x;$$

而当 $f(x)\leqslant 0$ 时，$\int_a^b f(x)\mathrm{d}x$ 则表示该曲边梯形面积的相反数(如图 5.3).

一般当 $f(x)$ 在$[a,b]$上兼取正负值时，则$\int_a^b f(x)\mathrm{d}x$ 等于由曲线 $y=f(x)$，直线 $x=a$，$x=b$及 x 轴所围成图形中位于 x 轴上方的总面积减去位于 x 轴下方的总面积(见图 5.4).

物体以速度 $v=v(t)(v(t)\geqslant 0)$作变速直线运动，在时间间隔$[T_1,T_2]$内，通过的路程 S 可表示为

$$S=\int_{T_1}^{T_2} v(t)\mathrm{d}t.$$

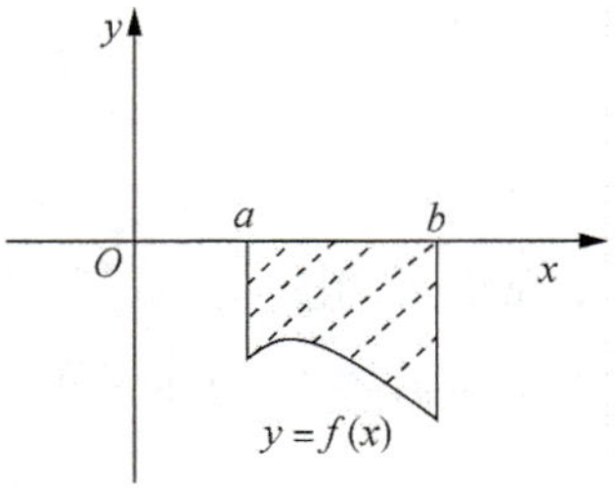

图 5.3

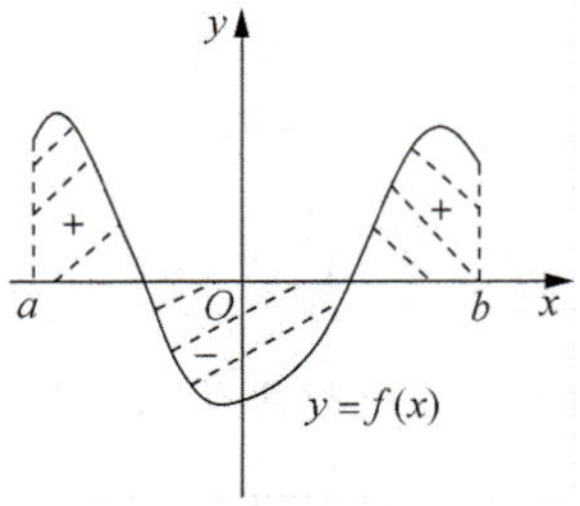

图 5.4

下面举例说明如何根据定义计算定积分.

例 5.1.1　利用定积分定义计算 $\int_0^1 x\mathrm{d}x$.

解　因为被积函数 $f(x)=x$ 在积分区间$[0,1]$上连续，由定理 5.1.1 可知它在$[0,1]$上可积. 又因为积分与区间$[0,1]$的分法及点 ξ_i 的取法无关，为了便于计算不妨把区间$[0,1]$分成 n 等分，分点为 $x_i=\frac{i}{n}\quad(i=0,1,2,\cdots,n)$. 这样每个小区间$[x_{i-1},x_i]$的长度 $\Delta x_i=\frac{1}{n}(i=1,2,\cdots,n)$，取 $\xi_i=x_i(i=1,2,\cdots,n)$，得积分和

$$\begin{aligned}S_n&=\sum_{i=1}^{n} f(\xi_i)\Delta x_i=\sum_{i=1}^{n} x_i\Delta x_i\\&=\sum_{i=1}^{n}\frac{i}{n}\cdot\frac{1}{n}=\frac{1}{n^2}\sum_{i=1}^{n} i=\frac{1}{2n^2}n(n+1),\end{aligned}$$

当 $\lambda=\frac{1}{n}\to 0$ 即 $n\to\infty$时，$\frac{1}{2n^2}n(n+1)\to\frac{1}{2}$，由定积分定义得

$$\int_0^1 x\mathrm{d}x=\frac{1}{2}.$$

习 题 5.1

1. 填空题：

(1)函数 $f(x)$在$[a,b]$上的定积分是积分和的极限，即 $\int_a^b f(x)\mathrm{d}x=(\quad)$；

(2)定积分的值只与(　　)及(　　)有关，而与(　　)的记法无关；

(3)若在$[a,b]$上 $f(x)\geqslant 0$,则定积分 $\int_a^b f(x)\mathrm{d}x$ 的几何意义是(　　).

2. 用定积分的定义求下列定积分：

(1) $\int_0^1 x^2\mathrm{d}x$；　　(2) $\int_2^3 \frac{1}{x^2}\mathrm{d}x$.

3. 利用定积分的几何意义，说明下列等式：

(1) $\int_0^1 \sqrt{1-x^2}\mathrm{d}x = \frac{\pi}{4}$；　　(2) $\int_{-\pi}^{\pi} \sin x\mathrm{d}x = 0$.

5.2 定积分的性质

本节将进一步研究定积分的一些性质. 在下面讨论中均假定被积函数是可积的. 同时，为了方便起见，先对定积分作以下两点补充规定：

(1)当 $a=b$ 时，$\int_a^b f(x)\mathrm{d}x = 0$；

(2) 当 $a>b$ 时，$\int_a^b f(x)\mathrm{d}x = -\int_b^a f(x)\mathrm{d}x$.

根据上式可知，交换定积分的上下限时，定积分变号. 因此，在下面的讨论中如无特别指出，对定积分上下限的大小不加限制，且以下的性质中所涉及到的定积分都存在.

性质 5.2.1 $\int_a^b [f(x)\pm g(x)]\mathrm{d}x = \int_a^b f(x)\mathrm{d}x \pm \int_a^b g(x)\mathrm{d}x$.

证明
$$\begin{aligned}\int_a^b [f(x)\pm g(x)]\mathrm{d}x &= \lim_{\lambda\to 0}\sum_{i=1}^{n}[f(\xi_i)\pm g(\xi_i)]\Delta x_i \\ &= \lim_{\lambda\to 0}\sum_{i=1}^{n} f(\xi_i)\Delta x_i \pm \lim_{\lambda\to 0}\sum_{i=1}^{n} g(\xi_i)\Delta x_i \\ &= \int_a^b f(x)\mathrm{d}x \pm \int_a^b g(x)\mathrm{d}x.\end{aligned}$$

性质 5.2.1 可扩展到有限个函数也成立. 类似地，可以证明.

性质 5.2.2 $\int_a^b kf(x)\mathrm{d}x = k\int_a^b f(x)\mathrm{d}x$ (k 是常数).

性质 5.2.3 $\int_a^b 1\mathrm{d}x = \int_a^b \mathrm{d}x = b-a$.

性质 5.2.4(定积分区间可加性) $\int_a^b f(x)\mathrm{d}x = \int_a^c f(x)\mathrm{d}x + \int_c^b f(x)\mathrm{d}x$.

性质 5.2.5 如果在区间$[a,b]$上有 $f(x)\geqslant g(x)$，则
$$\int_a^b f(x)\mathrm{d}x \geqslant \int_a^b g(x)\mathrm{d}x.$$

证明 由定积分的定义和性质 5.2.1 可知：
$$\int_a^b f(x)\mathrm{d}x - \int_a^b g(x)\mathrm{d}x = \int_a^b (f(x)-g(x))\mathrm{d}x = \lim_{\lambda\to 0}\sum_{i=1}^{n}(f(\xi_i)-g(\xi_i))\Delta x_i.$$
因为 $f(x)\geqslant g(x)$，所以 $f(\xi_i)-g(\xi_i)\geqslant 0(i=1,2,\cdots,n)$. 又由于 $\Delta x_i\geqslant 0, i=1,2,\cdots,n$,

因此

$$\sum_{i=1}^{n}(f(\xi_i)-g(\xi_i))\Delta x_i \geqslant 0.$$

令 $\lambda=\max\{\Delta x_1,\Delta x_2,\cdots,\Delta x_n\}\to 0$，便得要证明的不等式.

由性质 5.2.5 可得下面两个推论：

推论 5.2.1（保号性）　如果在区间 $[a,b]$ 上，$f(x)\geqslant 0$，则 $\int_a^b f(x)\mathrm{d}x \geqslant 0$.

推论 5.2.2　$\left|\int_a^b f(x)\mathrm{d}x\right| \leqslant \int_a^b |f(x)|\mathrm{d}x\ (a<b)$.

例 5.2.1　比较积分值 $\int_0^1 x\mathrm{d}x$ 和 $\int_0^1 x^2\mathrm{d}x$ 的大小.

解　因为当 $x\in(0,1)$ 时，$x^2<x$. 所以由性质 5.2.5 可有

$$\int_0^1 x^2\mathrm{d}x \leqslant \int_0^1 x\mathrm{d}x.$$

性质 5.2.6（估值定理）　设 M 和 m 分别是 $f(x)$ 在区间 $[a,b]$ 上的最大值和最小值，则有

$$m(b-a)\leqslant \int_a^b f(x)\mathrm{d}x \leqslant M(b-a).$$

证明　因为 $m\leqslant f(x)\leqslant M$，所以由性质 5.2.5 可得

$$\int_a^b m\mathrm{d}x \leqslant \int_a^b f(x)\mathrm{d}x \leqslant \int_a^b M\mathrm{d}x.$$

再由性质 5.2.2 及性质 5.2.3，即得所要证的不等式.

例 5.2.2　估计定积分 $\int_0^{\pi}(1+\sin x)\mathrm{d}x$ 的值.

解　因为 $f(x)=1+\sin x$ 在 $[0,\pi]$ 上连续，故在 $[0,\pi]$ 上可积，且 $1\leqslant 1+\sin x\leqslant 2$. 根据定积分的估值定理，有

$$\pi \leqslant \int_0^{\pi}(1+\sin x)\mathrm{d}x \leqslant 2\pi.$$

性质 5.2.7（积分中值定理）　如果函数 $f(x)$ 在闭区间 $[a,b]$ 上连续，则在积分区间 $[a,b]$ 上至少存在一点 ξ，使得

$$\int_a^b f(x)\mathrm{d}x = f(\xi)(b-a)\quad (a\leqslant \xi\leqslant b).$$

证明　由定积分的估值定理可得

$$m(b-a)\leqslant \int_a^b f(x)\mathrm{d}x \leqslant M(b-a).$$

其中 M 和 m 分别是 $f(x)$ 在闭区间 $[a,b]$ 上的最大值与最小值. 于是

$$m\leqslant \frac{1}{b-a}\int_a^b f(x)\mathrm{d}x \leqslant M.$$

根据闭区间上连续函数的介值定理，在 $[a,b]$ 上至少存在一点 ξ，使得

$$f(\xi)=\frac{1}{b-a}\int_a^b f(x)\mathrm{d}x,$$

从而有

$$\int_a^b f(x)\mathrm{d}x = f(\xi)(b-a).$$

积分中值定理的几何意义是：在区间$[a,b]$上至少存在一点ξ，使得以区间$[a,b]$为底边，连续曲线$y=f(x)$为曲边的曲边梯形的面积，等于同一底边上高为$f(\xi)$的矩形面积(图 5.5).

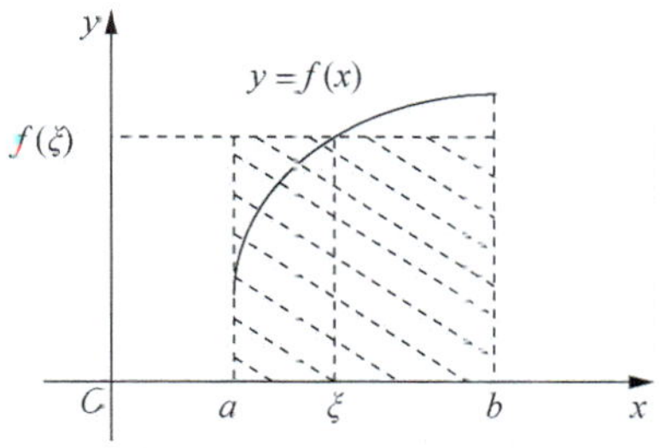

图 5.5

按照积分中值公式得

$$f(\xi) = \frac{1}{b-a}\int_a^b f(x)\mathrm{d}x.$$

称为函数$f(x)$在区间$[a,b]$上的平均值. 如图 5.5 中的$f(\xi)$可看成图中曲边梯形的平均高度.

习 题 5.2

1. 根据定积分性质比较下列每组定积分的大小：

(1) $\int_1^2 x\mathrm{d}x$ 与 $\int_1^2 x^2\mathrm{d}x$；　(2) $\int_0^1 \mathrm{e}^x\mathrm{d}x$ 与 $\int_0^1 \mathrm{e}^{x^2}\mathrm{d}x$；

(3) $\int_1^2 \ln x\mathrm{d}x$ 与 $\int_1^2 (\ln x)^2\mathrm{d}x$；　(4) $\int_0^{\frac{\pi}{2}} x\mathrm{d}x$ 与 $\int_0^{\frac{\pi}{2}} \sin x\mathrm{d}x$.

2. 估计下列各积分的值：

(1) $\int_0^4 (x^2-x+1)\mathrm{d}x$；　(2) $\int_0^2 x\mathrm{e}^x\mathrm{d}x$.

3. 利用积分中值定理证明：$\lim\limits_{n\to\infty}\int_0^{\frac{1}{2}} \frac{x^n}{1+x}\mathrm{d}x = 0$.

5.3　微积分基本定理

直接根据定积分的定义计算定积分往往是很困难的. 因此，必须设法寻求计算定积分的有效方法. 本节将重点介绍**牛顿-莱布尼茨公式**.

一、变速直线运动中位置函数与速度函数之间的联系

设某物体在一直线上作变速运动. 设时间t时物体所在位置为$s(t)$，速度为$v(t)$. 在时间间隔$[T_1,T_2]$内物体走过的路程为

$$s=s(T_2)-s(T_1).$$

另一方面，根据 5.1 节知道路程可以用速度函数$v(t)$在$[T_1,T_2]$上的定积分

$$s = \int_{T_1}^{T_2} v(t)\mathrm{d}t$$

来表示. 由此可见，位置函数$s(t)$和速度函数$v(t)$之间有如下关系：

$$\int_{T_1}^{T_2} v(t)\mathrm{d}t = s(T_2) - s(T_1). \tag{5.3.1}$$

因为 $s'(t)=v(t)$，也就是位置函数 $s(t)$ 是速度函数 $v(t)$ 的原函数，所以关系式(5.3.1)表示：函数 $v(t)$ 在 $[T_1, T_2]$ 上的定积分等于 $v(t)$ 的原函数 $s(t)$ 在 $[T_1, T_2]$ 上的增量 $s(T_2)-s(T_1)$.

式(5.3.1)从积分的角度反映函数与其原函数间的关系，虽然它是从变速直线运动的路程这个特殊问题中得到，但在一定条件下具有普遍性. 下面先介绍积分上限的函数及其导数.

二、积分上限的函数及其导数

设函数 $f(x)$ 在 $[a,b]$ 上连续，则对任意 $x\in[a,b]$，积分

$$\int_a^x f(t)\mathrm{d}t$$

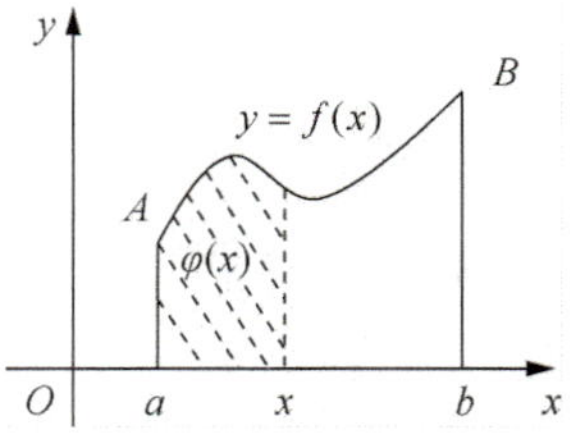

图 5.6

都存在(图 5.6)，显然它是积分上限 x 的函数，记作

$$\Phi(x) = \int_a^x f(t)\mathrm{d}t, \tag{5.3.2}$$

并称它为**积分上限的函数**，简称为**变上限函数**.

式(5.3.2)中积分变量和积分上限有时都用 x 表示，但是它们的含义并不相同，为了区别它们，常将积分变量改用 t 来表示，即

$$\Phi(x) = \int_a^x f(x)\mathrm{d}x = \int_a^x f(t)\mathrm{d}t.$$

积分上限的函数 $\Phi(x)$ 具有下面重要的性质.

定理 5.3.1　若函数 $f(x)$ 在区间 $[a,b]$ 上连续，则积分上限的函数

$$\Phi(x) = \int_a^x f(t)\mathrm{d}t$$

在 $[a,b]$ 上可导，并且

$$\Phi'(x) = \frac{\mathrm{d}}{\mathrm{d}x}\int_a^x f(t)\mathrm{d}t = f(x), \quad a \leqslant x \leqslant b.$$

证明　设 $x\in[a,b]$. 若 x 获得增量 $\Delta x(x+\Delta x\in[a,b])$，则 $\Phi(x)$ 有相应增量

$$\begin{aligned}\Delta\Phi = \Phi(x+\Delta x) - \Phi(x) &= \int_a^{x+\Delta x} f(t)\mathrm{d}t - \int_a^x f(t)\mathrm{d}t \\ &= \int_a^x f(t)\mathrm{d}t + \int_x^{x+\Delta x} f(t)\mathrm{d}t - \int_a^x f(t)\mathrm{d}t \\ &= \int_x^{x+\Delta x} f(t)\mathrm{d}t.\end{aligned}$$

根据积分中值定理，有 $\Delta\Phi=f(\xi)\Delta x$（$\xi$ 在 x 与 $x+\Delta x$ 之间)，即

$$\frac{\Delta\Phi}{\Delta x}=f(\xi).$$

由于假设 $f(x)$ 在 $[a,b]$ 上连续，而 $\Delta x\to 0$ 时，$\xi\to x$，从而有 $\lim\limits_{\Delta x\to 0}\dfrac{\Delta\Phi}{\Delta x}=\lim\limits_{\xi\to x}f(\xi)=f(x)$，即 $\Phi'(x)=f(x)$.

注 定理 5.3.1 揭示了微分(或导数)与定积分的内在关系，称为**微积分基本定理**. 它说明，$\Phi(x)$ 是连续函数 $f(x)$ 的一个原函数. 因此，定理 5.3.1 回答了第 4 章的原函数存在的条件(连续函数必存在原函数).

设 $\varphi(x)$，$\psi(x)$ 在 $[\alpha,\beta]$ 上可导，且 $\varphi(x)$，$\psi(x)\in[a,b]$，$f(x)$ 在 $[a,b]$ 上连续，则利用复合函数的求导法则，可进一步得到下列公式：

(1) $\dfrac{\mathrm{d}}{\mathrm{d}x}\left(\int_a^{\varphi(x)}f(t)\mathrm{d}t\right)=f(\varphi(x))\varphi'(x)$；

(2) $\dfrac{\mathrm{d}}{\mathrm{d}x}\left(\int_{\psi(x)}^{\varphi(x)}f(t)\mathrm{d}t\right)=f(\varphi(x))\varphi'(x)-f(\psi(x))\psi'(x)$.

其证明留给读者自己完成.

例 5.3.1 求 $\dfrac{\mathrm{d}}{\mathrm{d}x}\left(\int_a^{x^3}\mathrm{e}^{t^2}\mathrm{d}t\right)$.

解 $\dfrac{\mathrm{d}}{\mathrm{d}x}\left(\int_a^{x^3}\mathrm{e}^{t^2}\mathrm{d}t\right)=\mathrm{e}^{(x^3)^2}(x^3)'=3x^2\mathrm{e}^{x^6}$.

例 5.3.2 求 $\dfrac{\mathrm{d}}{\mathrm{d}x}\left(\int_{x^2}^{\sin x}t\mathrm{e}^t\mathrm{d}t\right)$.

解
$$\begin{aligned}\frac{\mathrm{d}}{\mathrm{d}x}\left(\int_{x^2}^{\sin x}t\mathrm{e}^t\mathrm{d}t\right)&=(\sin x)\mathrm{e}^{\sin x}(\sin x)'-x^2\mathrm{e}^{x^2}(x^2)'\\&=\frac{1}{2}\mathrm{e}^{\sin x}\sin(2x)-2x^3\mathrm{e}^{x^2}.\end{aligned}$$

例 5.3.3* 求 $\lim\limits_{x\to 0}\dfrac{\int_{\cos x}^1\mathrm{e}^{-t^2}\mathrm{d}t}{x^2}$.

解 属 $\dfrac{0}{0}$ 型未定式，可应用洛必达法则. 又因为

$$\frac{\mathrm{d}}{\mathrm{d}x}\left(\int_{\cos x}^1\mathrm{e}^{-t^2}\mathrm{d}t\right)=-\frac{\mathrm{d}}{\mathrm{d}x}\int_1^{\cos x}\mathrm{e}^{-t^2}\mathrm{d}t=-\mathrm{e}^{-(\cos x)^2}\cdot(\cos x)'=\sin x\cdot\mathrm{e}^{-\cos^2x},$$

所以

$$\lim_{x\to 0}\frac{\int_{\cos x}^1\mathrm{e}^{-t^2}\mathrm{d}t}{x^2}=\lim_{x\to 0}\frac{\sin x\cdot\mathrm{e}^{-\cos^2x}}{2x}=\lim_{x\to 0}\frac{\sin x}{x}\cdot\frac{\mathrm{e}^{-\cos^2x}}{2}=\frac{1}{2\mathrm{e}}.$$

三、牛顿-莱布尼茨(Newton-Leibniz)公式

定理 5.3.2 如果 $F(x)$ 是连续函数 $f(x)$ 在区间 $[a,b]$ 上的一个原函数，则

$$\int_a^b f(x)\mathrm{d}x=F(b)-F(a)=F(x)\Big|_a^b. \tag{5.3.3}$$

证明 已知函数 $F(x)$ 是连续函数 $f(x)$ 的一个原函数，又根据定理 5.3.1，积分上

限的函数

$$\Phi(x)=\int_a^x f(t)\mathrm{d}t$$

也是 $f(x)$ 的一个原函数. 从而这两个原函数之差 $\Phi(x)-F(x)$ 在 $[a,b]$ 上必定是某一个常数 C，即

$$\Phi(x)=F(x)+C \quad (a\leqslant x\leqslant b).$$

上式中令 $x=a$，得 $\phi(a)=F(a)+C$. 而 $\Phi(a)=\int_a^a f(t)\mathrm{d}t=0$，但 $C=-F(a)$. 于是

$$\Phi(x)=F(x)-F(a).$$

上式中再令 $x=b$，即得 $\Phi(b)=F(b)-F(a)$，而 $\Phi(b)=\int_a^b f(t)\mathrm{d}t$，所以

$$\int_a^b f(t)\mathrm{d}t=F(b)-F(a)=F(x)\big|_a^b.$$

注　此公式对 $a>b$ 的情形同样成立.

式(5.3.3)称为**牛顿-莱布尼茨公式**(**或微积分基本公式**)，此公式将求一个连续函数在区间 $[a,b]$ 上的定积分转化为求它的任一个原函数在区间 $[a,b]$ 上的增量，提供了计算定积分的新途径.

例 5.3.4　求 $\int_0^1 \frac{\mathrm{d}x}{1+x^2}$.

解　因 $\arctan x$ 是 $\frac{1}{1+x^2}$ 的一个原函数，故

$$\int_0^1 \frac{\mathrm{d}x}{1+x^2}=\arctan x\Big|_0^1=\arctan 1-\arctan 0=\frac{\pi}{4}-0=\frac{\pi}{4}.$$

例 5.3.5　求 $\int_{-2}^{-1} \frac{\mathrm{d}x}{x}$.

解　$\frac{1}{x}$ 的一个原函数是 $\ln|x|$，故

$$\int_{-2}^{-1} \frac{\mathrm{d}x}{x}=\ln|x|\,\Big|_{-2}^{-1}=\ln 1-\ln 2=-\ln 2.$$

例 5.3.6　求 $\int_0^2 |x-1|\mathrm{d}x$.

解　因为 $|x-1|=\begin{cases}1-x, & x\leqslant 1,\\ x-1, & x>1,\end{cases}$ 所以由积分区间可加性有

$$\begin{aligned}\int_0^2 |x-1|\mathrm{d}x&=\int_0^1 (1-x)\mathrm{d}x+\int_1^2 (x-1)\mathrm{d}x\\&=\left(x-\frac{x^2}{2}\right)\Big|_0^1+\left(\frac{x^2}{2}-1\right)\Big|_1^2=1.\end{aligned}$$

习 题 5.3

1. 设 $y=\int_0^x \sin t\mathrm{d}t$，求 $y'(0)$，$y'\left(\frac{\pi}{4}\right)$.

2. 设$\int_0^x f(t)\mathrm{d}t = x\sin x$，求 $f(x)$.

3. 计算：

(1) $\frac{\mathrm{d}}{\mathrm{d}x}\int_0^{x^2}\sqrt{1+t^3}\mathrm{d}t$；　(2) $\frac{\mathrm{d}}{\mathrm{d}x}\int_{x^2}^{x^3}\frac{\mathrm{d}t}{\sqrt{1+t^4}}$；　(3) $\frac{\mathrm{d}}{\mathrm{d}x}\int_{\sin x}^{\cos x}\cos(\pi t^2)\mathrm{d}t$.

4. 求下列极限：

(1) $\lim\limits_{x\to 0}\frac{\int_0^x \cos t^2\mathrm{d}t}{x}$；　(2) $\lim\limits_{x\to 0}\frac{\int_{\cos x}^1 (1-t^2)\mathrm{d}t}{\int_0^x \tan t^3\mathrm{d}t}$.

5. 设函数 $y=y(x)$是由方程$\int_0^y \mathrm{e}^t\mathrm{d}t+\int_0^x \sin t\mathrm{d}t = 0$ 所确定，求$\frac{\mathrm{d}y}{\mathrm{d}x}$.

6. 设 $x=\int_0^t \mathrm{e}^u\mathrm{d}u, y=\int_0^t u^2\mathrm{d}u$，求$\frac{\mathrm{d}y}{\mathrm{d}x}$.

7. 设函数 $f(x)$ 在$[0,1]$上连续，且满足 $f(x)=x+2\int_0^1 f(t)\mathrm{d}t$，求 $f(x)$.

8. 当 x 取何值时，函数 $F(x)=\int_0^x t\mathrm{e}^t\mathrm{d}t$ 有极值.

5.4 定积分的换元积分法与分部积分法

由上 5.3 节的牛顿—莱布尼茨公式知道，计算定积分$\int_a^b f(x)\mathrm{d}x$ 的简便方法就是把它转化为求 $f(x)$的原函数在区间$[a,b]$上的增量. 在第 4 章已经介绍求原函数(即不定积分)的换元积分法与分部积分法，将这两种计算方法具体应用到定积分的计算中，即有定积分的换元积分法与分部积分法.

一、定积分的换元积分法

定理 5.4.1 假设 $f(x)$在区间$[a,b]$上连续，函数 $x=\varphi(t)$满足条件：

(1)$\varphi(\alpha)=a,\varphi(\beta)=b$；

(2) 函数 $x=\varphi(t)$在区间$[\alpha,\beta]$(或$[\beta,\alpha]$)上具有连续导数，且其值域 $R_\varphi\subset[a,b]$.

则有

$$\int_a^b f(x)\mathrm{d}x=\int_\alpha^\beta f(\varphi(t))\varphi'(t)\mathrm{d}t. \tag{5.4.1}$$

式(5.4.1)称为**定积分的换元公式**，使用此公式时，要注意换元的同时换积分限.

例 5.4.1 求$\int_0^{\frac{\pi}{2}}\cos^5 x\sin x\mathrm{d}x$.

解 令 $t=\cos x$，则 $\mathrm{d}t=-\sin x\mathrm{d}x$，且当 $x=\frac{\pi}{2}$时，$t=0$；当 $x=0$ 时，$t=1$. 所以

$$\int_0^{\frac{\pi}{2}}\cos^5 x\sin x\mathrm{d}x=-\int_1^0 t^5\mathrm{d}t=\int_0^1 t^5\mathrm{d}t=\frac{t^6}{6}\Big|_0^1=\frac{1}{6}.$$

例 5.4.2　求 $\int_1^{\sqrt{3}} \frac{dx}{x^2\sqrt{1+x^2}}$.

解　令 $x=\tan t$，则 $dx=\sec^2 t dt$，且当 $x=1$ 时 $t=\frac{\pi}{4}$；当 $x=\sqrt{3}$时 $t=\frac{\pi}{3}$. 所以

$$\int_1^{\sqrt{3}} \frac{dx}{x^2\sqrt{1+x^2}} = \int_{\frac{\pi}{4}}^{\frac{\pi}{3}} \frac{\sec^2 t}{\tan^2 t\sec t}dt = \int_{\frac{\pi}{4}}^{\frac{\pi}{3}} \frac{\cos t}{\sin^2 t}dt$$

$$= \int_{\frac{\pi}{4}}^{\frac{\pi}{3}} \frac{d\sin t}{\sin^2 t} = -\frac{1}{\sin t}\Big|_{\frac{\pi}{4}}^{\frac{\pi}{3}} = \sqrt{2}-\frac{2\sqrt{3}}{3}.$$

在使用换元公式时，如果不明显地写出新积分变量，则可看成是对原来的积分变量的积分，此时积分上、下限不变.

例 5.4.3　求 $\int_{-1}^{0} xe^{x^2} dx$.

解　方法一　$\int_{-1}^{0} xe^{x^2} dx = \frac{1}{2}\int_{-1}^{0} e^{x^2} dx^2 = \frac{1}{2}e^{x^2}\Big|_{-1}^{0} = \frac{1}{2}(1-e)$.

方法二　$\int_{-1}^{0} xe^{x^2} dx = \frac{1}{2}\int_{-1}^{0} e^{x^2} dx^2 \xlongequal{u=x^2} \frac{1}{2}\int_{1}^{0} e^u du = \frac{1}{2}e^u\Big|_{1}^{0} = \frac{1}{2}(1-e)$.

例 5.4.4　求 $\int_0^{\pi} \sqrt{\sin x-\sin^3 x}dx$.

解

$$\int_0^{\pi} \sqrt{\sin x-\sin^3 x}dx = \int_0^{\pi} \sqrt{\sin x(1-\sin^2 x)}dx$$

$$= \int_0^{\pi} \sqrt{\sin x}\,|\cos x|\,dx$$

$$= \int_0^{\frac{\pi}{2}} \sqrt{\sin x}\cos x dx - \int_{\frac{\pi}{2}}^{\pi} \sqrt{\sin x}\cos x dx$$

$$= \int_0^{\frac{\pi}{2}} \sqrt{\sin x}d\sin x - \int_{\frac{\pi}{2}}^{\pi} \sqrt{\sin x}d\sin x$$

$$= \frac{2}{3}\sin^{\frac{3}{2}} x\Big|_0^{\frac{\pi}{2}} - \frac{2}{3}\sin^{\frac{3}{2}} x\Big|_{\frac{\pi}{2}}^{\pi} = \frac{4}{3}.$$

例 5.4.5*　设 $f(x)=\begin{cases}\frac{1}{1+x}, & x\geqslant 0,\\ e^x, & x<0,\end{cases}$ 求 $\int_0^2 f(x-1)dx$.

解　设 $x-1=t$，则 $dx=dt$，且当 $x=0$ 时，$t=-1$；当 $x=2$ 时，$t=1$. 所以

$$\int_0^2 f(x-1)dx = \int_{-1}^{1} f(t)dt = \int_{-1}^{0} f(t)dt + \int_0^1 f(t)dt$$

$$= \int_{-1}^{0} e^t dt + \int_0^1 \frac{dt}{1+t} = e^t\Big|_{-1}^{0} + \ln|1+t|\Big|_0^1$$

$$=1-e^{-1}+\ln 2.$$

例 5.4.6　设 $f(x)$在$[-a,a]$上连续，证明

$$\int_{-a}^{a} f(x)dx = \begin{cases} 2\int_0^a f(x)dx, & \text{当 } f(x) \text{ 为偶函数时},\\ 0, & \text{当 } f(x) \text{ 为奇函数时}.\end{cases}$$

证明 因为 $\int_{-a}^{a} f(x)\mathrm{d}x = \int_{-a}^{0} f(x)\mathrm{d}x + \int_{0}^{a} f(x)\mathrm{d}x$.

令 $x=-t$，则 $\mathrm{d}x=-\mathrm{d}t$，且当 $x=-a$ 时，$t=a$；当 $x=0$ 时，$t=0$. 于是

$$\int_{-a}^{0} f(x)\mathrm{d}x = -\int_{a}^{0} f(-t)\mathrm{d}t = \int_{0}^{a} f(-t)\mathrm{d}t = \int_{0}^{a} f(-x)\mathrm{d}x,$$

从而

$$\int_{-a}^{a} f(x)\mathrm{d}x = \int_{0}^{a} f(-x)\mathrm{d}x + \int_{0}^{a} f(x)\mathrm{d}x = \int_{0}^{a}[f(-x)+f(x)]\mathrm{d}x.$$

当 $f(x)$ 为偶函数时，$f(-x)=f(x)$；当 $f(x)$ 为奇函数时，$f(-x)=-f(x)$. 由此可知

$$\int_{-a}^{a} f(x)\mathrm{d}x = \begin{cases} 2\int_{0}^{a} f(x)\mathrm{d}x, & \text{当 } f(x) \text{ 为偶函数时}, \\ 0, & \text{当 } f(x) \text{ 为奇函数时}. \end{cases}$$

利用例 5.4.6 的结论，对计算在对称区间上被积函数为偶函数或奇函数的定积分时，可起到简化作用.

例如，因为被积函数 $f(x)=\dfrac{x}{\sqrt{1-x^2}}$ 在 $\left[-\dfrac{1}{2},\dfrac{1}{2}\right]$ 上连续且为奇函数，所以

$$\int_{-\frac{1}{2}}^{\frac{1}{2}} \frac{x\mathrm{d}x}{\sqrt{1-x^2}} = 0.$$

二、定积分的分部积分法

设函数 $u(x)$，$v(x)$ 在 $[a,b]$ 上具有连续的导数，则 $(uv)'=u'v+uv'$ 即

$$uv'=(uv)'-u'v,$$

于是

$$\int_{a}^{b} uv'\mathrm{d}x = uv\Big|_{a}^{b} - \int_{a}^{b} vu'\mathrm{d}x,$$

即

$$\int_{a}^{b} u\mathrm{d}v = uv\Big|_{a}^{b} - \int_{a}^{b} v\mathrm{d}u. \tag{5.4.2}$$

式(5.4.2)就是定积分的**分部积分公式**. 在应用定积分的分部积分法计算定积分时，u 和 v 的选择方法与不定积分时的情形类似。

例 5.4.7 求 $\int_{0}^{\frac{1}{2}} \arcsin x\mathrm{d}x$.

解 $\int_{0}^{\frac{1}{2}} \arcsin x\mathrm{d}x = x\arcsin x\Big|_{0}^{\frac{1}{2}} - \int_{0}^{\frac{1}{2}} x\mathrm{d}\arcsin x$

$$= \frac{1}{2}\cdot\frac{\pi}{6} - \int_{0}^{\frac{1}{2}} \frac{x}{\sqrt{1-x^2}}\mathrm{d}x = \frac{\pi}{12} + \frac{1}{2}\int_{0}^{\frac{1}{2}} (1-x^2)^{-\frac{1}{2}}\mathrm{d}(1-x^2)$$

$$=\frac{\pi}{12}+\sqrt{1-x^2}\Big|_0^{\frac{1}{2}}=\frac{\pi}{12}+\frac{\sqrt{3}}{2}-1.$$

例 5.4.8　求 $\int_0^1 e^{\sqrt{x}}dx$.

解　先用换元化去根号. 令 $\sqrt{x}=t$，则 $x=t^2$，$dx=2tdt$，且当 $x=0$ 时，$t=0$；当 $x=1$ 时，$t=1$. 于是

$$\int_0^1 e^{\sqrt{x}}dx=2\int_0^1 te^t dt=2\int_0^1 tde^t$$
$$=2\left[te^t\Big|_0^1-\int_0^1 e^t dt\right]=2\left[e-e^t\Big|_0^1\right]=2.$$

例 5.4.9　证明 $\int_0^{\frac{\pi}{2}}\sin^n x\,dx=\int_0^{\frac{\pi}{2}}\cos^n x\,dx$

$$=\begin{cases}\frac{n-1}{n}\cdot\frac{n-3}{n-2}\cdots\frac{3}{4}\cdot\frac{1}{2}\cdot\frac{\pi}{2}, & n\text{为正偶数},\\ \frac{n-1}{n}\cdot\frac{n-3}{n-2}\cdots\frac{4}{5}\cdot\frac{2}{3}\cdot 1, & n\text{为大于 1 的奇数}.\end{cases}$$

证明　先证 $\int_0^{\frac{\pi}{2}}\sin^n x\,dx=\int_0^{\frac{\pi}{2}}\cos^n x\,dx$.

令 $x=\frac{\pi}{2}-t$，则 $dx=-dt$，当 $x=0$ 时，$t=\frac{\pi}{2}$；当 $x=\frac{\pi}{2}$ 时，$t=0$. 于是

$$\int_0^{\frac{\pi}{2}}\sin^n x\,dx=-\int_{\frac{\pi}{2}}^0\sin^n\left(\frac{\pi}{2}-t\right)dt=\int_0^{\frac{\pi}{2}}\cos^n t\,dt=\int_0^{\frac{\pi}{2}}\cos^n x\,dx.$$

又设 $I_n=\int_0^{\frac{\pi}{2}}\sin^n x\,dx$，由定积分的分部积分公式，有

$$I_n=\int_0^{\frac{\pi}{2}}\sin^n x\,dx=-\int_0^{\frac{\pi}{2}}\sin^{n-1}x\,d\cos x$$
$$=-\sin^{n-1}x\cdot\cos x\Big|_0^{\frac{\pi}{2}}+(n-1)\int_0^{\frac{\pi}{2}}\sin^{n-2}x\cos^2 x\,dx$$
$$=(n-1)\int_0^{\frac{\pi}{2}}\sin^{n-2}x\cdot(1-\sin^2 x)dx$$
$$=(n-1)\int_0^{\frac{\pi}{2}}(\sin^{n-2}x-\sin^n x)dx$$
$$=(n-1)I_{n-2}-(n-1)I_n.$$

由此得递推公式

$$I_n=\frac{n-1}{n}I_{n-2},\quad n\geqslant 2.$$

当 n 为正偶数时，有

$$I_n=\frac{n-1}{n}\cdot\frac{n-3}{n-2}\cdot\frac{n-5}{n-4}\cdots\frac{3}{4}\cdot\frac{1}{2}I_0;$$

当 n 为大于 1 的奇数时，有

$$I_n=\frac{n-1}{n}\cdot\frac{n-3}{n-2}\cdot\frac{n-5}{n-4}\cdots\frac{4}{5}\cdot\frac{2}{3}I_1.$$

由于

$$I_0=\int_0^{\frac{\pi}{2}}\mathrm{d}x=\frac{\pi}{2}$$

和

$$I_1=\int_0^{\frac{\pi}{2}}\sin x\mathrm{d}x=(-\cos x)\Big|_0^{\frac{\pi}{2}}=1,$$

所以

$$I_n=\int_0^{\frac{\pi}{2}}\sin^n x\,\mathrm{d}x=\int_0^{\frac{\pi}{2}}\cos^n x\,\mathrm{d}x$$
$$=\begin{cases}\dfrac{n-1}{n}\cdot\dfrac{n-3}{n-2}\cdots\dfrac{3}{4}\cdot\dfrac{1}{2}\cdot\dfrac{\pi}{2}, & n\text{ 为正偶数},\\[2mm] \dfrac{n-1}{n}\cdot\dfrac{n-3}{n-2}\cdots\dfrac{4}{5}\cdot\dfrac{2}{3}, & n\text{ 为大于 1 的奇数}.\end{cases}$$

注 在计算定积分时，例 5.4.9 的结果以后可当已知结果使用. 例如

$$\int_0^{\frac{\pi}{2}}\cos^5 x\mathrm{d}x=\frac{4\cdot 2}{5\cdot 3}=\frac{8}{15},$$

$$\int_0^{\pi}\sin^6\frac{x}{2}\mathrm{d}x=2\int_0^{\frac{\pi}{2}}\sin^6 t\mathrm{d}t=\frac{2\cdot 5\cdot 3\cdot 1}{6\cdot 4\cdot 2}\cdot\frac{\pi}{2}=\frac{5\pi}{16}.$$

习 题 5.4

1. 用定积分的换元法计算下列定积分：

(1) $\int_{\frac{\pi}{3}}^{\pi}\sin\left(x+\frac{\pi}{3}\right)\mathrm{d}x$；　(2) $\int_0^{\frac{\pi}{2}}\sin\varphi\cos^3\varphi\mathrm{d}\varphi$；　(3) $\int_0^{\pi}\sqrt{\sin x-\sin^3 x}\mathrm{d}x$；

(4) $\int_{\frac{\pi}{6}}^{\frac{\pi}{2}}\cos^2 u\mathrm{d}u$；　(5) $\int_{-1}^{1}\frac{x\mathrm{d}x}{(x^2+1)^2}$；　(6) $\int_1^{e^2}\frac{\mathrm{d}x}{x\sqrt{1+\ln x}}$；

(7) $\int_0^1 t\mathrm{e}^{-\frac{t^2}{2}}\mathrm{d}t$；　(8) $\int_0^{\sqrt{2}}\sqrt{2-x^2}\mathrm{d}x$；　(9) $\int_0^{\sqrt{2}}\frac{\mathrm{d}x}{\sqrt{2+x^2}}$；

(10) $\int_{\frac{1}{\sqrt{2}}}^{1}\frac{\sqrt{1-x^2}}{x^2}\mathrm{d}x$；　(11) $\int_{-1}^{1}\frac{x\mathrm{d}x}{\sqrt{5-4x}}$；　(12) $\int_{\frac{3}{4}}^{1}\frac{\mathrm{d}x}{\sqrt{1-x}-1}$.

2. 用分部积分法计算下列定积分：

(1) $\int_0^1 x\mathrm{e}^{-x}\mathrm{d}x$；　(2) $\int_1^{e}x\ln x\mathrm{d}x$；　(3) $\int_0^1 x\arctan x\mathrm{d}x$；

(4) $\int_1^4\frac{\ln x}{\sqrt{x}}\mathrm{d}x$；　(5) $\int_0^{\frac{\pi}{2}}x\sin 2x\mathrm{d}x$；　(6) $\int_0^{\frac{\pi}{2}}\mathrm{e}^{2x}\cos x\mathrm{d}x$.

3. 利用函数的奇偶性计算下列定积分：

(1) $\int_{-\pi}^{\pi}x^4\sin x\mathrm{d}x$；　(2) $\int_{-a}^{a}(x+\sqrt{a^2-x^2})^2\mathrm{d}x$；

(3) $\int_{-\frac{1}{2}}^{\frac{1}{2}}\frac{(\arcsin x)^2}{\sqrt{1-x^2}}\mathrm{d}x$；　(4) $\int_{-5}^{5}\frac{x^3\sin^2 x}{x^4+2x^2+1}\mathrm{d}x$.

4. 证明：$\int_0^1 x^m(1-x)^n\mathrm{d}x=\int_0^1 x^n(1-x)^m\mathrm{d}x$.

5. 若 $f''(x)$ 在 $[0,\pi]$ 连续，$f(0)=2$，$f(\pi)=1$，证明：

$$\int_0^{\pi}[f(x)+f''(x)]\sin x\mathrm{d}x=3.$$

★5.5 反常积分

前面所讨论的定积分的积分区间是有限的，被积函数是有界的. 但是在实际中，会遇到积分区间为无穷区间，或者被积函数为无界函数的积分. 因此，对定积分作如下推广，提出反常积分(广义积分)的概念.

一、无穷区间上的反常积分

定义 5.5.1 设函数 $f(x)$ 在区间 $[a,+\infty)$ 上连续，取 $t>a$，如果极限

$$\lim_{t\to+\infty}\int_a^t f(x)\mathrm{d}x$$

存在，则称此极限为函数 $f(x)$ 在无穷区间 $[a,+\infty)$ 上的**反常积分**，记为 $\int_a^{+\infty}f(x)\mathrm{d}x$，即

$$\int_a^{+\infty}f(x)\mathrm{d}x=\lim_{t\to+\infty}\int_a^t f(x)\mathrm{d}x. \tag{5.5.1}$$

这时也称反常积分 $\int_a^{+\infty}f(x)\mathrm{d}x$ **收敛**；如果上述极限不存在，则称为反常积分 $\int_a^{+\infty}f(x)\mathrm{d}x$ **发散**.

类似地，设函数 $f(x)$ 在无穷区间 $(-\infty,b]$ 上连续，取 $t<b$. 如果极限

$$\lim_{t\to-\infty}\int_t^b f(x)\mathrm{d}x$$

存在，则称此极限为函数 $f(x)$ 在无穷区间 $(-\infty,b]$ 上的反常积分，记为

$$\int_{-\infty}^b f(x)\mathrm{d}x=\lim_{t\to-\infty}\int_t^b f(x)\mathrm{d}x.$$

这时也称反常积分 $\int_{-\infty}^b f(x)\mathrm{d}x$ **收敛**；如果上述极限不存在，就称反常积分 $\int_{-\infty}^b f(x)\mathrm{d}x$ **发散**.

设函数 $f(x)$ 在无穷区间 $(-\infty,+\infty)$ 上连续，如果反常积分

$$\int_0^{+\infty}f(x)\mathrm{d}x \quad 和 \quad \int_{-\infty}^0 f(x)\mathrm{d}x$$

都收敛，则称上述两反常积分之和为函数 $f(x)$ 在无穷区间 $(-\infty,+\infty)$ 上的反常积分，记作 $\int_{-\infty}^{+\infty}f(x)\mathrm{d}x$. 这时也称为反常积分 $\int_{-\infty}^{+\infty}f(x)\mathrm{d}x$ **收敛**；否则就称反常积分 $\int_{-\infty}^{+\infty}f(x)\mathrm{d}x$ **发散**.

上述反常积分通常称为**无穷区间上的反常积分**. 由上述定义及牛顿-莱布尼茨公式，可得到如下结果.

若 $F(x)$是 $f(x)$在对应研究区间上的原函数，记

$$F(+\infty)=\lim_{x\to+\infty}F(x),\quad F(-\infty)=\lim_{x\to-\infty}F(x).$$

若上述极限存在,则反常积分可以表示为

$$\int_a^{+\infty}f(x)\mathrm{d}x=F(x)\Big|_a^{+\infty}=F(+\infty)-F(a);$$

$$\int_{-\infty}^{b}f(x)\mathrm{d}x=F(x)\Big|_{-\infty}^{b}=F(b)-F(-\infty);$$

$$\int_{-\infty}^{+\infty}f(x)\mathrm{d}x=F(x)\Big|_{-\infty}^{+\infty}=F(+\infty)-F(-\infty).$$

例 5.5.1 计算反常积分$\int_0^{+\infty}\mathrm{e}^{-x}\mathrm{d}x$.

解 $\int_0^{+\infty}\mathrm{e}^{-x}\mathrm{d}x=-\mathrm{e}^{-x}\Big|_0^{+\infty}=0-(-1)=1.$

例 5.5.2 计算反常积分$\int_{-\infty}^{+\infty}\frac{\mathrm{d}x}{1+x^2}$.

解 $\int_{-\infty}^{+\infty}\frac{\mathrm{d}x}{1+x^2}=\arctan x\Big|_{-\infty}^{+\infty}=\frac{\pi}{2}-\left(-\frac{\pi}{2}\right)=\pi.$

例 5.5.3 讨论反常积分$\int_1^{+\infty}\frac{1}{x^p}\mathrm{d}x$ 的敛散性.

解 当 $p\neq1$ 时，有

$$\int_1^{+\infty}\frac{1}{x^p}\mathrm{d}x=\frac{x^{1-p}}{1-p}\Big|_1^{+\infty}=\begin{cases}+\infty, & p<1,\\ \frac{1}{p-1}, & p>1;\end{cases}$$

当 $p=1$ 时，有

$$\int_1^{+\infty}\frac{1}{x^p}\mathrm{d}x=\int_1^{+\infty}\frac{1}{x}\mathrm{d}x=\ln x\Big|_1^{+\infty}=+\infty.$$

因此，当 $p>1$ 时,$\int_1^{+\infty}\frac{1}{x^p}\mathrm{d}x$ 收敛，其值为$\frac{1}{p-1}$；当 $p\leqslant1$ 时,$\int_1^{+\infty}\frac{1}{x^p}\mathrm{d}x$ 发散.

二、无界函数的反常积分

现在研究被积函数无界的情形. 如果函数 $f(x)$在点 a 的任一邻域内都无界，那么点 a 称为函数 $f(x)$的**瑕点**. 因而无界函数的反常积分也称为**瑕积分**.

定义 5.5.2 设函数 $f(x)$在区间$(a,b]$上连续，而点 a 为 $f(x)$的瑕点. 取 $\varepsilon>0$，如果极限

$$\lim_{\varepsilon\to0^+}\int_{a+\varepsilon}^{b}f(x)\mathrm{d}x$$

存在，则称此极限为函数 $f(x)$在$(a,b]$上的**反常积分**，记为 $\int_a^b f(x)\mathrm{d}x$ ，即

$$\int_a^b f(x)\mathrm{d}x = \lim_{\varepsilon\to 0^+}\int_{a+\varepsilon}^b f(x)\mathrm{d}x. \tag{5.5.2}$$

这时也称反常积分 $\int_a^b f(x)\mathrm{d}x$ **收敛**；如果上述极限不存在，就称函数 $f(x)$在$(a,b]$上的反常积分 $\int_a^b f(x)\mathrm{d}x$ **发散**.

类似地，设函数 $f(x)$在$[a,b)$上连续，点 b 为 $f(x)$的瑕点. 如果极限

$$\lim_{\varepsilon\to 0^+}\int_a^{b-\varepsilon} f(x)\mathrm{d}x$$

存在，则称此极限为函数 $f(x)$在$[a,b)$上的**反常积分**，记为 $\int_a^b f(x)\mathrm{d}x$ ，即

$$\int_a^b f(x)\mathrm{d}x = \lim_{\varepsilon\to 0^+}\int_a^{b-\varepsilon} f(x)\mathrm{d}x,$$

这时也称反常积分 $\int_a^b f(x)\mathrm{d}x$ **收敛**；如果上述极限不存在，就称反常积分$\int_a^b f(x)\mathrm{d}x$ **发散**.

设函数 $f(x)$在$[a,b]$上除点 $c(a<c<b)$外连续，点 c 为 $f(x)$的瑕点. 如果反常积分

$$\int_a^c f(x)\mathrm{d}x \text{ 和}\int_c^b f(x)\mathrm{d}x$$

都收敛，则称上述两反常积分之和为函数 $f(x)$在$[a,b]$上的**反常积分**，记作 $\int_a^b f(x)\mathrm{d}x$，这时也称为反常积分$\int_a^b f(x)\mathrm{d}x$ **收敛**；否则就称反常积分$\int_a^b f(x)\mathrm{d}x$ **发散**.

为了方便，当 $\lim\limits_{x\to b^-} f(x)=\infty$（或 $\lim\limits_{x\to a^+} f(x)=\infty$）时，广义积分 $\int_a^b f(x)\mathrm{d}x = \lim\limits_{\varepsilon\to 0^+}F(x)\Big|_a^{b-\varepsilon}$（或$\lim\limits_{\varepsilon\to 0^+}F(x)\Big|_{a+\varepsilon}^b$）也简记为$\int_a^b f(x)=F(x)\Big|_a^b$. 此时用 b(或 a) 代入 $F(x)$ 可能无意义，但应理解为$\lim\limits_{x\to b^-}F(x)$（或$\lim\limits_{x\to a^+}F(x)$）.

例 5.5.4　计算反常积分$\int_0^a \dfrac{\mathrm{d}x}{\sqrt{a^2-x^2}}(a>0)$.

解　显然点 $x=a$ 为此函数的瑕点. 所以

$$\int_0^a \frac{\mathrm{d}x}{\sqrt{a^2-x^2}} = \arcsin\frac{x}{a}\Big|_0^a = \left(\arcsin\frac{a}{a}-0\right)=\frac{\pi}{2}.$$

例 5.5.5　计算反常积分$\int_1^2 \dfrac{\mathrm{d}x}{x\ln x}$.

解　显然点 $x=1$ 为此函数的瑕点. 所以

$$\int_1^2 \frac{\mathrm{d}x}{x\ln x} = \ln(\ln x)\Big|_1^2 = +\infty\ (\text{注}\lim_{x\to 1}\ln(\ln x)=-\infty).$$

故此反常积分发散.

例 5.5.6　讨论反常积分$\int_0^1 \frac{1}{x^q}\mathrm{d}x(q>0)$的敛散性.

解　当$q\neq 1$时，有

$$\int_0^1 \frac{1}{x^q}\mathrm{d}x=\frac{x^{1-q}}{1-q}\bigg|_0^1=\begin{cases}+\infty, & q>1,\\ \dfrac{1}{1-q}, & q<1;\end{cases}$$

当$p=1$时，有

$$\int_0^1 \frac{1}{x^q}\mathrm{d}x=\int_0^1 \frac{1}{x}\mathrm{d}x=\ln x\bigg|_0^1=+\infty.$$

因此，当$0<q<1$时，$\int_0^1 \frac{1}{x^q}\mathrm{d}x$收敛，其值为$\frac{1}{1-q}$；当$q\geqslant 1$时，$\int_0^1 \frac{1}{x^q}\mathrm{d}x$发散.

习 题 5.5

1. 判断下列各反常积分的敛散性，若收敛，计算其值：

(1) $\int_1^{+\infty} \frac{1}{x^4}\mathrm{d}x$；　(2) $\int_{-\infty}^{+\infty} \frac{\mathrm{d}x}{x^2+4x+5}$；　(3) $\int_1^{+\infty} \frac{\mathrm{d}x}{\sqrt{x}+x\sqrt{x}}$；

(4) $\int_0^1 \frac{x\mathrm{d}x}{\sqrt{1-x^2}}$；　(5) $\int_0^2 \frac{\mathrm{d}x}{(1-x)^2}$；　(6) $\int_1^3 \frac{x\mathrm{d}x}{\sqrt{x-1}}$.

2. 求当k为何值时，反常积分$\int_2^{+\infty} \frac{\mathrm{d}x}{x(\ln x)^k}$收敛？当$k$为何值时，该反常积分发散？又当$k$为何值时，该反常积分取得最小值？

5.6　定积分在几何中的应用

前面主要介绍了定积分的概念、性质及计算方法，本节我们讨论微积分的应用. 读者将看到，许多实际问题都可归结为定积分问题来解决，从而，定积分在几何学、经济学等方面都有着广泛的应用. 本节将介绍定积分在几何学中的应用，而在下一节中将介绍在经济学等方面的应用.

一、元素法

根据 5.1 节中定积分的定义，可知利用定积分解决实际问题时，一般可以按“分割、近似代替、求和、取极限”四个步骤把所求的量表示为定积分的形式. 这种用定积分表示所求量的方法称为**元素法**(或**微元法**). 应用元素法解决实际问题时，所求量Q满足下列三个条件：

(1)Q是与自变量x的变化区间$[a,b]$有关的量，即$\forall x\in[a,b]$，$Q=Q(x)$.

(2)Q对区间$[a,b]$具有可加性，即若把$[a,b]$分成若干个部分区间，则Q相应地分成若干个部分量，Q就等于所有这些部分量的总和.

(3) 当在某个部分区间$[x,x+\Delta x]$上Q的部分量ΔQ可表示为$\Delta Q\approx f(x)\Delta x$，其中

函数 $f(x)$ 在 $[a,b]$ 上连续，$\Delta Q - f(x)\Delta x$ 是 Δx 的高阶无穷小（$\Delta x \to 0$）时，称 $f(x)\Delta x$ 为量 Q 的**元素**（**或微元**），并记为 dQ，即 $dQ = f(x)dx$. 则所求量 $Q = \int_a^b f(x)dx$.

下面运用元素法解决几何中一些比较复杂的求面积、体积和弧长等问题.

二、平面图形的面积

由定积分的几何意义可知：若 $f(x)$ 在 $[a,b]$ 上连续且 $f(x) \geqslant 0$，则 $\int_a^b f(x)dx$ 表示由曲线 $y=f(x)$，直线 $x=a$ 和 $x=b$ 及 x 轴所围成曲边梯形（见图 5.1）的面积. 下面介绍利用定积分计算平面曲线所围成平面图形的面积的方法.

1. 直角坐标情形

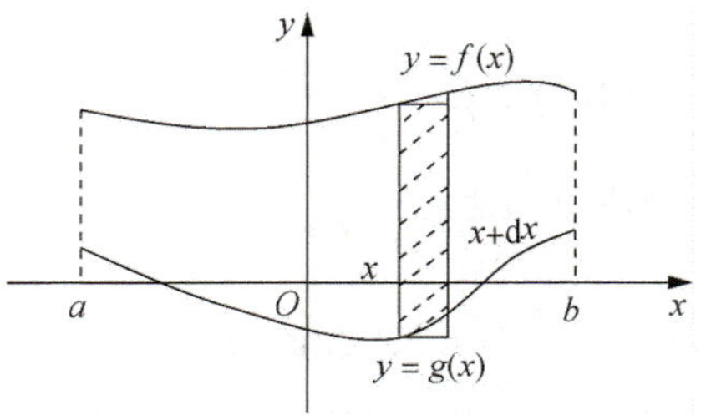

图 5.7

由直线 $x=a$，$x=b$ 及连续曲线 $y=f(x)$，$y=g(x)$（$a<b$，$f(x) \geqslant g(x)$）围成的图形（图 5.7）的面积.

在 $[a,b]$ 内任取一个小区间 $[x, x+dx]$，则在此区间上的面积元素为

$$dA = [f(x) - g(x)]dx.$$

于是，平面图形的面积为

$$A = \int_a^b [f(x) - g(x)]dx.$$

类似地，由直线 $y=c$，$y=d$ 及连续曲线 $x=\varphi(y)$，$x=\psi(y)$（$c<d$，$\varphi(y) \geqslant \psi(y)$）围成的图形（如图 5.8）面积.

在 $[c,d]$ 内任取一个小区间 $[y, y+dy]$，则在此区间上的面积元素为

$$dA = [\varphi(y) - \psi(y)]dy.$$

从而，此平面图形的面积为

$$A = \int_c^d [\varphi(y) - \psi(y)]dy.$$

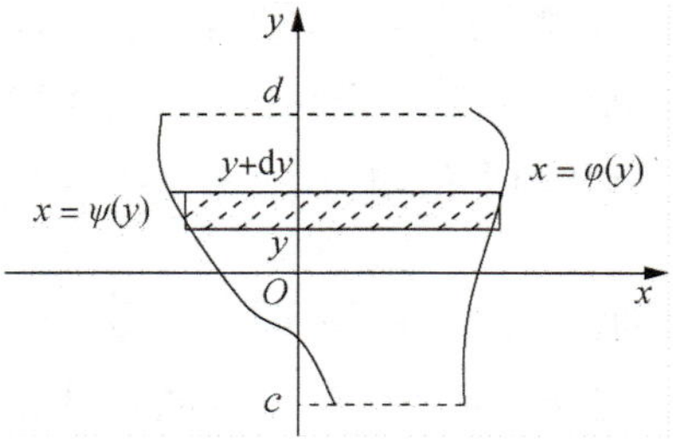

图 5.8

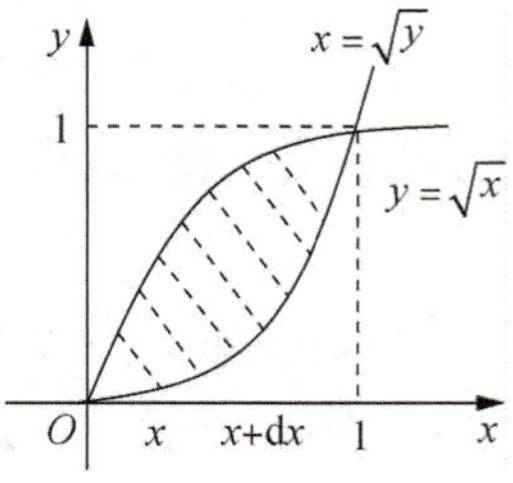

图 5.9

例 5.6.1 求由 $y^2=x$ 和 $y=x^2$ 所围成图形的面积.

解 这两条曲线所围成的图形如图 5.9 阴影部分. 解方程组

$$\begin{cases} y^2=x, \\ y=x^2. \end{cases}$$

得到两个交点(0,0)和(1,1).

方法一 选取 x 作为积分变量，所以所求的面积为

$$A=\int_0^1(\sqrt{x}-x^2)\mathrm{d}x=\left(\frac{2}{3}x^{\frac{3}{2}}-\frac{x^3}{3}\right)\Bigg|_0^1=\frac{1}{3}.$$

方法二 选取 y 作为积分变量,则所求的面积为

$$A=\int_0^1(\sqrt{y}-y^2)\mathrm{d}y=\left(\frac{2}{3}y^{\frac{3}{2}}-\frac{y^3}{3}\right)\Bigg|_0^1=\frac{1}{3}.$$

例 5.6.2 计算由曲线 $y=\sin x, y=\cos x$ 与直线 $x=0, x=\frac{\pi}{2}$ 所围图形的面积(图 5.10).

解 所围成的图形如图 5.10 阴影部分所示，解方程

$$\begin{cases} y=\sin x, \\ y=\cos x. \end{cases}$$

得交点 $\left(\frac{\pi}{4},\frac{\sqrt{2}}{2}\right)$.

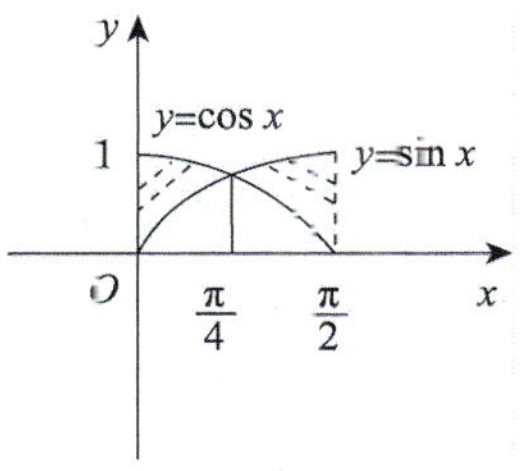

图 5.10

以 x 作为积分变量，所求的面积为

$$A=\int_0^{\frac{\pi}{4}}(\cos x-\sin x)\mathrm{d}x+\int_{\frac{\pi}{4}}^{\frac{\pi}{2}}(\sin x-\cos x)\mathrm{d}x$$

$$=(\sin x+\cos x)\Big|_0^{\frac{\pi}{4}}+(-\sin x-\cos x)\Big|_{\frac{\pi}{4}}^{\frac{\pi}{2}}=2(\sqrt{2}-1).$$

由例 5.6.2 可知,如果平面图形的边界曲线的方程是积分区间上的分段函数,一般采用将图形分成若干小块的方法进行计算.

2. 极坐标情形

极坐标系由**极点**和**极轴**组成,极点是平面任意选取的一个点 O,极轴是从 O 出发的一条射线 Ox. 在极坐标内,平面内任意一点 M 的坐标用**极径**和**极角**构成的实数对 (γ,θ) 来表示,其中**极径** γ 表示极点 O 到 M 的距离,**极角** θ 表示极轴 Ox 到 OM 的角.

设一平面图形的边界曲线由极坐标方程 $r=r(\theta)(\alpha\leqslant\theta\leqslant\beta)$ 及 $\theta=\alpha,\theta=\beta$ 组成，这种图形称为**曲边扇形**(图 5.11). 设 $r(\theta)$ 在 $[\alpha,\beta]$ 上连续，在 $[\alpha,\beta]$ 上任取一个小区间 $[\theta,\theta+\mathrm{d}\theta]$，则相应小曲边扇形面积近似等于以 $r(\theta)$ 为半径，圆心角为 $\mathrm{d}\theta$ 的圆扇形的面积 $\frac{1}{2}r^2(\theta)\mathrm{d}\theta$，由此得曲边扇形的面积元素

$$\mathrm{d}A=\frac{1}{2}r^2(\theta)\mathrm{d}\theta.$$

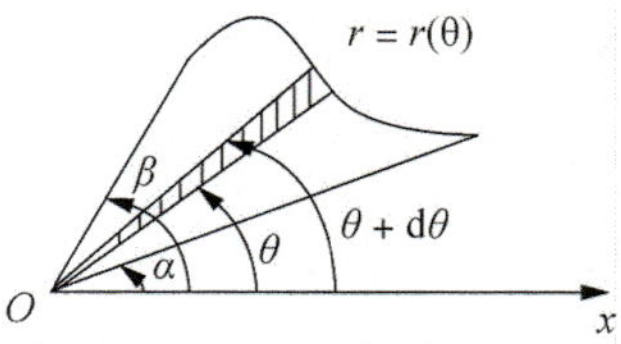

图 5.11

所以曲边扇形的面积为

$$A=\frac{1}{2}\int_{\alpha}^{\beta}r^{2}(\theta)\mathrm{d}\theta.$$

例 5.6.3　求心形线 $r=a(1+\cos\theta)(a>0)$所围图形的面积.

解　由图 5.12 可知,这个图形对称于极轴(如果 $r(\theta)=r(-\theta)$,则图形以极轴对称)所求图形的面积为

$$\begin{aligned}A&=2A_1=2\cdot\frac{1}{2}\int_{0}^{\pi}[a(1+\cos\theta)]^{2}\mathrm{d}\theta\\&=a^{2}\int_{0}^{\pi}\left(1+2\cos\theta+\frac{1+\cos2\theta}{2}\right)\mathrm{d}\theta\\&=a^{2}\left(\frac{3}{2}\theta+2\sin\theta+\frac{1}{4}\sin2\theta\right)\Big|_{0}^{\pi}=\frac{3}{2}\pi a^{2}.\end{aligned}$$

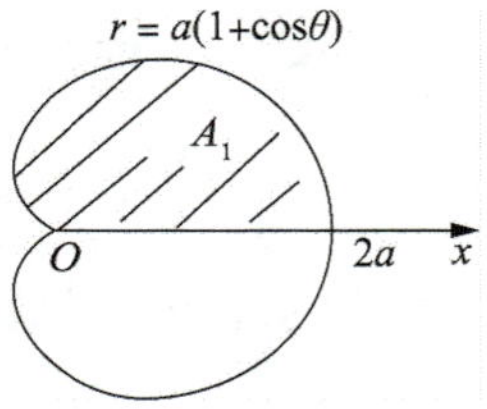

图 5.12

三、旋转体的体积

由一个平面图形绕该平面上的一条定直线旋转一周所成的立体，称为**旋转体**，这条定直线称为**旋转轴**. 圆柱、圆锥、圆台、球体都可以看成旋转体. 下面介绍利用定积分计算旋转体体积的方法.

设一曲边梯形的底边为 x 轴上的区间$[a,b]$，曲边的方程为 $y=f(x)$($f(x)$为$[a,b]$上的连续函数)，求它绕 x 轴旋转一周所成的旋转体体积(图 5.13).

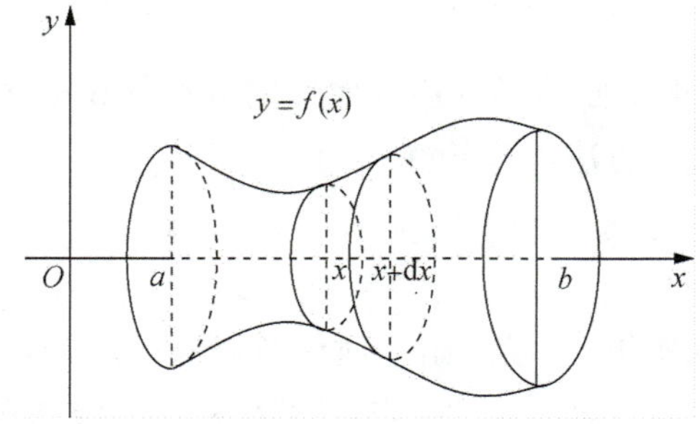

图 5.13

若取 x 为积分变量，在区间$[a,b]$内任取一小区间$[x,x+\mathrm{d}x]$，对应于这小区间上的窄曲边梯形绕 x 轴旋转一周所形成的旋转体的体积近似等于以 $f(x)$为底半径，以 $\mathrm{d}x$ 为高的圆柱体的体积，即所求旋转体的体积元素为

$$\mathrm{d}v=\pi[f(x)]^{2}\mathrm{d}x.$$

于是，所求旋转体的体积为

$$V_x = \pi\int_a^b [f(x)]^2 \mathrm{d}x .$$

同理,如图 5.14 所示，由连续曲线 $x=g(y)$，直线 $y=c, y=d(c<d)$ 与 y 轴所围成的曲边梯形，绕 y 轴旋转一周所成的**旋转体体积**为

$$V_y = \pi\int_c^d [g(y)]^2 \mathrm{d}y.$$

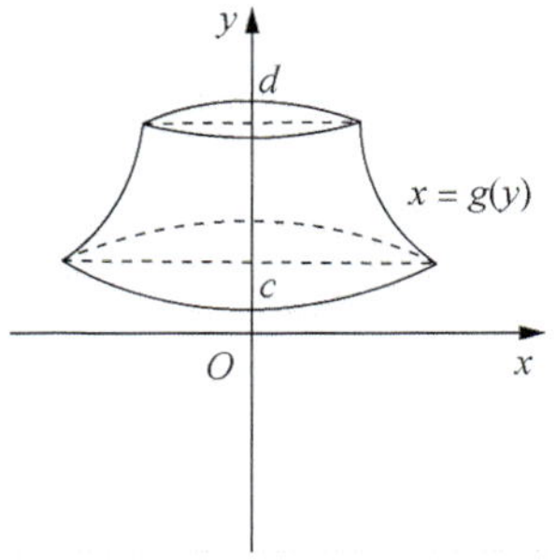

图 5.14

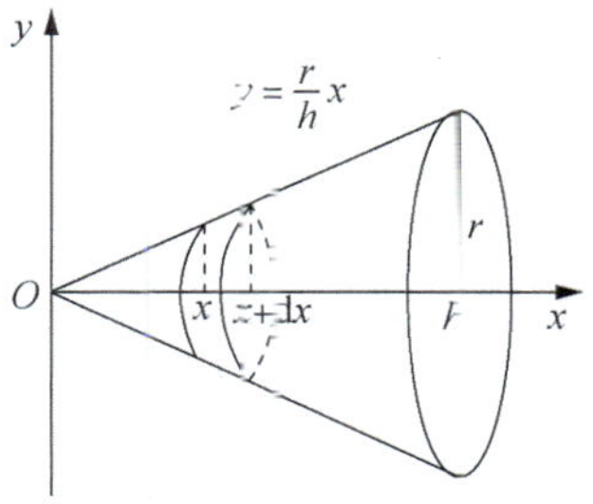

图 5.15

例 5.6.4 求高为 h，底半径为 r 的正圆锥体的体积.

解 建立如图 5.15 所示的坐标系,则此正圆锥体可看成由直线 $y=\frac{r}{h}x, y=0$ 和 $x=h$所围成的平面图绕 x 旋转而成的旋转体.

取 x 为积分变量，从而旋转体的体积(即正圆锥)

$$V_x = \pi\int_0^h \left(\frac{r}{h}x\right)^2 \mathrm{d}x = \frac{\pi r^2}{h^2}\cdot\frac{x^3}{3}\Bigg|_0^h = \frac{\pi h r^2}{3}.$$

例 5.6.5 求由曲线 $y=\sqrt{x}$，直线 $y=2-x$ 及 x 轴围成的平面图形绕 y 轴旋转一周所得旋转体的体积.

解 所围成的平面图形如图 5.16 所示,所求体积为

$$\begin{aligned} V_y &= \pi\int_0^1 (2-y)^2 \mathrm{d}y - \pi\int_0^1 (y^2)^2 \mathrm{d}y \\ &= -\pi\frac{1}{3}(2-y)^3\Bigg|_0^1 - \pi\frac{1}{5}y^5\Bigg|_0^1 \\ &= \frac{32}{5}\pi. \end{aligned}$$

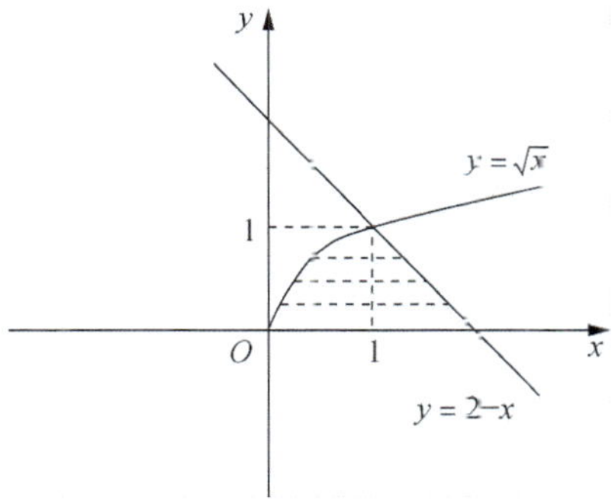

图 5.16

★四、平行截面面积可计算的立体的体积

如果一个立体不是旋转体，但可以计算该立体上垂直一定轴的各个截面面积，那么，这个立体的体积也可用定积分来计算.

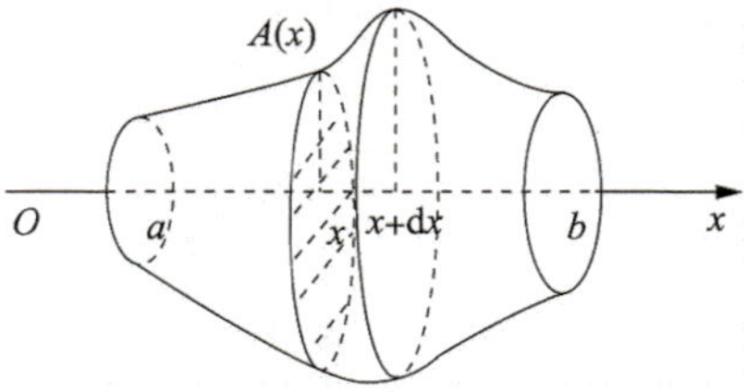

图 5.17

如图 5.17 所示，取上述定轴为 x 轴，并设该立体在过点 $x=a,x=b$ 且垂直于 x 轴的两平面之间，以 $A(x)$ 表示为过点 x 且垂直于 x 轴的截面面积(假定 $A(x)$ 是 x 的连续函数)．取 x 为积分变量，它的变化区间是 $[a,b]$，任取其中一个小区间 $[x,x+\mathrm{d}x]$，相应于该区间的薄片体积近似等于以底面积为 $A(x)$，高为 $\mathrm{d}x$ 的扁圆柱体的体积，从而体积元素为

$$\mathrm{d}V=A(x)\mathrm{d}x.$$

于是，所求立体的体积

$$V=\int_a^b A(x)\mathrm{d}x.$$

例 5.6.6　一个平面经过半径为 R 的圆柱体的底圆中心，并与底面交成角 α(如图 5.18)，计算该平面截圆柱体所得立体的体积．

解　取该平面与圆柱体底面的交线为 x 轴，底面上过圆心且垂直与 x 轴的直线为 y 轴，则底圆的方程为

$$x^2+y^2=R^2.$$

立体中过点 x 且垂直于 x 轴的截面是一个直角三角形．它的两条直角边的长度分别是 y 及 $y\tan\alpha$，即 $\sqrt{R^2-x^2}$ 及 $\sqrt{R^2-x^2}\tan\alpha$，从而，截面面积为

$$A(x)=\frac{1}{2}(R^2-x^2)\tan\alpha,$$

所求立体的体积为

$$V=\int_{-R}^{R}\frac{1}{2}(R^2-x^2)\tan\alpha\mathrm{d}x=\frac{2}{3}R^3\tan\alpha.$$

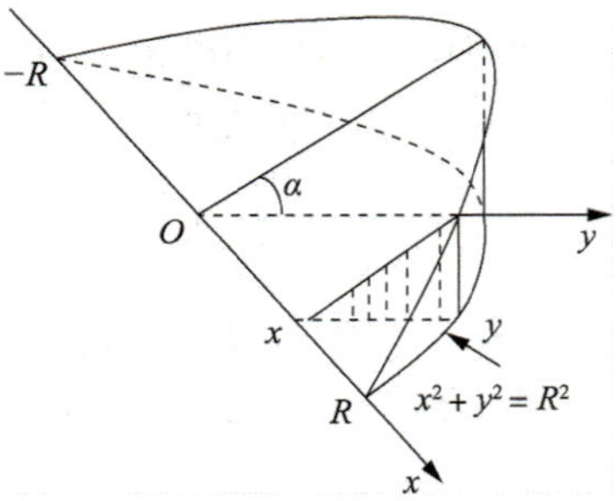

图 5.18

★五、平面曲线的弧长

若曲线弧由直角坐标方程

$$y=f(x),\quad a\leqslant x\leqslant b$$

给出，其中 $f(x)$ 在 $[a,b]$ 上有连续导数．如图 5.19 所示，x 为积分变量，它的变化区间是 $[a,b]$，任取其中一个小区间 $[x,x+\mathrm{d}x]$，相应于该区间的一小段弧的长度近似等于点 $(x,f(x))$ 处的切线上相应的一小段的长度．而切线上相应小段的弧长为

$$\mathrm{d}s=\sqrt{(\mathrm{d}x)^2+(\mathrm{d}y)^2}=\sqrt{1+y'^2}\mathrm{d}x.$$

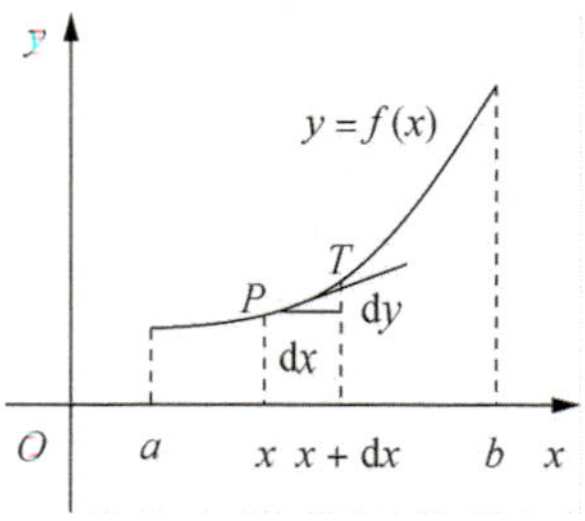

图 5.19

因而弧长为

$$s=\int_a^b \sqrt{1+y'^2}\mathrm{d}x .$$

若曲线弧由参数方程$\begin{cases}x=\varphi(t),\\ y=\psi(t),\end{cases}$ $\alpha\leqslant t\leqslant\beta$ 给出，其中 $\varphi(t)$，$\psi(t)$ 在$[\alpha,\beta]$上有连续导数，则其弧长元素

$$\mathrm{d}s=\sqrt{\varphi'^2(t)+\psi'^2(t)}\mathrm{d}t,$$

弧长为

$$s=\int_\alpha^\beta \sqrt{\varphi'^2(t)+\psi'^2(t)}\mathrm{d}t.$$

若曲线由极坐标方程

$$r=r(\theta)\qquad(\alpha\leqslant\theta\leqslant\beta)$$

给出，其中 $r(\theta)$在$[\alpha,\beta]$上有连续导数，则 $x=r(\theta)\cos\theta$，$y=r(\theta)\sin\theta$，从而弧长元素为

$$\mathrm{d}s=\sqrt{r^2(\theta)+r'^2(\theta)}\mathrm{d}\theta,$$

其弧长为

$$s=\int_\alpha^\beta \sqrt{r^2(\theta)+r'^2(\theta)}\mathrm{d}\theta.$$

例 5.6.7 求曲线 $y=\dfrac{2}{3}x^{\frac{3}{2}}$ 上相应于 $x=0$ 到 $x=3$ 的一段弧的长度.

解 由弧长公式有

$$\begin{aligned}s&=\int_0^3 \sqrt{1+y'^2}\mathrm{d}x=\int_0^3 \sqrt{1+x}\mathrm{d}x\\&=\frac{2}{3}(1+x)^{\frac{3}{2}}\Big|_0^3=\frac{14}{3}.\end{aligned}$$

例 5.6.8 计算星形线(如图 5.20) $x=a\cos^3 t$，$y=a\sin^3 t(a>0,0\leqslant t\leqslant 2\pi)$的全长.

解 由对称性知星形线的全长为对应 $t=0$ 到 $t=\dfrac{\pi}{2}$ 的部分长的 4 倍，由弧长公式有

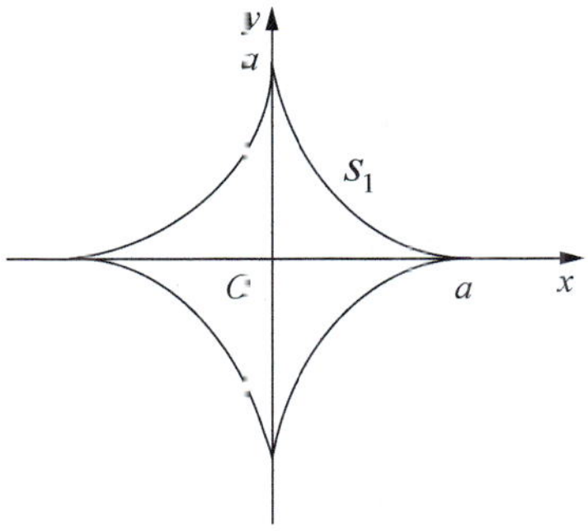

图 5.20

$$\begin{aligned}s&=4s_1=4\int_0^{\frac{\pi}{2}} \sqrt{x'^2(t)+y'^2(t)}\mathrm{d}t\\&=4\int_0^{\frac{\pi}{2}} \sqrt{(-3a\cos^2 t\sin t)^2+(3a\sin^2 t\cos t)^2}\mathrm{d}t\\&=4\int_0^{\frac{\pi}{2}} \sqrt{9a^2\sin^2 t\cos^2 t}\mathrm{d}t=12a\int_0^{\frac{\pi}{2}}\sin t\cos t\mathrm{d}t\\&=6a\sin^2 t\Big|_0^{\frac{\pi}{2}}=6a.\end{aligned}$$

例 5.6.9 求心形线 $r=a(1+\cos\theta)(a>0$，如图 5.12) 的全长.

解 $r'(\theta)=-a\sin\theta$，由弧长公式有

$$s=\int_0^{2\pi}\sqrt{r^2(\theta)+[r'(\theta)]^2}\,\mathrm{d}\theta=\int_0^{2\pi}\sqrt{[a(1+\cos\theta)^2+(-a\sin\theta)^2}\,\mathrm{d}\theta$$

$$=2a^2\int_0^{2\pi}\sqrt{\frac{1+\cos\theta}{2}}\,\mathrm{d}\theta=2a^2\int_0^{2\pi}\left|\cos\frac{\theta}{2}\right|\mathrm{d}\theta=8a.$$

习 题 5.6

1. 求由曲线 $y=\sqrt{x}$ 与直线 $y=x$ 所围成图形的面积.
2. 求由曲线 $y=3-x^2$ 与直线 $y=2x$ 所围成图形的面积.
3. 求由曲线 $y=\frac{1}{2}x^2$ 与曲线 $x^2+y^2=8$ 所围成图形的面积.
4. 求由曲线 $y=\mathrm{e}^x$，$y=\mathrm{e}^{-x}$ 与直线 $x=1$ 所围成图形的面积.
5. 求由 y 轴，曲线 $y=\ln x$，直线 $y=\ln a$ 及 $y=\ln b$ 所围成图形的面积($b>a>0$).
6. 求由曲线 $y=x^2$，$4y=x^2$ 与直线 $y=1$ 所围成图形的面积.
7. 求位于曲线 $y=\mathrm{e}^x$ 下方，该曲线过原点的切线的左方及 x 轴上方之间的图形的面积.
8. 求下列平面图形分别绕 x 轴、y 轴旋转产生的立体的体积：

(1) 曲线 $y=\sqrt{x}$ 与直线 $x=1$、$x=4$、$y=0$ 所围成图形的面积；

(2) 在区间$\left[0,\frac{\pi}{2}\right]$上，曲线 $y=\sin x$ 与直线 $x=\frac{\pi}{2}$、$y=0$ 所围成图形的面积；

(3) 曲线 $y=x^3$ 与直线 $x=2$、$y=0$ 所围成图形的面积.

9. 计算曲线 $y=\ln x$ 上相应于 $\sqrt{3}\leqslant x\leqslant\sqrt{8}$ 的一段弧的弧长.
10. 计算曲线 $y=\frac{1}{3}\sqrt{x}(3-x)$ 上相应于 $1\leqslant x\leqslant 3$ 的一段弧的弧长.

★5.7　定积分在经济分析中的应用

一、由边际需求函数求需求函数

若已知边际需求为 $Q'(P)$，其中 Q 为需求量，P 为价格，则总需求函数 $Q(P)$ 为

$$Q(P)=\int Q'(P)\,\mathrm{d}P,$$

其中，积分常数 C 可由条件 $Q(0)=Q_0$ 来确定.

$Q(P)$ 也可用积分上限的函数表示为

$$Q(P)=\int_0^P Q'(t)\,\mathrm{d}t+Q_0.$$

例 5.7.1　已知对某商品的需求量是价格 P 的函数，并且边际需求 $Q'(P)=-5$，该商品的最大需求量为 80，即当 $P=0$ 时，$Q=80$，求需求量与价格的函数关系 $Q(P)$.

解　由已知可得：

$$Q(P)=\int_0^P(-5)\,\mathrm{d}t+80=-5P+80.$$

二、由边际成本求成本函数

设产量为 x 时的边际成本为 $C'(x)$，固定成本为 C_0，则产量为 x 时的总成本函数为

$$C(x)=\int C'(x)\mathrm{d}x,$$

其中，积分常数 C 可由条件 $C(0)=C_0$ 来确定.

$C(x)$ 也可用积分上限的函数表示为

$$C(x)=\int_0^x C'(t)\mathrm{d}t+C_0,$$

其中，C_0 为固定成本，$\int_0^x C'(t)\mathrm{d}t$ 为变动成本.

例 5.7.2 若某企业生产某产品的边际成本是产量 x 的函数

$$C'(x)=0.4x+3,$$

固定成本 $C_0=80$，求总成本函数.

解 由已知可得：

$$C(x)=\int_0^x C'(t)\mathrm{d}t+C_0=\int_0^x(0.4t+3)\mathrm{d}t+C_0=0.2x^2+3x+C_0.$$

由固定成本 $C_0=80$. 于是，所求总成本函数为

$$C(x)=0.2x^2+3x+80.$$

三、由边际收入求总收入函数

设产销量为 x 时的边际收入为 $R'(x)$，则产销量为 x 时的总收入函数为

$$R(x)=\int R'(x)\mathrm{d}x,$$

其中，积分常数 C 可由条件 $R(0)=0$ 来确定(一般地，假定产销量为 0 总收入为 0).

$R(x)$ 也可用积分上限的函数表示为

$$R(x)=\int_0^x R'(t)\mathrm{d}t.$$

例 5.7.3 已知生产某种产品 x 单位时的边际收入为 $R'(x)=100-2x$，求生产 40 个单位时的总收入及平均收入，并求再增加生产 10 个单位时所增加的总收入.

解 由已知可得生产 40 个单位时的总收入为

$$R(40)=\int_0^{40}R'(x)\mathrm{d}x=\int_0^{40}(100-2x)\mathrm{d}x=(100x-x^2)\Big|_0^{40}=2400,$$

平均收入是

$$\frac{R(40)}{40}=\frac{2400}{40}=60.$$

再增加生产 10 个单位时所增加的总收入可由增量公示得

$$\Delta R = R(50) - R(40) = \int_{40}^{50} R'(x)\mathrm{d}x$$
$$= \int_{40}^{50} (100 - 2x)\mathrm{d}x = (100x - x^2)\Big|_{40}^{50} = 100.$$

四、由边际利润求利润函数

设某产品边际收入为 $R'(x)$，边际成本为 $C'(x)$，则

总收入：$R(x) = \int R'(x)\mathrm{d}x$.

总成本：$C(x) = \int_0^x C'(t)\mathrm{d}t + C_0$，其中，$C_0$ 为固定成本.

边际利润是

$$L'(x) = R'(x) - C'(x).$$

从而利润函数为

$$L(x) = R(x) - C(x) = \int_0^x R'(t)\mathrm{d}t - \left(\int_0^x C'(t)\mathrm{d}t + C_0\right)$$
$$= \int_0^x (R'(t) - C'(t))\mathrm{d}t - C_0 = \int_0^x L'(t)\mathrm{d}t - C_0,$$

其中，$\int_0^x L'(t)\mathrm{d}t$ 成为产销量为 x 时的毛利，毛利减去固定成本就是纯利.

例 5.7.4　已知某产品边际收入为 $R'(x) = 30 - 3x$，边际成本为 $C'(x) = 20 - 5x$，固定成本为 $C_0 = 10$，求当 $x = 5$ 时的毛利和纯利.

解　边际利润的表达式为

$$L'(x) = R'(x) - C'(x) = (30 - 3x) - (20 - 5x) = 10 + 2x,$$

从而，可求得 $x = 5$ 时的毛利为

$$\int_0^5 L'(t)\mathrm{d}t = \int_0^5 (10 + 2t)\mathrm{d}t = (10t + t^2)\Big|_0^5 = 75,$$

当 $x = 5$ 时的纯利为

$$L(5) = \int_0^5 L'(t)\mathrm{d}t - C_0 = 75 - 10 = 65.$$

习 题 5.7

1. 已知边际成本 $C'(q) = 25 + 30q - 9q^2$，固定成本为 55，试求总成本 $C(q)$，平均成本和变动成本.

2. 已知某产品的边际收益 $R'(q) = 10(10 - q)\mathrm{e}^{-\frac{q}{10}}$，其中 q 为销售量，$R(q)$ 为总收益. 试求该产品的总收益 $R(q)$.

3. 已知边际收入为 $R'(q) = 3 - 0.2q$，q 为销售量，求总收入函数 $R(q)$.

4. 已知某产品的边际成本和边际收益分别为

$$C'(q) = q^2 - 4q + 6, R'(q) = 105 - 2q,$$

固定成本为 100，其中 q 为销售量，$C(q)$ 为总成本，$R(q)$ 为总收益. 求最大利润.

5. 某产品生产 q 个单位时总收入 R 的变化率为 $R'(q)=200-\frac{q}{100}$，求：

(1) 生产 50 个单位时的总收入；

(2) 在生产 100 个单位的基础上，再生产 100 个单位时总收入的增量.

★5.8 定积分应用案例

一、租客机还是买客机

某航空公司为了发展新航线的航运业务，需要增加 5 架波音 747 客机，如果购进一架客机需要一次支付 5000 万美元现金，客机的使用寿命为 15 年. 如果租用一架客机，每年需要支付 600 万美元的租金，租金以均匀货币流的方式支付. 若银行的年利率为 12%，请问购买客机与租用客机哪种方案为佳？如果银行的年利率为 6%呢？

解 购买一架飞机可以使用 15 年，但需要马上支付 5000 万美元. 而同样租一架飞机使用 15 年，则需要以均匀货币流的方式支付 15 年租金，年流量为 600 万美元. 两种方案所支付的价值无法直接比较，必须将它们都化为同一时刻的价值才能比较. 以当前价值为准.

购买一架飞机的当前价值为 5000 万美元.

下面计算均匀货币流的当前价值：设 $t=0$ 时向银行存入 Ae^{-rt} 美元，按连续复利计算，t 年之后在银行的存款额恰好是 A 美元. 也就是说，t 年后的 A 美元在 $t=0$ 时的价值为 Ae^{-rt} 美元. 那么，对流量为 a 的均匀货币流，在 $[t,t+\Delta t]$ 时所存入的 $a\Delta t$ 美元，在 $t=0$ 时的价值是 $a\Delta t\cdot e^{-rt}=ae^{-rt}\Delta t$.

由微元法可知，当 t 从 0 变到 T 时，$[0,T]$ 周期内均匀流在 $t=0$ 时的总价值可表示为

$$P=\int_0^T ae^{-rt}\,dt=\frac{a}{r}\left[-e^{-rt}\right]_0^T=\frac{a}{r}(1-e^{-rT}),$$

因此，15 年的租金在当前的价值为

$$P=\frac{600}{r}(1-e^{-15r})\text{(万美元)}.$$

当 $r=12\%$ 时

$$P=\frac{600}{0.12}(1-e^{-0.12\times 15})\approx 4173.5\text{(万美元)},$$

比较可知，此时租用客机比购买客机合算.

当 $r=6\%$ 时

$$P=\frac{600}{0.06}(1-e^{-0.06\times 15})\approx 5934.3\text{(万美元)},$$

此时购买客机比租用客机合算.

二、转售机器的最佳时间

由于折旧等因素，某机器转售价格 $R(t)$ 是时间 t（周）的减函数 $R(t)=\frac{3A}{4}\cdot e^{-\frac{t}{96}}$（元），其中 A 是机器的最初价格，在任何时间 t，机器开动就能产生 $P=\frac{A}{4}e^{-\frac{t}{48}}$ 的利润，问机器用了多长时间后转售出去能使总利润最大？这利润是多少？机器卖了多少钱？

解　假设机器使用了 x 周后出售，此时的售价是 $R(x)=\frac{3A}{4}e^{-\frac{x}{96}}$，在这段时间内机器创造的利润是 $\int_0^x \frac{A}{4}e^{-\frac{t}{48}}dt$. 于是，问题就成了求总收入

$$f(x)=\frac{3A}{4}e^{-\frac{t}{96}}+\int_0^x \frac{A}{4}e^{-\frac{t}{48}}dt,\quad x\in(0,+\infty)$$

的最大值. 由

$$f'(x)=\frac{3A}{4}\cdot e^{-\frac{x}{96}}\cdot\left(-\frac{1}{96}\right)+\frac{A}{4}\cdot e^{-\frac{x}{48}}=0,$$

即 $e^{-\frac{x}{96}}=\frac{1}{32}$，求得 $x=96\ln 32$.

当 $x\in(0,96\ln 32)$ 时，$f'(x)>0$；当 $x\in(96\ln 32,+\infty)$ 时，$f'(x)<0$. 又 $x=96\ln 32$ 是 $f(x)$ 的唯一极值点，所以它是最大值点. 所以，当 $x\approx 333$ 周时，总利润最大，此时

$$f(333)=\frac{3A}{4}e^{-\ln 32}+\frac{A}{4}\int_0^{96\ln 32}e^{-\frac{t}{48}}dt\approx 12.01A(\text{元}),$$

故最大总利润为 $L=f(333)-A=11.01A$，机器卖了 $\frac{3A}{128}$（元）.

三、潜艇的观察窗问题

在探测海底的潜艇上装有若干个观察窗. 为使窗户的设计更科学、更合适，必须先计算海水对观察窗的压力. 如果假定窗户是垂直的，其形状如图5.21所示是对称的，试求出压力与窗户面积、窗户形心间的关系.

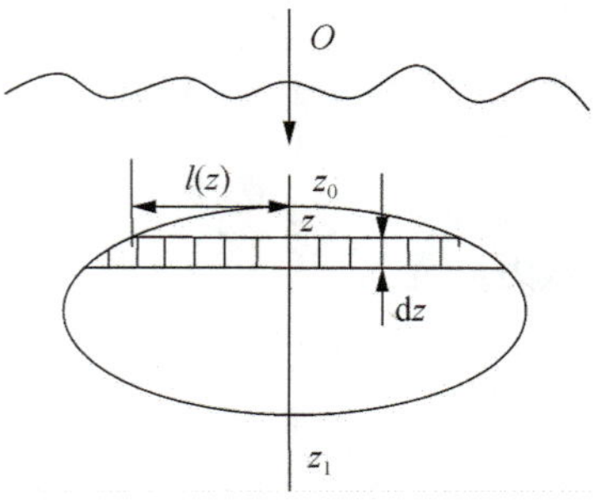

图 5.21

解　从物理学知道，在水深 z 处的压强为

$$p=\gamma z,$$

这里 γ 是海水的比重. 建立如图5.21所示的坐标系，对应于 $[z,z+dz]$ 的窄条上各点处的压强近似等于 γz，这窄条的面积近似为 $dA=2l(z)dz$，故这窄条上所受的海水压力的近似值，即压力微元

$$dF = p\,dA = 2\gamma z l(z)\,dz.$$

因此,加在整个窗面上的压力为

$$F = \int_{z_0}^{z_1} dF = 2\gamma \int_{z_0}^{z_1} z l(z)\,dz,$$

因为

$$A = 2\int_{z_0}^{z_1} l(z)\,dz,$$

形心

$$\bar{z} = \frac{2}{A}\int_{z_0}^{z_1} z l(z)\,dz,$$

因此

$$F = \gamma \bar{z} A.$$

但 $\gamma\bar{z}$ 正好是深度为 $\bar{z}$ 处的水压强，所以加在窗户上的全部压力等于窗户露出的全部面积乘上它形心处的压强. 作为一个具体的实例,设窗户是圆的(这是可能的形状)，其半径为 0.9144 m，取 $\gamma = 1121.9767\ \mathrm{kg/m^3}$，$\bar{z} = 12.7$ m,则

$$F = 1121.9767 \times \pi \times 0.9144^2 \times 12.7 = 37407.031(\mathrm{kg}).$$

习 题 5.8

1. 已知在 0℃至 200℃的温度范围内铁的比热 c_t 与温度 t 的关系为线性关系,并通过实验测定当 $t=50$℃时,$c_t=0.1124$;当 $t=100$℃时,$c_t=0.1672$. 现将温度为 20℃的铁 10 kg 加热到 100℃,试求所需的热量 Q.

2. 某公路管理处在城市高速公路出口处,记录了几个星期内平均车辆行驶速度. 数据统计表明，一个普通工作日中的下午 1:00 到 6:00 之间，此口在 t 时刻的平均车辆行驶速度为

$$s(t) = 2t^3 - 21t^2 + 60t + 40(\mathrm{km/h})$$

左右，试计算下午 1:00 至 6:00 内的平均车辆行驶速度.

3. 一零售商收到一船共 10 000 千克大米，这批大米以常量每月 2000 千克运走，要用 5 个月时间. 如果贮存费是每月每千克 0.01 元，5 个月之后这位零售商需支付贮存费多少元?

总 习 题 五

1. 填空题:

(1) 设 $\int_0^x f(t)\,dt = x\sin x$，则 $f(x) =$ ________;

(2) $\int_{-1}^{1} (x - \sqrt{1-x^2})^2\,dx =$ ________;

(3) 设 $f(5) = 2$，$\int_0^5 f(x)\,dx = 3$，则 $\int_0^5 x f'(x)\,dx =$ ________.

2. 估计下列各积分的值:

(1) $\int_0^1 \frac{x^9}{\sqrt{1+x}}dx$;　　(2) $\int_0^{100} \frac{e^{-x}}{x+100}dx$.

3. 证明 $\lim\limits_{n\to\infty}\int_n^{n+a} \frac{\sin x}{x}dx = 0$ (a 是正常数).

4. 计算下列极限：

(1) $\lim\limits_{n\to\infty}\dfrac{1}{n}\sum\limits_{i=1}^{n}\sqrt{1+\dfrac{i}{n}}$；　　(2) $\lim\limits_{n\to\infty}\dfrac{1^p+2^p+\cdots+n^p}{n^{p+1}}\ (p>0)$；

(3) $\lim\limits_{n\to\infty}\ln\dfrac{\sqrt[n]{n!}}{n}$；　　(4) $\lim\limits_{n\to\infty}\left(\dfrac{1}{n+1}+\dfrac{1}{n+2}+\cdots+\dfrac{1}{n+n}\right)$；

(5) $\lim\limits_{x\to+\infty}\dfrac{\int_0^x(\arctan t)^2\mathrm{d}t}{\sqrt{x^2+1}}$；　　(6) $\lim\limits_{x\to1}\dfrac{\int_1^x\ln(1+t)\mathrm{d}t}{\int_1^x\arctan t\mathrm{d}t}$.

5. 计算下列定积分：

(1) $\int_0^{\pi}(1-\sin^3x)\mathrm{d}x$；　　(2) $\int_0^{\frac{\pi}{2}}\dfrac{x+\sin x}{1+\cos x}\mathrm{d}x$；

(3) $\int_0^3\dfrac{\mathrm{d}x}{(1+x)\sqrt{x}}$；　　(4) $\int_0^{\ln2}x^2\mathrm{e}^{-x}\mathrm{d}x$；

(5) $\int_1^{\mathrm{e}}\sin(\ln x)\mathrm{d}x$；　　(6) $\int_{\frac{1}{\mathrm{e}}}^{\mathrm{e}}|\ln x|\mathrm{d}x$；

(7) $\int_0^1\dfrac{\ln(1+x)}{(2-x)^2}\mathrm{d}x$；　　(8) $\int_3^6\dfrac{\sqrt{x^2-9}}{x}\mathrm{d}x$.

6. 证明不等式 $3\mathrm{e}^{-4}<\int_{-1}^{2}\mathrm{e}^{-x^2}\mathrm{d}x<3$.

7. 设 $xf(x)=\ln x+\int_{\mathrm{e}}^{\mathrm{e}^3}f(x)\mathrm{d}x$，求 $f(x)$.

8. 设 $f(x)=\begin{cases}x+1, & 当\ x\leqslant1,\\ \dfrac{1}{2}x^2, & 当\ x>1,\end{cases}$ 求 $\int_0^2f(x)\mathrm{d}x$.

9. 根据函数的奇偶性计算下列定积分：

(1) $\int_{-1}^{1}(2x+|x|+1)^2\mathrm{d}x$；　　(2) $\int_{-\pi}^{\pi}(\sqrt{1+\cos2x}+|x|\sin x)\mathrm{d}x$.

10. 判断下列各广义积分的敛散性，若收敛，计算其值.

(1) $\int_0^1\dfrac{\arcsin\sqrt{x}}{\sqrt{x(1-x)}}\mathrm{d}x$；　　(2) $\int_{-\infty}^{+\infty}(|x|+x)\mathrm{e}^{-|x|}\mathrm{d}x$；

(3) $\int_1^{+\infty}\dfrac{\mathrm{d}x}{x(x^2+1)}$.

11. 证明 $\int_{-a}^{a}\varphi(x^2)\mathrm{d}x=2\int_0^a\varphi(x^2)\mathrm{d}x$，其中 $\varphi(x)$ 为连续函数.

12. 设 $f(x)$ 在 $[0,1]$ 上连续，证明：

(1) $\int_0^{\frac{\pi}{2}}f(\sin x)\mathrm{d}x=\int_0^{\frac{\pi}{2}}f(\cos x)\mathrm{d}x$；

(2) $\int_0^{\pi}xf(\sin x)\mathrm{d}x=\dfrac{\pi}{2}\int_0^{\pi}f(\sin x)\mathrm{d}x$，并由此计算 $\int_0^{\pi}\dfrac{x\sin x}{1+\cos^2x}\mathrm{d}x$.

13. 设 $f(x)$ 是以 l 为周期的连续函数，证明 $\int_a^{a+l}f(x)\mathrm{d}x$ 的值与 a 无关.

14. 求由曲线 $xy=2$ 与直线 $y=x$，$y=2x$ 三者共同围成的图形在第一象限部分的面积.

15. 求由两抛物线 $y=2x-x^2$ 与 $y=2x^2-4x$ 所围成的面积.

16. 求由曲线 $y=x^{\frac{3}{2}}$ 与直线 $x=4$，x 轴所围成图形绕 y 轴旋转而成的旋转体的体积.

17. 求抛物线 $y=\frac{1}{2}x^2$ 被圆 $x^2+y^2=3$ 所截下的有限部分的弧长.

18. 某产品的总成本(万元)的变化率 $C'(q)=1$(万元/百台)，总收入(万元)的变化率为产量 q (百台)的函数

$$R'(q)=5-q(\text{万元/百台}),$$

(1)求产量 q 为多少时，利润最大?

(2)在上述产量(使利润最大)的基础上再生产 100 台，利润将减少多少?

第 6 章　多元函数微分学

6.1　空间解析几何简介

一、空间直角坐标系

在空间任取一点 O，过 O 作三条互相垂直的数轴 Ox、Oy、Oz，按右手系确定 Ox、Oy、Oz 的正向(如图 6.1)，这样就建立了一个**空间直角坐标系**. 点 O 称为**坐标原点**，三条轴分别称为 x 轴、y 轴、z 轴. 每两条轴确定一个平面，称为坐标面. 由 x，y 轴确定的平面称为 xy 平面或 xOy 平面；由 y，z 轴确定的平面称为 yz 平面或 yOz 平面；由 z，x 轴确定的平面称为 zx 平面或 zOx 平面. 三个坐标平面将空间分成 8 个部分，其中每一部分称为一个卦限，总共有 8 个卦限，分别用Ⅰ、Ⅱ、Ⅲ、Ⅳ、Ⅴ、Ⅵ、Ⅶ、Ⅷ表示，如图 6.2.

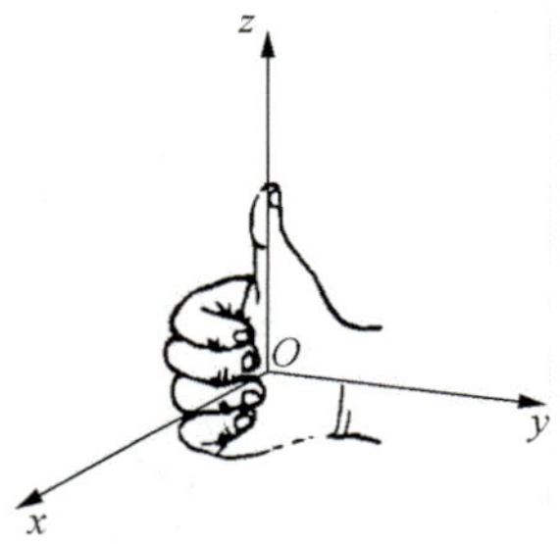

图 6.1

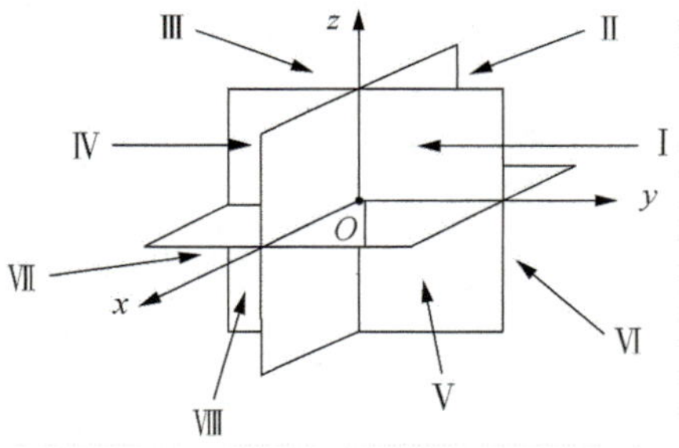

图 6.2

对于空间中任一点 M，过 M 作三个平面，分别垂直于 x 轴、y 轴、z 轴，并且与这三个轴分别交于 P、Q、R 三点. 设 $OP=x$，$OQ=y$，$OR=z$，则可以得到三元有序数组(x,y,z)；反之，对给定的数组(x,y,z)，在 x 轴、y 轴、z 轴上对应 P、Q、R，满足 $OP=x$，$OQ=y$，$OR=z$，过 P 作垂直于 x 轴的平面，过 Q 作垂直于 y 轴的平面，过 R 作垂直于 z 轴的平面，则这三个平面交于空间唯一的一点(如图 6.3). 因此空间中任一点 M 和三元数组(x,y,z)之间可以建立一一对应的关系，称(x,y,z)为点 M 的**坐标**，记为 $M(x,y,z)$.

显然，原点 O 的坐标为$(0,0,0)$，x 轴上点的坐标为$(x,0,0)$，y 轴上点的坐标为$(0,y,0)$，z 轴上点的坐标为$(0,0,z)$.

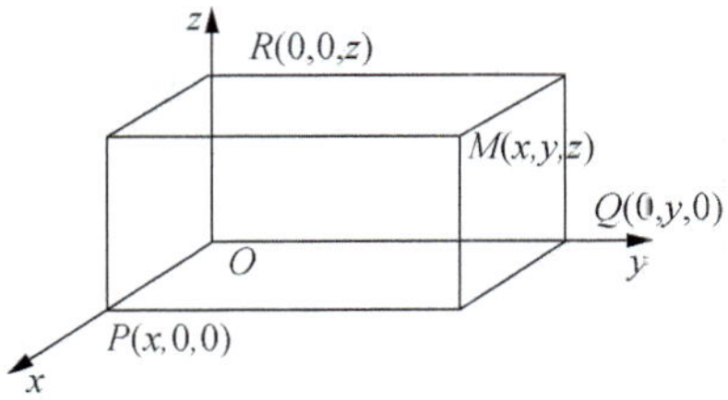

图 6.3

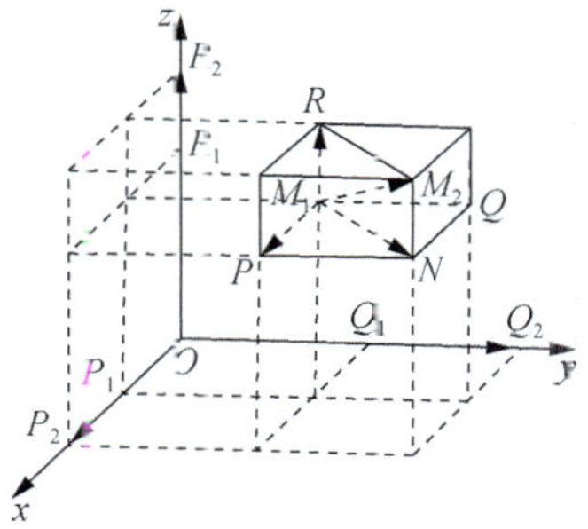

图 6.4

设 $M_1(x_1,y_1,z_1)$ 与 $M_2(x_2,y_2,z_2)$ 为空间的任意两点(如图 6.4),则

$$|M_1M_2|^2=|M_1P|^2+|PN|^2+|M_2N|^2,$$

其中

$$|M_1P|=|P_1P_2|=|x_2-x_1|,|PN|=|y_2-y_1|,|M_2N|=|z_2-z_1|,$$

所以

$$|M_1M_2|^2=|x_2-x_1|^2+|y_2-y_1|^2+|z_2-z_1|^2,$$

由此得空间任意两点 $M_1(x_1,y_1,z_1)$ 与 $M_2(x_2,y_2,z_2)$ 之间的距离(**两点间距离公式**)为

$$|M_1M_2|=\sqrt{(x_2-x_1)^2+(y_2-y_1)^2+(z_2-z_1)^2}.$$

特别的情况:当 M_2 为原点时,$|OM_1|=\sqrt{x_1^2+y_1^2+z_1^2}$;当 M_1,M_2 为平面上的点时,如设 M_1,M_2 为 xOy 平面上的点,其坐标分别为 $(x_1,y_1,0)$,$(x_2,y_2,0)$,则 $|M_1M_2|=\sqrt{(x_2-x_1)^2+(y_2-y_1)^2}$.

二、平面及其方程

例 6.1.1 一动点 $M(x,y,z)$ 与两定点 $M_1(1,-1,0)$,$M_2(2,0,-2)$ 的距离相等,求此动点 M 的轨迹.

解 建立动点 M 所满足的关系:$|MM_1|=|MM_2|$,由两点间距离公式得

$$\sqrt{(x-1)^2+(y+1)^2+z^2}=\sqrt{(x-2)^2+y^2+(z+2)^2}.$$

化简得:$x+y-2z-3=0$.

例 6.1.2 求三个坐标面的方程.

解 xOy 平面的方程为 $z=0$(平面上的点有 $z=0$,满足 $z=0$ 的点在 xOy 平面上);yOz 平面的方程为 $x=0$;zOx 平面的方程为 $y=0$.

可以证明:平面的一般式方程为

$$Ax+By+Cz+D=0,$$

其中 A,B,C,D 均为常数,并且 A,B,C 不全为零.

平面截距式方程为

$$\frac{x}{a}+\frac{y}{b}+\frac{z}{c}=1,\quad abc\neq 0.$$

点 $M_0(x_0,y_0,z_0)$到平面 $Ax+By+Cz+D=0$ 的距离(**点到平面距离公式**)为

$$d=\frac{|Ax_0+By_0+Cz_0+D|}{\sqrt{A^2+B^2+C^2}}.$$

三、曲面和空间曲线

1. 曲面与方程

如果曲面 S 上任意一点的坐标(x,y,z)都满足方程 $F(x,y,z)=0$,以方程 $F(x,y,z)=0$的解(x,y,z)为坐标的点都在曲面 S 上,则称方程 $F(x,y,z)=0$ 为曲面 S 的方程,曲面 S 为方程 $F(x,y,z)=0$ 的图形.

例 6.1.3　求 R 为半径,$M_0(x_0,y_0,z_0)$为球心的球面方程.

解　设 $M(x,y,z)$是球面上的任意一点,则有$|MM_0|=R$,由两点间距离公式得

$$(x-x_0)^2+(y-y_0)^2+(z-z_0)^2=R^2.$$

特别地,当球心 M_0为坐标原点 $O(0,0,0)$时,球面的方程为 $x^2+y^2+z^2=R^2$.

$z=\sqrt{R^2-x^2-y^2}$表示上半球面,$z=-\sqrt{R^2-x^2-y^2}$表示下半球面.类似可以写出左、右半球面,前、后半球面的方程.

2. 旋转曲面

例 6.1.4　求由 yOz 平面上抛物线 $z=y^2$绕 z 轴旋转产生的曲面(称为旋转抛物面,如图 6.5)的方程.

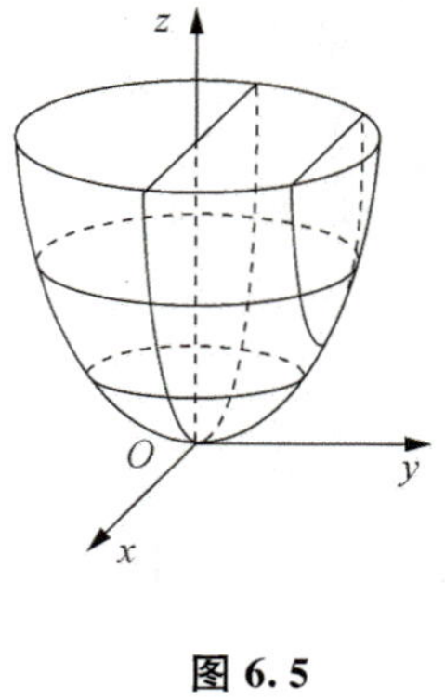

图 6.5

解　设 $P(x,y,z)$是曲面上的任一点,过 P 作一平行于 xOy 面的平面,则该平面与曲面的交线是一个圆,该圆与 yOz 平面上抛物线 $z=y^2$ 的交点为 $B(0,y_0,z)$,其中 $y_0=\sqrt{x^2+y^2}$,从而 $z=y_0^2=(\sqrt{x^2+y^2})^2=x^2+y^2$,即所求曲面方程为

$$z=x^2+y^2.$$

一般的情形,由 yOz 平面上的曲线 $z=h(y)$绕 z 轴旋转产生的曲面的方程为 $z=h(\pm\sqrt{x^2+y^2})$,由 zOx 平面上的曲线 $z=g(x)$绕 z 轴旋转产生的曲面的方程为 $z=g(\pm\sqrt{x^2+y^2})$,由 xOy 平面上的曲线 $y=f(x)$绕 y 轴旋转产生的曲面的方程为 $y=f(\pm\sqrt{x^2+z^2})$.

例 6.1.5　求 xOy 平面上的椭圆$\frac{x^2}{a^2}+\frac{y^2}{b^2}=1$ 绕 y 轴旋转产生的曲面(称为旋转椭球

面,如图 6.6)的方程.

解 用$\pm\sqrt{x^2+z^2}$代替$\frac{x^2}{a^2}+\frac{y^2}{b^2}=1$中的 x 即可得到曲面的方程为

$$\frac{x^2+z^2}{a^2}+\frac{y^2}{b^2}=1.$$

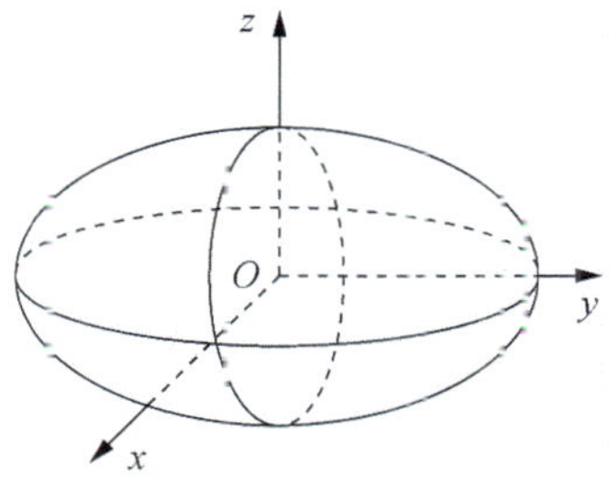

图 6.6

3. 柱面

一条直线 l 沿着平面内的一条曲线平行移动所产生的曲面称为**柱面**.

如由平行于 z 轴的直线沿 xOy 平面上的圆周 $x^2+y^2=R^2$ 移动而形成的曲面称为圆柱面,显然它的方程为 $x^2+y^2=R^2$(为什么?). 其中 xOy 平面上的圆周 $x^2+y^2=R^2$ 称为**准线**,与圆周相交且平行于 z 轴的直线称为**母线**.

一般以 xOy 平面上的曲线 $y=f(x)$ 为准线,母线平行于 z 轴的柱面方程为$y=f(x)$.

4. 空间曲线

空间曲线可以看成某两个曲面的交线,因此空间曲线方程的一般式方程为

$$\begin{cases}F(x,y,z)=0,\\G(x,y,z)=0.\end{cases}$$

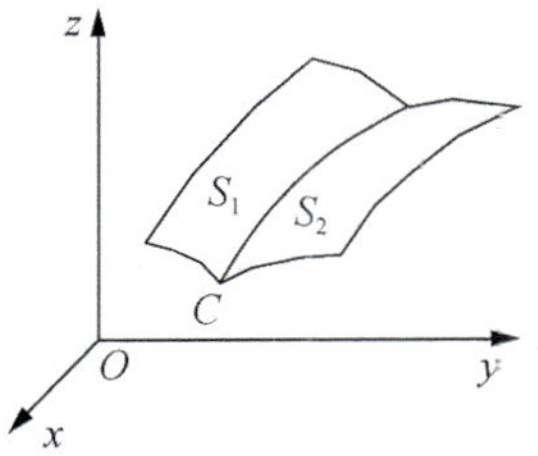

图 6.7

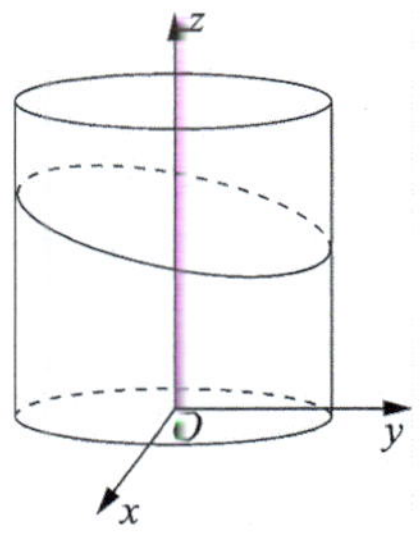

图 6.8

参数形式为

$$\begin{cases}x=f(t),\\y=g(t),\ t\text{ 是参数},\\z=h(t).\end{cases}$$

如柱面 $x^2+y^2=1$ 与平面 $x+y+z=2$ 的交线是一个椭圆(如图 6.8),它的一般方程是

$$\begin{cases}x^2+y^2=1,\\x+y+z=2.\end{cases}$$

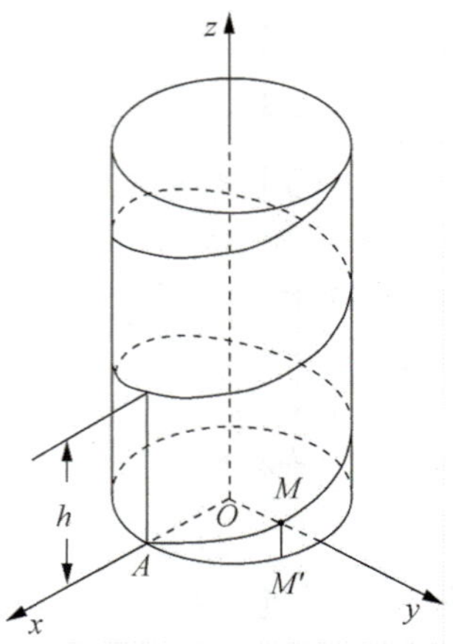

图 6.9

例 6.1.6　如果空间一点 M 在圆柱面 $x^2+y^2=a^2$ 上以角速度 ω 绕 z 轴旋转,同时又以线速度 v 沿平行于 z 轴的正方向上升(其中 ω,v 都是常数),那么点 M 的轨迹称为**螺旋线**(如图 6.9),试建立其参数方程.

解　取时间 t 为参数,设当 $t=0$ 时,动点位于 x 轴上的一点 $A(a,0,0)$ 处,经过时间 t,由 A 运动到 $M(x,y,z)$,M 在 xy 面上的投影为 $M'(x,y,0)$.

(1) 动点在圆柱面上以角速度 ω 绕 z 轴旋转,所以经过时间 t,$\angle AOM'=\omega t$. 从而

$$x=a\cos\omega t,$$
$$y=a\sin\omega t.$$

(2) 动点同时以线速度 v 沿 z 轴向上升. 因而

$$z=vt,$$

得螺旋线的参数方程为

$$\begin{cases}x=a\cos\omega t,\\ y=a\sin\omega t,\\ z=vt.\end{cases}$$

习 题 6.1

1. 在空间直角坐标系中,指出下列各点在哪个卦限?

A(1,−2,3);　　B(2,3,−4);

C(2,−3,−4);　　D(−2,−3,1).

2. 求点 (a,b,c) 关于坐标面、坐标轴和坐标原点的对称点的坐标.

3. 求点 (a,b,c) 到 xOy 平面的距离和到 z 轴的距离.

4. 在 yOz 面上,求与三点 $A(3,1,2)$,$B(4,-2,-2)$,$C(0,5,1)$ 等距离的点.

5. 设有两点 $M_1(3,3,4)$ 和 $M_2(2,0,-1)$,在 z 轴上求与 M_1 和 M_2 距离相等的点.

6. 求到定点 $M_1(1,2,0)$ 和 $M_2(2,-1,4)$ 距离相等的点的轨迹方程.

7. 求过三点 $A(-2,1,-1)$,$B(-5,-2,2)$,$C(-2,-1,2)$ 的平面方程.

8. 求平面 $2x+y-4z=25$ 在三个坐标轴上的截距.

9. 求点 $(3,2,1)$ 到平面 $2x-4y+4z-9=0$ 的距离.

10. 求三个平面 $x+3y+z=1$,$2x-y-z=0$,$-x+2y+2z=3$ 的交点.

11. 将 zOx 坐标面上的抛物线 $z^2=9x-1$ 绕 x 轴旋转一周,求所生成的旋转曲面方程.

12. 将 yOz 坐标面上的圆 $y^2+z^2=2$ 绕 y 轴旋转一周,求所生成的旋转曲面方程.

13. 说明下列旋转曲面是怎样形成的.

(1) $\frac{x^2}{4}+\frac{y^2}{9}+\frac{z^2}{9}=1$;　　(2) $x^2-\frac{y^2}{4}+z^2=1$;

(3) $x^2-y^2-z^2=1$;　　(4) $(z-a)^2=x^2+y^2$.

14. 指出下列方程在平面解析几何中和在空间解析几何中分别表示什么图形.

(1) $x=2$; (2) $y=x+1$;

(3) $x^2+y^2=4$; (4) $x^2-y^2=1$.

6.2 多元函数的概念

一、多元函数的概念

1. 平面点集与 n 维空间

(1) 邻域:设 $P_0(x_0,y_0)$ 为 xOy 平面上一个点,δ 为一个正数,集合

$$U(P_0,\delta)=\{(x,y)\mid\sqrt{(x-x_0)^2+(y-y_0)^2}<\delta\},$$

称为以 P_0 为中心,δ 为半径的邻域或 P_0 的**邻域**,也记为 $U(P_0)$;P_0 的去心 δ 邻域为

$$\mathring{U}(P_0,\delta)=\{(x,y)\mid 0<\sqrt{(x-x_0)^2+(y-y_0)^2}<\delta\}.$$

(2) 内点和外点:设 E 为平面点集,P 为一点,如果存在 $\delta>0$,使得 $U(P,\delta)\subset E$,则 P 称为 E 的**内点**. 若 $U(P,\delta)\cap E=\varnothing$,则 P 称为 E 的**外点**. 如集合 $E=\{(x,y)\mid x^2+y^2<1\}$ 的点都是 E 的内点.

(3) 边界点和边界:设 E 为平面点集,P 为一点,如果 P 的任何邻域既含有属于 E 的点,又含有不属于 E 的点,则 P 称为 E 的**边界点**. 平面点集 E 的边界点的全体称为 E 的**边界**,记为 ∂E. 如满足 $x^2+y^2=1$ 的点都是 $E=\{(x,y)\mid x^2+y^2<1\}$ 的边界点.

注意 E 的内点一定属于 E;E 的外点一定不属于 E;E 的边界点可能属于 E,也可能不属于 E.

(4) 开集和闭集:如果点集 E 的点都是 E 的内点,则 E 称为**开集**. 如果点集 E 的余集 E^C 是开集,则 E 称为**闭集**. 例如,$E=\{(x,y)\mid x^2+y^2<1\}$ 为开集;$\{(x,y)\mid x^2+y^2\leqslant 1\}$ 为闭集;$\{(x,y)\mid 1<x^2+y^2\leqslant 2\}$ 既不是开集,也不是闭集.

(5) 连通集:若点集 E 中的任何两点总可用 E 内的折线连接,则 E 称为**连通集**.

(6) 区域和闭区域:连通的开集称为**区域(开区域)**;区域连同其边界构成的集合称为**闭区域**. 例如,$\{(x,y)\mid x^2+y^2<1\}$,$\{(x,y)\mid x>0,y>0\}$ 是区域;$\{(x,y)\mid x^2+y^2\leqslant R^2\}$ 为闭区域;$\{(x,y)\mid 2<x^2+y^2\leqslant 3\}$ 不是区域,也不是闭区域.

(7) 有界集:对于平面点集 E,如果存在某一正数 r,使得 $E\subset U(O,r)$,其中 O 为坐标原点,则 E 称为**有界集**;否则,E 称为**无界集**. 例如,$\{(x,y)\mid 1<x^2+y^2\leqslant 2\}$ 为有界集;$\{(x,y)\mid x+y>1\}$ 为无界集.

(8) n 维空间:n 元有序数组集合 $\{(x_1,x_2,\cdots,x_n)\mid x_i\in\mathbf{R},i=1,2,\cdots,n\}$ 记为 $\mathbf{R}^n$.

在 $\mathbf{R}^n$ 中定义线性运算:设 $x=(x_1,x_2,\cdots,x_n)\in\mathbf{R}^n$,$y=(y_1,y_2,\cdots,y_n)\in\mathbf{R}^n$,定义 $x+y=(x_1+y_1,x_2+y_2,\cdots,x_n+y_n)$;$\lambda x=(\lambda x_1,\lambda x_2,\cdots,\lambda x_n)$,$\lambda\in\mathbf{R}$.

在 $\mathbf{R}^n$ 中定义线性运算后,$\mathbf{R}^n$ 称为 n 维空间.

$\mathbf{R}^n$ 中两点间 $x=(x_1,x_2,\cdots,x_n)$ 与 $y=(y_1,y_2,\cdots,y_n)$ 的距离定义为

$$\rho(x,y)=\sqrt{(x_1-y_1)^2+(x_2-y_2)^2+\cdots+(x_n-y_n)^2}.$$

2. 多元函数的概念

定义 6.2.1　设 D 是 n 维空间 R^n 的非空子集，对于每一个点 $(x_1,x_2,\cdots,x_n)\in D$，按某对应法则 f 都有唯一确定的实数 y 与之对应，则称对应法则 f 为定义在 D 上的 ***n* 元函数**. 记为

$$y=f(x_1,x_2,\cdots,x_n),\quad (x_1,x_2,\cdots,x_n)\in D,$$

变量 $x_1,x_2,\cdots,x_n$ 称为**自变量**，y 称为**因变量**，集合 D 称为函数的**定义域**. 因变量 y 的取值范围称为函数的**值域**.

当自变量只有两个时，通常记二元函数为 $z=f(x,y)$，$(x,y)\in D$. 当 $n=3$ 时，通常记三元函数为 $u=f(x,y,z)$，$(x,y,z)\in\Omega$.

类似于一元函数的定义域讨论，使多元函数有意义的点集称为这个多元函数的自然定义域. 例如，二元函数 $z=\ln(x+y)$ 的定义域为 $D=\{(x,y)\mid x+y>0\}$；二元函数 $z=\arcsin(1+|x^2-y^2|)$ 的定义域为 $D=\{(x,y)\mid y=\pm x\}$；三元函数 $u=\dfrac{1}{\sqrt{R^2-x^2-y^2-z^2}}$ 的定义域为 $\Omega=\{(x,y,z)\mid x^2+y^2+z^2<R^2\}$.

设函数 $z=f(x,y)$ 的定义域为 D，称点集 $\{(x,y,z)\mid z=f(x,y),(x,y)\in D\}$ 为二元函数 $z=f(x,y)$ 的图形. 一般情况下，二元函数 $z=f(x,y)$ 的图形通常是空间的一个曲面(如图 6.10). 例如，函数 $z=x^2+y^2$ 的图形为旋转抛物面(如图 6.11)；函数 $z=\sqrt{1-x^2-y^2}$ 的图形为上半球面(如图 6.12).

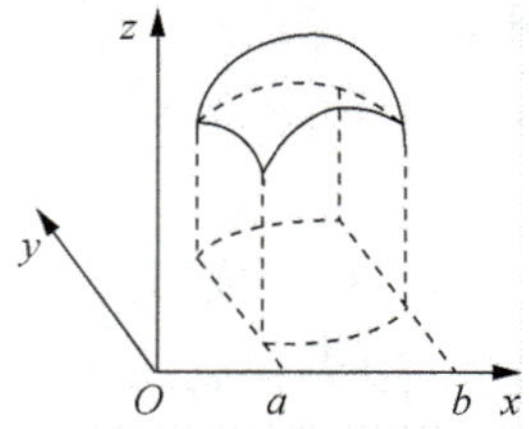

图 6.10

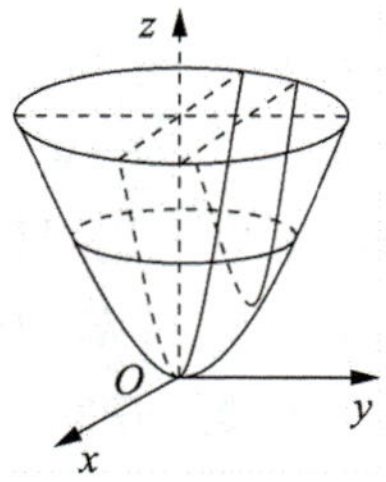

图 6.11

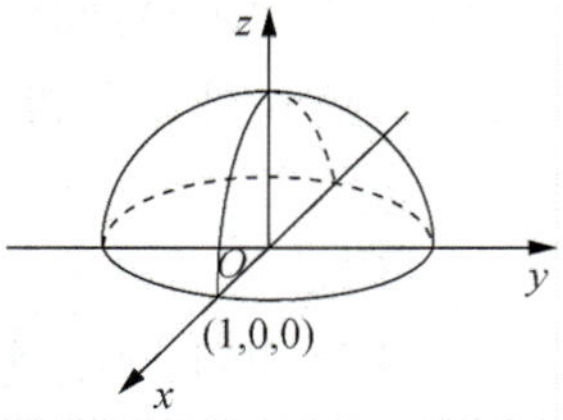

图 6.12

二、二元函数的极限与连续

定义 6.2.2　若当 (x,y) 无限趋于 (x_0,y_0) 时，对应的函数值 $f(x,y)$ 无限趋于常数 A，则称 A 是函数 $f(x,y)$ 当 (x,y) 趋于 (x_0,y_0) 时的**极限**，记作 $\lim\limits_{(x,y)\to(x_0,y_0)}f(x,y)=A$.

多元函数的极限运算，与一元函数有类似的运算法则.

例 6.2.1　求极限 $\lim\limits_{(x,y)\to(0,0)}xy\sin\dfrac{1}{x^2+y^2}$.

解 $\lim\limits_{(x,y)\to(0,0)} xy=0$，而 $\sin\dfrac{1}{x^2+y^2}$ 有界，故由无穷小的性质得

$$\lim_{(x,y)\to(0,0)} xy\sin\frac{1}{x^2+y^2}=0.$$

例 6.2.2 求极限 $\lim\limits_{(x,y)\to(0,2)}\dfrac{\sin(xy)}{x}$.

解
$$\lim_{(x,y)\to(0,2)}\frac{\sin(xy)}{x}=\lim_{(x,y)\to(0,2)}\frac{\sin(xy)}{xy}\cdot y$$
$$=\lim_{(x,y)\to(0,2)}\frac{\sin(xy)}{xy}\cdot\lim_{(x,y)\to(0,2)}y=1\cdot 2=2.$$

注意区别一元函数的极限与二元函数的极限的不同之处. 在二元函数的极限定义中，无论 (x,y) 以任意的方式趋于 (x_0,y_0)，$f(x,y)$ 都趋于 A. 换言之，若当 (x,y) 以某种特殊的方式趋于 (x_0,y_0) 时，$f(x,y)$ 不趋于 A，则 $\lim\limits_{(x,y)\to(x_0,y_0)} f(x,y)=A$ 不成立.

例 6.2.3 考察函数

$$f(x,y)=\begin{cases}\dfrac{xy}{x^2+y^2}, & x^2+y^2\neq 0,\\ 0, & x^2+y^2=0,\end{cases}$$

当 $(x,y)\to(0,0)$ 时的极限情况.

解 当 (x,y) 沿 x 轴方向趋向于 $(0,0)$ 时，有

$$\lim_{(x,y)\to(0,0)} f(x,y)=\lim_{\substack{x\to 0\\ y=0}} f(x,y)=\lim_{x\to 0} f(x,0)=\lim_{x\to 0}0=0;$$

当 (x,y) 沿 $y=x$ 方向趋向于 $(0,0)$ 时，有

$$\lim_{(x,y)\to(0,0)} f(x,y)=\lim_{\substack{x\to 0\\ y=x}} f(x,y)=\lim_{x\to 0}\frac{x^2}{2x^2}=\lim_{x\to 0}\frac{1}{2}=\frac{1}{2}.$$

因此，当 $(x,y)\to(0,0)$ 时，$f(x,y)$ 的极限不存在.

定义 6.2.3 设二元函数 $f(x,y)$ 满足条件：

$$\lim_{(x,y)\to(x_0,y_0)} f(x,y)=f(x_0,y_0),$$

则称函数 $f(x,y)$ 在点 (x_0,y_0) 处**连续**，否则称 $f(x,y)$ 在点 (x_0,y_0) 处**间断**，点 (x_0,y_0) 称为 $f(x,y)$ 的**间断点**.

如果函数 $f(x,y)$ 在 D 内每一点都连续，则称 $f(x,y)$ 在 D 内连续.

由例 6.2.3 知函数

$$f(x,y)=\begin{cases}\dfrac{xy}{x^2+y^2}, & x^2+y^2\neq 0,\\ 0, & x^2+y^2=0,\end{cases}$$

在 $(0,0)$ 处不连续，$(0,0)$ 是函数 $f(x,y)$ 的一个间断点. 又如函数 $f(x,y)=\sin\dfrac{1}{x+y-1}$ 在直线 $L=\{(x,y)\,|\,x+y=1\}$ 上的点没有定义，因此，$f(x,y)$ 在直线 L 上不连续.

与一元函数连续性类似，一切多元初等函数在其有定义的区域内是连续的.

若 $f(x,y)$ 是初等函数，$P_0(x_0,y_0)$ 是其定义域内的一点，则有

$$\lim_{(x,y)\to(x_0,y_0)} f(x,y)=f(x_0,y_0).$$

例 6.2.4　求 $\displaystyle\lim_{(x,y)\to(0,1)}\frac{\sqrt{xy+1}-1}{xy}$.

解

$$\lim_{(x,y)\to(0,1)}\frac{\sqrt{xy+1}-1}{xy}=\lim_{(x,y)\to(0,1)}\frac{xy+1-1}{xy(\sqrt{xy+1}+1)}=\lim_{(x,y)\to(0,1)}\frac{1}{\sqrt{xy+1}+1}=\frac{1}{2}.$$

与闭区间上一元连续函数的性质类似，在有界闭区域上连续的二元函数具有如下性质：

有界性质：在有界闭区域 D 上连续的二元函数必定在 D 上有界.

最大值与最小值性质：在有界闭区域 D 上连续的二元函数必定在 D 上取得最大值和最小值.

介值性质：　在有界闭区域 D 上连续的二元函数必取得介于最大值和最小值之间的任何数值.

习 题 6.2

1. 求下列函数的定义域，并在平面上画出略图：

(1) $z=\sqrt{4x^2+y^2-1}$；　　(2) $z=\ln(x-3y+2)$；

(3) $z=\sqrt{1-x^2}+\sqrt{y^2-1}$；　　(4) $z=\dfrac{1}{R^2-x^2-y^2}$.

2. 求复合函数的表达式：

(1) 设 $f(u,v)=(u-3v)^2$，求 $f(x+y,xy)$；

(2) 设 $f(u,v)=u^2e^v$，求 $f\left(\sin x,\dfrac{x}{y}\right)$；

(3) 设 $f(x,y)=\dfrac{\arctan x}{xy}$，求 $f(\sqrt{t},\sin t)$；

(4) $f(u)=e^{-u}\cos 2u$，求 $f(x-2y)$.

3. 求下列各极限：

(1) $\displaystyle\lim_{(x,y)\to(0,1)}\frac{1-xy}{x^2+y^2}$；　　(2) $\displaystyle\lim_{(x,y)\to(1,\frac{1}{2})}\frac{\arcsin(x^3y)}{2^x+y}$；

(3) $\displaystyle\lim_{(x,y)\to(\infty,\infty)}(x^2+y^2)\sin\frac{3}{x^2+y^2}$；　　(4) $\displaystyle\lim_{(x,y)\to(0,0)}\frac{xy}{2-\sqrt{xy+4}}$.

4. 证明极限 $\displaystyle\lim_{(x,y)\to(0,0)}\frac{\sin\pi x\sin\pi y}{\sin^2\pi x+\sin^2\pi y}$ 不存在.

5. 下列函数在点(0,0)处是否连续？

(1) $f(x,y)=\begin{cases}1, & xy=0,\\ 0, & xy\neq 0;\end{cases}$　　(2) $f(x,y)=\sin(x^2+y)$.

6. 求函数 $f(x,y)=x^2\ln(x^2+y^2-2)$ 的连续域.

6.3　多元函数的偏导数

一、偏导数的定义及其计算法

一元函数的导数描述函数在一点处的变化率，它是函数增量与自变量增量比值的极限. 对于多元函数，常常需要考虑函数对某个变量的变化率，即在其中一个变量发生改变，其他变量固定不变的情形下，讨论函数关于该变量的变化率. 例如，某一商品的价格 P 与成本 x、供应量 y 和需求量 z 有关系. 我们可以考虑在成本和供应量不变的情况下，价格对需求量的变化率；也可以考虑在成本和需求量不变的情况下，价格对供应量的变化率.

定义 6.3.1　设函数 $z=f(x,y)$ 在点 (x_0,y_0) 的某邻域内有定义，若极限

$$\lim_{\Delta x\to 0}\frac{f(x_0+\Delta x,y_0)-f(x_0,y_0)}{\Delta x}$$

存在，则称此极限值为函数 $z=f(x,y)$ 在点 (x_0,y_0) 处对 x 的**偏导数**. 记作

$$\left.\frac{\partial z}{\partial x}\right|_{\substack{x=x_0\\y=y_0}},\left.\frac{\partial f}{\partial x}\right|_{\substack{x=x_0\\y=y_0}},\left.z_x\right|_{\substack{x=x_0\\y=y_0}}\quad 或\ f_x(x_0,y_0).$$

若极限

$$\lim_{\Delta y\to 0}\frac{f(x_0,y_0+\Delta y)-f(x_0,y_0)}{\Delta y}$$

存在，则称此极限值为函数 $z=f(x,y)$ 在点 (x_0,y_0) 处对 y 的**偏导数**. 记作

$$\left.\frac{\partial z}{\partial y}\right|_{\substack{x=x_0\\y=y_0}},\left.\frac{\partial f}{\partial y}\right|_{\substack{x=x_0\\y=y_0}},\left.z_y\right|_{\substack{x=x_0\\y=y_0}}\quad 或\ f_y(x_0,y_0).$$

如果函数 $z=f(x,y)$ 在区域 D 内每一点 (x,y) 对 x 的偏导数都存在，则在区域 D 内每一点 (x,y)，都对应着对 x 的偏导数，这样在 D 内定义了一个新的函数，该函数称为对 x 的**偏导函数**. 同理也定义了对 y 的偏导函数.

将函数 $f(x,y)$ 在点 (x_0,y_0) 的偏导数定义中的 (x_0,y_0) 改为函数定义域内的任意点 (x,y)，即可得到偏导函数的定义. 偏导函数记作

$$\frac{\partial z}{\partial x},\quad \frac{\partial f(x,y)}{\partial x},\quad z_x\quad 或\quad f_x(x,y);$$

$$\frac{\partial z}{\partial y},\quad \frac{\partial f(x,y)}{\partial y},\quad z_y\quad 或\quad f_y(x,y).$$

偏导函数也简称为偏导数.

偏导数的概念可推广到二元以上的函数. 例如，三元函数 $u=f(x,y,z)$ 在 (x,y,z) 处对 x 的偏导数定义为

$$f_x(x,y,z)=\lim_{\Delta x\to 0}\frac{f(x+\Delta x,y,z)-f(x,y,z)}{\Delta x},$$

类似可定义 $f_y(x,y,z)$ 和 $f_z(x,y,z)$.

从偏导数的定义可得 $f_x(x_0,y_0)=[f(x,y_0)]'\big|_{x=x_0}$，$f_y(x_0,y_0)=[f(x_0,y)]'\Big|_{y=y_0}$. 即求多元函数对某个变量的偏导数时，只需将其他自变量视为常数，利用一元函数求导法对该变量求导即可求得.

例 6.3.1　求 $f(x,y)=5x^4y^3$ 的偏导数$\frac{\partial f}{\partial x}$，$\frac{\partial f}{\partial y}$，并求$\left.\frac{\partial f}{\partial x}\right|_{\substack{x=0\\y=1}}$，$\left.\frac{\partial f}{\partial y}\right|_{\substack{x=-1\\y=2}}$.

解　把 y 看成常数，对 x 求导得$\frac{\partial f}{\partial x}=20x^3y^3$；把 x 看成常数，对 y 求导得$\frac{\partial f}{\partial y}=15x^4y^2$；将 $x=0$，$y=1$ 代入$\frac{\partial f}{\partial x}$得$\left.\frac{\partial f}{\partial x}\right|_{\substack{x=0\\y=1}}=20\times0^3\times1^3=0$；同理可得$\left.\frac{\partial f}{\partial y}\right|_{\substack{x=-1\\y=2}}=15\times(-1)^4\times2^2=60$.

例 6.3.2　求 $z=x^y$ 的偏导数.

解　把 y 看成常数，对 x 求导，得$\frac{\partial z}{\partial x}=yx^{y-1}$；把 x 看成常数，对 y 求导，得$\frac{\partial z}{\partial y}=x^y\ln x$.

例 6.3.3　求 $u=\sqrt{x^2+y^2+z^2}$的偏导数.

解　$\frac{\partial u}{\partial x}=\frac{1}{2}(x^2+y^2+z^2)^{-\frac{1}{2}}\cdot 2x=\frac{x}{\sqrt{x^2+y^2+z^2}}$.

同理，有

$$\frac{\partial u}{\partial y}=\frac{y}{\sqrt{x^2+y^2+z^2}},\quad \frac{\partial u}{\partial z}=\frac{z}{\sqrt{x^2+y^2+z^2}}.$$

由偏导数的定义，$f_x(x_0,y_0)$可看成函数 $z=f(x,y_0)$在 x_0处的导数，根据导数的几何意义，$f_x(x_0,y_0)$是曲线$\begin{cases}z=f(x,y),\\y=y_0\end{cases}$在 $M_0(x_0,y_0)$处的切线对 x 轴的斜率.

同理，$f_y(x_0,y_0)$是曲线$\begin{cases}z=f(x,y),\\x=x_0\end{cases}$在 $M_0(x_0,y_0)$处的切线对 y 轴的斜率(如图 6.13).

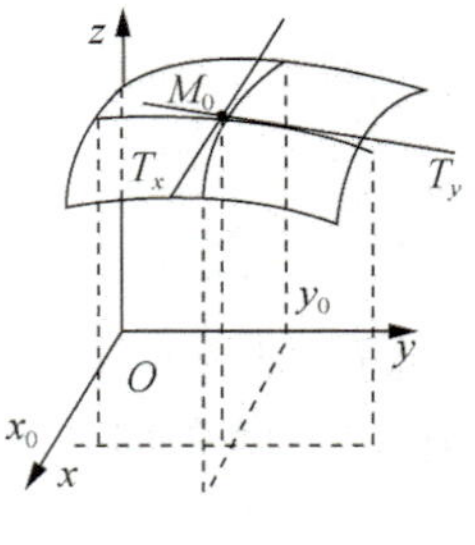

图 6.13

例 6.3.4　考察函数

$$z=f(x,y)=\begin{cases}\dfrac{xy}{x^2+y^2}, & x^2+y^2\neq0,\\ 0, & x^2+y^2=0\end{cases}$$

在点(0,0)处的偏导数.

解　$f_x(0,0)=\lim\limits_{\Delta x\to0}\frac{f(0+\Delta x,0)-f(0,0)}{\Delta x}=\lim\limits_{\Delta x\to0}\frac{0-0}{\Delta x}=0$，

同样有

$$f_y(0,0)=\lim_{\Delta y\to0}\frac{f(0,0+\Delta y)-f(0,0)}{\Delta y}=\lim_{\Delta y\to0}\frac{0-0}{\Delta y}=0,$$

即函数在点(0,0)处的两个偏导数都存在. 但由 6.2 节讨论知道，该函数在点(0,0)处是不连续的.

二、高阶偏导数

一般说来，二元函数的偏导数$\frac{\partial z}{\partial x}$，$\frac{\partial z}{\partial y}$仍是关于$x$，$y$的二元函数，若它们的偏导数存在，则称它们的偏导数为$f(x,y)$的**二阶偏导数**. 记作

$$\frac{\partial^2 z}{\partial x^2}=\frac{\partial}{\partial x}\left(\frac{\partial z}{\partial x}\right),\quad \frac{\partial^2 z}{\partial x\partial y}=\frac{\partial}{\partial y}\left(\frac{\partial z}{\partial x}\right),\quad \frac{\partial^2 z}{\partial y\partial x}=\frac{\partial}{\partial x}\left(\frac{\partial z}{\partial y}\right),\quad \frac{\partial^2 z}{\partial y^2}=\frac{\partial}{\partial y}\left(\frac{\partial z}{\partial y}\right),$$

或z_{xx}，z_{xy}，z_{yx}，z_{yy}或$f_{xx}(x,y)$，$f_{xy}(x,y)$，$f_{yx}(x,y)$，$f_{yy}(x,y)$.

类似地，可以定义更高阶的偏导数，如

$$\frac{\partial}{\partial x}\left(\frac{\partial^2 z}{\partial x^2}\right)=\frac{\partial^3 z}{\partial x^3},\quad \frac{\partial}{\partial y}\left(\frac{\partial^2 z}{\partial x^2}\right)=\frac{\partial^3 z}{\partial x^2\partial y},\quad \frac{\partial}{\partial x}\left(\frac{\partial^2 z}{\partial x\partial y}\right)=\frac{\partial^3 z}{\partial x\partial y\partial x}.$$

称二阶偏导数$\frac{\partial^2 z}{\partial x\partial y}$，$\frac{\partial^2 z}{\partial y\partial x}$为**混合偏导数**，二阶及二阶以上的偏导数统称为**高阶偏导数**.

例 6.3.5 求$z=f(x,y)=xy^2-4x^2y^2+y^5$的四个二阶偏导数.

解 $\frac{\partial z}{\partial x}=y^2-8xy^2$，$\frac{\partial z}{\partial y}=2xy-8x^2y+5y^4$，

$$\frac{\partial^2 z}{\partial x^2}=\frac{\partial}{\partial x}\left(\frac{\partial z}{\partial x}\right)=-8y^2,\quad \frac{\partial^2 z}{\partial x\partial y}=\frac{\partial}{\partial y}\left(\frac{\partial z}{\partial x}\right)=2y-16xy,$$

$$\frac{\partial^2 z}{\partial y\partial x}=\frac{\partial}{\partial x}\left(\frac{\partial z}{\partial y}\right)=2y-16xy,\quad \frac{\partial^2 z}{\partial y^2}=\frac{\partial}{\partial y}\left(\frac{\partial z}{\partial y}\right)=2x-8x^2+20y^3.$$

对于例 6.3.5 有$\frac{\partial^2 z}{\partial x\partial y}=\frac{\partial^2 z}{\partial y\partial x}$. 一般地，若混合偏导数$\frac{\partial^2 z}{\partial x\partial y}$，$\frac{\partial^2 z}{\partial y\partial x}$连续，则$\frac{\partial^2 z}{\partial x\partial y}=\frac{\partial^2 z}{\partial y\partial x}$. 这时混合偏导数与求导顺序无关.

例 6.3.6 求$z=x^2ye^y$的二阶偏导数.

解 $\frac{\partial z}{\partial x}=2xye^y$，$\frac{\partial z}{\partial y}=x^2(e^y+ye^y)$，$\frac{\partial^2 z}{\partial x^2}=2ye^y$，$\frac{\partial^2 z}{\partial x\partial y}=2x(e^y+ye^y)$，

$$\frac{\partial^2 z}{\partial y^2}=x^2(e^y+e^y+ye^y)=x^2(2+y)e^y.$$

例 6.3.7 设$z=\ln\sqrt{x^2+y^2}$，求$\frac{\partial^2 z}{\partial x^2}$，$\frac{\partial^2 z}{\partial x\partial y}$，$\frac{\partial^2 z}{\partial y^2}$，并验证$\frac{\partial^2 z}{\partial x^2}+\frac{\partial^2 z}{\partial y^2}=0$(拉普拉斯方程).

解 $\frac{\partial z}{\partial x}=\frac{x}{x^2+y^2}$，$\frac{\partial z}{\partial y}=\frac{y}{x^2+y^2}$，

$$\frac{\partial^2 z}{\partial x^2}=\frac{1\cdot(x^2+y^2)-x\cdot 2x}{(x^2+y^2)^2}=\frac{y^2-x^2}{(x^2+y^2)^2},$$

$$\frac{\partial^2 z}{\partial x\partial y}=\frac{0\cdot(x^2+y^2)-x\cdot 2y}{(x^2+y^2)^2}=-\frac{2xy}{(x^2+y^2)^2},$$

$$\frac{\partial^2 z}{\partial y^2}=\frac{1\cdot(x^2+y^2)-y\cdot 2y}{(x^2+y^2)^2}=\frac{x^2-y^2}{(x^2+y^2)^2},$$

$$\frac{\partial^2 z}{\partial x^2}+\frac{\partial^2 z}{\partial y^2}=\frac{y^2-x^2}{(x^2+y^2)^2}+\frac{x^2-y^2}{(x^2+y^2)^2}=0.$$

例 6.3.8　求 $z=\arctan\frac{y}{x}$的二阶混合偏导数以及$\frac{\partial^3 z}{\partial x^2\partial y}$.

解　$\frac{\partial z}{\partial x}=\frac{1}{1+\left(\frac{y}{x}\right)^2}\cdot y\cdot\left(-\frac{1}{x^2}\right)=\frac{-y}{x^2+y^2}$，　$\frac{\partial^2 z}{\partial x^2}=\frac{2xy}{(x^2+y^2)^2}$，

$$\frac{\partial^3 z}{\partial x^2\partial y}=\frac{\partial}{\partial y}\left(\frac{\partial^2 z}{\partial x^2}\right)=\frac{2x(x^2+y^2)^2-2xy\cdot 2(x^2+y^2)\cdot 2y}{(x^2+y^2)^4}=\frac{2x(x^2-3y^2)}{(x^2+y^2)^3}.$$

习 题 6.3

1. 设 $z=xy$,用定义求在点(x_0,y_0)的$\frac{\partial z}{\partial x},\frac{\partial z}{\partial y}$,并求$\left.\frac{\partial z}{\partial x}\right|_{(2,0)},\left.\frac{\partial z}{\partial y}\right|_{(2,0)}$.

2. 设 $f(x,y)=\sin(xy+y)$,用定义写出在点(x_0,y_0)的$\frac{\partial z}{\partial x},\frac{\partial z}{\partial y}$的表达式.

3. 已知 $s=\sqrt{b^2-x^2}$(b 为正常数)与 $z=\sqrt{y^2-x^2}$.

(1) 求$\frac{\mathrm{d}s}{\mathrm{d}x},\frac{\partial z}{\partial x}$,并比较求法与结果;(2) 求$\left.\frac{\mathrm{d}s}{\mathrm{d}x}\right|_{x=\frac{b}{2}},\left.\frac{\partial z}{\partial x}\right|_{\left(\frac{b}{2},b\right)}$,并说明它们的几何意义.

4. 求下列函数在指定点的偏导数:

(1)$f(x,y)=(x^{2y}-xy^2)^2$,求$\left.\frac{\partial f}{\partial x}\right|_{(2,3)},\left.\frac{\partial f}{\partial y}\right|_{(2,3)}$;

(2)$h(x,y)=\arctan\frac{y}{x}$,求$\left.\frac{\partial h}{\partial x}\right|_{(3,1)},\left.\frac{\partial h}{\partial y}\right|_{(3,1)}$.

5. 证明当 $u=\sqrt{x^2+y^2+z^2}$时,有$\left(\frac{\partial u}{\partial x}\right)^2+\left(\frac{\partial u}{\partial y}\right)^2+\left(\frac{\partial u}{\partial z}\right)^2=1$.

6. 求下列函数的偏导数:

(1)$z=\frac{x^{\sin y}}{y}$;　(2)$z=\log_x y$;　(3)$s=\frac{u^2+v^2}{uv}$;

(4)$z=\mathrm{e}^{ax}\sin by$;　(5)$u=x^{\frac{z}{y}}$;　(6)$u=x\mathrm{e}^{\pi xyz}$.

7. 求下列函数的二阶偏导数:

(1)$z=\frac{x}{x^2+y^2}$;　(2)$z=y^x$;

(3)$z=\sqrt{x}y+xy^4$;　(4)$z=\ln(\mathrm{e}^x+\mathrm{e}^y)$.

8. 设 $u=x^{y\sin z}$,求$\frac{\partial^2 u}{\partial z\partial x}$.

9. 设 $z=\mathrm{e}^{xy}\cos x$,求$\frac{\partial^3 z}{\partial x\partial y^2}$.

10. 设 $u=xy^2+yz^2+zx^2$,求$\left.\frac{\partial^2 u}{\partial x^2}\right|_{(0,0,1)},\left.\frac{\partial^2 u}{\partial x\partial z}\right|_{(1,0,2)},\left.\frac{\partial^2 u}{\partial y\partial z}\right|_{(0,-1,0)}$以及$\left.\frac{\partial^3 u}{\partial z^2\partial x}\right|_{(2,0,1)}$.

11. 设$\frac{1}{u^2}=x^2+y^2+z^2$,求证$\frac{\partial^2 u}{\partial x^2}+\frac{\partial^2 u}{\partial y^2}+\frac{\partial^2 u}{\partial z^2}=0$.

6.4 全 微 分

一、全微分的概念

设矩形的长、宽分别为 x、y，则矩形面积为 $s=xy$. 当 x 与 y 取得增量 Δx 与 Δy 时，则矩形面积的全增量为

$$\Delta s=(x+\Delta x)(y+\Delta y)-xy=y\Delta x+x\Delta y+\Delta x\Delta y,$$

显然 Δs 中的第一部分 $y\Delta x+x\Delta y$ 是关于 Δx、Δy 的线性函数，第二部分 $\Delta x\Delta y$ 是比 $\rho=\sqrt{(\Delta x)^2+(\Delta y)^2}$ 高阶的无穷小，所以有

$$\Delta s=y\Delta x+x\Delta y+o(\rho).$$

对于一般二元函数，引入如下全微分的定义.

定义 6.4.1 若函数 $z=f(x,y)$ 的全改变量 $\Delta z=f(x+\Delta x,y+\Delta y)-f(x,y)$ 可以表示为

$$\Delta z=A\Delta x+B\Delta y+o(\rho),$$

其中 A,B 是与 $\Delta x,\Delta y$ 无关的量，$\rho=\sqrt{(\Delta x)^2+(\Delta y)^2}$，则称函数 $z=f(x,y)$ 在点 (x,y) 处**可微**，称 $A\Delta x+B\Delta y$ 为函数 $f(x,y)$ 在点 (x,y) 处的**全微分**，记作 $\mathrm{d}z$ 或 $\mathrm{d}f(x,y)$. 即

$$\mathrm{d}z=\mathrm{d}f(x,y)=A\Delta x+B\Delta y.$$

如果函数 $z=f(x,y)$ 在区域 D 内每一点都可微分，则称函数 $z=f(x,y)$ 在区域 D 内可微分.

如果函数 $z=f(x,y)$ 在点 (x,y) 处可微分，即

$$f(x+\Delta x,y+\Delta y)-f(x,y)=A\Delta x+B\Delta y+o(\rho)$$

或

$$f(x+\Delta x,y+\Delta y)=f(x,y)+A\Delta x+B\Delta y+o(\rho),$$

因此

$$\lim_{\substack{\Delta x\to 0\\ \Delta y\to 0}} f(x+\Delta x,y+\Delta y)=\lim_{\substack{\Delta x\to 0\\ \Delta y\to 0}}[f(x,y)+A\Delta x+B\Delta y+o(\rho)]=f(x,y),$$

这说明函数 $z=f(x,y)$ 在点 (x,y) 处连续.

下面讨论函数可微分的条件，并给出上述全微分定义中 A,B 的具体形式.

定理 6.4.1（必要条件） 设函数 $z=f(x,y)$ 在点 (x,y) 处可微，则函数 $f(x,y)$ 在点 (x,y) 处的偏导数存在，且

$$\mathrm{d}z=f_x(x,y)\Delta x+f_y(x,y)\Delta y.$$

证明 设 $z=f(x,y)$ 在点 (x,y) 可微分，则有

$$f(x+\Delta x,y+\Delta y)-f(x,y)=A\Delta x+B\Delta y+o(\rho),$$

取 $\Delta y=0$，得

$$f(x+\Delta x,y)-f(x,y)=A\Delta x+o(|\Delta x|).$$

因此得

$$\lim_{\Delta x\to 0}\frac{f(x+\Delta x,y)-f(x,y)}{\Delta x}=\lim_{\Delta x\to 0}\left(A+\frac{o(|\Delta x|)}{\Delta x}\right)=A,$$

即 $f_x(x,y)$存在，且 $f_x(x,y)=A$. 同理可证 $f_y(x,y)=B$. 从而全微分

$$dz=f_x(x,y)\Delta x+f_y(x,y)\Delta y.$$

显然自变量 x、y 的全微分分别为 $dx=1\cdot\Delta x+0\cdot\Delta y=\Delta x$，$dy=0\cdot\Delta x+1\cdot\Delta y=\Delta y$. 因此可微分的函数 $z=f(x,y)$的全微分可写成

$$dz=f_x(x,y)dx+f_y(x,y)dy=\frac{\partial z}{\partial x}dx+\frac{\partial z}{\partial y}dy.$$

对于一般的 n 元函数可与二元函数类似地定义全微分. 如设三元函数 $u=f(x,y,z)$可微，则该函数的全微分为

$$du=\frac{\partial u}{\partial x}dx+\frac{\partial u}{\partial y}dy+\frac{\partial u}{\partial z}dz.$$

定理 6.4.2（充分条件） 如果函数 $z=f(x,y)$的偏导数$\frac{\partial z}{\partial x}$、$\frac{\partial z}{\partial y}$在点$(x,y)$连续，则函数在该点可微.

注意 如果一个函数 $z=f(x,y)$偏导数存在，函数不一定可微分. 例如，函数

$$f(x,y)=\begin{cases}\dfrac{xy}{\sqrt{x^2+y^2}}, & x^2+y^2\neq 0,\\ 0, & x^2+y^2=0,\end{cases}$$

在$(0,0)$处的偏导数存在，且 $f_x(0,0)=0$，$f_y(0,0)=0$，从而

$$\Delta z-[f_x(0,0)\Delta x+f_y(0,0)\Delta y]=\frac{\Delta x\cdot\Delta y}{\sqrt{(\Delta x)^2+(\Delta y)^2}},$$

但是

$$\lim_{\rho\to 0}\frac{\dfrac{\Delta x\cdot\Delta y}{\sqrt{(\Delta x)^2+(\Delta y)^2}}}{\rho}=\lim_{\rho\to 0}\frac{\Delta x\cdot\Delta y}{(\Delta x)^2+(\Delta y)^2}$$

不存在，即 $\Delta z-[f_x(0,0)\Delta x+f_y(0,0)\Delta y]$不能表示为比 ρ 高阶的无穷小，故函数 $z=f(x,y)$在$(0,0)$处是不可微的.

例 6.4.1 求 $z=\arccos\sqrt{\frac{x}{y}}$，$y>0$，$x>0$ 的全微分 dz.

解 因为

$$\frac{\partial z}{\partial x}=-\frac{1}{2\sqrt{x}\sqrt{y-x}},\quad \frac{\partial z}{\partial y}=\frac{\sqrt{x}}{2y\sqrt{y-x}},$$

在$\{(x,y)\mid x>0,y>0,y>x\}$连续，所以

$$dz=\frac{\partial z}{\partial x}dx+\frac{\partial z}{\partial y}dy=-\frac{1}{2\sqrt{x}\sqrt{y-x}}dx+\frac{\sqrt{x}}{2y\sqrt{y-x}}dy$$

$$=\frac{1}{2\sqrt{y-x}}\left(-\frac{1}{\sqrt{x}}dx+\frac{\sqrt{x}}{y}dy\right).$$

例 6.4.2 设 $z=f(x,y)=xy^2e^x$. (1)求该函数的全微分;(2)求该函数在点(1,2)的全微分;(3)当 $\Delta x=0.2,\Delta y=0.1$ 时,求该函数在点(1,2)的全微分.

解 (1)因为

$$\frac{\partial z}{\partial x}=y^2(1+x)e^x,\quad \frac{\partial z}{\partial y}=2xye^x,$$

在 $\mathbf{R}^2$ 上连续,所以

$$dz=y^2(1+x)e^xdx+2xye^xdy=ye^x[y(1+x)dx+2xdy].$$

(2) $dz\Big|_{\substack{x=1\\y=2}}=2e[2(1+1)dx+2dy]=4e(2dx+dy).$

(3) 当 $\Delta x=0.2,\Delta y=0.1$ 时,该函数在点(1,2)的全微分 $dz\Big|_{\substack{(x,y)=(1,2)\\(\Delta x,\Delta y)=(0.2,0.1)}}=2e.$

例 6.4.3 设 $u=\ln(x^xy^yz^z)$,求 du

解 因为

$$\frac{\partial u}{\partial x}=1+\ln x,\quad \frac{\partial u}{\partial y}=1+\ln y,\quad \frac{\partial u}{\partial z}=1+\ln z,$$

在 $\{(x,y,z)\,|\,x>0,y>0,z>0\}$ 连续,所以

$$du=(1+\ln x)dx+(1+\ln y)dy+(1+\ln z)dz.$$

二、全微分在近似计算中的应用

若函数 $z=f(x,y)$ 在点 (x_0,y_0) 处可微,则

$$\Delta z=f(x_0+\Delta x,y_0+\Delta y)-f(x_0,y_0)=f_x(x_0,y_0)\Delta x+f_y(x_0,y_0)\Delta y+o(\rho),$$

当 $|\Delta x|,|\Delta y|$ 很小时,有

$$f(x_0+\Delta x,y_0+\Delta y)-f(x_0,y_0)\approx f_x(x_0,y_0)\Delta x+f_y(x_0,y_0)\Delta y$$

或

$$f(x_0+\Delta x,y_0+\Delta y)\approx f(x_0,y_0)+f_x(x_0,y_0)\Delta x+f_y(x_0,y_0)\Delta y.$$

例 6.4.4 计算 $0.99^{2.02}$ 的近似值.

解 设 $f(x,y)=x^y$,则 $f_x=yx^{y-1},f_y=x^y\ln x$. 由

$$f(x_0+\Delta x,y_0+\Delta y)\approx f(x_0,y_0)+f_x(x_0,y_0)\Delta x+f_y(x_0,y_0)\Delta y,$$

可得

$$(x_0+\Delta x)^{y_0+\Delta y}\approx x_0^{y_0}+y_0x_0^{y_0-1}\Delta x+x_0^{y_0}\ln x_0\Delta y,$$

取 $x_0=1,y_0=2,\Delta x=-0.01,\Delta y=0.02$,得

$$0.99^{2.02}\approx 1^2+2\cdot 1^{2-1}\cdot(-0.01)+1^2\cdot\ln 1\cdot 0.02=0.98$$

习 题 6.4

1. 求下列函数的全微分:

(1) $z=xy^3+x^3y$;　　(2) $z=\sec(xy)$;　　(3) $z=\arctan\frac{x+y}{1-xy}$;

(4) $u=\frac{x\ln y}{z}$;　　(5) $u=x^{yz}$;　　(6) $u=(x-2y)^z$.

2. 求函数 $z=e^{xy}$ 在点(2,1)的全微分.

3. 函数 $z=\ln(x^2+y^2)$ 在条件 $x=2,\Delta x=0.1;y=1,\Delta y=-0.1$ 下的全微分的值.

4. 计算 $\sqrt{(1.97)^3+(1.02)^3}$ 的近似值.

5. 计算 $\sin29°\tan46°$ 的近似值.

6. 一个圆柱形无盖容器,壁与底厚均为 0.1 cm,内半径为 5 cm,内高为 30 cm. 求容器外壳体积的近似值($\pi\approx3.1416$).

7. 设圆锥的底半径 r 从 80 cm 增大到 80.4 cm;高 h 从 160 cm 减少到 159 cm. 近似计算其体积的变化.

6.5　多元复合函数及隐函数的微分法

一、多元复合函数的微分法

对于一元复合函数 $y=f[\varphi(x)]$ 的求导有链式法则:$\frac{dy}{dx}=\frac{dy}{du}\cdot\frac{du}{dx}$,其中 $u=\varphi(x)$,此链式法则可推广到多元函数复合函数.

定理 6.5.1　若函数 $u=\varphi(x,y),v=\psi(x,y)$ 在点 (x,y) 的偏导数存在,并且在对应于 (x,y) 的点 (u,v) 处,函数 $z=f(u,v)$ 可微,则复合函数 $z=f[\varphi(x,y),\psi(x,y)]$ 对 x,y 的偏导数存在,并且

$$\frac{\partial z}{\partial x}=\frac{\partial z}{\partial u}\frac{\partial u}{\partial x}+\frac{\partial z}{\partial v}\frac{\partial v}{\partial x},\quad \frac{\partial z}{\partial y}=\frac{\partial z}{\partial u}\frac{\partial u}{\partial y}+\frac{\partial z}{\partial v}\frac{\partial v}{\partial y}.$$

证明　由函数 $z=f(u,v)$ 可微,得

$$\Delta z=\frac{\partial z}{\partial u}\Delta u+\frac{\partial z}{\partial v}\Delta v+o(\rho),$$

其中 $\rho=\sqrt{(\Delta u)^2+(\Delta v)^2}$.

当 $\Delta y=0$ 时,有

$$\Delta_x z=\frac{\partial z}{\partial u}\Delta_x u+\frac{\partial z}{\partial v}\Delta_x v+o(\rho),$$

其中 $\Delta_x z=z(x+\Delta x,y)-z(x,y),\Delta_x u=u(x+\Delta x,y)-u(x,y),\Delta_x v=v(x+\Delta x,y)-v(x,y),\rho=\sqrt{(\Delta_x u)^2+(\Delta_x v)^2}$. 由此可得

$$\lim_{\Delta x\to0}\frac{\Delta_x z}{\Delta x}=\frac{\partial z}{\partial u}\lim_{\Delta x\to0}\frac{\Delta_x u}{\Delta x}+\frac{\partial z}{\partial v}\lim_{\Delta x\to0}\frac{\Delta_x v}{\Delta x}+\lim_{\Delta x\to0}\frac{o(\rho)}{\Delta x}=\frac{\partial z}{\partial u}\frac{\partial u}{\partial x}+\frac{\partial z}{\partial v}\frac{\partial v}{\partial x},$$

即

$$\frac{\partial z}{\partial x}=\frac{\partial z}{\partial u}\frac{\partial u}{\partial x}+\frac{\partial z}{\partial v}\frac{\partial v}{\partial x}.$$

同理可证

$$\frac{\partial z}{\partial y}=\frac{\partial z}{\partial u}\frac{\partial u}{\partial y}+\frac{\partial z}{\partial v}\frac{\partial v}{\partial y}.$$

该公式可借助反映函数变量关系的图形来记忆. 如图 6.14,从因变量 z 到自变量 x 有两条路径:$z-u-x$ 和 $z-v-x$,故$\frac{\partial z}{\partial x}$中有两个加项,其中路径 $z-u-x$ 与$\frac{\partial z}{\partial u}\frac{\partial u}{\partial x}$对应,$z-v-x$ 与$\frac{\partial z}{\partial v}\frac{\partial v}{\partial x}$对应.

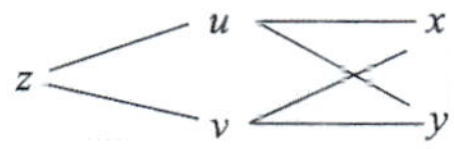

图 6.14

类似地,对于可微的三元函数 $z=f(u,v,w)$,其中 $u=\varphi(x,y)$,$v=\psi(x,y)$,$w=\omega(x,y)$的偏导数存在,其复合函数 $z=f[\varphi(x,y),\psi(x,y),\omega(x,y)]$对 x,y 的偏导数为

$$\frac{\partial z}{\partial x}=\frac{\partial z}{\partial u}\cdot\frac{\partial u}{\partial x}+\frac{\partial z}{\partial v}\cdot\frac{\partial v}{\partial x}+\frac{\partial z}{\partial w}\cdot\frac{\partial w}{\partial x},\quad \frac{\partial z}{\partial y}=\frac{\partial z}{\partial u}\cdot\frac{\partial u}{\partial y}+\frac{\partial z}{\partial v}\cdot\frac{\partial v}{\partial y}+\frac{\partial z}{\partial w}\cdot\frac{\partial w}{\partial y}.$$

例 6.5.1 设 $z=\sin u\ln v$,$u=xy^2$,$v=x^2+y$,求$\frac{\partial z}{\partial x}$,$\frac{\partial z}{\partial y}$.

解 $\frac{\partial z}{\partial u}=\cos u\ln v$,$\frac{\partial z}{\partial v}=\frac{\sin u}{v}$,$\frac{\partial u}{\partial x}=y^2$,$\frac{\partial u}{\partial y}=2xy$,$\frac{\partial v}{\partial x}=2x$,$\frac{\partial v}{\partial y}=1$.

$$\begin{aligned}\frac{\partial z}{\partial x}&=\frac{\partial z}{\partial u}\frac{\partial u}{\partial x}+\frac{\partial z}{\partial v}\frac{\partial v}{\partial x}=\cos u\ln v\cdot y^2+\frac{\sin u}{v}\cdot 2x\\&=y^2\cos(xy^2)\ln(x^2+y)-\frac{2x\sin(xy^2)}{x^2+y},\end{aligned}$$

$$\begin{aligned}\frac{\partial z}{\partial y}&=\frac{\partial z}{\partial u}\frac{\partial u}{\partial y}+\frac{\partial z}{\partial v}\frac{\partial v}{\partial y}=\cos u\ln v\cdot 2xy+\frac{\sin u}{v}\cdot 1\\&=2xy\cos(xy^2)\ln(x^2+y)+\frac{\sin(xy^2)}{x^2+y}.\end{aligned}$$

例 6.5.2 设 $z=f(x+y^2,y+x^2)$,且 f 具有连续的偏导数,求$\frac{\partial z}{\partial x}$,$\frac{\partial z}{\partial y}$.

解 设 $u=x+y^2$,$v=y+x^2$,则 $z=f(u,v)$.

$$\frac{\partial z}{\partial x}=\frac{\partial z}{\partial u}\frac{\partial u}{\partial x}+\frac{\partial z}{\partial v}\frac{\partial v}{\partial x}=f_u\cdot 1+f_v\cdot 2x=f_u+2xf_v,$$

$$\frac{\partial z}{\partial y}=\frac{\partial z}{\partial u}\frac{\partial u}{\partial y}+\frac{\partial z}{\partial v}\frac{\partial v}{\partial y}=f_u\cdot 2y+f_v\cdot 1=2yf_u+f_v.$$

特殊的情形:

(1)若函数 $z=f(u,v)$可微,$u=\varphi(x)$,$v=\psi(x)$可导,则 $z=f[\varphi(x),\psi(x)]$的导数为

$$\frac{\mathrm{d}z}{\mathrm{d}x}=\frac{\partial z}{\partial u}\frac{\mathrm{d}u}{\mathrm{d}x}+\frac{\partial z}{\partial v}\frac{\mathrm{d}v}{\mathrm{d}x},$$

称之为函数 $z=f[\varphi(x),\psi(x)]$的全导数.

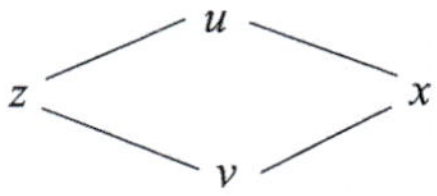

图 6.15

(2)若函数 $z=f(x,y)$可微,$y=\varphi(x)$可导,则 $z=f[x,\varphi(x)]$的导数为

$$\frac{\mathrm{d}z}{\mathrm{d}x}=\frac{\partial z}{\partial x}+\frac{\partial z}{\partial y}\frac{\mathrm{d}y}{\mathrm{d}x}.$$

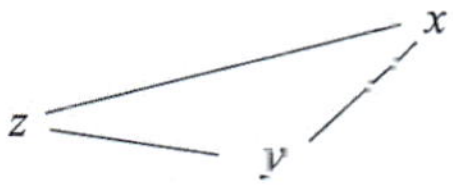

图 6.16

(3) 若 $w=f(u)$ 可微，$u=\varphi(x,y)$ 的偏导数存在，则 $w=f[\varphi(x,y)]$ 的偏导数为

$$\frac{\partial w}{\partial x}=\frac{dw}{du}\cdot\frac{\partial u}{\partial x},\quad \frac{\partial w}{\partial y}=\frac{dw}{du}\cdot\frac{\partial u}{\partial y}.$$

例 6.5.3　设 $z=u^2 2^v$，$u=\ln t$，$v=\sin t$，求 $\frac{\mathrm{d}z}{\mathrm{d}t}$.

解　$\frac{\mathrm{d}z}{\mathrm{d}t}=\frac{\partial z}{\partial u}\frac{\mathrm{d}u}{\mathrm{d}t}+\frac{\partial z}{\partial v}\frac{\mathrm{d}v}{\mathrm{d}t}=2u2^v\cdot\frac{1}{t}+u^2 2^v\ln 2\cdot\cos t=\frac{2^{1+\sin t}\ln t}{t}+\ln^2 t\cdot 2^{\sin t}\cos t\cdot\ln 2.$

例 6.5.4*　设 $z=f(x+y,xy)$，其中 f 具有连续偏导数，求 $\frac{\partial z}{\partial x},\frac{\partial z}{\partial y},\frac{\partial^2 z}{\partial x\partial y}$.

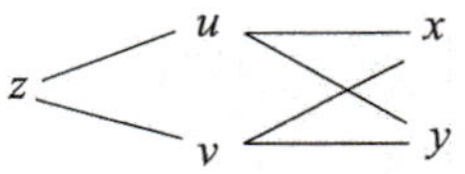

图 6.17

解　设 $u=x+y$，$v=xy$，则 $z=f(u,v)$

$$\frac{\partial z}{\partial x}=f_u+yf_v,\quad \frac{\partial z}{\partial y}=f_u+xf_v.$$

$$\begin{aligned}\frac{\partial^2 z}{\partial x\partial y}&=\frac{\partial}{\partial y}\left(\frac{\partial z}{\partial x}\right)=\frac{\partial}{\partial y}(f_u+yf_v)\\&=\frac{\partial}{\partial y}(f_u)+f_v+y\frac{\partial}{\partial y}(f_v)\\&=f_{uu}\frac{\partial u}{\partial y}+f_{uv}\frac{\partial v}{\partial y}+f_v+y\left(f_{vu}\frac{\partial u}{\partial y}+f_{vv}\frac{\partial v}{\partial y}\right)\\&=f_{uu}+xf_{uv}+f_v+y(f_{vu}+xf_{vv})\\&=f_{uu}+(x+y)f_{uv}+xyf_{vv}+f_v.\end{aligned}$$

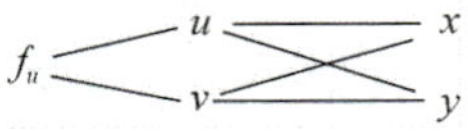

图 6.18

例 6.5.5　设 $w=f(x+y+z,xyz)$，f 具有二阶连续偏导数，求 $\frac{\partial w}{\partial x},\frac{\partial^2 w}{\partial x\partial z}$.

解　令 $u=x+y+z$，$v=xyz$，并引入记号

$$f'_1=\frac{\partial f(u,v)}{\partial u},\quad f'_2=\frac{\partial f(u,v)}{\partial v},$$

得

$$\frac{\partial w}{\partial x}=\frac{\partial f}{\partial u}\cdot\frac{\partial u}{\partial x}+\frac{\partial f}{\partial v}\cdot\frac{\partial v}{\partial x}=f'_1+yzf'_2.$$

再记 $f''_{11}=\frac{\partial^2 f(u,v)}{\partial u^2}$，$f''_{12}=\frac{\partial^2 f(u,v)}{\partial u\partial v}$，$f''_{21}=\frac{\partial^2 f(u,v)}{\partial v\partial u}$，$f''_{22}=\frac{\partial^2 f(u,v)}{\partial v^2}$，得

$$\begin{aligned}\frac{\partial^2 w}{\partial x\partial z}&=\frac{\partial}{\partial z}(f'_1+yzf'_2)=\frac{\partial f'_1}{\partial z}+yf'_2+yz\frac{\partial f'_2}{\partial z}\\&=f'_{11}+xyf''_{12}+yf'_2+yz(f''_{21}+xyf''_{22})\\&=f'_{11}+y(x+z)f''_{12}+xy^2zf''_{22}+yf'_2.\end{aligned}$$

例 6.5.6　设 $z=f(x,xy,u)$，$u=\varphi(x,y)$，且 f,φ 的偏导数存在，求 $\frac{\partial z}{\partial x},\frac{\partial z}{\partial y}$.

解　$\frac{\partial z}{\partial x}=f'_1+f'_2\cdot y+f'_3\cdot\frac{\partial u}{\partial x},\quad \frac{\partial z}{\partial y}=f'_2\cdot x+f'_3\cdot\frac{\partial u}{\partial y}.$

例 6.5.7 设 $z=\int_0^{x^3y}\tan t\mathrm{d}t$,求$\frac{\partial z}{\partial x},\frac{\partial z}{\partial y}$.

解 令 $u=x^3y$,则 $z=\phi(u)=\int_0^u\tan t\mathrm{d}t$, 从而

$$\frac{\partial z}{\partial x}=\phi'(u)\frac{\partial u}{\partial x}=\tan u\cdot 3x^2y=3x^2y\tan x^3y,$$

$$\frac{\partial z}{\partial y}=\phi'(u)\frac{\partial u}{\partial y}=\tan u\cdot x^3=x^3\tan x^3y.$$

二、全微分形式不变性

设 $z=f(u,v)$具有连续偏导数,则有全微分

$$\mathrm{d}z=\frac{\partial z}{\partial u}\mathrm{d}u+\frac{\partial z}{\partial v}\mathrm{d}v,$$

若 $u=\varphi(x,y),v=\psi(x,y)$可微,则复合函数

$$z=f[\varphi(x,y),\psi(x,y)]$$

的全微分为

$$\mathrm{d}z=\frac{\partial z}{\partial x}\mathrm{d}x+\frac{\partial z}{\partial y}\mathrm{d}y,$$

由复合函数的偏导数公式,得

$$\begin{aligned}\mathrm{d}z&=\left(\frac{\partial z}{\partial u}\cdot\frac{\partial u}{\partial x}+\frac{\partial z}{\partial v}\cdot\frac{\partial v}{\partial x}\right)\mathrm{d}x+\left(\frac{\partial z}{\partial u}\cdot\frac{\partial u}{\partial y}+\frac{\partial z}{\partial v}\cdot\frac{\partial v}{\partial y}\right)\mathrm{d}y\\&=\frac{\partial z}{\partial u}\left(\frac{\partial u}{\partial x}\mathrm{d}x+\frac{\partial u}{\partial y}\mathrm{d}y\right)+\frac{\partial z}{\partial v}\left(\frac{\partial v}{\partial x}\mathrm{d}x+\frac{\partial v}{\partial y}\mathrm{d}y\right)\\&=\frac{\partial z}{\partial u}\mathrm{d}u+\frac{\partial z}{\partial v}\mathrm{d}v.\end{aligned}$$

由此可见,无论 u、v 是自变量还是中间变量,函数 $z=f(u,v)$的全微分都具有如下形式

$$\mathrm{d}z=\frac{\partial z}{\partial u}\mathrm{d}u+\frac{\partial z}{\partial v}\mathrm{d}v,$$

此性质称为**全微分形式不变性**.

例 6.5.8 求函数 $z=(\sin x)\ln(x-3y)$的全微分和偏导数.

解 根据微分运算法则得

$$\begin{aligned}\mathrm{d}z&=\mathrm{d}(\sin x)\cdot\ln(x-3y)+(\sin x)\mathrm{d}[\ln(x-3y)]\\&=(\cos x)\mathrm{d}x\cdot\ln(x-3y)+\sin x\cdot\frac{1}{x-3y}\cdot\mathrm{d}(x-3y)\\&=(\cos x)\cdot\ln(x-3y)\mathrm{d}x+\frac{\sin x}{x-3y}\cdot(\mathrm{d}x-3\mathrm{d}y)\end{aligned}$$

$$=[\cos x\cdot\ln(x-3y)+\frac{\sin x}{x-3y}]\mathrm{d}x-\frac{3\sin x}{x-3y}\mathrm{d}y,$$

因此

$$\frac{\partial z}{\partial x}=\cos x\cdot\ln(x-3y)+\frac{\sin x}{x-3y},\quad \frac{\partial z}{\partial y}=-\frac{3\sin x}{x-3y}.$$

三、隐函数微分法

在 2.4 节介绍了利用复合函数求导法求由方程 $F(x,y)=0$ 确定的隐函数 $y=f(x)$ 的导数方法,但没有给出导数的一般公式.下面利用多元复合函数微分法导出一元隐函数的导数公式,并将其推广到多元隐函数.

设 $F(x,y)$ 具有连续的偏导数,且 $F_y(x,y)\neq 0$,而函数 $y=f(x)$ 是由方程 $F(x,y)=0$ 所确定的隐函数,则

$$F[x,f(x)]\equiv 0,$$

两边对 x 求导数,得

$$F_x+F_y\frac{\mathrm{d}y}{\mathrm{d}x}=0,$$

因此得

$$\frac{\mathrm{d}y}{\mathrm{d}x}=-\frac{F_x}{F_y}.$$

例 6.5.9　设函数 $y=f(x)$ 由方程 $\sin y+\mathrm{e}^x-xy^2=0$ 确定,求 $\frac{\mathrm{d}y}{\mathrm{d}x}$.

解　设 $F(x,y)=\sin y+\mathrm{e}^x-xy^2$,则 $F_x=\mathrm{e}^x-y^2$,$F_y=\cos y-2xy$,从而

$$\frac{\mathrm{d}y}{\mathrm{d}x}=-\frac{F_x}{F_y}=-\frac{\mathrm{e}^x-y^2}{\cos y-2xy}=\frac{y^2-\mathrm{e}^x}{\cos y-2xy}.$$

类似地,对于二元隐函数 $z=z(x,y)$ 是由方程 $F(x,y,z)=0$ 所确定的,如果 $F(x,y,z)$ 具有连续偏导数,并且 $F_z(x,y,z)\neq 0$,则有

$$F[x,y,z(x,y)]\equiv 0,$$

方程两边分别对 x 和 y 求偏导数,得

$$F_x+F_z\frac{\partial z}{\partial x}=0,\quad F_y+F_z\frac{\partial z}{\partial y}=0,$$

解得

$$\frac{\partial z}{\partial x}=-\frac{F_x}{F_z},\quad \frac{\partial z}{\partial y}=-\frac{F_y}{F_z}.$$

例 6.5.10　设 $z=z(x,y)$ 由方程 $\sin(xyz)-x^2+y-z^2+1=0$ 确定,求 $\frac{\partial z}{\partial x}$,$\frac{\partial z}{\partial y}$ 及 $\mathrm{d}z$.

解　设 $F(x,y,z)=\sin(xyz)-x^2+y-z^2+1$,则

$$F_x=yz\cos(xyz)-2x,\quad F_y=xz\cos(xyz)+1,\quad F_z=xy\cos(xyz)-2z,$$

所以

$$\frac{\partial z}{\partial x}=-\frac{F_x}{F_z}=-\frac{yz\cos(xyz)-2x}{xy\cos(xyz)-2z},\quad \frac{\partial z}{\partial y}=-\frac{F_y}{F_z}=-\frac{xz\cos(xyz)+1}{xy\cos(xyz)-2z},$$

故

$$\mathrm{d}z=-\frac{yz\cos(xyz)-2x}{xy\cos(xyz)-2z}\mathrm{d}x-\frac{xz\cos(xyz)+1}{xy\cos(xyz)-2z}\mathrm{d}y.$$

例 6.5.11 设 $z=z(x,y)$由方程 $x^2+y^2+z^2=4z$ 确定,求$\frac{\partial^2 z}{\partial x^2}$.

解 设 $F(x,y,z)=x^2+y^2+z^2-4z$,则有

$$\frac{\partial z}{\partial x}=-\frac{F_x}{F_z}=-\frac{2x}{2z-4}=\frac{x}{2-z},$$

从而

$$\frac{\partial^2 z}{\partial x^2}=\frac{\partial}{\partial x}\left(\frac{\partial z}{\partial x}\right)=\frac{\partial}{\partial x}\left(\frac{x}{2-z}\right)=\frac{(2-z)-x\cdot\left(-\frac{\partial z}{\partial x}\right)}{(2-z)^2}$$

$$=\frac{(2-z)+x\cdot\left(\frac{x}{2-z}\right)}{(2-z)^2}=\frac{(2-z)^2+x^2}{(2-z)^3}.$$

例 6.5.12* 设 $x^2+z^2=y\varphi\left(\frac{z}{y}\right)$,其中 $\varphi(u)$是可微函数,求$\frac{\partial z}{\partial y}$.

解 设 $F(x,y,z)=x^2+z^2-y\varphi\left(\frac{z}{y}\right)$,则

$$F_y=-\varphi\left(\frac{z}{y}\right)-y\varphi'\left(\frac{z}{y}\right)\left(-\frac{z}{y^2}\right)=-\varphi\left(\frac{z}{y}\right)+\frac{z}{y}\varphi'\left(\frac{z}{y}\right),$$

$$F_z=2z-y\varphi'\left(\frac{z}{y}\right)\frac{1}{y}=2z-\varphi'\left(\frac{z}{y}\right),$$

从而

$$\frac{\partial z}{\partial y}=-\frac{F_y}{F_z}=\frac{\varphi\left(\frac{z}{y}\right)-\frac{z}{y}\varphi'\left(\frac{z}{y}\right)}{2z-\varphi'\left(\frac{z}{y}\right)}.$$

习 题 6.5

1. 设 $u=\frac{y-z}{1+a^2}\mathrm{e}^{ax}$,$y=a\sin x$,$z=\cos x$,求$\frac{\mathrm{d}u}{\mathrm{d}x}$.

2. 设 $z=\arcsin(x-y)$,$x=3t$,$y=4t^3$,求$\frac{\mathrm{d}z}{\mathrm{d}t}$.

3. 设 $z=u\mathrm{e}^{\frac{u}{v}}$,$u=x^2+y^2$,$v=xy$,求$\frac{\partial z}{\partial x},\frac{\partial z}{\partial y}$.

4. 设 $z=u^2\ln v$,$u=\frac{x}{y}$,$v=3x-2y$,求$\frac{\partial z}{\partial x},\frac{\partial z}{\partial y}$.

5. 设 $z=u^2v-uv^2$,$u=x\sin y$,$v=x\cos y$,求$\frac{\partial z}{\partial x},\frac{\partial z}{\partial y}$.

6. 设 f 具有一阶连续偏导数,求下列函数的一阶偏导数:

(1) $z=f(x,y)$, $x=3u+2v$, $y=4u-2v$;

(2) $z=f(x,y)$, $x=t\cos t$, $y=\ln t$;

(3) $z=f(u,v)$, $u=x^2-y^2$, $v=e^{xy}$;

(4) $u=f(x+xy+xyz)$;

(5) $w=f\left(\frac{x}{y},\frac{y}{z}\right)$.

7. 设 $z=f(x+at,y+bt)$,且 f 具有一阶连续偏导数,证明 $\frac{\partial z}{\partial t}=a\frac{\partial z}{\partial x}+b\frac{\partial z}{\partial y}$.

8. 设 $z=f\left(x,\frac{x}{y}\right)$,且 f 具有二阶连续偏导数,求 $\frac{\partial^2 z}{\partial x\partial y}$.

9. 设 $z=f(x\ln y,x-y)$,且 f 具有二阶连续偏导数,求 $\frac{\partial^2 z}{\partial x^2},\frac{\partial^2 z}{\partial x\partial y},\frac{\partial^2 z}{\partial y^2}$.

10. 设 $x+y-\ln x\ln y-12=0$,求 $\frac{dy}{dx}$.

11. 设 $(x^2+y^2)^2-a^2(x^2-y^2)=0$,求 $\frac{dy}{dx}$.

12. 设 $xz^2-yz^3+xy=0$,求 $\frac{\partial z}{\partial x},\frac{\partial z}{\partial y}$.

13. 设 $x^2\sin y+e^x\arctan z-\sqrt{y}\ln z=3$,求 $\frac{\partial z}{\partial x},\frac{\partial z}{\partial y}$.

14. 设 $z=f(x,y)$ 是由方程 $\varphi(cx-az,cy-bz)=0$ 确定,且 φ 具有连续偏导数,证明 $a\frac{\partial z}{\partial x}+b\frac{\partial z}{\partial y}=c$.

15. 设 $z=\varphi(x,y)$ 是由方程 $x+z=yf(x^2-z^2)$ 确定,且 f 具有连续偏导数,证明 $z\frac{\partial z}{\partial x}+y\frac{\partial z}{\partial y}=x$.

16. 设 $\cos^2 x+\cos^2 y+\cos^2 z=1$,求 dz.

17. 设 $x\sin z+\tan(yz)-\frac{1}{2}=0$,求 dz.

18. 设 $e^z-xy+z-1=0$,求 $\frac{\partial^2 z}{\partial x\partial y}$.

19. 设 $x^2+2y^2+3z^2+xy-z-9=0$,求 $\frac{\partial^2 z}{\partial x^2},\frac{\partial^2 z}{\partial x\partial y},\frac{\partial^2 z}{\partial y^2}$ 在点 $(1,-2,1)$ 处的值.

20. 设 $u=f(x,y,z)$ 有连续偏导数,$y=y(x)$ 和 $z=z(x)$ 分别由方程 $e^{xy}-y=0$ 和 $e^z-xz=0$ 所确定,求 $\frac{du}{dx}$.

6.6　多元函数的极值

一、多元函数的极值

定义 6.6.1　若函数 $f(x,y)$ 对点 (x_0,y_0) 的某一邻域内异于 (x_0,y_0) 的所有点 (x,y),都有

$$f(x,y)<f(x_0,y_0),$$

则称 $f(x_0,y_0)$ 是函数 $f(x,y)$ 的**极大值**；若有

$$f(x,y)>f(x_0,y_0),$$

则称 $f(x_0,y_0)$ 是函数 $f(x,y)$ 的**极小值**.

使函数取得极值的点称为**极值点**，函数的极小值、极大值统称为**极值**.

如函数 $z=3x^2+4y^2$ 在 $(0,0)$ 点处取得极小值；函数 $z=-\sqrt{x^2+y^2}$ 在 $(0,0)$ 点处取得极大值；函数 $z=xy$ 在点 $(0,0)$ 的任一邻域的Ⅰ、Ⅲ象限内取正值，Ⅱ、Ⅳ象限内取负值，所以在 $(0,0)$ 点处既不取得极大值也不取得极小值，即 $(0,0)$ 不是极值点.

与一元函数类似，容易得到下面的多元函数极值存在的必要条件.

定理 6.6.1（必要条件） 若 $f(x,y)$ 在点 (x_0,y_0) 处有极值，且 $f_x(x,y)$，$f_y(x,y)$ 存在，则有

$$f_x(x_0,y_0)=0, \quad f_y(x_0,y_0)=0.$$

证 不妨设 $z=f(x,y)$ 在点 (x_0,y_0) 处取得极大值. 由定义知，在点 (x_0,y_0) 的某邻域内异于 (x_0,y_0) 的点 (x,y)，都有

$$f(x,y)<f(x_0,y_0),$$

特别地，在该邻域内取 $y=y_0$，而 $x\neq x_0$ 的点，也有

$$f(x,y_0)<f(x_0,y_0),$$

即一元函数 $f(x,y_0)$ 在 $x=x_0$ 处取得极大值，因此必有

$$f_x(x_0,y_0)=0,$$

同理可证明

$$f_y(x_0,y_0)=0.$$

称使得 $f_x(x,y)=0, f_y(x,y)=0$ 的点 (x,y) 为函数 $f(x,y)$ 的**驻点**.

注意 在 $f_x(x,y)$，$f_y(x,y)$ 存在的情况下，极值点是驻点，但驻点不一定是极值点，例如，点 $(0,0)$ 是函数 $z=xy$ 的驻点，但函数 $z=xy$ 在 $(0,0)$ 处无极值. 另外偏导数不存在的点也可能是极值点，例如，函数 $z=\sqrt{x^2+y^2}$ 在 $(0,0)$ 处的偏导数不存在，但 $(0,0)$ 是该函数的极小值点.

类似地，可给出 $n(n\geqslant 3)$ 元函数极值的定义，也可将定理 6.6.1 推广到 n 元函数的情形.

下面给出判断一个驻点为极值点的充分条件.

定理 6.6.2（充分条件） 若函数 $f(x,y)$ 在点 (x_0,y_0) 某邻域内有连续的二阶导数，且 (x_0,y_0) 是函数 $f(x,y)$ 的驻点，令 $A=f_{xx}(x_0,y_0)$，$B=f_{xy}(x_0,y_0)$，$C=f_{yy}(x_0,y_0)$.

(1) 若 $AC-B^2>0$，则 $f(x_0,y_0)$ 是极值；并且当 $A=f_{xx}(x_0,y_0)<0$ 时，$f(x_0,y_0)$ 是极大值，当 $A=f_{xx}(x_0,y_0)>0$ 时，$f(x_0,y_0)$ 是极小值；

(2) 若 $AC-B^2<0$，则 $f(x_0,y_0)$ 不是极值；

(3) 若 $AC-B^2=0$，则 $f(x_0,y_0)$ 是否为极值需要用其他的方法判断.

由定理 6.6.1 和定理 6.6.2 可得到，求具有二阶连续偏导数的函数 $f(x,y)$ 的极值步骤为

第一步　解方程组

$$f_x(x_0,y_0)=0,\quad f_y(x_0,y_0)=0,$$

求 $f(x,y)$ 所有驻点.

第二步　对于每一个驻点 (x_0,y_0)，求出其对应的二阶偏导数值 A、B 和 C.

第三步　对于每一个驻点 (x_0,y_0)，确定 $AC-B^2$ 的符号，以判定该点是否为极值点，若为极值点，再按 A 的符号确定是极大值点还是极小值点，并求出极值.

例 6.6.1　求 $f(x,y)=y^3-x^2+6x-12y+5$ 的极值.

解　解方程组

$$\begin{cases} f_x(x,y)=-2x+6=0, \\ f_y(x,y)=3y^2-12=0, \end{cases}$$

得驻点为 $(3,2)$、$(3,-2)$.

求出二阶偏导数：

$$f_{xx}(x,y)=-2,\quad f_{xy}(x,y)=0,\quad f_{yy}(x,y)=6y.$$

在点 $(3,2)$ 处，$A=-2,B=0,C=12,AC-B^2=-24<0$，所以函数在 $(3,2)$ 处无极值.

在点 $(3,-2)$ 处，$A=-2,B=0,C=-12,AC-B^2=24>0$，所以函数在 $(3,-2)$ 处有极值，又 $A=-2<0$，所以函数取得极大值 $f(3,-2)=30$.

二、多元函数的最大值与最小值

如果函数 $f(x,y)$ 在有界闭区域 D 上连续，在 D 内可微且只有有限个驻点，求 $f(x,y)$ 在 D 上最大值与最小值的方法为：首先求 $f(x,y)$ 在 D 内的全部驻点并且求出各驻点处的函数值；然后求出 $f(x,y)$ 在 D 的边界上的最大值和最小值；最后将 $f(x,y)$ 在各驻点处的函数值与 $f(x,y)$ 在 D 的边界上的最大值和最小值相比较，最大者为 $f(x,y)$ 在 D 上的最大值，最小者为 $f(x,y)$ 在 D 上的最小值. 但是在实际问题中常常可以从问题的实际意义得到函数 $f(x,y)$ 在所讨论的范围 D 内取得最大值或最小值，又如果函数 $f(x,y)$ 在 D 内有唯一的驻点，则函数 $f(x,y)$ 在该驻点处取得最大值或最小值.

例 6.6.2　用铁皮制作一个容积为 V 的无盖长方体水箱，问如何设计才能最省材料？

解　设水箱的长、宽和高分别为 x、y 和 z，表面积为 S，则

$$S=xy+2yz+2zx,\quad x>0,\quad y>0,$$

又 $V=xyz$，所以 $z=\dfrac{V}{xy}$，从而

$$S=xy+\frac{2V}{x}+\frac{2V}{y},$$

解方程组

$$\frac{\partial S}{\partial x}=y-\frac{2V}{x^2}=0,\quad \frac{\partial S}{\partial y}=x-\frac{2V}{y^2}=0,$$

得驻点$(\sqrt[3]{2V},\sqrt[3]{2V})$. 根据问题的实际意义，在容积一定的情况下，表面积最小的长方体水箱是存在的，又因为存在唯一的驻点，所以$(\sqrt[3]{2V},\sqrt[3]{2V})$是使 S 取得最小值的点，从而当水箱的长、宽和高分别为$\sqrt[3]{2V}$、$\sqrt[3]{2V}$和$\frac{\sqrt[3]{2V}}{2}$时，所用的材料最省.

例 6.6.3 某企业生产 A、B 两种设备，A、B 设备销售单价分别为 10 万元和 9 万元，已知生产 x 台 A 设备和 y 台 B 设备的总费用为

$$C(x,y)=400+2x+3y+0.01(3x^2+xy+3y^2)\text{（万元）},$$

问两种设备各生产多少台利润最大?

解 由题意得利润函数

$$L(x,y)=10x+9y-[400+2x+3y+0.01(3x^2+xy+3y^2)],$$

解方程组

$$\begin{cases}L_x=10-[2+0.01(6x+y)]=0,\\ L_y=9-[3+0.01(x+6y)]=0,\end{cases}$$

得唯一驻点(120,80). 因此当生产 A、B 两种设备分别为 120 台、80 台时所得利润最大.

★三、条件极值，拉格朗日乘数法

前面讨论的函数极值问题，对自变量除了限制在函数的定义域内，再没有其他限制，称之为无条件极值；但在实际问题中，往往对自变量还有附加的约束条件，这类对自变量附加约束条件的极值问题称为**条件极值问题**.

下面介绍求函数 $z=f(x,y)$在条件 $\varphi(x,y)=0$ 下的极值方法.

设函数 $z=f(x,y)$在(x_0,y_0)取得极值，且 $\varphi(x_0,y_0)=0$，再设 $\varphi_y(x_0,y_0)\neq 0$，由 $\varphi(x,y)=0$确定一个隐函数 $y=\psi(x)$，满足 $y_0=\psi(x_0)$. 因此，$z=f(x,y)$在(x_0,y_0)取得极值等价于 $z=f[x,\psi(x)]$在 x_0处取得极值，从而

$$\left.\frac{\mathrm{d}z}{\mathrm{d}x}\right|_{x=x_0}=f_x(x_0,y_0)+f_y(x_0,y_0)\cdot\left.\frac{\mathrm{d}y}{\mathrm{d}x}\right|_{x=x_0}=0,$$

由于

$$\left.\frac{\mathrm{d}y}{\mathrm{d}x}\right|_{x=x_0}=-\frac{\varphi_x(x_0,y_0)}{\varphi_y(x_0,y_0)},$$

代入得

$$f_x(x_0,y_0)-f_y(x_0,y_0)\cdot\frac{\varphi_x(x_0,y_0)}{\varphi_y(x_0,y_0)}=0.$$

令$-\frac{f_y(x_0,y_0)}{\varphi_y(x_0,y_0)}=\lambda$，则 $z=f(x,y)$在(x_0,y_0)取得极值的必要条件为

$$\begin{cases} f_x(x_0,y_0)+\lambda\varphi_x(x_0,y_0)=0, \\ f_y(x_0,y_0)+\lambda\varphi_y(x_0,y_0)=0, \\ \varphi(x_0,y_0)=0. \end{cases}$$

综合上述的讨论,可得拉格朗日乘数法:

拉格朗日乘数法　求函数 $z=f(x,y)$ 在条件 $\varphi(x,y)=0$ 下的极值.

作拉格朗日函数

$$L(x,y,\lambda)=f(x,y)+\lambda\varphi(x,y),$$

其中 λ 为参数,解方程组

$$\begin{cases} L_x(x,y,\lambda)=f_x(x,y)+\lambda\varphi_x(x,y)=0, \\ L_y(x,y,\lambda)=f_y(x,y)+\lambda\varphi_y(x,y)=0, \\ L_\lambda(x,y,\lambda)=\varphi(x,y)=0, \end{cases}$$

由此解出 x,y 及 λ,其中 (x,y) 就是函数 $z=f(x,y)$ 在条件 $\varphi(x,y)=0$ 下可能取得极值的点.

例 6.6.4　某企业用 A、B 两种原料生产某种产品.已知原料 A 和 B 的单价分别为 1 万元和 2 万元,且 x 单位的 A 原料和 y 单位的 B 原料可生产出该产品 $Q=0.005x^2y$ 单位.若计划投入 150 万元购买这两种原料,问应如何购买这两种原料才能使得生产的产量最高?

解　根据题意,问题归结为求函数 $Q(x,y)=0.005x^2y$ 在约束条件 $x+2y=150$ 下的最大值.作拉格朗日函数

$$L(x,y,\lambda)=0.005x^2y+\lambda(x+2y-150),$$

分别对 x,y,λ 求偏导数并令它们为零,得方程组

$$\begin{cases} L_x=0.01xy+\lambda=0, \\ L_y=0.005x^2y+2\lambda=0, \\ L_\lambda=x+2y-150=0, \end{cases}$$

解之得 $x=100,y=25(\lambda=-25)$,从而得唯一驻点 $(100,25)$,于是当购买 A 原料 100 单位,B 原料 25 单位时,可使产量最高.

例 6.6.5　求表面积为 a^2 而体积为最大的长方体的体积.

解　设长方体的三个棱长分别为 x,y,z,长方体的体积为 V,由题意有

$$V=xyz,\quad x>0,\quad y>0,\quad z>0,$$

且

$$2(xy+yz+xz)-a^2=0,$$

构造拉格朗日函数

$$L(x,y,z,\lambda)=xyz+\lambda(2xy+2yz+2xz-a^2),$$

分别对 x,y,z,λ 求偏导数并令它们为零,得方程组

$$\begin{cases} L_x = yz + 2\lambda(y+z) = 0, \\ L_y = xz + 2\lambda(x+z) = 0, \\ L_z = xy + 2\lambda(x+y) = 0, \\ L_\lambda = 2(xy+yz+zx) - a^2 = 0, \end{cases}$$

由第一、第二和第三个方程可得

$$\frac{x}{y} = \frac{x+z}{y+z}, \quad \frac{y}{z} = \frac{x+y}{x+z},$$

解得 $x=y=z$，代入第四个方程，得 $x=y=z=\frac{\sqrt{6}}{6}a$，即得唯一驻点 $\left(\frac{\sqrt{6}}{6}a, \frac{\sqrt{6}}{6}a, \frac{\sqrt{6}}{6}a\right)$，于是最大体积为 $V=\frac{\sqrt{6}}{36}a^3$.

习 题 6.6

1. 求函数 $z=2xy-3x^2-2y^2$ 的极值.
2. 求函数 $z=x^2+xy+y^2+x-y+1$ 的极值.
3. 求函数 $z=e^{2x}(x+y^2+2y)$ 的极值.
4. 求函数 $z=xy$ 在 $x^2+y^2\leqslant 1$ 上的最大值和最小值.
5. 求表面积为定值 S 而体积最大的长方体的各棱长.
6. 欲修建一条灌溉用渠道，其横断面是一等腰梯形，其面积是一个定数(由水的流量所确定)，若渠道的表面抹一层水泥，问梯形的下底、腰与上底成什么比例时所用的水泥最省？
7. 某厂家生产的一种产品同时在两个市场销售，售价分别为 p_1 和 p_2，销售量分别为 q_1 和 q_2，需求函数分别为 $q_1=24-1.2p_1$ 和 $q_2=10-0.05p_2$，总成本函数为 $C=35+40(q_1+q_2)$，问厂家如何确定两个市场的售价，能使其获得的总利润最大？最大总利润为多少？

★6.7 多元函数微分学应用案例

一、竞争性产品生产中的利润最大化

一家制造计算机的公司计划生产两种产品：一种使用 27 英寸(in，1in=0.0254m)显示器的计算机，而另一种使用 31 英寸显示器的计算机. 除了 400 000 美元的固定费用外，每台 27 英寸显示器的计算机成本为 1950 美元，而 31 英寸的计算机成本为 2250 美元. 制造商建议每台 27 英寸显示器的计算机零售价格为 3390 美元，而 31 英寸的零售价格为 3990 美元. 营销人员估计，在销售这些计算机的竞争市场上，一种类型的计算机每多卖出一台，它的价格就下降 0.1 美元. 此外，一种类型的计算机的销售也会影响另一种类型的销售：每销售一台 31 英寸显示器的计算机，估计 27 英寸显示器的计算机零售价格下降 0.03 美元；每销售一台 27 英寸显示器的计算机，估计 31 英寸显示器的计算机零售价格下降 0.04 美元. 那么该公司应该生产每种计算机多少台，才能使利润最大？

解　设 x,y 分别为生产 27 英寸显示器的计算机和 31 英寸显示器的计算机的数量；P_1,P_2 分别为 27 英寸显示器的计算机和 31 英寸显示器的计算机的零售价格；L 为计算机零售的总利润.

由题意可知，$P_1=3390-0.1x-0.03y$，$P_2=3990-0.04x-0.1y$，则收入为 P_1x+P_2y，总成本为 $400\ 000+1950x+2250y$，从而利润为

$L=(3390-0.1x-0.03y)x+(3990-0.04x-0.1y)y-(400\ 000+1950x+2250y)$，

即

$$L=-0.1x^2-0.1y^2-0.07xy+1440x+1740y-400\ 000\quad(x\geqslant 0,y\geqslant 0),$$

解方程组

$$\begin{cases}L_x=1440-0.2x-0.07y=0,\\ L_y=1740-0.07x-0.2y=0,\end{cases}$$

得 $x=4736$，$y=7043$，即 $(4736,7043)$ 是利润函数 L 的唯一驻点，由该问题的实际意义，函数 L 是存在最大值的，所以 $(4736,7043)$ 是函数 L 的最大值点. 因此该公司应该生产 4736 台 27 英寸显示器的计算机和 7043 台 31 英寸显示器的计算机，才能使利润最大.

二、如何才能使醋酸回收的效果最好

在 A、B 两种物质的溶液中，我们想提取出物质 A，可以采用这样的方法：在 A、B 的溶液中加入第三种物质 C，而 C 与 B 不互溶，利用 A 在 C 中的溶解度较大的特点，将 A 提取出来，这种方法就是化工中的萃取过程.

现在有稀水溶液的醋酸，利用苯作为溶剂，设苯的总体积为 m，进行 3 次萃取来回收醋酸. 问每次应取多少苯量，使得从水溶液中萃取的醋酸最多？

解　设水溶液醋酸的体积为 a，水溶液中醋酸的初始浓度为 x_0，并且设每次萃取时都遵守定律：$y_i=kx_i\,(i=1,2,3)$，其中 k 为常数，y_i、x_i 分别表示第 i 次萃取时苯中的醋酸重量浓度及水溶液中醋酸重量浓度，下标 i 是指萃取的顺序. 设苯的总体积 m 分为 m_1、m_2 和 m_3 三份.

对第一次萃取作醋酸量的平衡计算：醋酸的总量＝苯中醋酸的量＋水溶液中醋酸的量.

由醋酸的物料平衡计算，得

$$ax_0=m_1y_1+ax_1,$$

再结合萃取时遵守的定律，得

$$x_1=\frac{ax_0}{a+m_1k},$$

同理，对第二、第三次萃取分别有

$$x_2=\frac{ax_1}{a+m_2k},\quad x_3=\frac{ax_2}{a+m_3k},$$

由此可得

$$x_3=\frac{a^3x_0}{(a+m_1k)(a+m_2k)(a+m_3k)}.$$

为了在一定苯量时得到最完全的萃取，x_3应为极小值.

为此，设 $u=(a+m_1k)(a+m_2k)(a+m_3k)$，现在求函数 u 在条件 $m_1+m_2+m_3=m$ 下的极大值.

构造拉格朗日函数 $L=(a+m_1k)(a+m_2k)(a+m_3k)+\lambda(m_1+m_2+m_3-m)$，分别对 m_1,m_2,m_3及 λ 求偏导数，令它们为零，得方程组

$$\begin{cases}\dfrac{\partial L}{\partial m_1}=k(a+m_2k)(a+m_3k)+\lambda=0,\\ \dfrac{\partial L}{\partial m_2}=k(a+m_1k)(a+m_3k)+\lambda=0,\\ \dfrac{\partial L}{\partial m_3}=k(a+m_1k)(a+m_2k)+\lambda=0,\\ \dfrac{\partial L}{\partial \lambda}=m_1+m_2+m_3-m=0,\end{cases}$$

解得 $m_1=m_2=m_3=\dfrac{m}{3}$. 因此进行 3 次萃取来回收醋酸. 每次取$\dfrac{m}{3}$苯量，可使从水溶液中萃取的醋酸最多.

三、绿地喷浇设施的节水构想

城市水资源问题正随着城市现代化的加速变得日益突出，亟待采取措施进行综合治理. 缓解缺水状况无外乎两种方式，一是开源，二是节流. 开源是一个巨大而又复杂的整体工程，节流则需从小处着眼，汇细流而成大海. 公共绿地的浇灌是一个长期而又大量的用水项目，目前有移动水车浇灌和固定喷水龙头旋转喷浇两种方式. 移动水车主要用于道路两侧狭长绿地的浇灌，固定喷水龙头主要用于公园、小区、广场等观赏性绿地的喷浇. 观赏性绿地的草根很短，根系寻水性能差，不能蓄水，故喷水龙头的喷浇区域要保证对绿地的全面覆盖. 据观察，绿地喷水龙头分布方式和喷射半径的设定具有较大的随意性. 本例考虑将龙头的喷射半径设定为可变量，通过对各喷头喷射半径的优化设定，可以使有效覆盖率更高.

解 假设喷水龙头对半径内的绿地做均匀喷浇，喷射半径可取任意值；绿地区域假设为正方形区域.

绿化区域记为 S，绿地内放置 n 个水龙头，喷射半径分别为 r_i，旋转角度分别为 θ_i（弧度），所形成区域分别记为 S_i.

要使效覆盖率（绿地面积与受水面积的比）达到最大，相当于求受水面积

$$\sum_{i=1}^{n}S_i=\frac{1}{2}\sum_{i=1}^{n}\alpha_ir_i^2,$$

在条件$\bigcup\limits_{i=1}^{n}S_i\supseteq S$下的最小值.

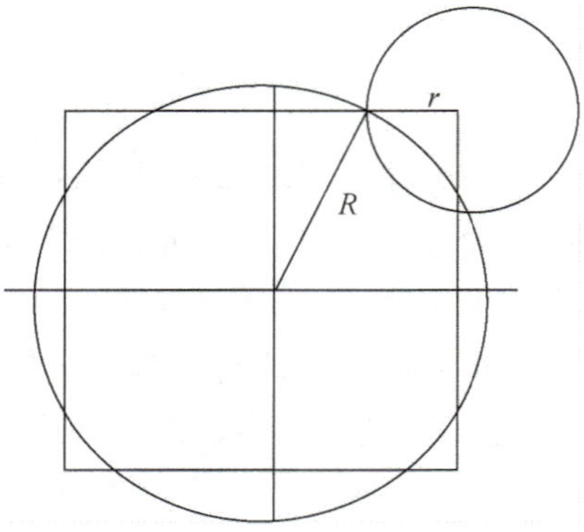

图 6.19

设正方形边长为 $2a$，以正方形的中心为圆心，R 为半径作圆，称之为大圆，再分别以四个顶点为圆心，作半径为 r 的四分之一圆，称之为小圆，使正方形被覆盖如图 6.19 所示.

为了使绿地面积与受水面积的比达到最大，就要选择适当的半径 R 和 r，使大圆与小圆的面积和达到最小. 问题变为求目标函数

$$\pi(R^2+r^2)$$

在约束条件$\sqrt{R^2-a^2}+r=a$下的最小值.

构造拉格朗日函数

$$L(R,r,\lambda)=\pi(R^2+r^2)+\lambda(\sqrt{R^2-a^2}+r-a),$$

分别对 R,r,λ 求偏导数并令它们为零，得方程组

$$\begin{cases}L_R=2\pi R+\dfrac{\lambda R}{\sqrt{R^2-a^2}}=0,\\ L_y=2\pi r+\lambda=0,\\ L_\lambda=\sqrt{R^2-a^2}+r-a=0,\end{cases}$$

解得 $R=\dfrac{\sqrt{5}}{2}a$，$r=\dfrac{1}{2}a$，因此当大圆半径为$\dfrac{\sqrt{5}}{2}a$和小圆半径为$\dfrac{1}{2}a$时，可使喷浇效果最佳，有效覆盖率为

$$\frac{4a^2}{\frac{3}{2}\pi a^2}=\frac{8}{3\pi}\approx 84.88\%.$$

习 题 6.7

1. 最优广告策略问题. 某企业拟通过报纸和电台做广告来增加销售收入. 根据统计资料，销售收入 R(百万元)与报纸广告费用 x_1(百万元)和电视广告费用 x_2(百万元)之间的关系有如下的经验公式

$$R=15+14x_1+32x_2-8x_1x_2-2x_1^2-10x_2^2.$$

(1)如果不限制广告费用的支出，求最优广告策略；

(2)如果可供使用的广告费用为 150 万元，求相应的最优广告策略.

2. 如何购物最满意. 某人有 200 元钱，他决定用来购买两种急需物品：计算机光盘和录音磁带. 设他购买 x 张光盘，y 盒录音带的效用函数为

$$U(x,y)=\ln x+\ln y,$$

设每张光盘 8 元，每盒磁带 10 元，问他如何分配这 200 元钱，才能达到最满意的效果？(当效用函数达到最大值时，人们购物分配的方案最佳)

3. 冰冻果汁的最优价格. 一个小乡村里的唯一商店有两种牌子的冰冻果汁，当地牌子的进价每听 30 美分，外地牌子的进价每听 40 美分. 店主估计，如果当地牌子的每听卖 x 美分，外地牌子的每听卖 y

美分,则每天可卖出 $70-5x+4y$ 听当地牌子的果汁,$80+6x-7y$ 听外地牌子的果汁. 问:店主每天以什么价格卖两种牌子的果汁可取得最大收益?

总 习 题 六

1. 已知 $u=e^{\frac{x}{y}}$,求$\dfrac{\partial^2 u}{\partial x\partial y}$.

2. 已知 $f(x,y)=x^2\arctan\dfrac{y}{x}-y^2\arctan\dfrac{x}{y}$,求$\dfrac{\partial^2 f}{\partial x\partial y}$.

3. 设 $f(x,y)=\int_0^{xy}e^{-t^2}dt$,求$\dfrac{x}{y}\dfrac{\partial^2 f}{\partial x^2}-2\dfrac{\partial^2 f}{\partial x\partial y}+\dfrac{y}{x}\dfrac{\partial^2 f}{\partial y^2}$.

4. 设 $z=xyf\left(\dfrac{y}{x}\right)$,$f(u)$可导,求$\dfrac{\partial z}{\partial x}$,$\dfrac{\partial z}{\partial y}$.

5. 设 $z=f\left(xy,\dfrac{x}{y}\right)+g\left(\dfrac{y}{x}\right)$,其中 f,g 均可微,求$\dfrac{\partial z}{\partial x}$.

6. 设 $z=e^{-x}-f(x-2y)$,且当 $y=0$ 时,$z=x^2$,求$\dfrac{\partial z}{\partial x}$.

7. 设 $f(u,v)$具有二阶连续偏导数,且满足$\dfrac{\partial^2 f}{\partial u^2}+\dfrac{\partial^2 f}{\partial v^2}=1$,又 $g(x,y)=f\left[xy,\dfrac{1}{2}(x^2-y^2)\right]$,求$\dfrac{\partial^2 g}{\partial x^2}+\dfrac{\partial^2 g}{\partial y^2}$.

8. 函数 $f(u,v)$由关系式 $f[xg(y),y]=x+g(y)$确定,其中函数 $g(y)$可微,且 $g(y)\neq 0$,求$\dfrac{\partial^2 f}{\partial u\partial v}$.

9. 已知 $u+e^u=xy$,求$\dfrac{\partial^2 u}{\partial x\partial y}$.

10. 已知 $z=xf(x+y)$,$F(x,y,z)=0$,其中 f 与 F 分别具有一阶导数或偏导数,求$\dfrac{dz}{dx}$.

11. 设 $f(x,y,z)=e^x yz^2$,其中 $z=z(x,y)$是由 $x+y+z+xyz=0$ 所确定的隐函数,求$\left.\dfrac{\partial f}{\partial x}\right|_{(0,1,-1)}$.

12. 设 $u=f(x,y,z)$有连续的一阶偏导数,又 $y=y(x)$及 $z=z(x)$分别由下列两式确定:$e^{xy}-xy=2$ 和 $e^x=\int_0^{x-z}\dfrac{\sin t}{t}dt$,求$\dfrac{du}{dx}$.

13. 设函数 $u=f(x,y,z)$有连续偏导数,且 $z=z(x,y)$由 $xe^x-ye^y=ze^z$ 所确定,求 du.

14. 假设某企业在两个相互分割的市场上出售同一种产品,两个市场的需求函数分别是

$$p_1=18-2Q_1,\quad p_2=12-Q_2,$$

其中 p_1 和 p_2 分别表示该产品在两个市场的价格(单位:万元/吨),Q_1 和 Q_2 分别表示该产品在两个市场的销售量(即需求量,单位:吨),并且该企业生产这种产品的总成本函数是

$$C=2Q+5,$$

其中 Q 表示该产品在两个市场的销售量,即 $Q=Q_1+Q_2$.

(1)如果该企业实行价格差别策略,试确定两个市场上该产品的销售量和价格,使该企业获得最大利润;

(2)如果该企业实行价格无差别策,试确定两个市场上该产品的销售量及其统一的价格,使企业的总利润最大化;并比较两种价格策略下的总利润大小.

第 7 章　二重积分及其应用

在第 5 章中介绍了定积分的概念，它是定义在区间上一元函数的某种确定形式和式的极限. 本章把这种确定形式和式的极限概念推广到定义在平面区域上的二元函数的情形，给出二重积分的概念，并介绍二重积分的计算方法及其一些应用.

7.1　二重积分的概念与性质

一、二重积分的概念

1. 曲顶柱体的体积

设立体的底是 xOy 面上的闭区域 D，它的侧面是以 D 的边界曲线为准线而母线平行于 z 轴的柱面，它的顶是曲面 $z=f(x,y)$，其中 $f(x,y)$ 在区域 D 上连续，且 $f(x,y)\geqslant 0$（如图 7.1）. 这种立体称为**曲顶柱体**. 下面讨论如何求曲顶柱体的体积.

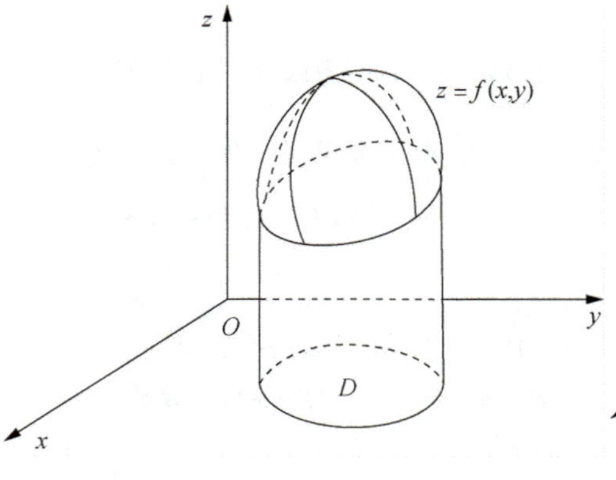

图 7.1

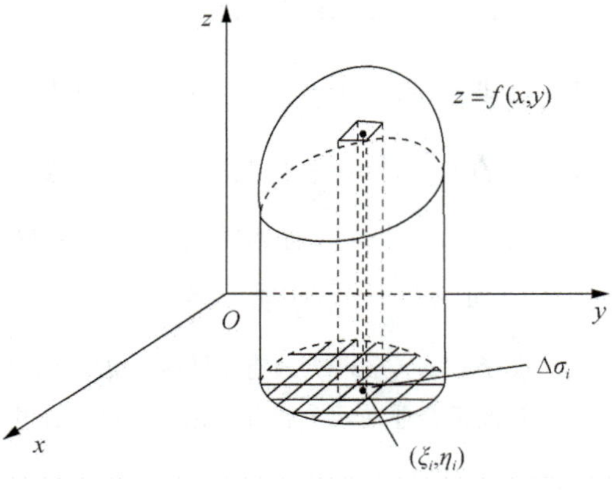

图 7.2

如果 $f(x,y)$ 在区域 D 上恒为常数，则上述的曲顶柱体就是一平顶柱体，其体积可以用公式

$$\text{体积}=\text{底面积}\times\text{高}$$

来计算. 对于曲顶柱体，当点 (x,y) 在区域 D 上变动时，高度 $f(x,y)$ 也随着变动，因此它的体积不能直接由上述公式进行计算. 需要采用与计算曲边梯形面积类似的方法，即微元法来解决. 具体步骤为

(1)**分割**

用一组网线把区域 D 分割成 n 个小区域,这些小区域的面积依次记为

$$\Delta\sigma_1, \Delta\sigma_2, \cdots, \Delta\sigma_n.$$

分别以这些小区域的边界为准线,作母线平行于 z 轴的柱面,这样整个大的曲顶柱体就分割成了 n 个很小的曲顶柱体. 记第 i 个小曲顶柱体的体积为 $\Delta V_i (i=1,2,\cdots,n)$,则曲顶柱体的体积 $V=\sum\limits_{i=1}^{n}\Delta V_i$ (如图 7.2).

(2)**近似代替**

当分割很细时,即每个小区域的直径(区域的直径指的是区域上任意两点距离的最大值)很小时,$f(x,y)$的变化很小. 在第 i 个小区域 $\Delta\sigma_i$ 内任取一点(ξ_i,η_i),则 ΔV_i 近似等于以 $f(\xi_i,\eta_i)$为高而底为 $\Delta\sigma_i$ 的平顶柱体的体积,即

$$\Delta V_i \approx f(\xi_i,\eta_i)\Delta\sigma_i, \quad i=1,2,\cdots,n.$$

(3)**求和**

将这 n 个小平顶柱体的体积相加就得到整个曲顶柱体体积的近似值

$$V=\sum_{i=1}^{n}\Delta V_i \approx \sum_{i=1}^{n} f(\xi_i,\eta_i)\Delta\sigma_i.$$

(4)**取极限**

记 λ 为 n 个小区域的直径的最大值,则当 $\lambda\to 0$ 时便得到曲顶柱体的体积 V,即

$$V=\lim_{\lambda\to 0}\sum_{i=1}^{n} f(\xi_i,\eta_i)\Delta\sigma_i.$$

2. 平面薄片的质量

设有一平面薄片占有 xOy 面上的闭区域 D,它在点(x,y)处的面密度为 $\rho(x,y)$,其中 $\rho(x,y)>0$ 并且在区域 D 上连续. 如何计算平面薄片的质量 M?

若平面薄片的密度是均匀的,即面密度是常数,则平面薄片的质量可以用公式

质量=面密度×面积

来计算. 若面密度 $\rho(x,y)$是变量,则平面薄片的质量就不能直接用上述公式来计算,但我们可以用类似于上面计算曲顶柱体的体积的方法(即微元法)来计算平面薄片的质量.

用任意一组网线把区域 D 分割成 n 个小区域 $\Delta\sigma_1$, $\Delta\sigma_2,\cdots,\Delta\sigma_n$,相应地把平面薄片分成 n 个小块,在每一小块 $\Delta\sigma_i$ 上任取一点(ξ_i,η_i). 当 $\Delta\sigma_i$ 的直径很小时,可以把 $\Delta\sigma_i$ 看成密度为 $\rho(\xi_i,\eta_i)$的均匀薄片,则

$$\rho(\xi_i,\eta_i)\Delta\sigma_i \quad (i=1,2,\cdots,n)$$

可作为第 i 个小块的质量的近似值(如图 7.3),其和式 $\sum\limits_{i=1}^{n}\rho(\xi_i,\eta_i)\Delta\sigma_i$ 即为平面薄片质量的近似值. 记 λ 为 n 个小区域的直径的最大值,于是

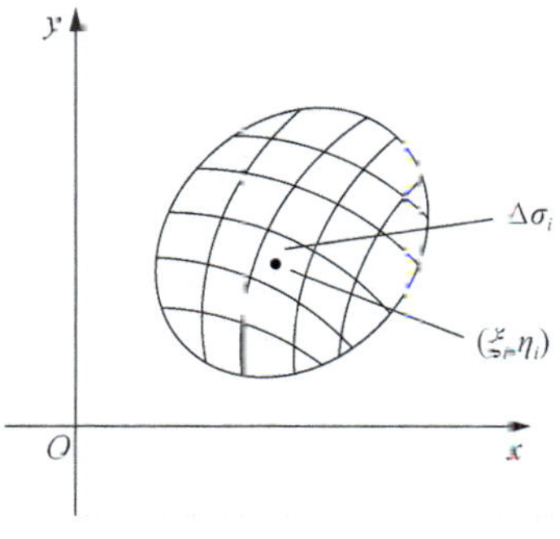

图 7.3

$$M=\lim_{\lambda\to 0}\sum_{i=1}^{n}\rho(\xi_i,\eta_i)\Delta\sigma_i.$$

上面两个问题的实际意义虽然不同,但解决问题的思想和方法都是一样的,都归结为同一形式的和的极限.现将它们的共性加以抽象给出如下二重积分的定义.

定义 7.1.1　设 $f(x,y)$是有界闭区域 D 上的有界函数,将闭区域 D 任意分成 n 个小区域

$$\Delta\sigma_1,\Delta\sigma_2,\cdots,\Delta\sigma_n,$$

其中 $\Delta\sigma_i$表示第 i 个小闭区域,也表示它的面积.在每个 $\Delta\sigma_i$上任取一点(ξ_i,η_i),作乘积 $f(\xi_i,\eta_i)\Delta\sigma_i\quad(i=1,2,\cdots,n)$,并作和 $\sum\limits_{i=1}^{n}f(\xi_i,\eta_i)\Delta\sigma_i$. 如果当各小闭区域的直径中的最大值 λ 趋于零时,这和式的极限总存在,则称此极限为函数 $f(x,y)$在闭区域 D 上的**二重积分**,记作$\iint\limits_D f(x,y)\mathrm{d}\sigma$, 即

$$\iint\limits_D f(x,y)\mathrm{d}\sigma=\lim_{\lambda\to 0}\sum_{i=1}^{n}f(\xi_i,\eta_i)\Delta\sigma_i.$$

其中 $f(x,y)$称为**被积函数**,$f(x,y)\mathrm{d}\sigma$ 称为**被积表达式**,$\mathrm{d}\sigma$ 称为**面积元素**,x 与 y 称为**积分变量**,D 称为**积分区域**,$\sum\limits_{i=1}^{n}f(\xi_i,\eta_i)\Delta\sigma_i$ 称为**积分和**.

由二重积分的定义知,二重积分的值与区域 D 的划分没有关系.在直角坐标系下,可以用平行于两坐标轴的直网线来划分区域 D,那么除了包含边界点的一些小闭区域外,其余的小闭区域都是小矩形区域.设矩形闭区域 $\Delta\sigma_i$ 的边长为 Δx_i 和 Δy_i,则 $\Delta\sigma_i=\Delta x_i\Delta y_i$.因此在直角坐标系中,常将面积元素 $\mathrm{d}\sigma$ 记作 $\mathrm{d}x\mathrm{d}y$,而二重积分记作

$$\iint\limits_D f(x,y)\mathrm{d}x\mathrm{d}y,$$

其中 $\mathrm{d}x\mathrm{d}y$ 称为直角坐标系中的**面积元素**.

可以证明,当 $f(x,y)$在有界闭区域 D 上连续时,二重积分$\iint\limits_D f(x,y)\mathrm{d}x\mathrm{d}y$ 必存在.

由二重积分的定义知,曲顶柱体的体积为

$$V=\iint\limits_D f(x,y)\mathrm{d}\sigma,$$

而平面薄片的质量为

$$M=\iint\limits_D \rho(x,y)\mathrm{d}\sigma.$$

二重积分的几何意义:如果 $f(x,y)\geqslant 0$,二重积分$\iint\limits_D f(x,y)\mathrm{d}\sigma$ 表示以区域 D 为底,$z=f(x,y)$为顶的曲顶柱体的体积;如果 $f(x,y)\leqslant 0$,柱体就在 xOy 面的下方,二重积分$\iint\limits_D f(x,y)\mathrm{d}\sigma$ 为该曲顶柱体体积的负值;如果 $f(x,y)$在区域 D 的某些子区域是正的,其余

子区域是负的,则二重积分等于曲顶柱体体积的代数和,即等于 xOy 面上方的柱体体积减去 xOy 面下方的柱体体积.

二、二重积分的性质

二重积分具有与定积分类似的性质,而且其证明也与定积分的证明类似.假设下面性质所涉及的二重积分都存在.

性质 7.1.1 设 C 为常数,则 $\iint\limits_D Cf(x,y)\mathrm{d}\sigma = C\iint\limits_D f(x,y)\mathrm{d}\sigma$.

性质 7.1.2 $\iint\limits_D [f(x,y)\pm g(x,y)]\mathrm{d}\sigma = \iint\limits_D f(x,y)\mathrm{d}\sigma \pm \iint\limits_D g(x,y)\mathrm{d}\sigma$.

性质 7.1.3 如果在闭区域 D 上,$f(x,y)\equiv 1$,S 为区域 D 的面积,则

$$S = \iint\limits_D 1\cdot \mathrm{d}\sigma = \iint\limits_D \mathrm{d}\sigma.$$

从几何意义上看,高为 1 的平顶柱体的体积在数值上就等于柱体的底面面积.

性质 7.1.4 (积分区域的可加性) 如果闭区域 D 被有限条曲线分为有限个部分闭区域,则在 D 上的二重积分等于各部分闭区域上的二重积分的和.例如,D 分为两个闭区域 D_1 和 D_2,则

$$\iint\limits_D f(x,y)\mathrm{d}\sigma = \iint\limits_{D_1} f(x,y)\mathrm{d}\sigma + \iint\limits_{D_2} f(x,y)\mathrm{d}\sigma.$$

性质 7.1.5 如果在闭区域 D 上有 $f(x,y)\leqslant g(x,y)$,则有

$$\iint\limits_D f(x,y)\mathrm{d}\sigma \leqslant \iint\limits_D g(x,y)\mathrm{d}\sigma.$$

性质 7.1.6 若 M 和 m 分别为 $f(x,y)$ 在有界闭区域 D 上的最大值和最小值,S 为区域 D 的面积,则

$$mS \leqslant \iint\limits_D f(x,y)\mathrm{d}\sigma \leqslant MS.$$

性质 7.1.7(二重积分的中值定理) 设函数 $f(x,y)$ 在有界闭区域 D 上连续,S 为区域 D 的面积,则在 D 上至少存在一点 (ξ,η) 使得

$$\iint\limits_D f(x,y)\mathrm{d}\sigma = f(\xi,\eta)\cdot S.$$

例 7.1.1 设 $D=\{(x,y)\mid 1\leqslant x^2+y^2\leqslant 4\}$,求 $\iint\limits_D 4\mathrm{d}\sigma$.

解 区域 D 是半径分别为 1 和 2 的两个同心圆围成的圆环(如图 7.4),其面积为

$$S=\pi\cdot 2^2-\pi\cdot 1^2=3\pi,$$

故 $\iint\limits_D 4\mathrm{d}\sigma = 4\iint\limits_D \mathrm{d}\sigma = 4\cdot 3\pi = 12\pi$.

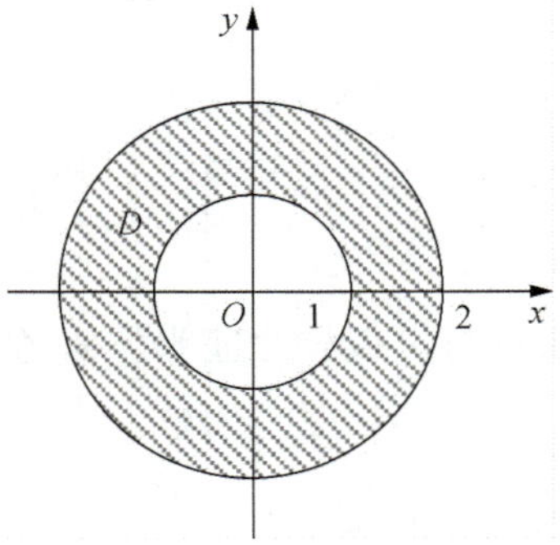

图 7.4

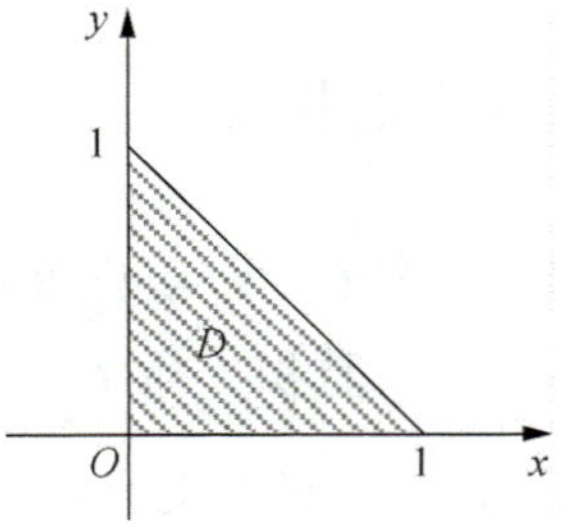

图 7.5

例 7.1.2　利用二重积分的性质比较 $\iint\limits_D (x+y)^2 \mathrm{d}\sigma$ 与 $\iint\limits_D (x+y)^3 \mathrm{d}\sigma$ 的大小，其中积分区域 D 由 x 轴，y 轴及直线 $x+y=1$ 所围成(如图 7.5).

解　显然在区域 D 上有

$0 \leqslant x+y \leqslant 1$，所以 $(x+y)^2 \geqslant (x+y)^3$，于是

$$\iint\limits_D (x+y)^2 \mathrm{d}\sigma \geqslant \iint\limits_D (x+y)^3 \mathrm{d}\sigma.$$

例 7.1.3*　设 $f(x,y)$，$g(x,y)$ 在有界闭区域 D 上连续，且 $g(x,y) \geqslant 0$. 证明：至少存在一点 $(\xi,\eta) \in D$ 使

$$\iint\limits_D f(x,y) g(x,y) \mathrm{d}\sigma = f(\xi,\eta) \iint\limits_D g(x,y) \mathrm{d}\sigma.$$

证明　因为 $f(x,y)$ 在有界闭区域 D 上连续，故 $f(x,y)$ 在区域 D 上有最大值 M 和最小值 m，即 $m \leqslant f(x,y) \leqslant M$. 又 $g(x,y) \geqslant 0$，所以

$$mg(x,y) \leqslant f(x,y) g(x,y) \leqslant Mg(x,y),$$

故由二重积分的性质有

$$m \iint\limits_D g(x,y) \mathrm{d}\sigma \leqslant \iint\limits_D f(x,y) g(x,y) \mathrm{d}\sigma \leqslant M \iint\limits_D g(x,y) \mathrm{d}\sigma.$$

若 $g(x,y) \equiv 0$，则命题结论显然成立；若 $g(x,y) \not\equiv 0$，则 $\iint\limits_D g(x,y) \mathrm{d}\sigma > 0$，所以

$$m \leqslant \frac{\iint\limits_D f(x,y) g(x,y) \mathrm{d}\sigma}{\iint\limits_D g(x,y) \mathrm{d}\sigma} \leqslant M,$$

由连续函数的介值定理知，存在 $(\xi,\eta) \in D$ 使得 $f(\xi,\eta) = \dfrac{\iint\limits_D f(x,y) g(x,y) \mathrm{d}\sigma}{\iint\limits_D g(x,y) \mathrm{d}\sigma}$，即

$$\iint\limits_D f(x,y) g(x,y) \mathrm{d}\sigma = f(\xi,\eta) \iint\limits_D g(x,y) \mathrm{d}\sigma.$$

习 题 7.1

1. 利用二重积分的定义证明：

(1) $\iint\limits_D \mathrm{d}\sigma=\sigma$（$\sigma$ 为区域 D 的面积）；

(2) $\iint\limits_D Cf(x,y)\mathrm{d}\sigma=C\iint\limits_D f(x,y)\mathrm{d}\sigma$（其中 C 为常数）.

2. 利用二重积分的性质，比较下列积分的大小：

(1) $\iint\limits_D \sqrt{1+x^2+y^2}\,\mathrm{d}\sigma$ 与 $\iint\limits_D \sqrt{1+x^4+y^4}\,\mathrm{d}\sigma$，其中积分区域 $D=\{(x,y)\mid x^2+y^2\leqslant 1\}$；

(2) $\iint\limits_D (x+y)^2\mathrm{d}\sigma$ 与 $\iint\limits_D (x+y)^3\mathrm{d}\sigma$，其中积分区域 D 由圆周 $(x-2)^2+(y-1)^2=2$ 所围成；

(3) $\iint\limits_D \ln(x+y)\mathrm{d}\sigma$ 与 $\iint\limits_D [\ln(x+y)]^2\mathrm{d}\sigma$，其中 D 是三个顶点分别为 $(1,0)$，$(1,1)$，$(2,0)$ 的三角形闭区域；

(4) 比较三个积分 $I_1=\iint\limits_{D_1}(x+y+2)\mathrm{d}\sigma$，$I_2=\iint\limits_{D_2}(x+y+2)\mathrm{d}\sigma$ 及 $I_3=\iint\limits_{D_3}(x+y+2)\mathrm{d}\sigma$ 的大小，其中 $D_1=\{(x,y)\mid x^2+y^2\leqslant 1\}$，$D_2=\{(x,y)\mid |x|+|y|\leqslant 1\}$，$D_3=\{(x,y)\mid |x|+|y|\leqslant\sqrt{2}\}$.

3. 设函数 $f(x,y)$ 在有界闭区域 D 上连续，σ 是区域 D 的面积. 证明：在 D 上至少存在一点 (ξ,η)，使得 $\iint\limits_D f(x,y)\mathrm{d}\sigma=f(\xi,\eta)\cdot\sigma$.

4. 设 $f(x,y)$ 为连续函数，求 $\lim\limits_{t\to 0^+}\dfrac{1}{\pi t^2}\iint\limits_D f(x,y)\mathrm{d}x\mathrm{d}y$，其中 $D=\{(x,y)\mid x^2+y^2\leqslant t^2\}$.

5*. 试用二重积分的性质证明不等式：

$$1\leqslant\iint\limits_D(\sin x^2+\cos y^2)\mathrm{d}\sigma\leqslant\sqrt{2},$$

其中区域 $D=\{(x,y)\mid 0\leqslant x\leqslant 1,0\leqslant y\leqslant 1\}$.

7.2　二重积分的计算方法

与定积分类似，根据定义计算二重积分一般是很困难的. 本节介绍二重积分的计算方法，其基本思想是把二重积分化为逐次计算的两个定积分来计算（即计算累次积分）.

一、利用直角坐标系计算二重积分

在具体考虑二重积分的计算之前，先介绍所谓的 X-型区域和 Y-型区域的概念.

X-型区域：$D=\{(x,y)\mid a\leqslant x\leqslant b,\varphi_1(x)\leqslant y\leqslant\varphi_2(x)\}$，其中 $\varphi_1(x)$ 与 $\varphi_2(x)$ 在区间 $[a,b]$ 上连续. 这种区域的特点是：穿过区域且平行于 y 轴的直线与区域的边界至多有两个交点（如图 7.6）.

Y-型区域：$D=\{(x,y)\mid c\leqslant y\leqslant d,\psi_1(y)\leqslant x\leqslant\psi_2(y)\}$，其中 $\psi_1(y)$ 与 $\psi_2(y)$ 在区间 $[c,d]$ 上连续. 这种区域的特点是：穿过区域且平行于 x 轴的直线与区域的边界至多有两个交点（如图 7.7）.

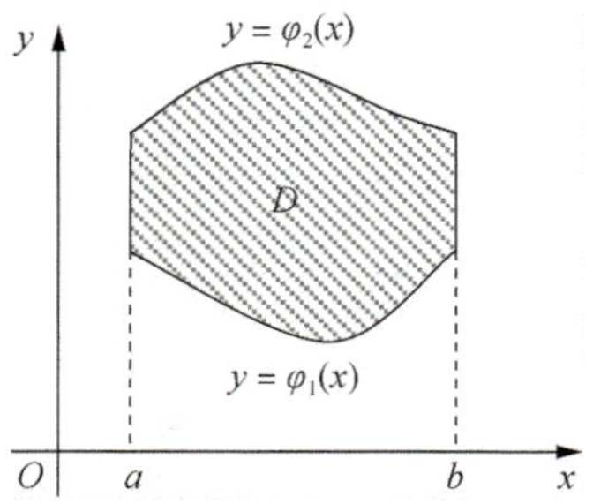

图 7.6

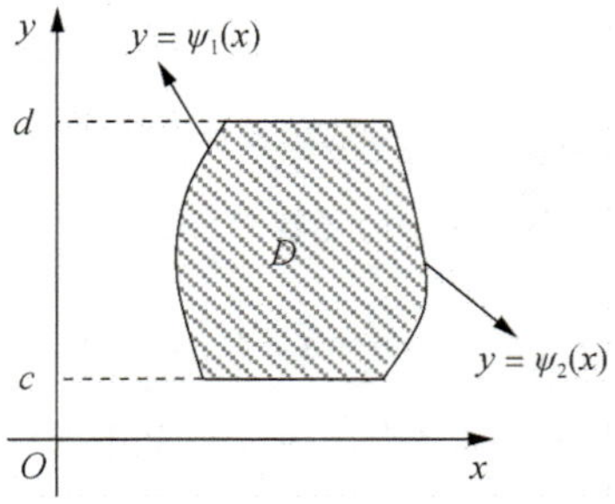

图 7.7

假定 $f(x,y)\geqslant 0$ 且积分区域为 X-型区域：

$$D=\{(x,y)\mid a\leqslant x\leqslant b,\varphi_1(x)\leqslant y\leqslant\varphi_2(x)\},$$

其中 $\varphi_1(x)$ 与 $\varphi_2(x)$ 在区间 $[a,b]$ 上连续. 由二重积分的几何意义知，二重积分 $\iint\limits_D f(x,y)\mathrm{d}\sigma$ 的值表示以积分区域 D 为底，以曲面 $z=f(x,y)$ 为顶的曲顶柱体的体积. 下面应用第 5 章中计算“平行截面面积可计算的立体的体积”的方法计算这个曲顶柱体的体积.

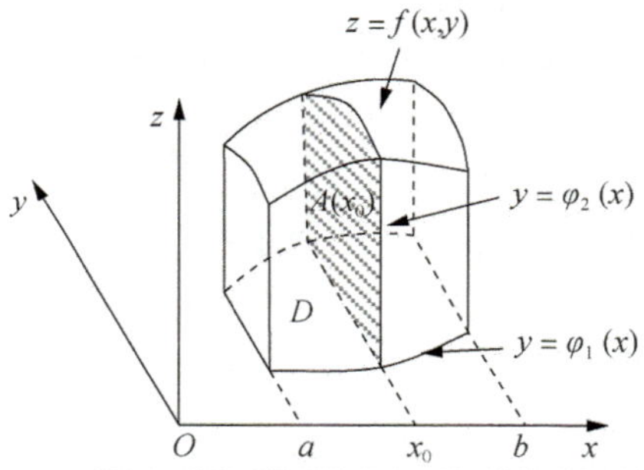

图 7.8

先计算截面面积. 为此，在区间 $[a,b]$ 上任取一点 x_0，作平行于 yOz 面的平面 $x=x_0$. 这平面截曲顶柱体所得的截面是一个以区间 $[\varphi_1(x_0),\varphi_2(x_0)]$ 为底，曲线 $z=f(x_0,y)$ 为曲边的曲边梯形（如图 7.8 中阴影部分），所以这截面的面积为

$$A(x_0)=\int_{\varphi_1(x_0)}^{\varphi_2(x_0)}f(x_0,y)\mathrm{d}y.$$

一般地，过 $[a,b]$ 上任意一点 x 且平行于 yOz 面的平面截曲顶柱体所得截面的面积为

$$A(x)=\int_{\varphi_1(x)}^{\varphi_2(x)}f(x,y)\mathrm{d}y.$$

于是曲顶柱体的体积为

$$V=\iint\limits_D f(x,y)\mathrm{d}x\mathrm{d}y=\int_a^b A(x)\mathrm{d}x=\int_a^b\left[\int_{\varphi_1(x)}^{\varphi_2(x)}f(x,y)\mathrm{d}y\right]\mathrm{d}x,\tag{7.2.1}$$

上式右端是先对 y 后对 x 的**二次积分**（也称为**累次积分**），这个二次积分也常记作

$$\int_a^b\mathrm{d}x\int_{\varphi_1(x)}^{\varphi_2(x)}f(x,y)\mathrm{d}y.$$

因此式(7.2.1)也写成

$$\iint\limits_D f(x,y)\mathrm{d}\sigma=\int_a^b\mathrm{d}x\int_{\varphi_1(x)}^{\varphi_2(x)}f(x,y)\mathrm{d}y.\tag{7.2.2}$$

这就是把二重积分化为先对 y 后对 x 的二次积分的公式.

在上述讨论中，假定 $f(x,y)\geqslant 0$，这只是为几何上说明方便而引入的条件，实际上式

(7.2.2)的成立并不受此条件的限制.

类似地，如果积分区域是 Y-型区域：$D=\{(x,y)\mid c\leqslant y\leqslant d,\psi_1(y)\leqslant x\leqslant\psi_2(y)\}$，其中 $\psi_1(y)$ 与 $\psi_2(y)$ 在区间 $[c,d]$ 上连续，则有

$$\iint_D f(x,y)\mathrm{d}\sigma=\int_c^d\left[\int_{\psi_1(y)}^{\psi_2(y)}f(x,y)\mathrm{d}x\right]\mathrm{d}y,$$

上式右端是先对 x 再对 y 的二次积分，这个二次积分也常记作

$$\iint_D f(x,y)\mathrm{d}\sigma=\int_c^d\mathrm{d}y\int_{\psi_1(y)}^{\psi_2(y)}f(x,y)\mathrm{d}x. \tag{7.2.3}$$

如果积分区域 D 既不是 X-型区域也不是 Y-型区域，我们可以将它分割成若干块 X-型区域或 Y-型区域(如图 7.9)，然后在每块这样的区域上用式(7.2.2)或式(7.2.3)，再根据二重积分的可加性，即可算出二重积分.

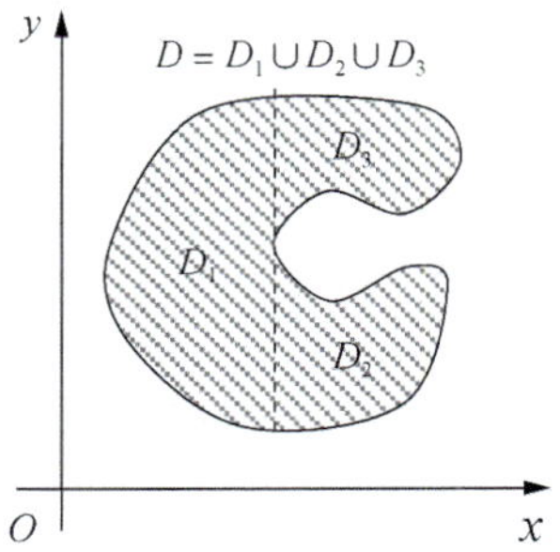

图 7.9

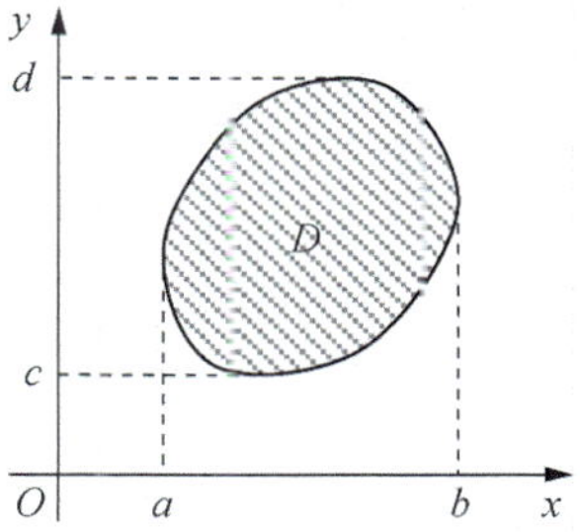

图 7.10

如果积分区域既是 X-型区域 $D=\{(x,y)\mid a\leqslant x\leqslant b,\varphi_1(x)\leqslant y\leqslant\varphi_2(x)\}$，也是 Y-型区域 $D=\{(x,y)\mid c\leqslant y\leqslant d,\psi_1(y)\leqslant x\leqslant\psi_2(y)\}$(如图 7.10)，则由式(7.2.2)及式(7.2.3)可得

$$\int_a^b\mathrm{d}x\int_{\varphi_1(x)}^{\varphi_2(x)}f(x,y)\mathrm{d}y=\int_c^d\mathrm{d}y\int_{\psi_1(y)}^{\psi_2(y)}f(x,y)\mathrm{d}x.$$

上式表明两个不同次序的二次积分相等，因为它们都等于二重积分 $\iint_D f(x,y)\mathrm{d}\sigma$.

将二重积分化为二次积分时，关键是确定积分限. 而由以上分析知积分次序和积分限是根据积分区域 D 来确定的，因此计算二重积分时，先要画出积分区域 D 的图形. 一般地，若积分区域是 X-型区域，则先对 y 积分后再对 x 积分；若积分区域是 Y-型区域，则先对 x 积分后再对 y 积分. 例如，积分区域是 X-型区域，如图 7.11 所示，在区间 $[a,b]$ 上任取一点 x 值，积分区域上以这个 x 值为横坐标的点在一段直线上，这段直线平行于 y 轴，该线段上点的纵坐标从 $\varphi_1(x)$ 变到 $\varphi_2(x)$，这就是式(7.2.1)中先把 x 看成常数，而对 y 积分时的下限和上限. 因为 x 的值是在区间 $[a,b]$ 上任意取定的，所以再把 x 看成变量而对 x 积分时，积分区间是 $[a,b]$.

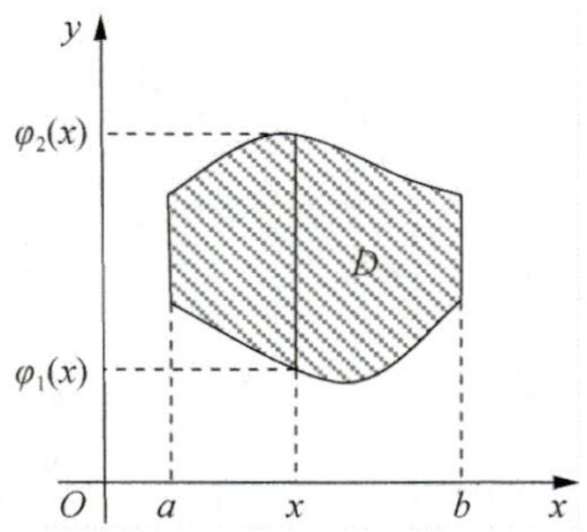

图 7.11

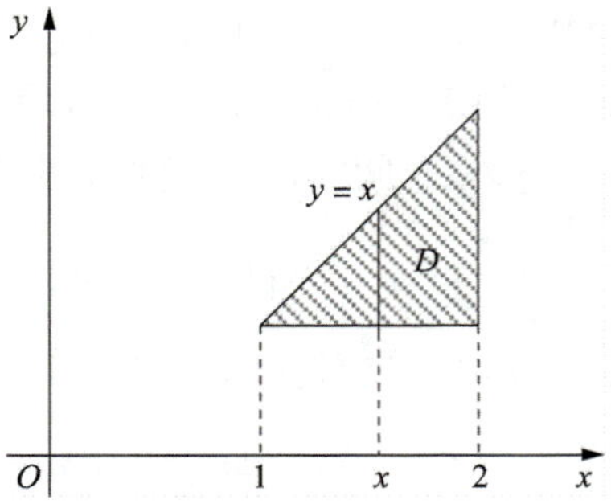

图 7.12

例 7.2.1　计算 $\iint\limits_D xy\,\mathrm{d}\sigma$，其中 D 是由直线 $y=1, x=2$ 及 $y=x$ 所围成的闭区域.

解　方法一　画出积分区域 D 的图形，易见积分区域 D 既是 X-型区域又是 Y-型区域. 如果将区域 D 看成 X-型区域(如图 7.12)，则 D 可表示为

$$1 \leqslant x \leqslant 2, \quad 1 \leqslant y \leqslant x.$$

所以

$$\begin{aligned}\iint\limits_D xy\,\mathrm{d}\sigma &= \int_1^2\left[\int_1^x xy\,\mathrm{d}y\right]\mathrm{d}x = \int_1^2\left(x\frac{y^2}{2}\right)\Big|_1^x\mathrm{d}x \\ &= \int_1^2\left(\frac{x^3}{2}-\frac{x}{2}\right)\mathrm{d}x = \left(\frac{x^4}{8}-\frac{x^2}{4}\right)\Big|_1^2 = \frac{9}{8}.\end{aligned}$$

方法二　把积分区域 D 看成 Y-型区域(如图 7.13)，则 D 可表示为

$$1 \leqslant y \leqslant 2, \quad y \leqslant x \leqslant 2.$$

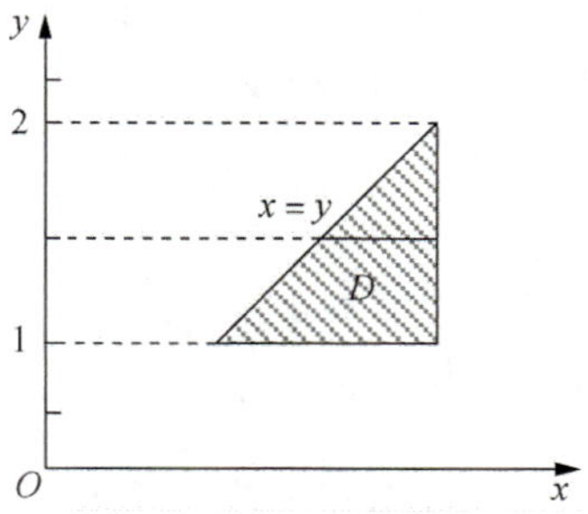

图 7.13

所以

$$\begin{aligned}\iint\limits_D xy\,\mathrm{d}\sigma &= \int_1^2\left[\int_y^2 xy\,\mathrm{d}x\right]\mathrm{d}y = \int_1^2\left(y\frac{x^2}{2}\right)\Big|_y^2\mathrm{d}y \\ &= \int_1^2\left(2y-\frac{y^3}{2}\right)\mathrm{d}y = \left(y^2-\frac{y^4}{8}\right)\Big|_1^2 = \frac{9}{8}.\end{aligned}$$

例 7.2.2　计算二重积分 $\iint\limits_D xy\,\mathrm{d}\sigma$，其中 D 是由抛物线 $y^2=x$ 及直线 $y=x-2$ 所围成的闭区域.

解　方法一　画出积分区域如图 7.14，易见积分区域 D 既是 X-型区域又是 Y-型区域. 如果将区域 D 看成 Y-型区域，则 D 可表示为 $-1\leqslant y\leqslant 2, y^2\leqslant x\leqslant y+2$. 所以

$$\begin{aligned}\iint\limits_D xy\,\mathrm{d}\sigma &= \int_{-1}^2\left[\int_{y^2}^{y+2} xy\,\mathrm{d}x\right]\mathrm{d}y = \int_1^2\left(y\frac{x^2}{2}\right)\Big|_{y^2}^{y+2}\mathrm{d}y \\ &= \frac{1}{2}\int_{-1}^2\left[y(y+2)^2-y^5\right]\mathrm{d}y \\ &= \frac{1}{2}\left(\frac{y^4}{4}+\frac{4}{3}y^3+2y^2-\frac{y^6}{6}\right)\Big|_{-1}^2 = \frac{45}{8}.\end{aligned}$$

方法二 把区域 D 看成 X-型区域，则积分区域 D 分成 D_1 和 D_2 两部分，如图 7.15. 其中 D_1 与 D_2 可表示为

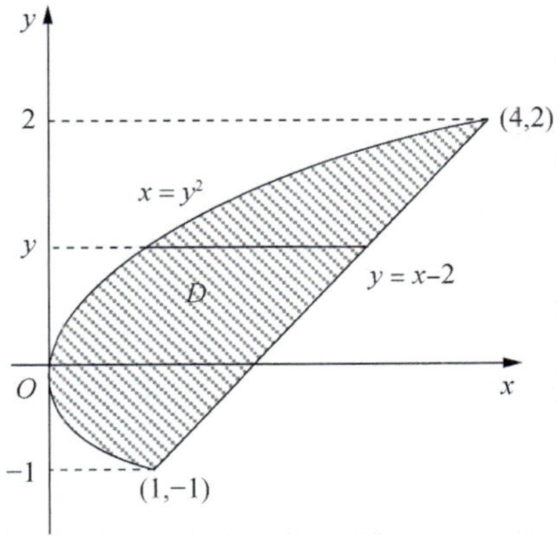

图 7.14

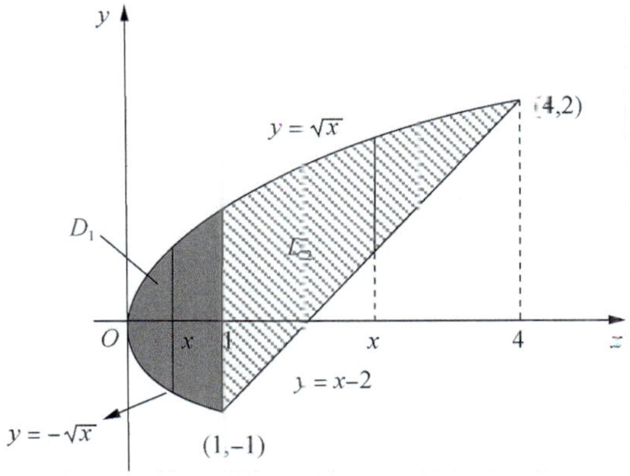

图 7.15

$$D_1: 0\leqslant x\leqslant 1, -\sqrt{x}\leqslant y\leqslant \sqrt{x},$$

$$D_2: 1\leqslant x\leqslant 4, x-2\leqslant y\leqslant \sqrt{x},$$

$$\iint_{D_1} xy\,\mathrm{d}\sigma = \int_0^1 \mathrm{d}x\int_{-\sqrt{x}}^{\sqrt{x}} xy\,\mathrm{d}y = \int_0^1 \left(\frac{1}{2}xy^2\right)\Big|_{-\sqrt{x}}^{\sqrt{x}}\mathrm{d}x = 0.$$

$$\begin{aligned}\iint_{D_2} xy\,\mathrm{d}\sigma &= \int_1^4 \mathrm{d}x\int_{x-2}^{\sqrt{x}} xy\,\mathrm{d}y = \int_1^4 \left(\frac{1}{2}xy^2\right)\Big|_{x-2}^{\sqrt{x}}\mathrm{d}x\\ &= \frac{1}{2}\int_1^4 [x^2 - x(x-2)^2]\mathrm{d}x = \frac{1}{2}\int_1^4 (5x^2 - x^3 - 4x)\mathrm{d}x\\ &= \frac{1}{2}\left(\frac{5}{3}x^3 - \frac{1}{4}x^4 - 2x^2\right)\Big|_1^4 = \frac{45}{8}.\end{aligned}$$

所以

$$\iint_D xy\,\mathrm{d}\sigma = \iint_{D_1} xy\,\mathrm{d}\sigma + \iint_{D_2} xy\,\mathrm{d}\sigma = 0 + \frac{45}{8} = \frac{45}{8}.$$

由此可见，方法一比方法二简单. 上述例子表明，在化二重积分为二次积分时，为了计算方便，需要选择恰当的积分次序，这时不仅要考虑积分区域 D 的形状，而且还要考虑被积函数的特性.

例 7.2.3 计算二重积分 $\iint\limits_D \sin y^2\,\mathrm{d}\sigma$，其中 D 是由直线 $y=x, y=1$ 及 y 轴所围成的闭区域.

解 画出积分区域 D 的图形(如图 7.16). 如果将 D 看成 X-型区域，则 D 可表示为：$0\leqslant x\leqslant 1, x\leqslant y\leqslant 1$，所以

$$\iint_D \sin y^2\,\mathrm{d}\sigma = \int_0^1 \mathrm{d}x\int_x^1 \sin y^2\,\mathrm{d}y.$$

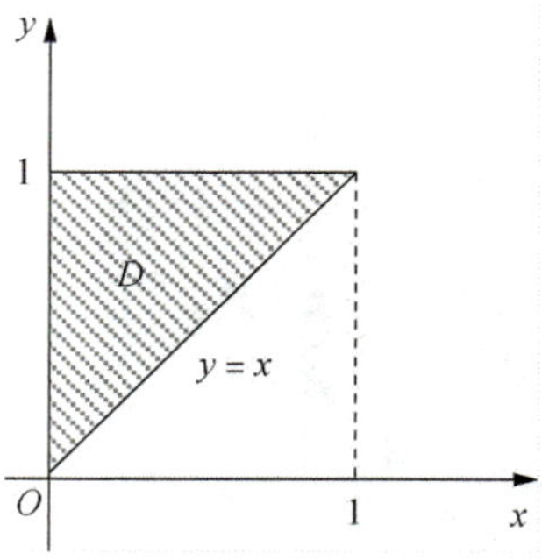

图 7.16

而$\int \sin y^2 \mathrm{d}y$无法用初等函数表示,所以应选择另一积分次序.

现将 D 看成 Y-型区域:$0\leqslant y\leqslant 1,0\leqslant x\leqslant y$.

$$\iint_D \sin y^2 \mathrm{d}\sigma = \int_0^1 \mathrm{d}y \int_0^y \sin y^2 \mathrm{d}x = \int_0^1 y\sin y^2 \mathrm{d}y$$
$$= \frac{1}{2}\int_0^1 \sin y^2 \mathrm{d}y^2 = -\frac{1}{2}\cos y^2 \Big|_0^1$$
$$= \frac{1}{2}(1-\cos 1).$$

例 7.2.4　求两个底圆半径都等于 R 的直交圆柱面所围成立体的体积.

解　设两个圆柱面的方程分别为

$$x^2+y^2=R^2 \text{ 及 } x^2+z^2=R^2.$$

利用立体关于坐标平面的对称性,只要计算出它在第一卦限部分的体积 V_1,然后再乘以 8 即可(如图 7.17(a)).

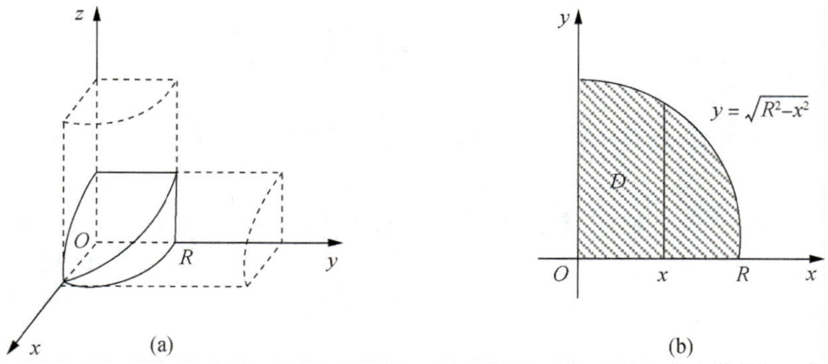

图 7.17

易见,所求立体在第一卦限部分可以看成一个曲顶柱体,它的底为(如图 7.17(b))

$$D=\{(x,y)\,|\,0\leqslant x\leqslant R,0\leqslant y\leqslant \sqrt{R^2-x^2}\},$$

它的顶是柱面 $z=\sqrt{R^2-x^2}$,所以

$$V_1=\iint_D \sqrt{R^2-x^2}\mathrm{d}x\mathrm{d}y = \int_0^R \mathrm{d}x \int_0^{\sqrt{R^2-x^2}} \sqrt{R^2-x^2}\mathrm{d}y$$
$$= \int_0^R (R^2-x^2)\mathrm{d}x = \frac{2}{3}R^3.$$

从而所求立体的体积为

$$V=8V_1=\frac{16}{3}R^3.$$

★二、利用极坐标系计算二重积分

有些二重积分，积分区域 D 的边界曲线用极坐标方程来表示比较方便，而且被积函数用极坐标变量 r,θ 表示比较简单. 这时可以考虑用极坐标来计算二重积分 $\iint\limits_D f(x,y)\mathrm{d}\sigma$.

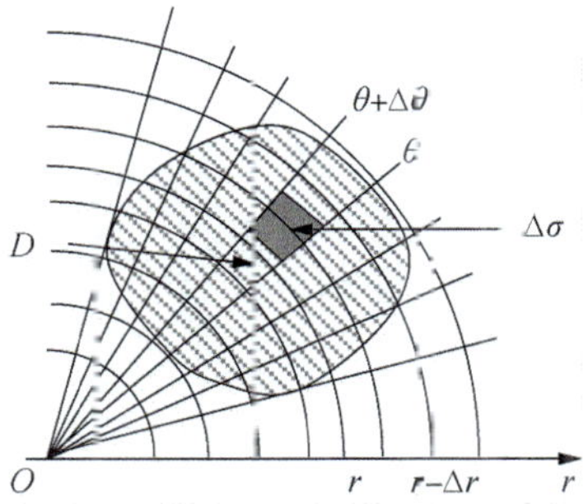

图 7.18

假定区域 D 的边界与过极点的射线相交不多于两点，函数 $f(x,y)$ 在 D 上连续. 我们采用以极点为中心的同心圆：$r=$常数及从极点出发的一族射线：$\theta=$常数，把区域 D 划分成 n 个小闭区域(如图 7.18). 设其中的一个小闭区域 $\Delta\sigma$($\Delta\sigma$ 也表示该小闭区域的面积)是由半径为 r 和 $r+\Delta r$ 的同心圆和极角分别为 $\theta,\theta+\Delta\theta$ 的射线所围成，则

$$\Delta\sigma=\frac{1}{2}(r+\Delta r)^2\cdot\Delta\theta-\frac{1}{2}r^2\cdot\Delta\theta=\frac{1}{2}(2r+\Delta r)\cdot\Delta r\cdot\Delta\theta$$

$$=\frac{r+(r+\Delta r)}{2}\Delta r\cdot\Delta\theta\approx r\Delta r\cdot\Delta\theta.$$

于是根据微元法可得到极坐标系下面积的微元：

$$\mathrm{d}\sigma=r\mathrm{d}r\mathrm{d}\theta.$$

注意到直角坐标与极坐标之间的转换关系为

$$x=r\cos\theta,\quad y=r\sin\theta.$$

从而得到在直角坐标系下与极坐标系下二重积分的转换公式：

$$\iint\limits_D f(x,y)\mathrm{d}x\mathrm{d}y=\iint\limits_D f(r\cos\theta,r\sin\theta)r\mathrm{d}r\mathrm{d}\theta. \tag{7.2.4}$$

极坐标中的二重积分，同样可以化成二次积分来计算.

设积分区域 D 可表示为

$$\alpha\leqslant\theta\leqslant\beta,\quad \varphi_1(\theta)\leqslant r\leqslant\varphi_2(\theta)$$

(如图 7.19)，其中 $\varphi_1(\theta),\varphi_2(\theta)$ 在区间$[\alpha,\beta]$上连续.

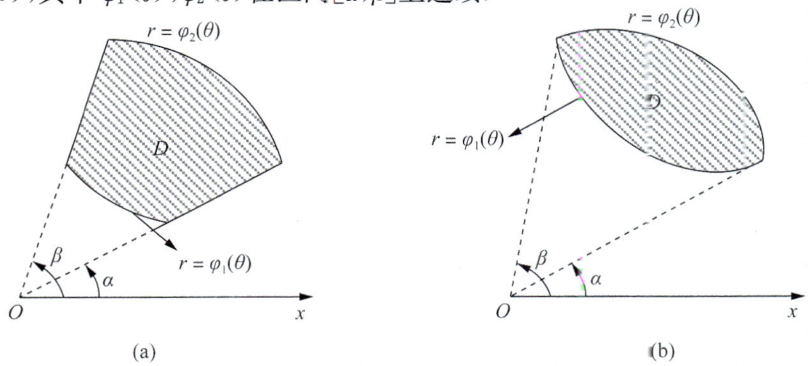

图 7.19

先在区间$[\alpha,\beta]$上任取一值θ,对应这个值θ,D上的点(如图 7.20,这些点在线段EF上)的极半径r从$\varphi_1(\theta)$到$\varphi_2(\theta)$,又因为θ是在$[\alpha,\beta]$上任意取定的,所以θ的变化范围是区间$[\alpha,\beta]$. 这样就可以看出,极坐标中的二重积分化为二次积分的公式为

$$\iint_D f(r\cos\theta,r\sin\theta)r\mathrm{d}r\mathrm{d}\theta=\int_\alpha^\beta \mathrm{d}\theta\int_{\varphi_1(\theta)}^{\varphi_2(\theta)} f(r\cos\theta,r\sin\theta)r\mathrm{d}r. \tag{7.2.5}$$

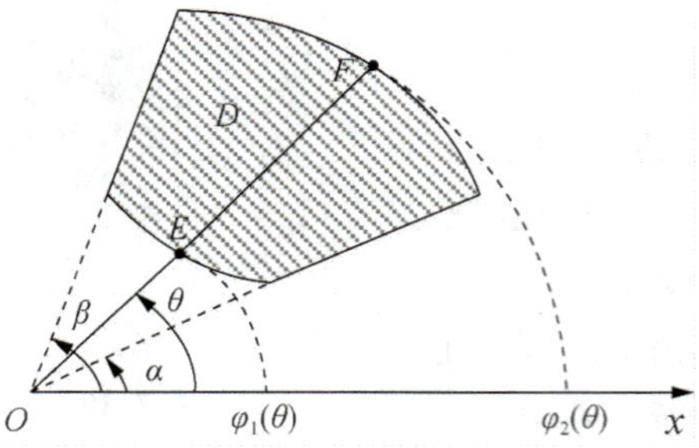

图 7.20

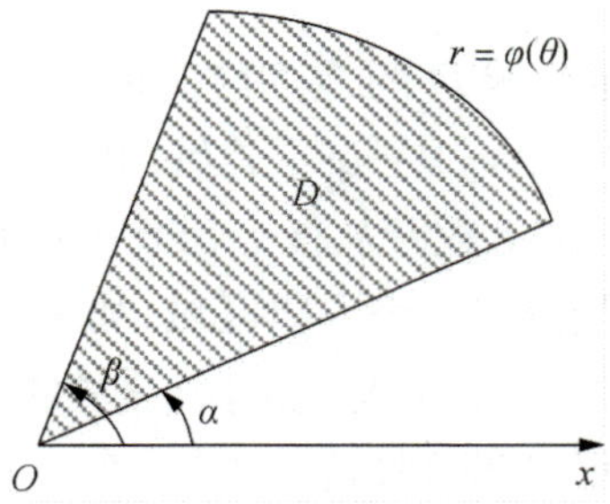

图 7.21

如果积分区域是图 7.21 所示的曲边扇形,则可看成图 7.20 中当$\varphi_1(\theta)=0$,$\varphi_2(\theta)=\varphi(\theta)$时的特例. 这时闭区域$D$可用不等式

$$\alpha\leqslant\theta\leqslant\beta,\quad 0\leqslant r\leqslant\varphi(\theta)$$

来表示,而式(7.2.5)成为

$$\iint_D f(r\cos\theta,r\sin\theta)r\mathrm{d}r\mathrm{d}\theta=\int_\alpha^\beta \mathrm{d}\theta\int_0^{\varphi(\theta)} f(r\cos\theta,r\sin\theta)r\mathrm{d}r. \tag{7.2.6}$$

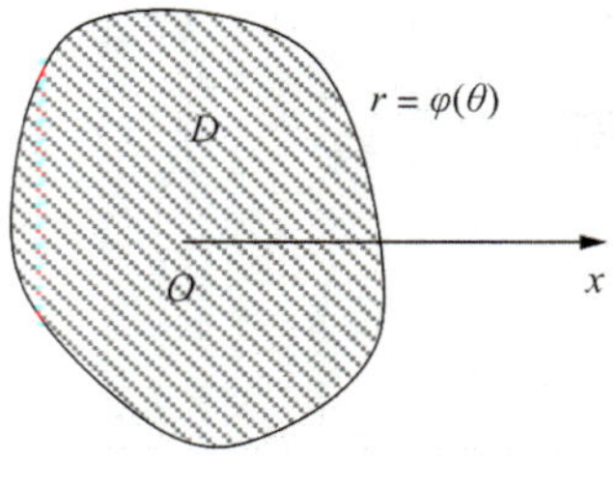

图 7.22

如果积分区域如图 7.22 所示,极点在D的内部,则可看成是图 7.21 中当$\alpha=0$,$\beta=2\pi$时的特例. 这时闭区域D可用不等式

$$0\leqslant\theta\leqslant 2\pi,\quad 0\leqslant r\leqslant\varphi(\theta)$$

来表示,而式(7.2.6)成为

$$\iint_D f(r\cos\theta,r\sin\theta)r\mathrm{d}r\mathrm{d}\theta=\int_0^{2\pi} \mathrm{d}\theta\int_0^{\varphi(\theta)} f(r\cos\theta,r\sin\theta)r\mathrm{d}r. \tag{7.2.7}$$

例 7.2.5 计算$\iint_D \dfrac{\mathrm{d}x\mathrm{d}y}{1+x^2+y^2}$,其中$D$是由$x^2+y^2\leqslant 1$所确定的圆域.

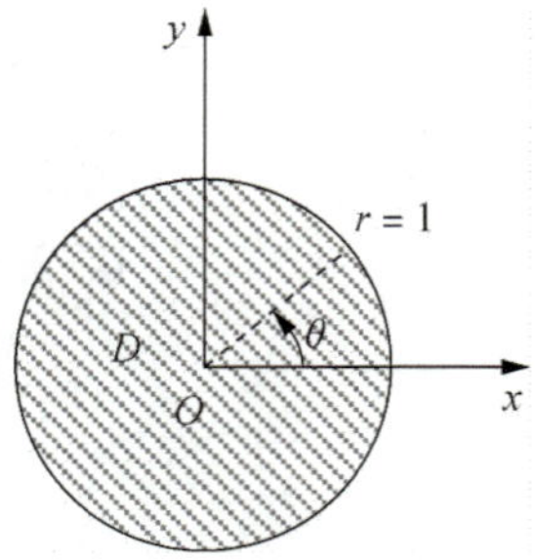

图 7.23

解 积分区域如图 7.23 所示,在极坐标下D表示为$0\leqslant\theta\leqslant 2\pi$,$0\leqslant r\leqslant 1$,所以

$$\iint_D \frac{\mathrm{d}x\mathrm{d}y}{1+x^2+y^2}=\int_0^{2\pi}\mathrm{d}\theta\int_0^1\frac{r\mathrm{d}r}{1+r^2}=\frac{1}{2}\int_0^{2\pi}\ln(1+r^2)\Big|_0^1\mathrm{d}\theta$$

$$=\frac{1}{2}\int_0^{2\pi}\ln 2\mathrm{d}\theta=\pi\ln 2.$$

例 7.2.6　计算 $\iint\limits_D \frac{y^2}{x^2}\mathrm{d}x\mathrm{d}y$，其中 D 是由曲线 $x^2+y^2=2x$ 所围成的平面区域.

解　积分区域如图 7.24 所示，其边界曲线 $x^2+y^2=2x$ 的极坐标方程为 $r=2\cos\theta$，于是在极坐标下 D 表示为 $-\frac{\pi}{2}\leqslant\theta\leqslant\frac{\pi}{2}$，$0\leqslant r\leqslant 2\cos\theta$，所以

$$\iint\limits_D \frac{y^2}{x^2}\mathrm{d}x\mathrm{d}y = \int_{-\frac{\pi}{2}}^{\frac{\pi}{2}}\mathrm{d}\theta\int_0^{2\cos\theta}\frac{\sin^2\theta}{\cos^2\theta}r\,\mathrm{d}r$$
$$= \int_{-\frac{\pi}{2}}^{\frac{\pi}{2}}2\sin^2\theta\mathrm{d}\theta = \pi.$$

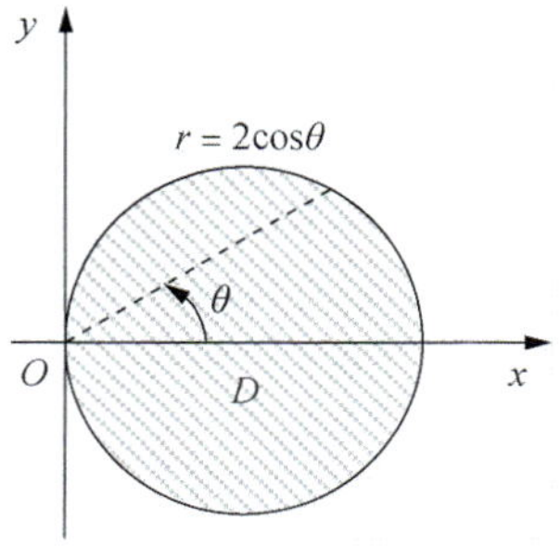

图 7.24

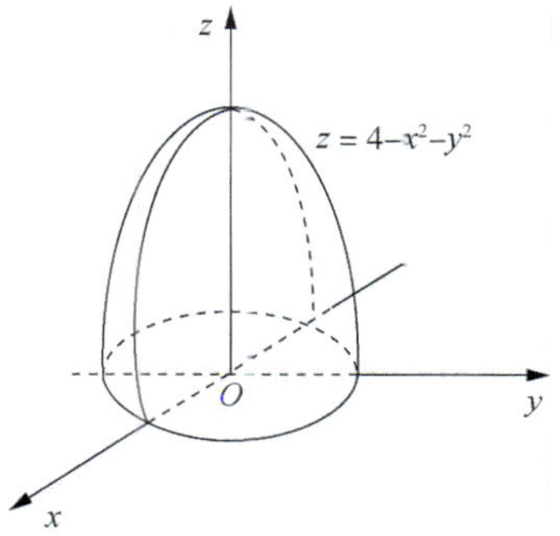

图 7.25

例 7.2.7　求曲面 $z=4-x^2-y^2$ 与平面 $z=0$ 所围成立体的体积.

解　曲面 $z=4-x^2-y^2$ 与 $z=0$ 的交线为 xOy 面上的圆：$x^2+y^2=4$. 记区域 $D=\{(x,y)\,|\,x^2+y^2\leqslant 4\}$. 则所围立体为以区域 D 为底，以曲面 $z=4-x^2-y^2$ 为顶的曲顶柱体(如图 7.25). 所以所求体积

$$V = \iint\limits_D (4-x^2-y^2)\mathrm{d}x\mathrm{d}y$$
$$= \int_0^{2\pi}\mathrm{d}\theta\int_0^2(4-r^2)r\mathrm{d}r$$
$$= \int_0^{2\pi}\mathrm{d}\theta\int_0^2(4r-r^3)\mathrm{d}r$$
$$= 2\pi\left(2r^2-\frac{1}{4}r^4\right)\Big|_0^2 = 8\pi.$$

例 7.2.8*　设函数 $f(x)$ 连续，且 $f(0)=1$. 令

$$F(t) = \iint\limits_{x^2+y^2\leqslant t^2} f(x^2+y^2)\mathrm{d}x\mathrm{d}y \quad (t\geqslant 0),$$

求 $F''(0)$.

解　利用极坐标变换 $x=r\cos\theta, y=r\sin\theta$. 所以

$$F(t) = \iint\limits_{r\leqslant t} f(r^2)r\mathrm{d}r\mathrm{d}\theta = \int_0^{2\pi}\mathrm{d}\theta\int_0^t f(r^2)r\mathrm{d}r = 2\pi\int_0^t f(r^2)r\mathrm{d}r.$$

因 $f(x)$ 连续，故 $F'(t)=2\pi tf(t^2)$，且 $F'(0)=0$. 于是

$$F''(0)=\lim_{t\to 0^+}\frac{F'(t)-F'(0)}{t-0}=\lim_{t\to 0^+}\frac{2\pi tf(t^2)}{t}=\lim_{t\to 0^+}2\pi f(t^2)=2\pi f(0)=2\pi.$$

习 题 7.2

1. 计算下列二重积分：

(1) $\iint\limits_D(3x+2y)\mathrm{d}\sigma$，其中 D 是由两坐标轴及直线 $x+y=2$ 所围成的有界闭区域；

(2) $\iint\limits_D\frac{x^2}{1+y^2}\mathrm{d}\sigma$，其中 $D=\{(x,y)\mid 0\leqslant x\leqslant 1,0\leqslant y\leqslant 1\}$；

(3) $\iint\limits_D(x^2+y)\mathrm{d}\sigma$，其中 D 是由 $x^2=y$ 及 $y^2=x$ 所围成的有界闭区域；

(4) $\iint\limits_D x^2\mathrm{e}^{-y^2}\mathrm{d}\sigma$，其中 D 是以 $(0,0)$，$(1,1)$，$(0,1)$ 为顶点的三角形闭区域；

(5) $\iint\limits_D x^3y^2\mathrm{d}\sigma$，其中 $D=\{(x,y)\mid x^2+y^2\leqslant 1\}$；

(6) $\iint\limits_D\mathrm{e}^{x^2+y^2}\mathrm{d}\sigma$，其中 D 是由圆周 $x^2+y^2=4$ 所围成的有界闭区域；

(7) $\iint\limits_D\ln(1+x^2+y^2)\mathrm{d}\sigma$，其中 D 是由圆周 $x^2+y^2=1$ 及坐标轴所围成的在第一象限内的有界闭区域；

(8) $\iint\limits_D\arctan\frac{y}{x}\mathrm{d}\sigma$，其中 D 是由圆周 $x^2+y^2=4$，$x^2+y^2=1$ 及直线 $y=0$，$y=x$ 所围成的在第一象限内的有界闭区域.

2. 交换下列二次积分的积分次序：

(1) $\int_0^1\mathrm{d}y\int_0^y f(x,y)\mathrm{d}x$；　　(2) $\int_0^1\mathrm{d}y\int_y^{\sqrt{y}} f(x,y)\mathrm{d}x$；

(3) $\int_0^1\mathrm{d}x\int_0^x f(x,y)\mathrm{d}y+\int_1^2\mathrm{d}x\int_0^{2-x} f(x,y)\mathrm{d}y$；　　(4) $\int_0^1\mathrm{d}y\int_{1-y}^{\mathrm{e}^y} f(x,y)\mathrm{d}x$.

3. 把下列二次积分化为极坐标形式的二次积分：

(1) $\int_0^R\mathrm{d}x\int_0^{\sqrt{R^2-x^2}} f(x,y)\mathrm{d}y$；　　(2) $\int_0^{2R}\mathrm{d}y\int_0^{\sqrt{2Ry-y^2}} f(x,y)\mathrm{d}x$；

4. 利用极坐标计算下列二次积分：

(1) $\int_0^a\mathrm{d}x\int_0^x\frac{1}{\sqrt{x^2+y^2}}\mathrm{d}y$；　　(2) $\int_0^a\mathrm{d}x\int_0^{\sqrt{a^2-x^2}}(x^2+y^2)\mathrm{d}y$.

5. 设 D 是由不等式 $|x|+|y|\leqslant 1$ 所确定的有界闭区域，计算二重积分 $\iint\limits_D(|x|+\sin y)\mathrm{d}x\mathrm{d}y$.

6. 计算由四个平面 $x=0$，$y=0$，$x=1$，$y=1$ 所围成的柱体被平面 $z=0$ 及 $2x+3y+z=6$ 所截得的立体体积.

7. 求由平面 $x=0$，$x=4$，$y=0$，$y=4$ 及抛物面 $z=x^2+y^2+1$ 所围成立体的体积.

8*. 计算 $\iint\limits_D xy\mathrm{d}x\mathrm{d}y$，其中 $D=\{(x,y)\mid y\geqslant 0,x^2+y^2\geqslant 1,x^2+y^2-2x\leqslant 0\}$.

9. 计算 $\iint\limits_D\sqrt{x^2+y^2}\mathrm{d}x\mathrm{d}y$，其中 D 是由 y 轴及两个圆 $x^2+y^2=1$ 及 $x^2+y^2-2x=0$ 所围成的区域.

10. 设平面薄片所占的闭区域 D 由直线 $x+y=2$，$y=x$ 和 x 轴所围成，它的面密度 $\rho(x,y)=x^2+y^2$，求该薄片的质量.

11*. 证明不等式：

$$\frac{61}{165}\pi\leqslant\iint_D\sqrt{\sin(x^2+y^2)^3}\,d\sigma\leqslant\frac{2}{5}\pi,$$

其中区域 $D=\{(x,y)\mid x^2+y^2\leqslant1\}$.

★7.3 二重积分应用案例

一、城市人口的估计

人口统计学家已发现城市的市中心的人口密度最大，离市中心越远，人口越稀少. 最为常见的人口密度模型为 $u(r)=Ce^{-ar^2}$（每平方千米人口数），r 是距市中心的距离. 现已知某城市是半径为 30km 的圆形区域，其市中心的人口密度 $u(0)=10^5$，而距离市中心 10km 时人口密度为 $u(10)=\frac{10^5}{e^2}$. 试求出该城市的总人口数.

解 先确定该市的人口密度函数.

将 $u(0)=10^5$ 代入人口密度模型得 $C=10^5$，再将 $u(10)=\frac{10^5}{e^2}$ 代入得 $a=\frac{1}{50}$，因此该市人口密度函数为 $u(r)=10^5e^{-\frac{1}{50}r^2}$.

计算该市人口数. 如图 7.26，取市中心为直角坐标系原点，则该市人口密度函数可表示为

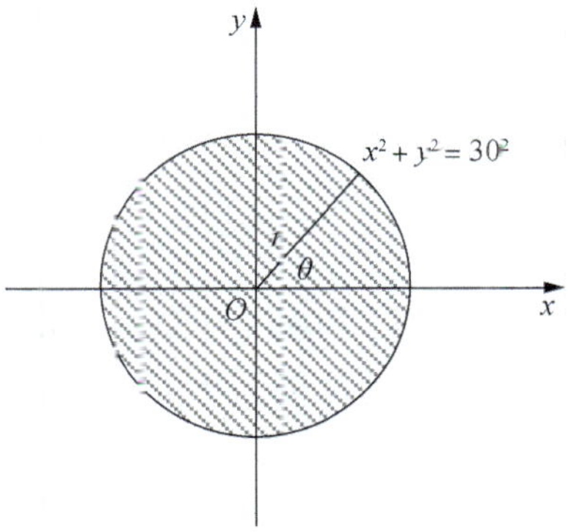

图 7.26

$$u(x,y)=10^5e^{-\frac{x^2+y^2}{50}}.$$

从而人口数为

$$N=\iint_{x^2+y^2\leqslant30^2}10^5e^{-\frac{x^2+y^2}{50}}dxdy=\iint_{r\leqslant30,0\leqslant\theta\leqslant2\pi}10^5e^{-\frac{r^2}{50}}\cdot rdrd\theta$$

$$=10^5\int_0^{2\pi}d\theta\int_0^{30}e^{-\frac{r^2}{50}}\cdot rdr\approx15\ 767\ 963(\text{人})$$

该市人口约为 15 767 963 人.

二、湖泊体积及平均水深的估算

椭球正弦曲面是许多湖泊的湖床形状的很好的近似. 假定湖面的边界为椭圆 $\frac{x^2}{a^2}+\frac{y^2}{b^2}=1$. 若湖的最大水深为 h_m，则椭球正弦曲面由

$$f(x,y)=-h_m\cos\left(\frac{\pi}{2}\sqrt{\frac{x^2}{a^2}+\frac{y^2}{b^2}}\right)$$

给出，其中$\frac{x^2}{a^2}+\frac{y^2}{b^2}\leqslant 1$. 现在要求湖水的总体积$V$及平均水深$h$.

解　若$D=\left\{(x,y)\left|\frac{x^2}{a^2}+\frac{y^2}{b^2}\leqslant 1\right.\right\}$是湖面的椭圆区域，则湖水的总体积为

$$=\iint_D |f(x,y)|\,\mathrm{d}x\mathrm{d}y=\iint_D h_m\cos\left(\frac{\pi}{2}\sqrt{\frac{x^2}{a^2}+\frac{y^2}{b^2}}\right)\mathrm{d}x\mathrm{d}y.$$

我们利用广义极坐标变换

$$\begin{cases}x=ar\cos\theta,\\ y=br\sin\theta,\end{cases}\quad 0\leqslant r\leqslant 1,\quad 0\leqslant\theta\leqslant 2\pi.$$

由二重积分的变量替换公式得

$$\begin{aligned}V&=\iint_D h_m\cos\left(\frac{\pi}{2}\sqrt{\frac{x^2}{a^2}+\frac{y^2}{b^2}}\right)\mathrm{d}x\mathrm{d}y=\iint_D h_m\cos\frac{\pi r}{2}abr\,\mathrm{d}r\mathrm{d}\theta\\&=abh_m\int_0^{2\pi}\mathrm{d}\theta\int_0^1\cos\frac{\pi r}{2}r\mathrm{d}r=2\pi abh_m\int_0^1\cos\frac{\pi r}{2}r\mathrm{d}r\\&=4abh_m\int_0^1 r\mathrm{d}\sin\frac{\pi r}{2}=4abh_m\left(r\sin\frac{\pi r}{2}\Big|_0^1-\int_0^1\sin\frac{\pi r}{2}\mathrm{d}r\right)\\&=4abh_m\left(1-\frac{2}{\pi}\right)\approx 1.435abh_m.\end{aligned}$$

上述公式可以通过测量a,b,h_m来估计湖水的体积(即水量).

因椭圆D的面积为πab，因而平均深度湖水为

$$h=\frac{1}{\pi ab}\iint_D|f(x,y)|\,\mathrm{d}x\mathrm{d}y\approx\frac{1.435}{\pi}h_m.$$

人们对世界107个湖泊的研究得到h/h_m的平均值为0.467.

习 题 7.3

1. 防盗门销售的平均利润问题.

某防盗门生产厂，近期仅生产A,B两种型号的防盗门，其销售价格分别为1000元和900元. 又生产x件A型号防盗门和生产y件B型号防盗门的总成本为$40000+200x+300y+3x^2+3y^2+xy$，并了解到在一周内销售A型号的防盗门的件数在100～150之间，一周内销售B型号的防盗门的件数在70～90之间. 试求销售这两种防盗门一周内的平均利润.

2. 计算土方量问题.

为修建高速公路，要在一山坡中辟出一条长500m，宽20m的通道. 据测量，以出发点一侧为原点，往另一侧方向为x轴($0\leqslant x\leqslant 20$)，往公路延伸方向为y轴($0\leqslant y\leqslant 500$). 得山坡的高度为$z=10\left(\sin\frac{\pi}{500}y+\sin\frac{\pi}{20}x\right)$，试计算所需要挖掉的土方量.

总 习 题 七

1. 计算下列二重积分：

(1) $\iint\limits_D (1+x)\sin y\,\mathrm{d}\sigma$，其中 D 是顶点分别为(0,0)，(1,0)，(1,2)和(0,1)的梯形闭区域；

(2) $\iint\limits_D x^2y^2\,\mathrm{d}\sigma$，其中 D 是由直线 $y=x$，$y=-x$ 及抛物线 $y=2-x^2$ 所围成的在 x 轴上方的有界闭区域；

(3) $\iint\limits_D \sqrt{R^2-x^2-y^2}\,\mathrm{d}\sigma$，其中 D 是由圆周 $x^2+y^2=Rx$ 所围成的闭区域；

(4) $\iint\limits_D (x^2+2x+\sin y+19)\,\mathrm{d}\sigma$，其中 D 是由圆周 $x^2+y^2=R^2$ 所围成的闭区域；

(5) $\iint\limits_D \mathrm{e}^{x^2+y^2}\,\mathrm{d}x\mathrm{d}y$，其中 D 是由圆周 $x^2+y^2=4$ 所围成的闭区域.

2. 交换下列二次积分的积分次序：

(1) $\int_0^1 \mathrm{d}y\int_{\sqrt{y}}^{\sqrt{2-y^2}} f(x,y)\,\mathrm{d}x$；　　(2) $\int_0^1 \mathrm{d}x\int_{\sqrt{x}}^{1+\sqrt{1-x^2}} f(x,y)\,\mathrm{d}y$；

(3) $\int_{\frac{1}{4}}^{\frac{1}{2}} \mathrm{d}y\int_{\frac{1}{2}}^{\sqrt{y}} f(x,y)\,\mathrm{d}x+\int_{\frac{1}{2}}^{1}\mathrm{d}y\int_y^{\sqrt{y}} f(x,y)\,\mathrm{d}x$；　　(4) $\int_0^1 \mathrm{d}x\int_{x^2}^{3-x} f(x,y)\,\mathrm{d}y$.

3. 设 D 是由 $y=0$，$y=x^2$，$x=1$ 所围成的闭区域，$f(x,y)$ 在区域 D 上连续，且 $f(x,y)=xy+\iint\limits_D f(x,y)\,\mathrm{d}x\mathrm{d}y$，求 $f(x,y)$.

4*. 设 $f(x)$ 在 $(-\infty,+\infty)$ 上连续，且满足 $f(t)=2\iint\limits_{x^2+y^2\leqslant t^2}(x^2-y^2)f(\sqrt{x^2+y^2})\,\mathrm{d}x\mathrm{d}y-t^4$，求 $f(x)$.

5*. 设 $f(u)$ 在 $u=0$ 可导，且 $f(0)=0$，$D=\{(x,y)\mid x^2+y^2\leqslant 2tx,\ y\geqslant 0\}$，求 $\lim\limits_{t\to 0^+}\dfrac{1}{t^4}\iint\limits_D f(\sqrt{x^2+y^2})\,y\,\mathrm{d}x\mathrm{d}y$.

6*. 求 $\iint\limits_D |\sin(x-y)|\,\mathrm{d}x\mathrm{d}y$，其中 $D=\left\{(x,y)\mid x+y\leqslant\dfrac{\pi}{2},x\geqslant 0,y\geqslant 0\right\}$.

7. 设 $f(x)$ 在 $[a,b]$ 上连续，且 $f(x)>0$，试证：$\int_a^b f(x)\,\mathrm{d}x\int_a^b\dfrac{1}{f(x)}\,\mathrm{d}x\geqslant(b-a)^2$.

8*. 设 $f(x)$ 在 $[0,1]$ 上连续，且 $\int_0^1 f(x)\,\mathrm{d}x=A$，求 $\int_0^1 f(x)\,\mathrm{d}x\int_x^1 f(y)\,\mathrm{d}y$.

9. 计算 $\int_0^{\frac{\pi}{6}}\mathrm{d}y\int_y^{\frac{\pi}{6}}\dfrac{\cos x}{x}\,\mathrm{d}x$.

10. 计算 $\int_0^1\mathrm{d}y\int_0^{y^2} y\cos(1-x)^2\,\mathrm{d}x$.

第 8 章　微分方程初步

在工程技术、物理学与生物学等自然学科学、经济与管理等领域中，经常需要确定变量间的函数关系. 在很多情况下，往往很难直接得到所研究的变量之间的函数关系，但可根据变量的某些内在规律，运用数学分析的方法建立起这些变量与其导数或微分之间的关系式，从而得到一个关于未知函数的导数或微分的方程，即微分方程. 通过求解这种方程得到需要确定变量间的函数关系. 因此，微分方程是解决实际问题和进行科学研究的强有力的工具.

本章主要介绍微分方程的一些基本概念，几类常见微分方程的求解方法，并给出微分方程在某些领域应用的一些实际例子.

8.1　微分方程的基本概念

下面通过几何、物理学、力学及经济管理学中的具体例子，引入微分方程的有关概念.

一、引例

例 8.1.1(几何问题)　一曲线过点(1,2)，且在该曲线上任一点 $M(x,y)$处的切线斜率为 $2x$，求该曲线方程.

解　设所求曲线方程为 $y=f(x)$，由导数的几何意义及曲线过点(1,2)有

$$\frac{\mathrm{d}y}{\mathrm{d}x}=2x \tag{8.1.1}$$

及

$$y|_{x=1}=2. \tag{8.1.2}$$

由方程(8.1.1)得 $\mathrm{d}y=2x\mathrm{d}x$，两边积分得

$$y=x^2+C, \tag{8.1.3}$$

把方程(8.1.2)代入式(8.1.3)得 $C=1$，故所求曲线方程为 $y=x^2+1$.

例 8.1.2(冷却问题)　将温度为 150℃的物体，放置在气温为 40℃的环境中冷却. 求该物体温度变化的规律.

解　设放置 t 时刻物体的温度为 $T(t)$，根据冷却定律：物体温度的变化率与物体温度和环境气温之差成正比. 则函数 $T(t)$满足

$$\frac{\mathrm{d}T}{\mathrm{d}t}=-k(T-40), \tag{8.1.4}$$

其中 $k(k>0)$为比例系数.

根据题意 $T(t)$还满足条件

$$T(0)=150. \tag{8.1.5}$$

容易验证：$T=110e^{-kt}+40$ 满足方程(8.1.4)及条件(8.1.5).

例 8.1.3(自由落体问题)　设一质量为 m 的物体，在重力的作用下从距地面 H 米处由静止开始自由垂直落下，试求物体的运动规律.

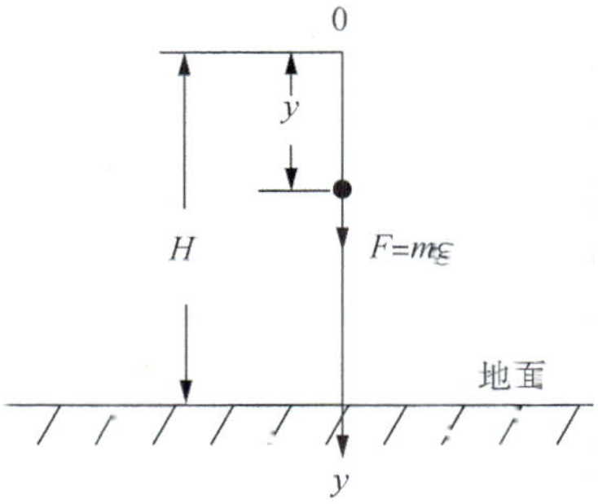

图 8.1

解　设自由落体在时刻 t 下落的距离为 y. 如图 8.1 所示，取物体下落的起点为原点，y 轴的正向铅直向下. 根据牛顿第二定律：物体所受的力 F 等于物体的质量 m 与物体运动的加速度 a 的乘积(即 $F=ma$)，一阶导数 $\frac{dy}{dt}$ 和二阶导数 $\frac{d^2y}{dt^2}$ 分别表示该自由落体的速度和加速度有

$$\frac{d^2y}{dt^2}=g, \tag{8.1.6}$$

其中 g 为重力加速度常数.

根据题意 $y=y(t)$ 还需满足条件

$$y(0)=0,\quad \left.\frac{dy}{dt}\right|_{t=0}=0, \tag{8.1.7}$$

式(8.1.6)两边对 t 积分得

$$\frac{dy}{dt}=gt+C_1, \tag{8.1.8}$$

再积分一次得

$$y=\frac{1}{2}gt^2+C_1t+C_2, \tag{8.1.9}$$

由条件(8.1.7)可得 $C_1=0, C_2=0$. 因此，物体经时间 t 后落下的距离为 $y=\frac{1}{2}gt^2$. 此时，物体与地面的距离为 $H-\frac{1}{2}gt^2$.

例 8.1.4(商品定价问题)　一般商品的供给量 $S(p)$ 与需求量 $Q(p)$ 都受到商品价格 $P(t)$ 的影响. 通常商品价格 $P(t)$ 对于时间 t 的变化率可认为与该商品在同一时刻的超额需求 $Q(p)-S(p)$ 成正比. 试确定商品价格的变化规律.

解　由题意有

$$\frac{dp}{dt}=k[Q(p)-S(p)], \tag{8.1.10}$$

其中 k 为比例常数，在 $Q(p)$ 和 $S(p)$ 确定的情况下，可由方程(8.1.10)求出商品 $P(t)$ 价格与时间 t 的函数关系.

以上几个具体实例，我们都无法直接找到变量之间的函数关系，而是根据变量间的内在规律，建立含有未知函数导数的方程，然后通过积分手段求出满足方程及条件要求的未知函数. 这是运用微分方程解决实际问题的方法.

二、基本概念

定义 8.1.1　含未知函数的导数(或微分)的方程称为**微分方程**.

在微分方程中,如果未知函数是一元函数,则称为**常微分方程**(简称为微分方程);如果未知函数是多元函数,则称为**偏微分方程**.

例如,上面引例给出的方程都是常微分方程,而

$$x\frac{\partial z}{\partial x}+y\frac{\partial z}{\partial y}=z,\quad \frac{\partial^2 u}{\partial x^2}+\frac{\partial^2 u}{\partial y^2}+\frac{\partial^2 u}{\partial z^2}=0$$

都是偏微分方程.

定义 8.1.2　微分方程中未知函数的最高阶导数(或微分)的阶数称为方程的**阶**.

例如,

$$y^{(4)}+xy^5=\sin x \qquad \text{(是四阶常微分方程)};$$

$$\left(\frac{\mathrm{d}^2x}{\mathrm{d}t^2}\right)^3+2\frac{\mathrm{d}x}{\mathrm{d}t}+x=\mathrm{e}^t \qquad \text{(是二阶常微分方程)}.$$

定义 8.1.3　能使微分方程成立的函数称为微分方程的解.

例如,容易验证 $y=x^2$, $y=x^2+1$, $y=x^2+C$(C 为任意常数)都是方程(8.1.1)的解;而 $y=\sin x$, $y=\cos x$, $y=C_1\sin x+C_2\cos x$(C_1, C_2 为任意常数)都是方程 $y''+y=0$ 的解. 由此可见,微分方程的解可能含有任意常数.

一般微分方程的解有两种形式:

(1)通解　若微分方程解中含有独立的任意常数,且任意常数的个数与方程的阶数相同,则称此解为**通解**.

例如,$y=x^2+C$(C 为任意常数)是方程(8.1.1)的通解;而 $y=C_1\sin x+C_2\cos x$(C_1, C_2 为任意常数)是方程 $y''+y=0$ 的通解.

由通解的定义可知,一阶微分方程的通解的一般形式为 $y=y(x,C)$ 或 $\varphi(x,y,C)=0$;二阶方程的通解的一般形式为 $y=y(x,C_1,C_2)$ 或 $\varphi(x,y,C_1,C_2)=0$;n 阶微分方程的通解的一般形式为 $y=y(x,C_1,C_2\cdots,C_n)$ 或 $\varphi(x,y,C_1,C_2\cdots C_n)=0$. 前者称为方程的显式通解,后者称为隐式通解.

注　这里所讲的独立的任意常数,是指它们不能通过合并使得通解中任意常数的个数减少. 另外,通解不一定包含方程的全部解. 例如,$y=\dfrac{1}{x+C}$是微分方程 $y'+y^2=0$ 的通解,而 $y=0$ 也是该微分方程的解,但 $y=0$ 不包含在通解中. 不包含在微分方程通解中的解称为**奇解**.

(2)特解　微分方程的不含任意常数的解称为微分方程的**特解**.

一个微分方程通常有无限多个解,为了得到一确定的解,需要给定一些条件,以便确定通解中的任意常数,这些条件称为**定解条件**(或**初始条件**).

如例 8.1.1 中的 $y|_{x=1}=2$,例 8.1.3 中的 $x(0)=0,x'(0)=0$,即为确定特解的定解条件.

习 题 8.1

1. 指出下列微分方程的阶数:

(1)$x(y')^3+4yy'-3xy^5=0$;　　(2)$(y'')^2+5(y')^4-y^6+x^5=0$;

(3)$xy'''+6(y'')^2+xy=0$;　　(4)$(x^2-y^2)\mathrm{d}x+(x^2+y^2)\mathrm{d}y=0$.

2. 指出下列给定函数是否是其对应微分方程的解:

(1)$xy'=2y$,　$y=5x^2$;

(2)$y'+y=\mathrm{e}^{-x}$,　$y=(x+C)\mathrm{e}^{-x}$;

(3)$y''+w^2y=0$,　$y=\cos wx+\sin wx$;

(4)$y''-(r_1+r_2)y'+r_1r_2y=0$,　$y=C_1\mathrm{e}^{r_1x}+C_2\mathrm{e}^{r_2x}$.

3. 设 $y=(C_1+C_2x)\mathrm{e}^{-x}$($C_1,C_2$ 为任意常数)是方程 $y''+2y'+y=0$ 的通解,求满足条件 $y|_{x=0}=4$,$y'|_{x=0}=-2$ 的特解.

4. 已知曲线的切线在纵轴上的截距等于切点的横坐标,求该曲线所满足的微分方程.

5. 设曲线上点 $p(x,y)$ 处的法线与 x 轴的交点为 Q,且线段 PQ 被 y 轴平分,试写出该曲线所满足的微分方程.

6.(振动问题)设质量为 m 的物体(其尺寸充分小)在弹簧作用下沿水平桌面作直线运动(如图 8.2).若不计介质阻力,求其运动规律所满足的微分方程.

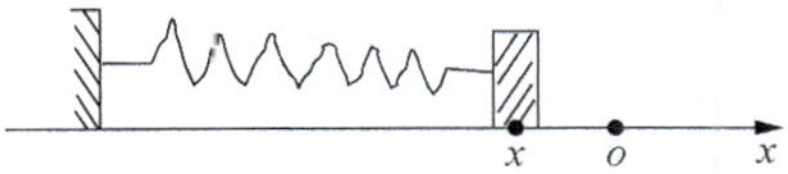

图 8.2

8.2 一阶微分方程

一阶微分方程的一般形式为 $F(x,y,y')=0$,下面主要讨论能够解出导数的方程

$$\frac{\mathrm{d}y}{\mathrm{d}x}=f(x,y) \quad 或 \quad P(x,y)\mathrm{d}x=Q(x,y)\mathrm{d}y. \tag{8.2.1}$$

一阶微分方程的通解中仅含一个任意常数,其定解条件一般形式是

$$y(x)\big|_{x=x_0}=y_0 \quad 或 \quad y(x_0)=y_0.$$

在本节主要介绍几种特殊类型一阶微分方程的解法.

一、可分离变量的微分方程

形如

$$\frac{\mathrm{d}y}{\mathrm{d}x}=f(x)g(y) \tag{8.2.2}$$

的微分方程,称为**可分离变量的微分方程**(简称为可分离变量方程).设 $g(y)\neq0$,则分离

变量方程(8.2.2)可化为

$$\frac{\mathrm{d}y}{g(y)}=f(x)\mathrm{d}x,$$

上式两端积分得

$$\int\frac{\mathrm{d}y}{g(y)}=\int f(x)\mathrm{d}x+C,\quad C\text{ 为任意常数},$$

积分后即得方程(8.2.2)的通解. 若 $g(y_0)=0$,则常数函数 $y=y_0$ 亦是方程(8.2.2)的解.

例 8.2.1　求方程 $\tan x\dfrac{\mathrm{d}y}{\mathrm{d}x}-y=1$ 的通解.

解　原方程化为　$\tan x\dfrac{\mathrm{d}y}{\mathrm{d}x}=1+y$,分离变量得

$$\frac{\mathrm{d}y}{1+y}=\frac{\cos x}{\sin x}\mathrm{d}x,\quad y\neq-1,$$

上式两边积分

$$\int\frac{\mathrm{d}y}{1+y}=\int\frac{\cos x}{\sin x}\mathrm{d}x,$$

得 $\ln|1+y|=\ln|\sin x|+C_1$,从而 $y=\pm e^{C_1}\sin x-1$,即有

$$y=C\sin x-1,C=\pm e^{C_1}.$$

显然 $y=-1$ 也是方程的解,故所求的通解为 $y=C\sin x-1$,C 为任意常数.

从此例可以看出,利用分离变量法解可分离变量的微分方程的过程中,是在假定 $g(y)\neq0$的前提下得到方程的通解,此时的通解不包含 $g(y)=0$ 的特解. 但有时通过扩大任意常数 C 的取值范围,则可将 $g(y)=0$ 的特解包含在通解中.

例 8.2.2　求方程$\begin{cases}\dfrac{\mathrm{d}y}{\mathrm{d}x}=e^{x-y}+x^2e^{-y},\\ y|_{x=0}=0\end{cases}$的特解.

解　原方程化为$\dfrac{\mathrm{d}y}{\mathrm{d}x}=(e^x+x^2)e^{-y}$,分离变量得

$$e^y\mathrm{d}y=(e^x+x^2)\mathrm{d}x,$$

两边积分得方程通解为

$$e^y=e^x+\frac{1}{3}x^3+C,\quad C\text{ 为任意常数}.$$

将 $y|_{x=0}=0$ 代入得 $C=0$,故所求的特解为

$$e^y=e^x+\frac{1}{3}x^3.$$

例 8.2.3*　求方程 $y\mathrm{d}x+(x^2-4x)\mathrm{d}y=0$ 的通解.

解　方程化为 $x(4-x)\mathrm{d}y=y\mathrm{d}x$,分离变量得

$$\frac{1}{y}\mathrm{d}y=\frac{1}{x(4-x)}\mathrm{d}x,\quad y\neq0,$$

两边积分得

$$\ln|y|=\frac{1}{4}[\ln|x|-\ln|4-x|]+C_1,$$

去对数得方程的通解

$$y=\pm e^{C_1}\sqrt[4]{\frac{x}{4-x}}.$$

记 $C=\pm e^{C_1}$，通解为 $y=C\sqrt[4]{\frac{x}{4-x}}$. 其中，$C\neq 0$. 显然 $y=0$ 也是方程的解，故所求的通解为 $y=C\sqrt[4]{\frac{x}{4-x}}$，$C$ 为任意常数.

例 8.2.4(衰变问题) 从物理学知道，放射性物质具有衰变现象. 例如，铀等放射性物质，由于不断放射出微粒而使质量减少，其衰变速度与质量成正比. 设一块铀原来的质量为 Q_0，经过 240 小时后质量减少 10%，求这块铀在时刻 t 的质量.

解 设在时刻 t 这块铀的质量为 $Q(t)$，则由题意有 $Q(0)=Q_0$，且

$$\frac{dQ}{dt}=kQ,\quad k \text{ 为比例常数},$$

这是一个可分离变量方程，可求出其通解为

$$Q(t)=Ce^{kt}.$$

由条件 $Q(0)=Q_0$，求得 $C=Q_0$，因此

$$Q(t)=Q_0e^{kt}.$$

为了确定 k，可根据题意 $Q(240)=0.9Q_0$，得

$$0.9Q_0=Q_0e^{240k},$$

于是求得 $k=\frac{(\ln 0.9)}{240}\approx -0.000\,439$. 因此，这块铀在时刻 t 的质量为

$$Q(t)=Q_0e^{-0.000\,439t}.$$

二、齐次微分方程

形如

$$\frac{dy}{dx}=\varphi\left(\frac{y}{x}\right) \tag{8.2.3}$$

的一阶微分方程称为**齐次微分方程**(简称为**齐次方程**). 对齐次方程(8.2.3)可以经过变换 $u=\frac{y}{x}$ 化为可分离变量的方程，从而求出通解. 具体过程如下.

作变换 $u=\frac{y}{x}$，则 $y=xu$，$\frac{dy}{dx}=u+x\frac{du}{dx}$，代入方程(8.2.3)，化为可分离变量方程

$$u+x\frac{du}{dx}=\varphi(u) \quad \text{或} \quad \frac{du}{\varphi(u)-u}=\frac{dx}{x},$$

两边积分得

$$\int \frac{\mathrm{d}u}{\varphi(u)-u}=\int \frac{\mathrm{d}x}{x},$$

求出积分后，用$\frac{y}{x}$代替u，即得原方程的通解.

上面的推导要求$\varphi(u)-u\neq 0$，如果$\varphi(u)-u=0$，即$\varphi\left(\frac{y}{x}\right)=\frac{y}{x}$. 则方程(8.2.3)为

$$\frac{\mathrm{d}y}{\mathrm{d}x}=\frac{y}{x}.$$

这已是一个可分离变量方程，不必作变换就可求出其通解为$y=Cx$，C为任意常数.

例 8.2.5　求$xy'+y=2\sqrt{xy}\ (x>0)$的通解.

解　因为方程可改写成

$$\frac{\mathrm{d}y}{\mathrm{d}x}=\frac{2\sqrt{xy}-y}{x}=2\sqrt{\frac{y}{x}}-\frac{y}{x},$$

这是齐次方程，作代换$u=\frac{y}{x}$，则$y=xu$，$\frac{\mathrm{d}y}{\mathrm{d}x}=u+x\frac{\mathrm{d}u}{\mathrm{d}x}$代入上式得

$$u+x\frac{\mathrm{d}u}{\mathrm{d}x}=2\sqrt{u}-u,$$

分离变量后，两边积分得

$$\int \frac{\mathrm{d}u}{2(\sqrt{u}-u)}=\int \frac{\mathrm{d}x}{x},$$

即

$$-\ln|1-\sqrt{u}|=\ln x+C_1.$$

将$u=\frac{y}{x}$代入得所求的通解为$x\left(1-\sqrt{\frac{y}{x}}\right)=C$，$C$为任意常数.

例 8.2.6*　求微分方程$xy\frac{\mathrm{d}y}{\mathrm{d}x}=x^2+y^2$满足条件$y(\mathrm{e})=2\mathrm{e}$的特解.

解　原方程可化为

$$\frac{\mathrm{d}y}{\mathrm{d}x}=\frac{x}{y}+\frac{y}{x},$$

这是齐次方程. 作代换$u=\frac{y}{x}$，则$y=xu$，$\frac{\mathrm{d}y}{\mathrm{d}x}=u+x\frac{\mathrm{d}u}{\mathrm{d}x}$，代入上式有

$$u+x\frac{\mathrm{d}u}{\mathrm{d}x}=\frac{1}{u}+u,$$

即$x\frac{\mathrm{d}u}{\mathrm{d}x}=\frac{1}{u}$. 分离变量并积分得

$$u^2=2\ln|x|+C,\quad C\text{为任意常数}.$$

将$u=\frac{y}{x}$代入，便得原方程的通解为$y^2=2x^2\ln|x|+Cx^2$.

再将$y(\mathrm{e})=2\mathrm{e}$代入通解求得$C=2$. 于是，所求的特解为$y^2=2x^2(\ln|x|+1)$.

三、一阶线性微分方程

形如

$$y'+p(x)y=Q(x) \tag{8.2.4}$$

的微分方程称为**一阶线性微分方程**. $Q(x)$称为自由项,当$Q(x)\equiv 0$时,方程为

$$y'+p(x)y=0, \tag{8.2.5}$$

称方程(8.2.5)为**一阶线性齐次方程**;当$Q(x)\not\equiv 0$时,称方程(8.2.4)为**一阶线性非齐次方程**.

下面介绍一阶线性方程的解法:

(1)一阶线性齐次方程的解法

一阶线性齐次方程(8.2.5)是可分离变量方程,分离变量后易求出其通解为

$$y=Ce^{-\int p(x)\mathrm{d}x}, \tag{8.2.6}$$

其中C为任意常数.

(2)一阶线性非齐次方程的解法

为求方程(8.2.4)的通解,可用常数变易法:即将式(8.2.6)中的常数C换成函数$C(x)$,设方程(8.2.4)有如下形式的解

$$y=C(x)e^{-\int p(x)\mathrm{d}x}, \tag{8.2.7}$$

其中$C(x)$是待定函数,为确定$C(x)$,将式(8.2.7)代入方程(8.2.4)得

$$C'(x)e^{-\int p(x)\mathrm{d}x}-p(x)C(x)e^{-\int p(x)\mathrm{d}x}+p(x)C(x)e^{-\int p(x)\mathrm{d}x}=Q(x),$$

即

$$C'(x)=Q(x)e^{\int p(x)\mathrm{d}x},$$

故得

$$C(x)=\int Q(x)e^{\int p(x)\mathrm{d}x}\mathrm{d}x+C_1,$$

代入式(8.2.7),即得方程(8.2.4)的通解为(C_1改写为C)

$$y=e^{-\int p(x)\mathrm{d}x}\left[\int Q(x)e^{\int p(x)\mathrm{d}x}\mathrm{d}x+C\right],\quad C\text{为任意常数}. \tag{8.2.8}$$

在具体求解一阶线性方程时,只需利用式(8.2.8)即可,而不必重复上面的推导过程.但须注意,在用式(8.2.8)之前应将方程写成形如式(8.2.4)的标准形式,且式(8.2.8)中三个不定积分的积分常数都取零.

例 8.2.7* 求微分方程$y'+y=e^{-x}\cos x$满足条件$y(0)=0$的特解.

解 $p(x)=1,Q(x)=e^{-x}\cos x$,由式(8.2.8)得通解为

$$y=e^{-\int \mathrm{d}x}\left(\int e^{-x}\cos x e^{\int \mathrm{d}x}\mathrm{d}x+C\right)=e^{-x}\left(\int e^{-x}(\cos x)e^{x}\mathrm{d}x+C\right)$$

$$= e^{-x}\left(\int \cos x \mathrm{d}x + C\right) = e^{-x}(\sin x + C).$$

由 $y(0)=0$，可得 $C=0$. 因此所求特解为 $y=e^{-x}\sin x$.

例 8.2.8　求方程 $xy'=(x-1)y+e^{2x}(x>0)$ 的通解.

解　将方程写成

$$y'+\frac{1-x}{x}y=\frac{1}{x}e^{2x},$$

为一阶线性非齐次方程，且 $p(x)=\frac{1-x}{x}$，$Q(x)=\frac{1}{x}e^{2x}$，由式(8.2.8)得所求通解为

$$y = e^{-\int\frac{1-x}{x}\mathrm{d}x}\left(\int \frac{1}{x}e^{2x}e^{\int\frac{1-x}{x}\mathrm{d}x}\mathrm{d}x + C\right) = e^{x-\ln x}\left(\int \frac{1}{x}e^{2x}e^{\ln x - x}\mathrm{d}x + C\right)$$

$$= \frac{1}{x}e^{x}\left(\int e^{x}\mathrm{d}x + C\right) = \frac{1}{x}e^{x}(e^{x} + C).$$

即所求的通解为 $y=\frac{1}{x}e^{x}(e^{x}+C)$，$C$ 为任意常数.

例 8.2.9　求方程 $(x-e^{y})y'=1$ 的通解.

解　如果将 y 看成 x 的函数，则方程化为

$$\frac{\mathrm{d}y}{\mathrm{d}x}=\frac{1}{x-e^{y}},$$

此方程不是一阶线性方程，不易求解. 如果将 x 看成 y 的函数，则原方程化为关于 x 的一阶线性非齐次方程

$$\frac{\mathrm{d}x}{\mathrm{d}y}-x=-e^{y},$$

且 $p(y)=-1$，$Q(y)=-e^{y}$. 由式(8.2.8)得方程的通解为

$$x = e^{-\int(-1)\mathrm{d}y}\left[\int(-e^{y})\cdot e^{\int(-1)\mathrm{d}y}\mathrm{d}y + C\right] = e^{y}(C-y).$$

即所求的通解为 $x=e^{y}(C-y)$，C 为任意常数.

例 8.2.10*　求连续函数 $f(x)$，使它满足 $f(x)+2\int_0^x f(t)\mathrm{d}t = x^2$.

解　在方程中令 $x=0$，可得 $f(0)=0$. 方程两边对 x 求导得

$$f'(x)+2f(x)=2x,$$

由此可见，$f(x)$是一阶线性微分方程

$$y'+2y=2x$$

满足 $y(0)=0$ 的特解. 此方程的通解为

$$y = e^{-\int 2\mathrm{d}x}\left(\int 2xe^{\int 2\mathrm{d}x}\mathrm{d}x + C\right) = e^{-2x}\left(\int 2xe^{2x}\mathrm{d}x + C\right)$$

$$= e^{-2x}\left[\left(x-\frac{1}{2}\right)e^{2x} + C\right] = Ce^{-2x} + x - \frac{1}{2}.$$

由 $y(0)=0$，可得 $C=\frac{1}{2}$. 故所求函数为 $f(x)=\frac{1}{2}e^{-2x}+x-\frac{1}{2}$.

★四、可化为一阶线性微分方程的伯努利(Bernoulli)方程

形如

$$y'+P(x)y=Q(x)y^{\alpha},\quad \alpha\neq 0,1 \tag{8.2.9}$$

的方程称为 Bernoulli 方程. 这是一类特殊的非线性方程，可通过变换化为线性方程. 当 $\alpha=0$或 1 时，方程(8.2.9)为一阶线性微分方程；当 $\alpha\neq 0,1$ 时，方程(8.2.9)为非线性方程，此时，在方程(8.2.9)两端除以 y^{α}，得

$$y^{-\alpha}\frac{\mathrm{d}y}{\mathrm{d}x}+p(x)y^{1-\alpha}=Q(x)$$

或

$$\frac{1}{1-\alpha}(y^{1-\alpha})'+p(x)y^{1-\alpha}=Q(x).$$

令 $z=y^{1-\alpha}$，则得到关于 z 的一阶线性方程

$$z'+(1-\alpha)p(x)z=(1-\alpha)Q(x).$$

从而可用式(8.2.8)求出其通解后，再回代原变量，便可得方程(8.2.9)的通解.

例 8.2.11 求方程 $y'=\dfrac{3(x-1)}{2y}+\dfrac{y}{2(x-1)}$的通解.

解 原方程化为

$$y'-\frac{y}{2(x-1)}=\frac{3(x-1)}{2}y^{-1},$$

这是一个 Bernoulli 方程($\alpha=-1$)，两边除以 y^{-1}得

$$yy'-\frac{y^2}{2(x-1)}=\frac{3(x-1)}{2},$$

将它化为关于 y^2 的线性方程

$$(y^2)'-\frac{y^2}{x-1}=3(x-1),$$

由式(8.2.8)得出通解为 $y^2=(x-1)(3x+C)$，C 为任意常数.

习 题 8.2

1. 求下列微分方程的通解或满足给定条件的特解：

(1) $xy'-y\ln y=0$；　　(2) $x(y^2-1)\mathrm{d}x+y(x^2-1)\mathrm{d}y=0$；

(3) $x\mathrm{d}y+\mathrm{d}x=\mathrm{e}^y\mathrm{d}x$；　　(4) $\dfrac{\mathrm{d}y}{\mathrm{d}x}=\mathrm{e}^{x+y}$；

(5) $\dfrac{x}{1+y}\mathrm{d}x-\dfrac{y}{1+x}\mathrm{d}y=0,\quad y(0)=1$；　　(6) $y'=\mathrm{e}^{2x-y},\quad y(0)=0$；

(7)* $xy'+y=0,\quad y(1)=1$.

2. 求下列齐次方程的通解或满足给定条件的特解：

(1) $y'=\dfrac{x+y}{x-y}$；　　(2) $x\dfrac{\mathrm{d}y}{\mathrm{d}x}=y\ln\dfrac{y}{x}$；

(3) $3xy^2\mathrm{d}y=(2y^3-x^3)\mathrm{d}x$；

(4)* $x^2y'+xy=y^2$， $y(1)=1$；

(5) $y'=\dfrac{x}{y}+\dfrac{y}{x}$， $y(-1)=2$；

(6) $xy'=y(\ln y-\ln x)$， $y(1)=1$.

3. 求下列微分方程的通解或满足给定条件的特解：

(1) $\dfrac{\mathrm{d}y}{\mathrm{d}x}+2xy=4x$；

(2)* $y'+y\tan x=\cos x$；

(3) $(x-2)\dfrac{\mathrm{d}y}{\mathrm{d}x}=y+2(x-2)^3$；

(4) $(x-2y)\mathrm{d}y+\mathrm{d}x=0$；

(5) $\dfrac{\mathrm{d}y}{\mathrm{d}x}=-3y+8$， $y(0)=2$；

(6) $y'=\dfrac{y}{x+1}+(x+1)\mathrm{e}^x$， $y(0)=1$；

(7) $y'-\dfrac{1}{x}y=-\dfrac{2}{x}\ln x$， $y(1)=1$；

(8) $(y^2-6x)y'+2y=0$， $y(1)=1$.

(9)* $xy'+2y=x\ln x$， $y(1)=-\dfrac{1}{9}$；

(10)* $xy'+y=x\mathrm{e}^x$， $y(1)=1$.

4. 求下列贝努利方程的通解：

(1) $y'-3xy=xy^2$；

(2) $3xy'-y-3xy^4\ln x=0$.

5. 设连续函数 $f(x)$ 满足方程 $f(x)=\int_0^x f(t)\mathrm{d}t+\mathrm{e}^x$，求 $f(x)$.

6*. 设连续函数 $f(x)$ 满足方程 $f(x)=\int_0^{3x} f\left(\dfrac{t}{3}\right)\mathrm{d}t+\mathrm{e}^{2x}$，求 $f(x)$.

7. 放射性物质镭的衰变速度与它现有量 Q 成正比，比例系数 $k=-0.004\,33$.(1)求在时刻 t(以年为单位)镭的存量与时间 t 的函数关系；(2)经过多少年后，镭的质量只剩下原始量的一半.

8. 一件烧热的物体为 98℃，把它放在 18℃的水池里冷却 5 分钟后，该物体的温度为 38℃. 假定水温保持不变. 问该物体的温度降到 20℃还需要多长时间？

(注 物体冷却速度与该物体与周围介质的温差成正比)

9. 现将 100 万元存入银行，每个月可按 1%的利率获取复利息(复利息指的是本金可以生利息，同时每个月获得的利息存在银行也可生利息). 求该款存入后任何时刻的资金(连本带利)是多少？

★8.3 几类可降阶的高阶微分方程

二阶以及二阶以上的微分方程称为高阶微分方程，一般高阶微分方程求解都很困难，下面介绍几种特殊类型的高阶微分方程的解法，即降阶法.

一、$y^{(n)}=f(x)$ 型的方程

解法 因为方程右边仅含自变量 x，所以连续积分 n 次，可得方程的解

$$y=\underbrace{\int\cdots\Big(\int\Big(\int}_{n} f(x)\mathrm{d}x\Big)\mathrm{d}x\Big)\cdots\mathrm{d}x.$$

例 8.3.1 求方程 $y'''=\mathrm{e}^{2x}-\cos x$ 的通解.

解 原方程两边积分，得

$$y''=\int(\mathrm{e}^{2x}-\cos x)\mathrm{d}x=\frac{1}{2}\mathrm{e}^{2x}-\sin x+C,$$

上式两边积分，得

$$y'=\int\left(\frac{1}{2}e^{2x}-\sin x+C\right)dx=\frac{1}{4}e^{2x}+\cos x+Cx+C_2,$$

上式两边再积分，得

$$y=\int\left(\frac{1}{4}e^{2x}+\cos x+Cx+C_2\right)dx=\frac{1}{8}e^{2x}+\sin x+C_1x^2+C_2x+C_3,\quad C_1=\frac{1}{2}C.$$

故方程的通解

$$y=\frac{1}{8}e^{2x}+\sin x+C_1x^2+C_2x+C_3,\quad C_1,C_2,C_3\text{为任意常数}.$$

二、$y''=f(x,y')$型的方程

解法 因为方程不显含 y，所以可以令 $y'=p(x)$，则 $y''=\frac{dy'}{dx}=\frac{dp}{dx}$，从而方程化为关于 p 的一阶方程 $p'=f(x,p)$，若能解出 $p=\varphi(x,C_1)$，即$\frac{dy}{dx}=\varphi(x,C_1)$，则再积分一次便得原方程的通解为

$$y=\int\varphi(x,C_1)dx+C_2.$$

例 8.3.2 求$\begin{cases}(1+x^2)y''=2xy',\\ y|_{x=0}=1,y'|_{x=0}=3\end{cases}$的特解.

解 令 $y'=p(x)$，则原方程化为

$$(1+x^2)p'=2xp.$$

这是可分离变量方程，分离变量得

$$\frac{1}{p}dp=\frac{2x}{1+x^2}dx,$$

两边积分得通解 $p=C_1(x^2+1)$，即有

$$y'=C_1(x^2+1).$$

上式两边积分得方程的通解为 $y=\frac{C_1}{3}x^3+C_1x+C_2$，其中 C_1,C_2为任意常数.

由初始条件 $y(0)=1,y'(0)=3$ 得 $C_1=3,C_2=1$，故所求的特解为 $y=3x+x^3+1$.

三、$y''=f(y,y')$型的方程

解法 因为方程不显含 x，取 y 为自变量，令 $y'=p(y)$，则

$$y''=\frac{dp}{dx}=\frac{dp}{dy}\frac{dy}{dx}=p\frac{dp}{dy},$$

代入原方程得

$$p\frac{\mathrm{d}p}{\mathrm{d}y}=f(y,p),$$

若能解出 $p=\varphi(y,C_1)$，则 $y'=\varphi(y,C_1)$，即

$$\frac{\mathrm{d}y}{\varphi(y,C_1)}=\mathrm{d}x.$$

上式两边积分后求得方程通解为

$$\int\frac{\mathrm{d}y}{\varphi(y,C_1)}=x+C_2.$$

例 8.3.3* 　求微分方程 $yy''+(y')^2=0$，满足条件 $y(0)=1,y'(0)=\frac{1}{2}$ 的特解.

解　令 $y'=P(y)$，则 $y''=\frac{\mathrm{d}p}{\mathrm{d}y}\cdot\frac{\mathrm{d}y}{\mathrm{d}x}=p\frac{\mathrm{d}p}{\mathrm{d}y}$，从而原方程化为

$$yp\frac{\mathrm{d}p}{\mathrm{d}y}+p^2=0,$$

由条件有 $p\neq0$，上式分离变量得

$$\frac{\mathrm{d}p}{p}=-\frac{\mathrm{d}y}{y}.$$

两边积分得 $p=C_1\frac{1}{y}$，即有

$$\frac{\mathrm{d}y}{\mathrm{d}x}=C_1\frac{1}{y},$$

也即 $y\mathrm{d}y=C_1\mathrm{d}x$. 两边再积分得原方程的通解为

$$y^2=2C_1x+C_2.$$

由 $y(0)=1,y'(0)=\frac{1}{2}$，可得 $C_1=\frac{1}{2},C_2=1$. 故所求特解为 $y^2=x+1$.

习 题 8.3

1. 求下列微分方程的通解：

(1) $y''=\mathrm{e}^{3x}+\sin x$；　　(2) $y''=y'+x$；

(3) $y''+\frac{(y')^2}{1-y}=0$；　　(4) $y''=(y')^3+y'$.

2. 求下列微分方程满足给定条件的特解：

(1) $y''=3\sqrt{y}$，　$y(0)=1$，　$y'(0)=2$；

(2) $y'y''-x=0$，　$y(1)=2$，　$y'(1)=1$；

(3) $y''=\frac{3}{2}y^2$，　$y(0)=1$，　$y'(0)=1$.

3. 一平面曲线满足微分方程 $y''-4x=0$，如果它经过点(0,2)，并且在该点与直线 $x-y+2=0$ 相切，求此曲线方程.

8.4　二阶线性微分方程

一、二阶线性微分方程的概念

求解一般的高阶方程是比较困难的，但线性方程有一些很好的性质，使求解变得较为容易，以下主要讨论二阶线性方程.

形如

$$y''+p(x)y'+q(x)y=f(x) \tag{8.4.1}$$

的方程称为**二阶线性微分方程**，当 $f(x)\equiv 0$ 时，即

$$y''+p(x)y'+q(x)y=0 \tag{8.4.2}$$

称为**二阶齐次线性微分方程**，否则，称为**二阶非齐次线性微分方程**.

对于二阶非齐次线性微分方程(8.4.1)，方程(8.4.2)称为它所对应的二阶齐次线性微分方程.

二、二阶线性微分方程的通解结构

1. 二阶齐次线性微分方程解的结构

对于二阶齐次线性微分方程，有下述两个定理.

定理 8.4.1(叠加原理)　设 $y_1(x)$和 $y_2(x)$均是方程(8.4.2)的解，则

$$y=C_1y_1(x)+C_2y_2(x) \tag{8.4.3}$$

也是方程(8.4.2)的解，其中 C_1,C_2为任意常数.

证明　将式(8.4.3)直接代入方程(8.4.2)的左端，有

$$\begin{aligned}y''+p(x)y'+q(x)y&=(C_1y_1+C_2y_2)''+p(x)(C_1y_1+C_2y_2)'+q(x)(C_1y_1+C_2y_2)\\&=(C_1y''_1+C_2y''_2)+p(x)(C_1y'_1+C_2y'_2)+q(x)(C_1y_1+C_2y_2)\\&=C_1[y''_1+p(x)y'_1+q(x)y_1]+C_2[y''_2+p(x)y'_2+q(x)y_2]\\&=C_1\times 0+C_2\times 0=0.\end{aligned}$$

通常式(8.4.3)称为 $y_1(x)$与 $y_2(x)$的线性组合. 定理 8.4.1 表明方程(8.4.2)的两个解的线性组合仍是该方程的解. 但要注意，虽然式(8.4.3)在形式上含有两个任意常数 C_1和 C_2，但它却不一定是方程(8.4.2)的通解. 例如，如果 $y_1(x)$是方程(8.4.2)的解，则 $y_2(x)=ky_1(x)$(k 为常数)自然也是方程(8.4.2)的解，由此两解所构成的解

$$y=C_1y_1(x)+C_2y_2(x)=C_1y_1(x)+C_2ky_1(x)=(C_1+C_2k)y_1(x).$$

实质上只含有一个任意常数(C_1+kC_2). 因此，它不是二阶方程(8.4.2)的通解. 事实上，y 不是通解的主要原因是 $y_1(x)$与 $y_2(x)$并不是相互独立(即线性无关)的. 为了解决这一问题，引入函数的线性相关与线性无关的概念.

线性相关与线性无关　若两个函数 $y_1(x)$，$y_2(x)$ 满足 $\frac{y_1(x)}{y_2(x)}\equiv k$（常数），则称 $y_1(x)$ 与 $y_2(x)$**线性相关**；否则，称 $y_1(x)$ 与 $y_2(x)$**线性无关**.

例如，函数 $y_1(x)=\sin 2x$ 与 $y_2(x)=\sin x\cos x$ 是线性相关的，因为

$$\frac{y_1(x)}{y_2(x)}=\frac{\sin 2x}{\sin x\cos x}=2.$$

而 $y_1(x)=\sin x$ 与 $y_2(x)=\cos x$ 是线性无关的，因为

$$\frac{y_1(x)}{y_2(x)}=\frac{\sin x}{\cos x}=\tan x.$$

基于线性无关的概念，得到方程(8.4.2)的通解结构定理.

定理 8.4.2　若 $y_1(x)$，$y_2(x)$ 是方程(8.4.2)的两个线性无关的解，则

$$y=C_1y_1(x)+C_2y_2(x),\quad C_1,C_2\text{是任意常数}$$

是方程(8.4.2)的通解.

例如，容易验证 $y_1=\mathrm{e}^x$，$y_2=\mathrm{e}^{-x}$ 是方程 $y''-y=0$ 的两个解，且 $\frac{y_1}{y_2}=\frac{\mathrm{e}^x}{\mathrm{e}^{-x}}=\mathrm{e}^{2x}\neq$ 常数，即它们是线性无关的. 因此方程 $y''-y=0$ 的通解为

$$y=C_1\mathrm{e}^x+C_2\mathrm{e}^{-x},\quad C_1,C_2\text{是任意常数}.$$

2. 二阶非齐次线性微分方程解的结构

关于二阶非齐次线性微分方程(8.4.1)解的结构，有如下定理.

定理 8.4.3　设 y^* 是方程(8.4.1)的一个特解，而 Y 是其对应的齐次线性方程(8.4.2)的通解. 则

$$y=Y+y^* \tag{8.4.4}$$

是非齐次线性微分方程(8.4.1)的通解.

证明　直接验证即可.

由定理 8.4.3 可知，求二阶非齐次线性微分方程(8.4.1)的通解，关键在于求出它的一个特解和其对应齐次线性微分方程(8.4.2)的通解. 例如，对于二阶非齐次线性微分方程 $y''-y=x$，由前面已知其对应的齐次线性微分方程 $y''-y=0$ 通解为 $Y=C_1\mathrm{e}^x+C_2\mathrm{e}^{-x}$. 又容易验证 $y^*=-x$ 是该方程的一个特解，故 $y=C_1\mathrm{e}^x+C_2\mathrm{e}^{-x}-x$ 是所给方程的通解.

另外，还可以证明下面的定理.

定理 8.4.4　设 y_1^* 与 y_2^* 分别是方程 $y''+p(x)y'+q(x)y=f_1(x)$ 与 $y''+p(x)y'+q(x)y=f_2(x)$ 的解，则 $y_1^*+y_2^*$ 是方程 $y''+p(x)y'+q(x)y=f_1(x)+f_2(x)$ 的解.

三、二阶常系数齐次线性微分方程

形如

$$y''+py'+qy=0 \tag{8.4.5}$$

的方程称为**二阶常系数齐次线性微分方程**,其中 p,q 为常数.

由观察法我们推测方程有形如 $y=\mathrm{e}^{\lambda x}$ 的解,其中 λ 为待定常数,将 $y=\mathrm{e}^{\lambda x}$ 代入方程(8.4.5)并化简得

$$(\lambda^2+p\lambda+q)\mathrm{e}^{\lambda x}=0,$$

因为 $\mathrm{e}^{\lambda x}\neq 0$,故 $y=\mathrm{e}^{\lambda x}$ 是方程的解的充分必要条件是 λ 为二次方程

$$\lambda^2+p\lambda+q=0 \tag{8.4.6}$$

的根,称方程(8.4.6)为方程(8.4.5)的**特征方程**,而称其根为**特征根**. 设 λ_1,λ_2 为方程(8.4.5)的两个特征根,下面根据根的不同情况分三种情形讨论.

(1)若 λ_1,λ_2 是两个不相等的实根,此时 $\Delta=p^2-4q>0$. 则 $\mathrm{e}^{\lambda_1 x},\mathrm{e}^{\lambda_2 x}$ 是方程(8.4.5)的两个线性无关的解,故方程的通解为

$$y=C_1\mathrm{e}^{\lambda_1 x}+C_2\mathrm{e}^{\lambda_2 x},\quad C_1,C_2\text{为任意常数}.$$

(2)若 $\lambda_1=\lambda_2=\lambda$ 是两个相等实根,此时,$\Delta=p^2-4q=0$,$\lambda_1=\lambda_2=-\frac{p}{2}$则 $y_1=\mathrm{e}^{\lambda x}$ 是方程的一个解,还需求出另一个与 y_1 线性无关的特解 y_2. 设$\frac{y_2}{y_1}=u(x)\neq C$,即

$$y_2=y_1u(x)=\mathrm{e}^{\lambda x}u(x),$$

下面求 $u(x)$.

将 $y_2=\mathrm{e}^{\lambda x}u$,$y'_2=\mathrm{e}^{\lambda x}(u'+\lambda u)$,$y''_2=\mathrm{e}^{\lambda x}(u''+2\lambda u'+\lambda^2u)$代入方程(8.4.5),并化简得

$$\mathrm{e}^{\lambda x}[u''+(2\lambda+p)u'+(\lambda^2+p\lambda+q)u]=0.$$

因为 $\mathrm{e}^{\lambda x}\neq 0$,而 λ 为特征根且为重根,所以有

$$\lambda^2+p\lambda+q=0 \text{ 及 } 2\lambda+p=0,$$

于是得 $u''=0$,积分两次得

$$u=D_1x+D_2.$$

因为这里只需要得到一个不为常数的解 u,故取 $D_1=1$,$D_2=0$ 对应得 $u=x$,由此得方程(8.4.5)的另一个特解 $y_2=x\mathrm{e}^{\lambda x}$. y_1 与 y_2 线性无关,由叠加原理得方程(8.4.5)的通解为

$$y=(C_1+C_2x)\mathrm{e}^{\lambda x},\quad C_1,C_2\text{为任意常数}.$$

(3)若 $\lambda_{1,2}=\alpha\pm i\beta$ 一对共轭复根,此时,$\Delta=p^2-4q<0$,则

$$y=C_1\mathrm{e}^{(\alpha+i\beta)x}+C_2\mathrm{e}^{(\alpha-i\beta)x}$$

为方程(8.4.5)复数形式的解. 由于这种复数形式的解在应用时不方便,在求解实际问题时,常常需要实数形式的通解. 为此,由欧拉公式 $\mathrm{e}^{ix}=\cos x+i\sin x$,另取方程(8.4.5)的两个线性无关解为

$$\begin{aligned}y_1&=\frac{1}{2}[\mathrm{e}^{(\alpha+i\beta)x}-\mathrm{e}^{(c-i\beta)x}]\\&=\frac{1}{2}[\mathrm{e}^{\alpha x}(\cos\beta x-i\sin\beta x)+\mathrm{e}^{\alpha x}(\cos\beta x-i\sin\beta x)]\end{aligned}$$

$$=e^{\alpha x}\cos\beta x,$$

$$y_2=\frac{1}{2i}[e^{(\alpha+i\beta)x}-e^{(\alpha-i\beta)x}]$$

$$=\frac{1}{2}[e^{\alpha x}(\cos\beta x+i\sin\beta x)-e^{\alpha x}(\cos\beta x-i\sin\beta x)]$$

$$=e^{\alpha x}\sin\beta x,$$

则得方程(8.4.5)实数形式的通解 $y=e^{\alpha x}(C_1\cos\beta x+C_2\sin\beta x)$,$C_1$,$C_2$为任意常数.

例 8.4.1　求 $y''+2y'-3y=0$ 的通解.

解　微分方程对应的特征方程为 $\lambda^2+2\lambda-3=0$,解得其特征根为 $\lambda_1=1$,$\lambda_2=-3$. 故所求通解为 $y=C_1e^x+C_2e^{-3x}$.

例 8.4.2*　求 $y''+4y'+4y=0$ 满足 $y(0)=2$,$y'(0)=-4$ 的特解.

解　微分方程对应的特征方程为

$$\lambda^2+4\lambda+4=0,$$

解得其特征根为 $\lambda_1=\lambda_2=-2$,故方程的通解为

$$y=(C_1+C_2x)e^{-2x}.$$

由条件 $y(0)=2$,$y'(0)=-4$,可得 $C_1=2$,$C_2=0$. 故所求特解为 $y=2e^{-2x}$.

例 8.4.3*　求 $y''+2y'+5y=0$ 的通解.

解　微分方程对应的特征方程为 $\lambda^2+2\lambda+5=0$,其根为 $\lambda_{1,2}=-1\pm 2i$,所求通解为

$$y=e^{-x}(C_1\cos 2x+C_2\sin 2x).$$

综上所述,求二阶常系数齐次微分方程

$$y''+py'+qy=0.$$

通解的步骤如下:

第一步　写出微分方程的特征方程 $\lambda^2+p\lambda+q=0$;

第二步　求出特征方程的两个根 λ_1,λ_2;

第三步　根据特征方程的两个根的不同情形,按照表 8.1 写出微分方程的通解:

表 8.1

特征方程 $\lambda^2+p\lambda+q=0$ 的两个根 λ_1,λ_2	微分方程 $y''+py'+qy=0$ 的通解
两个不相等的实根 $\lambda_1\neq\lambda_2$	$y=C_1e^{\lambda_1 x}+C_2e^{\lambda_2 x}$
两个相等的实根 $\lambda_1=\lambda_2=\lambda$	$y=(C_1+C_2x)e^{\lambda x}$
一对共轭复根 $\lambda_{1,2}=\alpha\pm i\beta$	$y=e^{\alpha x}(C_1\cos\beta x+C_2\sin\beta x)$

根据二阶常系数齐次线性微分方程的特征方程的根,直接确定其通解的方法称为特征方程法.

四、二阶常系数非齐次线性微分方程

二阶常系数非齐次线性微分方程的一般形式是

$$y''+py'+qy=f(x). \tag{8.4.7}$$

由线性方程解的结构定理 8.4.3,非齐次线性微分方程(8.4.7)的通解可表示为 $y=Y+y^*$,其中,Y 是其对应齐次线性微分方程的通解,而 y^* 是非齐次线性微分方程的一个特解.前面已介绍齐次线性微分方程(8.4.2)的求解方法.因此,这里主要介绍求非齐次线性微分方程(8.4.7)的特解方法.

一般非齐次线性微分方程(8.4.7)的特解与右端函数 $f(x)$ 有关,在一般情况下,要求出方程(8.4.7)的特解是非常困难的,下面仅对两种特殊情形进行讨论.

1. $f(x)=P_m(x)e^{\lambda x}$(其中 $P_m(x)$ 为 m 次多项式)

此时,由于方程(8.4.7)的右端 $f(x)$ 是多项式函数与指数函数的乘积,而多项式与指数函数乘积的导数仍然是同一类型,因此,我们推测 $y^*=Q(x)e^{\lambda x}$(其中 $Q(x)$ 为待定的多项式)是方程(8.4.7)的特解.为此,将 $y^*=Q(x)e^{\lambda x}$ 代入方程(8.4.7),化简整理后,得

$$Q''(x)+(2\lambda+p)Q'(x)+(\lambda^2+p\lambda+q)Q(x)=P_m(x), \tag{8.4.8}$$

要使等式恒成立,两边的多项式次数相同且同次幂的系数也相等.下面分三种情况考虑:

(1) 若 λ 不是特征根,即 $\lambda^2+p\lambda+q\neq0$,此时,注意到式(8.4.8)的右端 $p_m(x)$ 为 m 次多项式,可知左边 $Q(x)$ 也应为 m 次多项式 $Q_m(x)$.因此可设

$$y^*=Q_m(x)e^{\lambda x}.$$

(2) 若 λ 是特征单根,即 $\lambda^2+p\lambda+q=0,2\lambda+p\neq0$,此时式(8.4.8)左边的 $Q'(x)$ 也应为 m 次多项式,因此可设 $Q(x)=xQ_m(x)$,从而

$$y^*=xQ_m(x)e^{\lambda x}.$$

(3) 若 λ 是二重特征根,即 $\lambda^2+p\lambda+q=0,2\lambda+p=0$,此时式(8.4.8)左边的幂由 $Q''(x)$ 决定,因此可设

$$y^*=x^2Q_m(x)e^{\lambda x}.$$

综上所述,当 $f(x)=P_m(x)e^{\lambda x}$ 时,二阶常系数非齐次线性微分方程(8.4.7)具有形如

$$y^*=x^kQ_m(x)e^{\lambda x}$$

的特解,其中 $Q_m(x)$ 是与 $P_m(x)$ 同为 m 次的多项式,而 k 按 λ 不是特征方程的根,是特征方程的单根或是特征方程的重根依次取 0,1 或 2.

2. $f(x)=e^{\lambda x}[P_l(x)\cos\omega x+P_n(x)\sin\omega x]$

上式 $P_l(x)$、$P_n(x)$ 分别为 l 次及 n 次多项式.可以证明,这时方程(8.4.7)具有形如

$$y^*=x^ke^{\lambda x}[Q_m(x)\cos\omega x+R_m(x)\sin\omega x] \tag{8.4.9}$$

的特解,其中 $Q_m(x)$、$R_m(x)$ 是 m 次多项式,$m=\max\{l,n\}$;而 k 按 $\lambda\pm i\omega$ 不是特征方程的特征根、或是特征方程根依次取 0 或 1.

为了便于使用,下面根据 $f(x)$ 的两种形式,将特解形式列表 8.2 如下:

表 8.2

$f(x)$的形式	条件	$y''+py'+qy=f(x)$的特解形式
$f(x)=P_m(x)e^{\lambda x}$	λ不是特征方程的根	$y^*=Q_m(x)e^{\lambda x}$
	λ是特征方程的单根	$y^*=xQ_m(x)e^{\lambda x}$
	λ是特征方程的重根	$y^*=x^2Q_m(x)e^{\lambda x}$
$f(x)=e^{\lambda x}[P_l(x)\cdot\cos\omega x+P_n(x)\sin\omega x]$	$\lambda\pm\omega i$不是特征根	$y^*=e^{\lambda x}[Q_m(x)\cos\omega x+R_m(x)\sin\omega x],m=\max\{l,n\}$
	$\lambda\pm\omega i$是特征根	$y^*=xe^{\lambda x}[Q_m(x)\cos\omega x+R_m(x)\sin\omega x],m=\max\{l,n\}$

例 8.4.4*　求 $y''-3y'+2y=2xe^x$的通解.

解　本题中 $f(x)$为 $p_m(x)e^{\lambda x}$型,其中 $p_m(x)=2x,\lambda=1$. 微分方程对应齐次方程的特征方程为 $\lambda^2-3\lambda+2=0$,解得特征根 $\lambda_1=1,\lambda_2=2$. 从而对应齐次线性微分方程的通解为

$$Y=C_1e^x+C_2e^{2x}.$$

又因为 $\lambda=1$ 是特征单根,而 $p_m(x)=2x$ 为一次多项式,因此设特解为

$$y^*=x(Ax+B)e^x,$$

代入原方程得 $-2Ax+2A-B=2x$,比较同类项系数有

$$\begin{cases}-2A=2,\\2A-B=0,\end{cases}$$

解之得 $A=-1,B=-2$,从而非齐次方程的一个特解为

$$y^*=-x(x+2)e^x,$$

故所求通解为 $y=C_1e^x+C_2e^{2x}-x(x+2)e^x$.

例 8.4.5　求 $y''+y'+y=x^2$的通解.

解　本题中 $f(x)$为 $p_m(x)e^{\lambda x}$型,其中 $p_m(x)=x^2,\lambda=0$. 微分方程对应齐次线性微分方程的特征方程为 $\lambda^2+\lambda+1=0$,解得特征根 $\lambda_{1,2}=\dfrac{-1\pm i\sqrt{3}}{2}$,对应齐次线性微分的通解为

$$Y=e^{-\frac{1}{2}x}\left(C_1\cos\frac{\sqrt{3}}{2}x+C_2\sin\frac{\sqrt{3}}{2}x\right).$$

又因为 $\lambda=0$ 不是特征根,而 $p_m(x)=x^2$为二次多项式,故设方程的特解为

$$y^*=Ax^2+Bx+C,$$

代入原方程得

$$Ax^2+(2A+B)x+2A+B+C=x^2,$$

比较同类项的系数有

$$\begin{cases}A=1,\\2A+B=0,\\2A+B+C=0,\end{cases}$$

解该方程组得 $A=1,B=-2,C=0$,所以 $y^*=x^2-2x$ 为原方程的一个特解,故所求方程

的通解为

$$y=e^{-\frac{1}{2}x}\left(C_1\cos\frac{\sqrt{3}}{2}x+C_2\sin\frac{\sqrt{3}}{2}x\right)+x^2-2x.$$

例 8.4.6 求方程 $y''-2y'+2y=e^x\sin x$ 的通解.

解 本题中 $f(x)$ 为 $e^{\lambda x}[p_l(x)\cos\omega x+p_n(x)\sin\omega x]$型,其中,$\lambda=1,\omega=1,p_l(x)=0$, $p_n(x)=1$. 微分方程对应齐次线性微分方程的特征方程为

$$\lambda^2-2\lambda+2=0,$$

解之得特征根 $\lambda_{1,2}=1\pm i$,从而对应齐次线性微分方程的通解为

$$Y=e^x(C_1\cos x+C_2\sin x).$$

又因为 $\lambda\pm\omega i=1\pm i$ 是特征方程的根,$P_l(x)$ 和 $P_n(x)$ 都是 0 次多项式,因此可设方程的特解为

$$y^*=xe^x(A\cos x+B\sin x).$$

代入原方程得

$$e^x(2B\cos x-2A\sin x)=e^x\sin x$$

分别比较两边 $\cos x$ 和 $\sin x$ 的系数得

$$\begin{cases}2B=0,\\-2A=1,\end{cases}$$

解之得 $B=0,A=-\frac{1}{2}$. 从而得到方程的一个特解

$$y^*=-\frac{1}{2}xe^x\cos x.$$

因此,所求通解为 $y=e^x(C_1\cos x+C_2\sin x)-\frac{1}{2}xe^x\cos x$.

例 8.4.7 求 $y''-y=3e^{2x}+4x\sin x$ 的通解.

解 微分方程对应的齐次方程的特征方程为 $\lambda^2-1=0$,解之得 $\lambda_1=1,\lambda_2=-1$. 因此,齐次方程的通解为

$$Y=C_1e^x+C_2e^{-x}.$$

为求非齐次的一个特解,可先分别求方程

$$y''-y=3e^{2x} \text{ 与 } y''-y=4x\sin x$$

的特解.

方程 $y''-y=3e^{2x}$的特解可设为 $y_1^*=Ae^{2x}$,代入方程得 $A=1$,于是 $y_1^*=e^{2x}$.

方程 $y''-y=4x\sin x$ 的特解可设为 $y_2^*=(Ax+B)\cos x+(Cx+D)\sin x$,代入方程,解得 $A=D=0,B=C=-2$,于是 $y_2^*=-2(x\sin x+\cos x)$.

因此,原方程特解为

$$y^*=y_1^*+y_2^*=e^{2x}-2(x\sin x+\cos x).$$

故原方程的通解为

$$y=C_1e^x+C_2e^{-x}+e^{2x}-2(x\sin x+\cos x).$$

习 题 8.4

1. 求下列方程的通解或满足给定条件的特解：

(1) $y''-3y'+2y=0$；　(2) $y''+6y'+9y=0$；

(3) $y''-4y'+5y=0$；　(4) $y''+y'-2y=0,\quad y(0)=0,\quad y'(0)=1$；

(5) $y''-4y'+4y=0,\quad y(0)=2,\quad y'(0)=4$；

(6) $y''+2y'+2y=0,\quad y(0)=1,\quad y'(0)=0$.

2. 确定下列方程的特解形式：

(1) $y''+5y'+4y=-2x+3$；　(2) $y''+2y'+5y=\mathrm{e}^{-x}\cos 2x$；

(3) $y''-y'=\mathrm{e}^{2x}(x^2+1)$；　(4) $y''+4y=2\cos 2x-\sin 2x$；

(5) $y''+y=3\sin 2x+x\cos 2x$；　(6) $y''-3y'=2x+x\mathrm{e}^{-3x}$.

3. 求下列方程的通解或满足给定条件的特解：

(1)* $y''-3y'+2y=x\mathrm{e}^x$；　(2) $y''-2y'+y=12x\mathrm{e}^x$；

(3) $y''+4y=10\sin 2x$；　(4) $y''-3y'+2y=2\mathrm{e}^x\cos x$；

(5) $y''+y'=\mathrm{e}^x+\cos x$；　(6) $y''-y=4x\mathrm{e}^x, y(0)=0, y'(0)=1$；

(7) $y''-4y'=5, y(0)=1, y'(0)=0$.

4. 设连续函数 $f(x)$ 满足 $f'(x)=x^2+\int_0^x f(t)\mathrm{d}t$ 且 $f(0)=2$，求函数 $f(x)$.

5. 设二阶常系数非齐次线性微分方程 $y''+ay'+by=c\mathrm{e}^x$ 的一个特解为 $y=\mathrm{e}^{2x}+(1+x)\mathrm{e}^x$，试确定常数 a,b,c.

6. 求方程 $y''-y'-2y=3\mathrm{e}^{-x}$ 在 $x=0$ 处与直线 $y=x$ 相切的解.

★8.5　微分方程应用案例

微分方程在工程技术、社会经济与管理等领域中有着广泛的应用. 本节将主要介绍微分方程的一些实际应用.

一、新产品的推广问题

设某新产品要推向市场，t 时刻的销量为 $x(t)$，由于产品性能良好，每个产品都是一个宣传品. 因此，t 时刻产品销售的增长率 $\frac{\mathrm{d}x}{\mathrm{d}t}$ 与 $x(t)$ 成正比. 同时，考虑到产品销售存在一定的市场容量 N，统计表明 $\frac{\mathrm{d}x}{\mathrm{d}t}$ 与尚未购买该产品的潜在顾客的数量 $N-x(t)$ 也成正比，于是有

$$\frac{\mathrm{d}x}{\mathrm{d}t}=kx(N-x),\tag{8.5.1}$$

其中 $k(k>0)$ 为比例常数，这是可分离变量方程，分离变量并两边积分得

$$x(t)=\frac{N}{1+C\mathrm{e}^{-kNt}}.\tag{8.5.2}$$

由于$\frac{dx}{dt}=\frac{CN^2ke^{-kNt}}{(1+Cke^{-kNt})^2}$，$\frac{d^2x}{dt^2}=\frac{Ck^2N^3e^{-kNt}(Ce^{-kNt}-1)}{(1+Ce^{-kNt})^2}$，于是

当$x(t^*)<N$时，由式(8.5.2)有$C>0$，从而$\frac{dx}{dt}>0$，表明销量$x(t)$单调增加；

当$x(t^*)=\frac{N}{2}$时，由式(8.5.2)有$Ce^{-kNt}=1$，从而$\frac{d^2x}{dt^2}=0$；

当$x(t^*)>\frac{N}{2}$时，由式(8.5.2)有$Ce^{-kNt}<1$，从而$\frac{d^2x}{dt^2}<0$；

当$x(t^*)<\frac{N}{2}$时，由式(8.5.2)有$Ce^{-kNt}>1$，从而$\frac{d^2x}{dt^2}>0$.

即当销量达到最大需求量N的一半时，产品最畅销；当销量不足N的一半时，销售速度不断增大；当销量超过N的一半时，销售速度逐渐减少.

研究与调查表明：许多产品的销售曲线与式(8.5.2)的曲线十分接近. 根据对曲线形状的分析，许多分析家认为，在新产品推出的初期，应采用小批量生产并加强广告宣传；而在产品用户达到20%～80%时，产品应大批量生产；在产品用户超过80%时，应适时转产，可以达到最大的经济效益.

二、飞机安全着陆问题

当飞机跑道长度不足时，常常使用减速伞作为飞机的减速装置. 在飞机接触跑道开始着陆时，由飞机尾部张开一幅减速伞，利用空气对伞的阻力减少飞机的滑跑距离，保障飞机在较短的跑道上安全着陆. 设减速伞的阻力与飞机的速度成正比，并忽略飞机所受的其他阻力.

现已知机场跑道长1500m，一架重为4.5吨的歼击机以600km/h的航速开始着陆，在减速伞的作用下滑行500m后速度减为100km/h，且能安全着陆. 如果将同样的减速伞装备在9吨重轰炸机上，且以700km/h的航速开始着陆，此轰炸机能否安全着陆？

解 设飞机的重量为m，着陆速度为v_0，着陆后t时刻滑行距离为$x(t)$，则由导数的意义及题意有，飞机滑行速度$v(t)=\frac{dx}{dt}$，减速伞的阻力为$-kv(t)$，其中k为阻力系数. 根据牛顿第二运动定律有

$$m\frac{dv}{dt}=-kv(t), \tag{8.5.3}$$

这是可分离变量方程，分离变量解得

$$v(t)=C_1e^{-\frac{k}{m}t}.$$

由$v(0)=v_0$，得$C_1=v_0$. 因此，

$$v(t)=v_0e^{-\frac{k}{m}t}. \tag{8.5.4}$$

而$\frac{dx}{dt}=v(t)$，故式(8.5.4)可写为

$$\frac{\mathrm{d}x}{\mathrm{d}t}=v_0\mathrm{e}^{-\frac{k}{m}t},$$

分离变量,并两边积分得

$$x=-\frac{mv_0}{k}\mathrm{e}^{-\frac{k}{m}t}+C_2.$$

由 $x(0)=0$,得 $C_2=\frac{mv_0}{k}$. 因此,

$$x(t)=\frac{mv_0}{k}\left[1-\mathrm{e}^{-\frac{k}{m}t}\right]. \tag{8.5.5}$$

由式(8.5.5)可知,飞机滑行距离

$$x(t)\leqslant\frac{mv_0}{k}. \tag{8.5.6}$$

下面,根据已知条件确定阻力系数 k. 由复合函数的链导法则有

$$\frac{\mathrm{d}v}{\mathrm{d}t}=\frac{\mathrm{d}v}{\mathrm{d}x}\cdot\frac{\mathrm{d}x}{\mathrm{d}t}=v\cdot\frac{\mathrm{d}v}{\mathrm{d}x},$$

代入式(8.5.3)得

$$mv\frac{\mathrm{d}v}{\mathrm{d}x}=-kv,$$

分离变量,并两边积分得

$$v=-\frac{k}{m}x(t)+C_3.$$

由 $v(0)=v_0$,$x(0)=0$,得 $C_3=v_0$,从而

$$v(t)=v_0-\frac{k}{m}x(t),$$

即有

$$k=\frac{m[v_0-v(t)]}{x(t)}. \tag{8.5.7}$$

对于歼击机有 $m=4500\mathrm{kg}$,$v_0=600\mathrm{km/h}$,$x(t)=0.5\mathrm{km}$,$v(t)=100\mathrm{km/h}$,代入式(8.5.7)计算得

$$k=4.5\times10^6,$$

将其代入式(8.5.6)得,飞机滑行距离

$$x(t)\leqslant\frac{mv_0}{4.5\times10^6}.$$

对于轰炸机 $m=9000\mathrm{kg}$,$v_0=700\mathrm{km/h}$. 于是

$$\frac{mv_0}{4.5\times10^6}=\frac{9000\times700}{4.5\times10^6}=1.4(\mathrm{km})=1400(\mathrm{m})<1500(\mathrm{m}),$$

所以轰炸机可以在此跑道上安全着陆.

三、凶杀案发时间的估计问题

某凶杀案发生后,被害人的尸体于晚上7:30被发现. 法医于晚上8:20赶到凶杀案

现场，测得尸体温度为 32.6℃；1 小时后，当尸体即将被抬走时，测得尸体温度为 31.4℃，假定室温始终保持在 21.1℃. 经初步了解，此案最大的嫌疑犯是张某，但张某声称自己不是杀人犯，并有证人证明：当天下午张某一直在办公室上班，5:00 时才离开办公室. 从张某办公室到凶杀案现场步行只需 5 分钟. 问证人的证明能否排除张某在嫌疑犯之外吗？

解 人体体温受大脑神经中枢调节，人死后体温调节功能消失，尸体的温度受外界环境温度的影响. 一般尸体温度的变化率服从牛顿冷却定律，即尸体温度的变化率正比于尸体温度与室温的差.

设 $T(t)$ 表示 t 时刻尸体温度，则 $T(0)=32.6$℃，$T(1)=31.4$℃. 由冷却定律有

$$\frac{\mathrm{d}T}{\mathrm{d}t}=-k(T-21.1), \tag{8.5.8}$$

其中 k 是比例常数，可分离变量方程(8.5.8)的通解为

$$T(t)=21.1+C\mathrm{e}^{-kt}.$$

由 $T(0)=32.6$℃，得 $C=11.5$，所以

$$T(t)=21.1+11.5\mathrm{e}^{-kt}. \tag{8.5.9}$$

又因为 $T(1)=31.4$℃，代入式(8.5.9)可得

$$\mathrm{e}^{k}=\frac{115}{103},$$

即 $k=\ln 115-\ln 103\approx 0.110$，于是

$$T(t)=21.1+11.5\mathrm{e}^{-0.11t}.$$

当 $T=37$℃(即假定被害人死亡时体温是正常的)时，有

$$21.1+11.5\mathrm{e}^{-0.11t}=37,$$

解得 $t\approx-2.95$ 小时 ≈-2 小时 57 分. 从而凶杀发生的时间大约为

$$8 \text{ 小时 } 20 \text{ 分}-2 \text{ 小时 } 57 \text{ 分}=5 \text{ 小时 } 23 \text{ 分}.$$

即被害人死亡时间大约在下午 17 时 23 分，因此，张某不能被排除在嫌疑犯之外.

习 题 8.5

1. 某公司的净资产 W 因资产本身产生的利息而以 5% 的年利率增长. 同时公司每年还必须以每年 200 万元的数额连续地支付职工工资.

(1)给出描述该公司净资产 W(单位:万元)的微分方程；

(2)求解方程，并分别给出初始资产值为 $W_0=4000,5000,3000$ 三种情况下的特解，并讨论今后公司财务变化的特点.

2. 某湖泊湖水容量为 V，每年净水流入量为 $6V$，湖水流出量为 $\frac{V}{3}$，在 2000 年底，湖中含污物 A 的浓度为 $\frac{m_0}{2V}$，低于国家规定的 $\frac{m_0}{V}$ 的浓度标准. 但从 2001 年初开始，每年流入含污物浓度为 $\frac{12m_0}{V}$ 的污水 $\frac{V}{6}$，问：(1)至 2006 年年底，湖水含污物 A 的浓度超过国家标准多少倍；(2)如果从 2007 年初，为治理湖水污染，国家限定流入湖中污水含污物 A 浓度不得超过 $\frac{m_0}{V}$，要经过多少年的治理，可使湖中污物 A 的

含量浓度达到国家标准.

3. 设对某种传染病,某个居民小区有 a 个有可能受感染的个体(人),在 $t_0=0$ 时有 x_0 个人受感染(x_0 远小于 a).假定此后与外界隔离,用 $x(t)$ 表示在时刻 $t(t\geqslant 0)$ 被感染的人数.据传染病学的研究,传染病的传染速度与该区内已感染的人数及可能受感染而尚未感染的人数的乘积成正比.求已感染的人数 x 与时间 t 的函数关系(假定不考虑免疫者).

总 习 题 八

1. 写出在点 (x,y) 处切线的斜率等于该点横坐标平方的曲线所满足的微分方程.

2. 求下列微分方程的通解:

(1) $(e^{x+y}-e^x)dx+(e^{x+y}+e^y)dy=0$;

(2) $\cos x\sin y dx+\sin x\cos y dy=0$;

(3) $y dx+(x^2-4x)dy=0$.

3. 求下列微分方程满足所给初始条件的特解:

(1) $y'\sin x=y\ln y,\quad y|_{x=\frac{\pi}{2}}=e$;

(2) $\cos y dx+(1+e^{-x})\sin y dy=0,\quad y|_{x=0}=\frac{\pi}{4}$.

(3) $(x^2-1)y'+2xy^2=0,\quad y(0)=1$.

4. 求下列齐次方程的通解:

(1) $xy'-y-\sqrt{y^2-x^2}=0$;

(2) $(x^2+y^2)dx-xy dy=0$;

(3) $y^2+(x^2-xy)\frac{dy}{dx}=0$;

(4) $(1+2e^{\frac{x}{y}})dx+2e^{\frac{x}{y}}(1-\frac{x}{y})dy=0$.

5. 求下列微分方程的通解:

(1) $\frac{dy}{dx}+2xy=4x$;

(2) $y\ln y dx+(x-\ln y)dy=0$;

(3) $(x-2)\frac{dy}{dx}=y+2(x-2)^3$;

(4) $(y^2-6x)\frac{dy}{dx}+2y=0$.

6. 求下列伯努利方程的通解:

(1) $\frac{dy}{dx}+y=y^2(\cos x-\sin x)$;

(2) $\frac{dy}{dx}+\frac{1}{3}y=\frac{1}{3}(1-2x)y^4$;

(3) $x dy-[y+xy^3(1+\ln x)]dx=0$.

7. 求下列各微分方程的通解:

(1) $y'''=xe^x$;

(2) $y''=1+y'^2$;

(3) $xy''+y'=0$;

(4) $y^3y''-1=0$.

8. 求下列各微分方程满足所给初始条件的特解:

(1) $y^3y''+1=0,\quad y|_{x=1}=1,\quad y'|_{x=1}=0$;

(2) $y''=e^{2y},\quad y|_{x=0}=y'|_{x=0}=0$.

9. 下列函数组在其定义区间内哪些是线性无关的?

(1) x,x^2;

(2) $e^{2x},3e^{2x}$;

(3) $\cos 2x,\sin 2x$;

(4) $\sin 2x,\cos x\sin x$;

(5) $\ln x,x\ln x$.

10. 验证 $y_1=e^{x^2}$ 及 $y_2=xe^{x^2}$ 都是方程 $y''-4xy'+(4x^2-2)y=0$ 的解,并写出该方程的通解.

11. 求下列微分方程的通解：

(1) $y''+y'-2y=0$；

(2) $4\frac{d^2x}{dt^2}-20\frac{dx}{dt}-25x=0$；

(3) $y''-4y'+5y=0$；

(4) $y^{(4)}-y=0$；

(5) $y^{(4)}+2y''+y=0$.

12. 求下列各微分的通解：

(1) $y''+3y'+2y=3xe^{-x}$；

(2) $y''-6y'+9y=(x+1)e^{3x}$；

(3) $y''+4y=x\cos x$；

(4) $y''-y=\sin^2 x$.

13. 求下列微分方程满足已给初始条件的特解：

(1) $y''+y+\sin 2x=0$，$y|_{x=\pi}=1$，$y'|_{x=\pi}=1$；

(2) $y''-10y'+9y=e^{2x}$，$y|_{x=0}=\frac{6}{7}$，$y'|_{x=0}=\frac{33}{7}$；

(3) $y''-y=4xe^x$，$y|_{x=0}=0$，$y'|_{x=0}=1$.

14. 设函数 $\varphi(x)$ 连续，且满足

$$\varphi(x)=e^x+\int_0^x t\varphi(t)dt-x\int_0^x \varphi(t)dt,$$

求 $\varphi(x)$.

15. 质量为 1g(克)的质点受外力作用作直线运动，外力和时间成正比，和质点运动的速度成反比. 在 $t=10$s 时，速度等于 50cm/s，外力为 4g · cm/s^2，问从运动开始经过一分钟后的速度是多少？

16. 一曲线通过点(2,3)，它在两坐标轴间的任一切线线段均被切点所平分，求此曲线方程.

17. 小船从河边点 O 处出发驶向对岸(两岸为平行直线)。设船速为 c，船行方向始终与河岸垂直，又设河宽为 h，河中任一点处的水流速度与该点到两岸距离的乘积成正比(比例系数为 k)，求小船的航行路线.

18. 设有一质量为 m 的质点作直线运动. 从速度等于零的时刻起，有一个与运动方向一致、大小与时间成正比(比例系数为 k_1)的力作用于它，此外还受一与速度成正比(比例系数为 k_2)的阻力作用. 求质点运动的速度与时间的函数关系.

第 9 章　无 穷 级 数

无穷级数是微积分学的一个重要组成部分，也是微积分理论研究与实际应用的有力工具. 由于其结构的特殊性，可借助它来表示许多有用的非初等函数，也可利用函数的无穷级数展开式来研究函数的性质和进行数值计算.

本章首先介绍无穷级数的一些内容，然后讨论常数项级数和函数项级数，并着重讨论函数的幂级数展开问题，最后介绍无穷级数的一些简单的应用.

9.1　常数项级数的概念与性质

一、常数项级数的概念

有时人们在认识事物数量方面的特性时，需经历一个由近似到精确的过程. 在这种认识过程中会遇到由有限到无穷多个数量相加的问题. 例如，考察 n 位小数 $0.33\cdots3$，它可表示成有限项等比数列之和，即 $0.33\cdots3=\frac{3}{10}+\frac{3}{10^2}+\cdots+\frac{3}{10^n}$，若令 $n\to\infty$，就会得到一个无穷循环小数：

$$0.33\cdots3\cdots=\frac{3}{10}+\frac{3}{10^2}+\cdots+\frac{3}{10^n}+\cdots$$

因为 $0.33\cdots3\cdots=\frac{1}{3}$，所以有 $\frac{3}{10}+\frac{3}{10^2}+\cdots+\frac{3}{10^n}+\cdots=\frac{1}{3}$. 上式左端记作 $\sum\limits_{n=1}^{\infty}\frac{3}{10^n}$，它是一个无穷等比数列之和，称为一个级数.

一般地，给定一个数列 $u_1, u_2, u_3, \cdots, u_n, \cdots$，则称表达式

$$u_1+u_2+u_3+\cdots+u_n+\cdots \tag{9.1.1}$$

为(常数项)**无穷级数**(简称为**级数**). 记作 $\sum\limits_{n=1}^{\infty}u_n$，其中第 n 项 u_n 称为级数的一般项或通项. 以下是几个常见的级数：

几何级数：$\sum\limits_{n=0}^{\infty}ar^n=a+ar+ar^2+\cdots(a\neq0)$；

P- 级数：$\sum\limits_{n=1}^{\infty}\frac{1}{n^p}=1+\frac{1}{2^p}+\frac{1}{3^p}+\cdots$；

调和级数：$\sum\limits_{n=1}^{\infty}\frac{1}{n}=1+\frac{1}{2}+\frac{1}{3}+\cdots$.

对于级数(9.1.1)，令

$$S_1=u_1,\quad S_2=u_1+u_2,\cdots,\quad S_n=u_1+u_2+\cdots u_n=\sum_{i=1}^{n}u_i,\cdots,$$

其中 S_n 称为级数(9.1.1)的前 n 项和(简称部分和). n 依次取 1,2,…时得数列 $S_1,S_2,S_3,\cdots,S_n,\cdots$,称为级数的部分和数列,简记为$\{S_n\}$,显然有

$$\sum_{i=1}^{\infty}u_i=\sum_{i=2}^{\infty}(S_i-S_{i-1})+S_1.$$

定义 9.1.1 如果级数 $\sum\limits_{n=1}^{\infty}u_n$ 的部分和数列$\{S_n\}$有极限 S,即

$$\lim_{n\to\infty}S_n=S,$$

则称级数 $\sum\limits_{n=1}^{\infty}u_n$ **收敛**,极限 S 称为这个级数的和,记作 $S=\sum\limits_{n=1}^{\infty}u_n$. 这时也称级数$\sum\limits_{n=1}^{\infty}u_n$ 收敛于 S,如果$\{S_n\}$没有极限,则称级数$\sum\limits_{n=1}^{\infty}u_n$ **发散**.

当级数收敛时,其和 S 与部分和 S_n 的差 $r_n=S-S_n=u_{n+1}+u_{n+2}+\cdots=\sum\limits_{i=n+1}^{\infty}u_i$ 称为级数的**余项**. $|r_n|$表示 S_n 作为 S 的近似值所产生的误差,显然$\lim\limits_{n\to\infty}r_n=0$.

例 9.1.1 研究等比级数(也称**几何级数**)

$$\sum_{n=1}^{\infty}ar^{n-1}=a+ar+ar^2+\cdots+ar^{n-1}+\cdots$$

的收敛性,并求其和(其中 $a\neq0$).

解 级数部分和为

$$S_n=a+ar+ar^2+\cdots+ar^{n-1}=\begin{cases}\dfrac{a(1-r^n)}{1-r}, & r\neq1,\\ na, & r=1,\end{cases}$$

而

$$\lim_{n\to\infty}S_n=\begin{cases}\dfrac{a}{1-r}, & |r|<1,\\ \text{不存在}, & |r|\geqslant1.\end{cases}$$

注 当 $r=-1$ 时,$\lim\limits_{n\to\infty}S_n=\lim\limits_{n\to\infty}\dfrac{a(1-(-1)^n)}{1-r}$不存在;当$|r|>1$ 或 $r=1$ 时,$\lim\limits_{n\to\infty}S_n=\infty$.

所以,几何级数 $\sum\limits_{n=1}^{\infty}ar^{n-1}$ 当$|r|<1$ 时收敛,且$\sum\limits_{n=1}^{\infty}ar^{n-1}=\dfrac{a}{1-r}$;当$|r|\geqslant1$ 时发散.

例 9.1.2 判断 $\sum\limits_{n=1}^{\infty}\dfrac{1}{(5n-4)(5n+1)}$ 是否收敛?若收敛求其和.

解 由于

$$u_i=\frac{1}{(5i-4)(5i+1)}=\frac{1}{5}\left(\frac{1}{5i-4}-\frac{1}{5i+1}\right),$$

所以

$$S_n=\sum_{i=1}^{n}u_i=\frac{1}{5}\sum_{i=1}^{n}\left(\frac{1}{5i-4}-\frac{1}{5i+1}\right)$$
$$=\frac{1}{5}\left[\left(1-\frac{1}{6}\right)+\left(\frac{1}{6}-\frac{1}{11}\right)+\left(\frac{1}{11}-\frac{1}{16}\right)+\cdots+\left(\frac{1}{5n-4}-\frac{1}{5n+1}\right)\right]$$
$$=\frac{1}{5}\left(1-\frac{1}{5n+1}\right)\to\frac{1}{5}\quad(\text{当 } n\to\infty\text{时}),$$

从而级数 $\sum\limits_{n=1}^{\infty}\frac{1}{(5n-4)(5n+1)}$ 收敛,并且其和是$\frac{1}{5}$.

例 9.1.3　讨论级数 $\sum\limits_{k=1}^{\infty}\ln\left(1+\frac{1}{k}\right)$ 的敛散性.

解　由于

$$u_k=\ln\left(1+\frac{1}{k}\right)=\ln\left(\frac{k+1}{k}\right)=\ln(k+1)-\ln k,$$

所以

$$S_n=\sum_{k=1}^{n}u_k=\sum_{k=1}^{n}[\ln(k+1)-\ln k]$$
$$=(\ln2-\ln1)+(\ln3-\ln2)+\cdots+[\ln n-\ln(n-1)]+[\ln(n+1)-\ln n]$$
$$=\ln(n+1)\to\infty\quad(\text{当 } n\to\infty\text{时}),$$

从而此级数发散.

二、无穷级数的基本性质

根据级数收敛、发散的定义,可得出级数如下几个基本性质.

性质 9.1.1　设 a 为常数($a\neq0$),则 $\sum\limits_{n=1}^{\infty}u_n$ 和 $\sum\limits_{n=1}^{\infty}au_n$ 有相同的敛散性,并且若 $\sum\limits_{n=1}^{\infty}u_n$ 级数收敛于 S,则级数 $\sum\limits_{n=1}^{\infty}au_n$ 收敛于 aS,即有 $\sum\limits_{n=1}^{\infty}au_n=a\sum\limits_{n=1}^{\infty}u_n$.

证　设级数 $\sum\limits_{n=1}^{\infty}u_n$ 与 $\sum\limits_{n=1}^{\infty}au_n$ 的部分和分别为 S_n 与 σ_n. 由于

$$\sigma_n=\sum_{k=1}^{n}au_k=a\sum_{k=1}^{n}u_k=aS_n,$$

所以 S_n 与 σ_n 同时有极限或同时没有极限,故两个级数有相同的敛散性.

若 $\sum\limits_{n=1}^{\infty}u_n=S$,由于 $\lim\limits_{n\to\infty}\sigma_n=\lim\limits_{n\to\infty}aS_n=a\lim\limits_{n\to\infty}S_n=aS$,所以 $\sum\limits_{n=1}^{\infty}au_n=a\sum\limits_{n=1}^{\infty}u_n$.

同样地按照定义,可以证明如下性质 9.1.2～性质 9.1.4.

性质 9.1.2　若级数 $\sum\limits_{n=1}^{\infty}u_n$ 与 $\sum\limits_{n=1}^{\infty}v_n$ 分别收敛于 a 和 b,则级数 $\sum\limits_{n=1}^{\infty}(u_n\pm v_n)$ 也收敛,并且其和为 $a\pm b$.

注意 (1) 若$\sum_{n=1}^{\infty}u_n$与$\sum_{n=1}^{\infty}v_n$都发散，则$\sum_{n=1}^{\infty}(u_n+v_n)$不一定发散. 例如，$\sum_{n=1}^{\infty}(-1)^{n-1}$和$\sum_{n=1}^{\infty}(-1)^n$都发散，但$\sum_{n=1}^{\infty}[(-1)^{n-1}+(-1)^n]$收敛，其和为 0.

(2) 若$\sum_{n=1}^{\infty}u_n$与$\sum_{n=1}^{\infty}v_n$有一个收敛，另一个发散时，则$\sum_{n=1}^{\infty}(u_n+v_n)$一定发散.

性质 9.1.3 在级数中去掉、加上或改变有限项，不会改变级数的敛散性.

性质 9.1.4 收敛级数$\sum_{n=1}^{\infty}u_n$任意加括号(但不得改变原来项的次序)所得新级数仍收敛于原来的和 S.

注意 如果带有括号的级数收敛，并不能判定去括号后构成的新级数一定收敛.

例如，级数$(1-1)+(1-1)+\cdots+(1-1)+\cdots$收敛于零，但去括号后为级数

$$1-1+1-1+\cdots+1-1+\cdots$$

却是发散的.

由性质 9.1.4 得到下面的推论：

推论 9.1.1 如果加括号所成级数发散，则原来级数也发散.

性质 9.1.5(级数收敛的必要条件) 若级数$\sum_{n=1}^{\infty}u_n$收敛，则$\lim\limits_{n\to\infty}u_n=0$.

证 当级数$\sum_{n=1}^{\infty}u_n$收敛时，则有$\lim\limits_{n\to\infty}S_n=\lim\limits_{n\to\infty}S_{n-1}$，从而

$$\lim_{n\to\infty}u_n=\lim_{n\to\infty}(S_n-S_{n-1})=0.$$

由性质 9.1.5 可知，若级数的一般项不趋于 0，则级数必发散. 例如，对于级数$\sum_{n=1}^{\infty}\frac{n}{n+1}$，因为$\lim\limits_{n\to\infty}\frac{n}{n+1}=1\neq0$，所以级数发散.

应当指出，$\lim\limits_{n\to\infty}u_n=0$，并不是$\sum_{n=1}^{\infty}u_n$收敛的充分条件. 事实上，由例 9.1.3 可知，级数$\sum_{n=1}^{\infty}\ln\left(1+\frac{1}{n}\right)$发散，但其一般项$u_n=\ln\left(1+\frac{1}{n}\right)\to0(n\to\infty)$；再如调和级数$\sum_{n=1}^{\infty}\frac{1}{n}$的一般项满足：$\lim\limits_{n\to\infty}\frac{1}{n}=0$，但调和级数$\sum_{n=1}^{\infty}\frac{1}{n}$发散. 其证明如下.

利用函数的单调性容易证明：当$x>0$时，$x>\ln(1+x)$，所以调和级数部分和

$$\begin{aligned}S_n&=1+\frac{1}{2}+\frac{1}{3}+\cdots+\frac{1}{n}\\&>\ln(1+1)+\ln\left(1+\frac{1}{2}\right)+\ln\left(1+\frac{1}{3}\right)+\cdots+\ln\left(1+\frac{1}{n}\right)\\&=\ln2+\ln\frac{3}{2}+\ln\frac{4}{3}+\cdots+\ln\frac{n+1}{n}\\&=\ln\left(2\cdot\frac{3}{2}\cdot\frac{4}{3}\cdot\cdots\cdot\frac{n+1}{n}\right)\end{aligned}$$

$$=\ln(n+1)\to+\infty \quad (当 n\to\infty 时),$$

即 $\lim\limits_{n\to\infty}S_n=+\infty$,从而调和级数 $\sum\limits_{n=1}^{\infty}\frac{1}{n}$ 发散.

习 题 9.1

1. 根据级数收敛与发散的定义判别下列级数的收敛性:

(1) $\sum\limits_{n=1}^{\infty}(\sqrt{n+1}-\sqrt{n})$; (2) $\sum\limits_{n=1}^{\infty}\frac{1}{(3n-2)(3n+1)}$; (3) $\sum\limits_{n=1}^{\infty}\sin\frac{n\pi}{6}$; (4) $\sum\limits_{n=1}^{\infty}\frac{1}{\sqrt[n]{2}}$.

2. 判断下列级数的收敛性:

(1) $\sum\limits_{n=1}^{\infty}(-1)^n\frac{3^n}{5^n}$; (2) $\sum\limits_{n=1}^{\infty}\frac{7^n}{2^n}$; (3) $\sum\limits_{n=1}^{\infty}\left(\frac{1}{2^n}+\frac{1}{3^n}\right)$; (4) $\sum\limits_{n=1}^{\infty}\left(\frac{1}{2^n}+\frac{1}{10n}\right)$.

9.2 常数项级数的审敛法

根据级数收敛与发散的定义判断一个级数的敛散性往往是很困难的.因此,有必要研究判断级数敛散性的有效方法.本节首先讨论正项级数和交错级数的敛散性,然后再讨论一般项级数的绝对收敛与条件收敛性.

一、正项级数及其审敛法

若级数 $\sum\limits_{n=1}^{\infty}u_n$ 满足 $u_n\geqslant0(n=1,2,\cdots)$,则称其为正项级数,这种级数很重要,以后将会看到许多级数的收敛性问题可归结为正项级数收敛性问题.

正项级数的显著特点是:其部分和 $S_n=\sum\limits_{k=1}^{n}u_k$ 随 n 增加而单调增加.因此,若 $\sum\limits_{n=1}^{\infty}u_n$ 收敛则数列 $\{S_n\}$ 有界.于是得到如下重要结论.

定理 9.2.1 正项级数 $\sum\limits_{n=1}^{\infty}u_n$ 收敛的充分必要条件是:它的部分和数列 $\{S_n\}$ 有界.

直接应用定理 9.2.1 判定正项级数 $\sum\limits_{n=1}^{\infty}u_n$ 敛散性,往往不太方便,但由定理 9.2.1 和 9.1 节的性质可以导出如下实用的正项级数审敛法.

定理 9.2.2(比较审敛法) 设 $\sum\limits_{n=1}^{\infty}u_n$ 和 $\sum\limits_{n=1}^{\infty}v_n$ 均为正项级数:

1. 不等式形式的比较审敛法:若从某项起有 $u_n\leqslant v_n(n>N)$,则当 $\sum\limits_{n=1}^{\infty}v_n$ 收敛时,$\sum\limits_{n=1}^{\infty}u_n$ 收敛;当 $\sum\limits_{n=1}^{\infty}u_n$ 发散时,$\sum\limits_{n=1}^{\infty}v_n$ 也发散.

2. 极限形式的比较审敛法:若 $v_n\neq0$,且 $\lim\limits_{n\to\infty}\frac{u_n}{v_n}=l$,那么:

(1)当 $0<l<+\infty$时，$\sum\limits_{n=1}^{\infty}u_n$ 和 $\sum\limits_{n=1}^{\infty}v_n$ 有相同敛散性；

(2)当 $l=0$ 时，若 $\sum\limits_{n=1}^{\infty}v_n$ 收敛，则 $\sum\limits_{n=1}^{\infty}u_n$ 亦收敛；

(3)当 $l=+\infty$时，若 $\sum\limits_{n=1}^{\infty}v_n$ 发散，则 $\sum\limits_{n=1}^{\infty}u_n$ 亦发散.

例 9.2.1 讨论 p 级数

$$1+\frac{1}{2^p}+\frac{1}{3^p}+\frac{1}{4^p}+\cdots+\frac{1}{n^p}+\cdots \tag{9.2.1}$$

的收敛性(其中常数 $p>0$).

解 当 $p\leqslant 1$ 时，则有$\frac{1}{n^p}\geqslant\frac{1}{n}(n=1,2,\cdots)$，而调和级数 $\sum\limits_{n=1}^{\infty}\frac{1}{n}$ 发散，因此根据定理 9.2.2 可知，级数$\sum\limits_{n=1}^{\infty}\frac{1}{n^p}$ 发散.

$p>1$ 当时，若 $n-1\leqslant x<n$，则有$\frac{1}{n^p}\leqslant\frac{1}{x^p}$，从而

$$\frac{1}{n^p}=\int_{n-1}^{n}\frac{1}{n^p}\mathrm{d}x\leqslant\int_{n-1}^{n}\frac{1}{x^p}\mathrm{d}x=\frac{1}{p-1}\left[\frac{1}{(n-1)^{p-1}}-\frac{1}{n^{p-1}}\right],\quad n=2,3\cdots.$$

级数

$$\sum_{n=2}^{\infty}\left[\frac{1}{(n-1)^{p-1}}-\frac{1}{n^{p-1}}\right] \tag{9.2.2}$$

的部分和 $S_n=\left[1-\frac{1}{2^{p-1}}\right]+\left[\frac{1}{2^{p-1}}-\frac{1}{3^{p-1}}\right]+\cdots+\left[\frac{1}{n^{p-1}}-\frac{1}{(n+1)^{p-1}}\right]=1-\frac{1}{(n+1)^{p-1}}$，因为$\lim\limits_{n\to\infty}S_n=\lim\limits_{n\to\infty}\left[1-\frac{1}{(n+1)^{p-1}}\right]=1$，故级数(9.2.2)收敛，从而根据定理 9.2.2 和 9.1 节性质 9.1.3 知级数(9.2.1)收敛.

综上所述知 p 级数 $\sum\limits_{n=1}^{\infty}\frac{1}{n^p}$，当 $p\leqslant 1$ 时发散，当 $p>1$ 时收敛.

例 9.2.2 证明级数 $\sum\limits_{n=1}^{\infty}\frac{1}{\sqrt{n(n+1)}}$ 是发散的.

证法一 因为$\frac{1}{\sqrt{n(n+1)}}>\frac{1}{\sqrt{(n+1)(n+1)}}=\frac{1}{n+1}$，而级数

$$\sum_{n=1}^{\infty}\frac{1}{n+1}=\frac{1}{2}+\frac{1}{3}+\cdots+\frac{1}{n+1}+\cdots$$

是发散的，由定理 9.2.2 可知所给级数是发散的.

证法二 由于$\lim\limits_{n\to\infty}\dfrac{\frac{1}{\sqrt{n(n+1)}}}{\frac{1}{n}}=\lim\limits_{n\to\infty}\frac{n}{\sqrt{n(n+1)}}=1$，而 $\sum\limits_{n=1}^{\infty}\frac{1}{n}$ 发散，故原级数发散.

例 9.2.3 判别级数 $\sum\limits_{n=1}^{\infty}\frac{1}{3n^2+n+1}$ 的敛散性.

解法一　由于$\frac{1}{3n^2+n+1}<\frac{1}{3n^2}$，而$\sum\limits_{n=1}^{\infty}\frac{1}{3n^2}$收敛，故原级数收敛.

解法二　由于$\lim\limits_{n\to\infty}\frac{\frac{1}{3n^2+n+1}}{\frac{1}{n^2}}=\lim\limits_{n\to\infty}\frac{n^2}{3n^2+n+1}=\frac{1}{3}$，而$\sum\limits_{n=1}^{\infty}\frac{1}{n^2}$收敛. 故原级数收敛.

从上述例子可知应用定理 9.2.2 判定某个正项级数$\sum\limits_{n=1}^{\infty}u_n$的敛散性，通常需要选择一个已知敛散性的级数作为比较对象，但有时这种选择并不容易. 下面介绍直接利用级数本身的结构来判定其敛散性的两个常用的判别法.

定理 9.2.3（比值审敛法（也称达朗贝尔审敛法））　设$\sum\limits_{n=1}^{\infty}u_n$为正项级数，

若$\lim\limits_{n\to\infty}\frac{u_{n+1}}{u_n}=\rho$，则(1)当$\rho<1$时，级数收敛；(2)当$1<\rho\leqslant+\infty$时，级数发散；(3)当$\rho=1$时，级数可能收敛也可能发散.

定理 9.2.4（根值审敛法（也称柯西审敛法））　设$\sum\limits_{n=1}^{\infty}u_n$为正项级数，若$\lim\limits_{n\to\infty}\sqrt[n]{u_n}=\rho$，则(1)当$\rho<1$时，级数收敛；(2)当$1<\rho\leqslant+\infty$时，级数发散；(3)当$\rho=1$时，级数可能收敛也可能发散.

例 9.2.4　判定级数$\sum\limits_{n=1}^{\infty}\frac{n^n}{n!}$的敛散性.

解　因为

$$\lim_{n\to\infty}\frac{u_{n+1}}{u_n}=\lim_{n\to\infty}\frac{\frac{(n+1)^{n+1}}{(n+1)!}}{\frac{n^n}{n!}}=\lim_{n\to\infty}\left(\frac{n+1}{n}\right)^n=\lim_{n\to\infty}\left(1+\frac{1}{n}\right)^n=\mathrm{e}>1,$$

所以由比值法可知级数发散.

例 9.2.5　判别级数$\sum\limits_{n=1}^{\infty}\frac{n}{3^n}$的收敛性.

解　因为

$$\lim_{n\to\infty}\frac{u_{n+1}}{u_n}=\lim_{n\to\infty}\left[\frac{(n+1)}{3^{n+1}}\Big/\frac{n}{3^n}\right]=\lim_{n\to\infty}\frac{1}{3}\cdot\frac{n+1}{n}=\frac{1}{3}<1,$$

所以由比值法知级数收敛.

例 9.2.6　证明级数$1+\frac{1}{2^2}+\frac{1}{3^3}+\cdots+\frac{1}{n^n}+\cdots$收敛.

证　因为

$$\lim_{n\to\infty}\sqrt[n]{u_n}=\lim_{n\to\infty}\sqrt[n]{\frac{1}{n^n}}=\lim_{n\to\infty}\frac{1}{n}=0<1,$$

所以由根值法可知级数收敛.

二、交错级数及其审敛法

形如

$$\sum_{n=1}^{\infty}(-1)^{n-1}u_n\left(\text{或}\sum_{n=1}^{\infty}(-1)^n u_n\right),\quad u_n\geqslant 0 \tag{9.2.3}$$

的级数称为**交错级数**,下面给出交错级数收敛的判别定理.

定理 9.2.5(莱布尼兹(Leiboniz)定理) 若交错级数 $\sum\limits_{n=1}^{\infty}(-1)^{n-1}u_n$ 满足条件:

(1)$u_n\geqslant u_{n+1}(n=1,2,\cdots)$, (2)$\lim\limits_{n\to\infty}u_n=0$,

则此交错级数收敛,且其和 S 的绝对值 $|S|\leqslant u_1$,其余项 r_n 的绝对值 $|r_n|\leqslant u_{n+1}$.

证 级数 $\sum\limits_{n=1}^{\infty}(-1)^{n-1}u_n$ 的前 $2n$ 项部分和 S_{2n} 可以写成下列两种形式:

$$\begin{aligned}S_{2n}&=(u_1-u_2)+(u_3-u_4)+\cdots+(u_{2n-1}-u_{2n})\\&=u_1-(u_2-u_3)-(u_4-u_5)-\cdots-(u_{2n-2}-u_{2n-1})-u_{2n}\leqslant u_1.\end{aligned}$$

由条件(1)知,第一个等式右边括号内的差均非负.因此 $S_{2n}\geqslant 0$,且$\{S_{2n}\}$单调增加.而由第二个等式右边知$\{S_{2n}\}$有上界 u_1,从而它必有极限,记为 S,即有$\lim\limits_{n\to\infty}S_{2n}=S\leqslant u_1$.

而级数的前 $2n+1$ 项部分和 S_{2n+1} 可写成

$$S_{2n+1}=S_{2n}+u_{2n+1},$$

根据条件(2)可得

$$\lim_{n\to\infty}S_{2n+1}=\lim_{n\to\infty}S_{2n}+\lim_{n\to\infty}u_{2n+1}=S+0=S.$$

由此可见$\lim\limits_{n\to\infty}S_n=S$,且 $S\leqslant u_1$,因此,级数 $\sum\limits_{n=1}^{\infty}(-1)^{n-1}u_n$ 收敛,其和 $S\leqslant u_1$.另外,由于余项 r_n 可以写成 $r_n=\pm(u_{n+1}-u_{n+2}+\cdots)$,其绝对值也是一个交错级数,且满足莱布尼兹定理条件,因此有$|r_n|\leqslant u_{n+1}$.

例 9.2.7 讨论交错级数 $\sum\limits_{n=1}^{\infty}(-1)^{n-1}\dfrac{1}{n}$ 的敛散性.

解 因为 $u_n=\dfrac{1}{n}>\dfrac{1}{n+1}=u_{n+1}$,且$\lim\limits_{n\to\infty}u_n=\lim\limits_{n\to\infty}\dfrac{1}{n}=0$,因此由莱布尼兹定理知原级数收敛.

例 9.2.8 判定交错级数 $\sum\limits_{n=1}^{\infty}(-1)^{n-1}\dfrac{n}{2^n}$ 的敛散性.

解 因为 $u_n-u_{n+1}=\dfrac{n}{2^n}-\dfrac{n+1}{2^{n+1}}=\dfrac{n-1}{2^{n+1}}\geqslant 0$,所以 $u_n\geqslant u_{n+1}$,又因为$\lim\limits_{n\to\infty}u_n=\lim\limits_{n\to\infty}\dfrac{n}{2^n}=0$,因此由莱布尼兹定理知原级数收敛.

三、绝对收敛与条件收敛

由级数 $\sum_{n=1}^{\infty} u_n$ 各项取绝对值所构成的正项级数 $\sum_{n=1}^{\infty} |u_n|$ 称为级数 $\sum_{n=1}^{\infty} u_n$ 的**绝对值级数**. 如果绝对值级数 $\sum_{n=1}^{\infty} |u_n|$ 收敛,则称级数 $\sum_{n=1}^{\infty} u_n$ **绝对收敛**;如果绝对值级数 $\sum_{n=1}^{\infty} |u_n|$ 发散,而级数 $\sum_{n=1}^{\infty} u_n$ 收敛,则称级数 $\sum_{n=1}^{\infty} u_n$ 为**条件收敛**.

级数绝对收敛与级数收敛有以下重要关系:

定理 9.2.6　如果级数 $\sum_{n=1}^{\infty} u_n$ 绝对收敛,则级数 $\sum_{n=1}^{\infty} u_n$ 必定收敛.

证　令 $v_n = u_n + |u_n|(n=1,2,\cdots)$,显然有 $v_n \geqslant 0$, $\sum_{n=1}^{\infty} v_n$ 是正项级数. 由于

$$v_n = u_n + |u_n| \leqslant 2|u_n|,$$

而已知级数 $\sum_{n=1}^{\infty} |u_n|$ 收敛,故由比较判别法知: $\sum_{n=1}^{\infty} v_n$ 也收敛. 又因为

$$u_n = v_n - |u_n|,$$

而级数 $\sum_{n=1}^{\infty} v_n$ 与 $\sum_{n=1}^{\infty} |u_n|$ 都收敛,由级数的基本性质 9.2.2 知级数 $\sum_{n=1}^{\infty} u_n$ 收敛.

定理 9.2.6 说明,对于一般的级数 $\sum_{n=1}^{\infty} u_n$ 的敛散性问题可考虑化为正项级数问题进行讨论. 值得注意的是,定理 9.2.6 的逆命题是不成立的. 例如, $\sum_{n=1}^{\infty} (-1)^{n-1} \frac{1}{n}$ 是收敛的,但 $\sum_{n=1}^{\infty} \left|(-1)^{n-1} \frac{1}{n}\right| = \sum_{n=1}^{\infty} \frac{1}{n}$(为调和级数)是发散的,此时级数 $\sum_{n=1}^{\infty} (-1)^{n-1} \frac{1}{n}$ 是条件收敛. 另外,如果级数 $\sum_{n=1}^{\infty} |u_n|$ 发散,不能断定级数 $\sum_{n=1}^{\infty} u_n$ 也发散. 但如果用比值法或根值法判定级数 $\sum_{n=1}^{\infty} |u_n|$ 发散,则可断定级数 $\sum_{n=1}^{\infty} u_n$ 必定发散. 这是因为采用这两个审敛法判定级数 $\sum_{n=1}^{\infty} |u_n|$ 发散的依据是:当 $n \to \infty$ 时, $|u_n|$ 不趋于零,从而 u_n 不趋于零,因此级数 $\sum_{n=1}^{\infty} u_n$ 也是发散的.

例 9.2.9　证明 $\sum_{n=1}^{\infty} \frac{\cos\alpha^2}{n^2}$($\alpha$ 为实数)绝对收敛.

证明　因为 $\frac{|\cos\alpha^2|}{n^2} \leqslant \frac{1}{n^2}$,而 $\sum_{n=1}^{\infty} \frac{1}{n^2}$ 收敛,所以由比较审敛法知 $\sum_{n=1}^{\infty} \frac{|\cos\alpha^2|}{n^2}$ 收敛,故

$\sum_{n=1}^{\infty}\frac{\cos\alpha^2}{n^2}$是绝对收敛的.

例 9.2.10 级数$\sum_{n=1}^{\infty}(-1)^{n-1}\sin\frac{\pi}{2n}$是否收敛?如果收敛,是绝对收敛还是条件收敛?

解 先考虑其绝对值级数$\sum_{n=1}^{\infty}\left|(-1)^{n-1}\sin\frac{\pi}{2n}\right|=\sum_{n=1}^{\infty}\sin\frac{\pi}{2n}$. 因为$\lim\limits_{n\to\infty}\frac{\sin\frac{\pi}{2n}}{\frac{1}{n}}=\frac{\pi}{2}$,而级数$\sum_{n=1}^{\infty}\frac{1}{n}$发散,故级数$\sum_{n=1}^{\infty}\sin\frac{\pi}{2n}$也发散. 因此,该级数不是绝对收敛的. 但它满足交错级数的莱布尼兹判别法中的两个条件,故$\sum_{n=1}^{\infty}(-1)^{n-1}\sin\frac{\pi}{2n}$收敛. 因此,级数$\sum_{n=1}^{\infty}(-1)^{n-1}\sin\frac{\pi}{2n}$是条件收敛的.

习 题 9.2

1. 用比较审敛法或极限审敛法判别下列级数的收敛性:

(1) $\sum_{n=1}^{\infty}\frac{1}{(2n-1)}$; (2) $\sum_{n=0}^{\infty}\frac{1+n}{1+n^2}$;

(3) $\sum_{n=1}^{\infty}\left(\frac{n}{3n+1}\right)^n$; (4) $\sum_{n=1}^{\infty}\frac{1}{n\sqrt{n+1}}$.

2. 用比值审敛法判别下列级数的收敛性:

(1) $\sum_{n=1}^{\infty}\frac{3^n}{n\cdot 2^n}$; (2) $\sum_{n=1}^{\infty}\frac{n!}{3^n}$;

(3) $\sum_{n=1}^{\infty}\frac{3^n\cdot n!}{n^n}$; (4) $\sum_{n=1}^{\infty}2^n\tan\frac{\pi}{3^n}$.

3. 用根值审敛法判别下列级数的收敛性:

(1) $\sum_{n=1}^{\infty}\left(\frac{3n}{2n+1}\right)^n$; (2) $\sum_{n=1}^{\infty}\frac{1}{[\ln(n+1)]^n}$.

4. 判别下列级数的收敛性:

(1) $\sum_{n=1}^{\infty}\frac{\cos^2\frac{n\pi}{3}}{2^n}$; (2) $\sum_{n=1}^{\infty}\frac{n+1}{n(n+2)}$; (3) $\sum_{n=1}^{\infty}\sqrt{\frac{n+1}{n}}$.

5. 判别下列级数是否收敛? 如果是收敛的,是绝对收敛还是条件收敛?

(1) $\sum_{n=1}^{\infty}(-1)^{n-1}\frac{1}{\sqrt{n}}$; (2) $\sum_{n=1}^{\infty}(-1)^n\frac{1}{3^{n+1}}$;

(3) $\sum_{n=2}^{\infty}\frac{(-1)^n}{\ln n}$; (4) $\sum_{n=1}^{\infty}(-1)^{n+1}\frac{2n-1}{2n}$.

9.3 幂 级 数

一、函数项级数

设$u_n(x)(n=1,2,\cdots)$是定义在区间I上的函数,则

$$\sum_{n=1}^{\infty} u_n(x) = u_1(x) + u_2(x) + u_3(x) + \cdots + u_n(x) + \cdots, \tag{9.3.1}$$

称为定义在区间 I 上的**函数项级数**,简称级数.

取 $x_0 \in I$,则在 $x=x_0$ 处的函数项级数(9.3.1)就成为常数项级数:

$$\sum_{n=1}^{\infty} u_n(x_0) = u_1(x_0) + u_2(x_0) + u_3(x_0) + \cdots + u_n(x_0) + \cdots, \tag{9.3.2}$$

如果级数(9.3.2)收敛,则称点 x_0 是级数(9.3.1)的一个**收敛点**,如果发散,称点 x_0 是级数(9.3.1)的**发散点**,函数项级数(9.3.1)的所有收敛点的全体称为它的**收敛域**,所有发散点的全体称为它的**发散域**.

由于对收敛域内的每一个点 x,函数项级数都对应一个收敛的常数项级数,因而有确定的和 S,且 S 随着 x 的变化而变化,即函数项级数的和是 x 的函数 $S(x)$,通常称为函数项级数的**和函数**,记为

$$S(x) = u_1(x) + u_2(x) + u_3(x) + \cdots + u_n(x) + \cdots,$$

显然和函数 $S(x)$ 的定义域就是函数项级数的收敛域.

把函数项级数(9.3.1)前 n 项部分和记作 $S_n(x)$,把 $R_n(x) = S(x) - S_n(x)$ 称为函数项级数的余项,则在收敛域上有 $\lim\limits_{n\to\infty} S_n(x) = S(x)$ 且 $\lim\limits_{n\to\infty} R_n(x) = 0$.

例 9.3.1　求级数 $\sum\limits_{n=1}^{\infty}\left(\dfrac{1}{x+n} - \dfrac{1}{x+n+1}\right)$ 的收敛域及和函数.

解　$u_n = \dfrac{1}{x+n} - \dfrac{1}{x+n+1}$ 的公共定义域为 $x \neq -1, -2, -3, \cdots$,而在公共定义域内 $S_n = \sum\limits_{k=1}^{n}\left(\dfrac{1}{x+k} - \dfrac{1}{x+k+1}\right) = \dfrac{1}{x+1} - \dfrac{1}{x+n+1}$, $\lim\limits_{n\to\infty} S_n = \dfrac{1}{x+1}$. 故级数的和函数为 $S(x) = \dfrac{1}{x+1}$,收敛域为 $x \neq -1, -2, -3, \cdots$.

二、幂函数及其收敛性

现在我们要讨论形式简单而实用的一类函数项级数,即各项都是幂函数的函数项级数,称之为**幂级数**,它的一般形式是

$$\sum_{n=0}^{\infty} a_n(x-x_0)^n = a_0 + a_1(x-x_0) + a_2(x-x_0)^2 + \cdots + a_n(x-x_0)^n + \cdots, \tag{9.3.3}$$

其中 $x_0 \in \mathbf{R}, a_0, a_1, a_2, \cdots a_n, \cdots$ 均为常数,它们称为幂级数(9.3.3)的系数. 令 $y = x - x_0$,则级数(9.3.3)化为

$$\sum_{n=0}^{\infty} a_n y^n = a_0 + a_1 y + a_2 y^2 + \cdots + a_n y^n + \cdots. \tag{9.3.4}$$

因此以下主要研究(9.3.4)形式的幂级数.

下面讨论幂级数的收敛域.

首先考察幂级数

$$\sum_{n=1}^{\infty} x^n = 1+x+x^2+\cdots+x^n+\cdots$$

的收敛性. 由 9.1 节例 9.1.1 知:当$|x|<1$时,该级数收敛于和$\frac{1}{1-x}$,当$|x|\geqslant 1$时,该级数发散. 因此,该幂级数的收敛域是开区间$(-1,1)$,发散域是$(-\infty,-1]$及$[1,+\infty)$. 且

$$1+x+x^2+\cdots+x^n+\cdots=\frac{1}{1-x}, \quad x\in(-1,1).$$

从这个例子可以看到,该幂级数的收敛域是一个区间. 事实上,这个结论对于一般的幂级数也是成立的.

定理 9.3.1(阿贝尔(Abel)定理) 如果幂级数$\sum\limits_{n=0}^{\infty} a_n x^n$在$x=x_0(x_0\neq 0)$点收敛,则对满足不等式$|x|<|x_0|$的一切$x$,该幂级数绝对收敛,反之,如果级数在$x=x_0$点发散,则对满足不等式$|x|>|x_0|$的一切$x$,该幂级数发散.

由定理 9.3.1 可知,幂级数的收敛域有下面的三种情况之一:

(1)收敛域是以原点为中心半径为R的有限区间. 幂级数在$(-R,R)$内绝对收敛,在$[-R,R]$之外发散,在区间端点$x=\pm R$可能收敛,也可能发散,$(-R,R)$称为**收敛区间**,R称为**收敛半径**. 由此可见,幂级数的收敛域等于$(-R,R)$再加上收敛点端点.

(2)收敛域只有$x=0$一点,此时,称收敛半径$R=0$.

(3)收敛域是无穷区间$(-\infty,+\infty)$,此时规定其收敛半径R为无穷大.

关于幂级数的收敛半径的确定有下面定理.

定理 9.3.2 若$\lim\limits_{n\to\infty}\left|\frac{a_{n+1}}{a_n}\right|=\rho$(或$\lim\limits_{n\to\infty}\sqrt[n]{|a_n|}=\rho$),则幂级数$\sum\limits_{n=0}^{\infty} a_n x^n$的收敛半径:

$$R=\begin{cases}\dfrac{1}{\rho}, & \rho\neq 0,\\ +\infty, & \rho=0,\\ 0, & \rho=+\infty.\end{cases}$$

证 考察绝对值级数$\sum\limits_{n=0}^{\infty}|a_n x^n|$,这级数相邻两项之比的极限

$$\lim_{n\to\infty}\frac{|a_{n+1}x^{n+1}|}{|a_n x^n|}=\lim_{n\to\infty}\left|\frac{a_{n+1}}{a_n}\right||x|=\rho|x|.$$

①当$\rho|x|<1$时,即$|x|<\frac{1}{\rho}$时,由比值审敛法知级数$\sum\limits_{n=0}^{\infty} a_n x^n$绝对收敛;当$\rho|x|>1$,即$|x|>\frac{1}{\rho}$时,级数$\sum\limits_{n=0}^{\infty} a_n x^n$发散. 因此,原级数的收敛半径$R=\frac{1}{\rho}$.

②当$\rho=0$时,因为对于一切$x\neq 0$,均有$\lim\limits_{n\to\infty}\frac{|a_{n+1}x^{n+1}|}{|a_n x^n|}=0<1$,所以级数$\sum\limits_{n=0}^{\infty} a_n x^n$绝

对收敛，于是 $R=+\infty$.

③当 $\rho=+\infty$ 时，因为对于一切 $x\neq 0$，均有 $\lim\limits_{n\to\infty}\dfrac{|a_{n+1}x^{n+1}|}{|a_n x^n|}=+\infty$，所以级数 $\sum\limits_{n=0}^{\infty}a_n x^n$ 仅在 $x=0$ 处收敛，于是 $R=0$.

如何确定幂级数的收敛域，通常先求出它的收敛半径 R，若 R 为正数($R=0$ 或 $R=+\infty$ 除外)，则进一步讨论级数在区间端点 $x=\pm R$ 的敛散性. 然后根据级数在 $x=\pm R$ 处收敛情况确定收敛域是否含收敛区间 $(-R,R)$ 的端点.

例 9.3.2　求幂级数 $\sum\limits_{n=1}^{\infty}(-1)^n\dfrac{x^n}{n}$ 收敛域.

解　因为 $\rho=\lim\limits_{n\to\infty}\left|\dfrac{a_{n+1}}{a_n}\right|=\lim\limits_{n\to\infty}\dfrac{\frac{1}{(n+1)}}{\frac{1}{n}}=\lim\limits_{n\to\infty}\dfrac{n}{n+1}=1$，所以 $R=1$，当 $x=-1$ 时，级数为 $\sum\limits_{n=1}^{\infty}\dfrac{1}{n}$，该级数发散(调和级数)；当 $x=1$ 时，级数为 $\sum\limits_{n=1}^{\infty}(-1)^n\dfrac{1}{n}$，用莱布尼兹定理判断此级数收敛. 从而所求收敛域是 $(-1,1]$.

例 9.3.3　求幂级数 $\sum\limits_{n=0}^{\infty}n!x^n$ 的收敛半径(记 $0!=1$).

解　因为 $\rho=\lim\limits_{n\to\infty}\left|\dfrac{a_{n+1}}{a_n}\right|=\lim\limits_{n\to\infty}\dfrac{(n+1)!}{n!}=+\infty$，所以 $R=0$，即级数仅在 $x=0$ 处收敛.

例 9.3.4*　求幂级数 $\sum\limits_{n=1}^{\infty}\dfrac{(x-3)^n}{n^2}$ 的收敛域.

解　令 $t=x-3$，则级数变为 $\sum\limits_{n=1}^{\infty}\dfrac{t^n}{n^2}$.

$$\rho=\lim_{n\to\infty}\left|\frac{a_{n+1}}{a_n}\right|=\lim_{n\to\infty}\frac{n^2}{(n+1)^2}=1,$$

所以其收敛半径 $R=1$. 当 $t=1$ 时，级数成为 $\sum\limits_{n=1}^{\infty}\dfrac{1}{n^2}$，这是收敛的 P 级数；当 $t=-1$ 时，级数成为 $\sum\limits_{n=1}^{\infty}\dfrac{(-1)^n}{n^2}$，用莱布尼兹判别法易判定该交错级数是收敛的，因此级数 $\sum\limits_{n=1}^{\infty}\dfrac{t^n}{n^2}$ 收敛域为 $-1\leqslant t\leqslant 1$，从而只有当 $-1\leqslant x-3\leqslant 1$，即 $2\leqslant x\leqslant 4$ 时，原级数收敛，故原级数收敛域为 $[2,4]$.

如果幂级数只含有 x 的奇次幂或 x 的偶次幂，它的形式是 $\sum\limits_{n=1}^{\infty}a_n x^{2n-1}$ 或 $\sum\limits_{n=0}^{\infty}a_n x^{2n}$，这时若 $\lim\limits_{n\to\infty}\left|\dfrac{a_{n+1}}{a_n}\right|=\rho$，则 $\lim\limits_{n\to\infty}\left|\dfrac{u_{n+1}(x)}{u_n(x)}\right|=\lim\limits_{n\to\infty}\left|\dfrac{a_{n+1}}{a_n}\right|\cdot x^2=\rho x^2$. 根据比值判别法，当 $\rho x^2<1$，即当 $|x|<\dfrac{1}{\sqrt{\rho}}$ 时，级数绝对收敛，当 $\rho x^2>1$，即 $|x|>\dfrac{1}{\sqrt{\rho}}$ 时级数发散. 因此级数 $\sum\limits_{n=1}^{\infty}a_n x^{2n-1}$ 或 $\sum\limits_{n=0}^{\infty}a_n x^{2n}$ 的收敛半径为 $R=\dfrac{1}{\sqrt{\rho}}$.

对此类问题，为了避免产生错误，通常可直接用比值判别法而不用定理 9.3.2 的方法确定幂级数的收敛半径 R 及收敛域.

例 9.3.5*　求幂级数 $\sum_{n=1}^{\infty}\frac{(-1)^{n-1}x^{2n+1}}{n(2n-1)}$ 的收敛域.

解　级数只含有 x 的奇数次幂，用如下方法求其收敛域.

$$\lim_{n\to\infty}\left|\frac{u_{n+1}(x)}{u_n(x)}\right|=\lim_{n\to\infty}\left|\frac{(-1)^n x^{2n+3}}{(n+1)(2n+1)}\cdot\frac{n(2n-1)}{(-1)^{n-1}x^{2n-1}}\right|=|x^2|.$$

当 $|x^2|<1$，即 $|x|<1$ 时，级数收敛；当 $|x^2|>1$，即 $|x|>1$ 时，级数发散. 故收敛半径 $R=1$. 当 $x=\pm1$ 时，级数 $\sum_{n=1}^{\infty}\frac{(-1)^{n-1}x^{2n+1}}{n(2n-1)}$ 均绝对收敛，故收敛域为$[-1,1]$.

三、幂级数的运算

设已知两个级数：$\sum_{n=0}^{\infty}a_nx^n=a_0+a_1x+a_2x^2+a_nx^n+\cdots$，

和

$$\sum_{n=0}^{\infty}b_nx^n=b_0+b_1x+b_2x^2+b_nx^n+\cdots,$$

若它们的收敛区间分别为$(-R_1,R_1)$与$(-R_2,R_2)$，和函数分别为 $S_1(x)$和 $S_2(x)$，令 $R=\min(R_1,R_2)$，则在区间$(-R,R)$内，两级数可进行下列运算：

(1)逐项相加或相减，得到一个新幂级数：

$$\sum_{n=0}^{\infty}(a_n\pm b_n)x^n=(a_0\pm b_0)+(a_1\pm b_1)x+(a_2\pm b_2)x^2+(a_n\pm b_n)x^n+\cdots,$$

新幂级数在区间$(-R,R)$内收敛于 $S_1(x)\pm S_2(x)$.

(2)两级数相乘，得到一个新的幂级数

$$\left(\sum_{n=0}^{\infty}a_nx^n\right)\left(\sum_{n=0}^{\infty}b_nx^n\right)=a_0b_0+(a_0b_1+a_1b_0)x+(a_0b_2+a_1b_1+a_2b_0)x^2+\cdots+(a_0b_n+a_1b_{n-1}+\cdots+a_nb_0)x^n+\cdots,$$

新幂级数在区间$(-R,R)$内收敛于 $S_1(x)\cdot S_2(x)$.

幂级数的和函数在收敛区间具有下列重要性质.

定理 9.3.3　设幂级数 $\sum_{n=0}^{\infty}a_nx^n$ 的收敛半径为 $R(R>0)$，并且在收敛区间内其和函数为 $S(x)$，则

(1)$S(x)$在$(-R,R)$内连续，如果幂级数在 $x=R$(或在 $x=-R$)也收敛，则和函数 $S(x)$在$(-R,R]$(或$[-R,R)$)内连续.

(2)$S(x)$在区间$(-R,R)$内可导，并且可逐项求导，即

$$S'(x)=\left(\sum_{n=0}^{\infty}a_nx^n\right)'=\sum_{n=0}^{\infty}(a_nx^n)'=\sum_{n=1}^{\infty}na_nx^{n-1},$$

逐项求导所得到的幂级数与原幂级数的收敛半径相同.

(3)$S(x)$在区间$(-R,R)$内可积,并且可逐项积分,即

$$\int_0^x S(x)\mathrm{d}x=\int_0^x\Big[\sum_{n=0}^{\infty}a_nx^n\Big]\mathrm{d}x=\sum_{n=0}^{\infty}\int_0^x a_nx^n\mathrm{d}x=\sum_{n=0}^{\infty}\frac{a_n}{n+1}x^{n+1},$$

逐项积分所得的幂级数与原幂级数的收敛半径相同.

例 9.3.6　求幂级数$\sum\limits_{n=0}^{\infty}(n+1)x^n$的和函数$S(x)$.

解　所给幂级数的收敛半径为$R=1$,收敛区间为$(-1,1)$. 注意到$(n+1)x^n=(x^{n+1})'$,

$$\sum_{n=0}^{\infty}(n+1)x^n=\sum_{n=1}^{\infty}nx^{n-1}=\sum_{n=1}^{\infty}(x^n)'=\Big(\sum_{n=1}^{\infty}x^n\Big)'=\Big(\sum_{n=0}^{\infty}x^n\Big)'.$$

而在收敛区间$(-1,1)$内$\sum\limits_{n=0}^{\infty}x^n=\dfrac{1}{1-x}$,所以

$$S(x)=\sum_{n=0}^{\infty}(n+1)x^n=\left(\frac{1}{1-x}\right)'=\frac{1}{(1-x)^2}.$$

例 9.3.7　求幂级数$\sum\limits_{n=0}^{\infty}\dfrac{x^n}{n+1}$在其收敛区间$(-1,1)$内的和函数.

解　设和函数为$S(x)$,则$S(x)=\sum\limits_{n=0}^{\infty}\dfrac{x^n}{n+1}$,于是当$x\neq 0$时,

$$\begin{aligned}S(x)&=\sum_{n=0}^{\infty}\frac{x^n}{n+1}=\frac{1}{x}\sum_{n=0}^{\infty}\frac{x^{n+1}}{n+1}=\frac{1}{x}\sum_{n=0}^{\infty}\int_0^x x^n\mathrm{d}x\\&=\frac{1}{x}\int_0^x\Big(\sum_{n=0}^{\infty}x^n\Big)\mathrm{d}x=\frac{1}{x}\int_0^x\frac{1}{1-x}\mathrm{d}x\\&=-\frac{1}{x}\ln(1-x)\quad(0<|x|<1),\end{aligned}$$

$$S(x)=-\frac{1}{x}\ln(1-x)\quad(0<|x|<1),$$

而$S(0)=1$,$\lim\limits_{x\to 0}\left(-\dfrac{\ln(1-x)}{x}\right)=1$,因此由和函数的连续性得

$$S(x)=\begin{cases}-\dfrac{1}{x}\ln(1-x), & 0<|x|<1,\\ 1, & x=0.\end{cases}$$

例 9.3.8*　设银行存款的年利率为$r=0.05$,并依年复利计算. 某基金会希望通过存款A万元,实现第一年提取 19 万元,第二年提取 28 万元,…,第n年提取$(10+9n)$万元,并能按此规律一直提取下去,问A至少应为多少万元.

解　设a_n表示第n年提取$(10+9n)$万元的贴现值,则

$$a_n=(1+r)^{-n}\cdot(10+9n),$$

故有

$$S=\sum_{n=1}^{\infty}a_n=\sum_{n=1}^{\infty}\frac{10+9n}{(1+r)^n}$$
$$=10\sum_{n=1}^{\infty}\frac{1}{(1+r)^n}+9\sum_{n=1}^{\infty}\frac{n}{(1+r)^n}$$
$$=200+9\sum_{n=1}^{\infty}\frac{n}{(1+r)^n}.$$

记

$$S(x)=\sum_{n=1}^{\infty}nx^n,\quad |x|<1,$$

则

$$S(x)=x\sum_{n=1}^{\infty}(x^n)'=x\left(\sum_{n=1}^{\infty}x^n\right)'=x\left(\frac{x}{1-x}\right)'=\frac{x}{(1-x)^2},\quad |x|<1,$$

故

$$S\left(\frac{1}{1+r}\right)=S\left(\frac{1}{1.05}\right)=420(\text{万元}),$$

所以

$$S=200+9\times 420=3980(\text{万元}),$$

即至少应存 3980 万元.

本题也可利用差分方程解答:记第 t 年提款后的余款是 y_t,由已知,有

$$y_t=(1+0.05)y_{t-1}-(10+9t),$$

即

$$y_t-1.05y_{t-1}=-(10+9t).$$

可解得

$$y_t=C(1.05)^t+180t+3980.$$

由 $y_t\geqslant 0$,$y_0=A$,得 $A=C+3980$,$C\geqslant 0$.

习题 9.3

1. 求下列幂级数的收敛域:

(1) $\sum_{n=1}^{\infty}(-1)^{n+1}\frac{x^n}{n}$;

(2) $\sum_{n=1}^{\infty}\frac{(n+1)!}{n^2}x^n$;

(3) $\sum_{n=1}^{\infty}\frac{x^n}{n\cdot 3^n}$;

(4) $\sum_{n=1}^{\infty}(-1)^n\frac{x^{2n+1}}{2n-1}$;

(5) $\sum_{n=1}^{\infty}(\sqrt{n+1}-\sqrt{n})2^nx^{2n}$;

(6) $\sum_{n=1}^{\infty}\frac{(x-2)^n}{n^2}$.

2. 求下列级数的收敛域,并求和函数:

(1) $\sum_{n=1}^{\infty}n(n+1)x^{n-1}$;

(2) $\sum_{n=1}^{\infty}\frac{x^{4n+1}}{4n+1}$.

3. 由幂级数 $x+\frac{x^3}{3}+\frac{x^5}{5}+\cdots$,$|x|<1$,求级数 $\sum_{n=1}^{\infty}\frac{1}{(2n-1)2^n}$ 的和.

9.4　函数展开成幂级数

由上节可知幂级数 $\sum_{n=0}^{\infty} a_n x^n$ 在其收敛域上可以用一个和函数表示，反之，对于给定函数 $f(x)$，能否将其表示为一个收敛的幂级数呢？下面将讨论这个问题.

一、泰勒级数

由泰勒公式可知，如果函数 $f(x)$ 在 x_0 点的某邻域内具有 $n+1$ 阶导数，x 是此邻域内异于 x_0 的任意一点，那么 $f(x)$ 可以展开为

$$f(x)=f(x_0)+f'(x_0)(x-x_0)+\frac{f''(x_0)}{2!}(x-x_0)^2+\cdots+\frac{f^{(n)}(x_0)}{n!}(x-x_0)^n+R_n(x),$$

其中 $R_n(x)=\dfrac{f^{(n+1)}(\xi)}{(n+1)!}(x-x_0)^{n+1}$，$\xi$ 是 x 与 x_0 之间的某个值. 令，

$$S_{n+1}(x)=f(x_0)+f'(x_0)(x-x_0)+\frac{f''(x_0)}{2!}(x-x_0)^2+\cdots+\frac{f^{(n)}(x_0)}{n!}(x-x_0)^n, \tag{9.4.1}$$

则

$$f(x)=S_{n+1}(x)+R_n(x), \tag{9.4.2}$$

即

$$f(x)-S_{n+1}(x)=R_n(x). \tag{9.4.3}$$

若 $f(x)$ 具有任意阶导数，称

$$f(x_0)+f'(x_0)(x-x_0)+\frac{f''(x_0)}{2!}(x-x_0)^2+\cdots+\frac{f^{(n)}(x_0)}{n!}(x-x_0)^n+\cdots \tag{9.4.4}$$

为 $f(x)$ 的**泰勒级数**，级数中的系数称为函数 $f(x)$ 的**泰勒系数**. $f(x)$ 的泰勒级数是否收敛？若收敛，是不是收敛于 $f(x)$ 本身呢？由式(9.4.3)可知，只要 $n\to\infty$ 时，

$$R_n(x)=\frac{f^{(n+1)}(\xi)}{(n+1)!}(x-x_0)^{n+1}\to 0,$$

则部分和 $S_{n+1}(x)$ 就收敛于 $f(x)$，从而级数(9.4.4)收敛于函数 $f(x)$，此时，称 $f(x)$ 在 $x=x_0$ 处可展开为泰勒级数，级数(9.4.4)称为 $f(x)$ 在 $x=x_0$ 处的泰勒展开式.

由上面的分析，把函数 $f(x)$ 展开为泰勒级数，需要两个条件：

(1)函数 $f(x)$ 在点 x_0 的邻域内具有各阶导数；

(2)当 $n\to\infty$ 时，泰勒公式余项 $R_n(x)\to 0$.

当 $x_0=0$ 时，泰勒级数(9.4.4)就成为

$$f(0)+f'(0)+\frac{f''(0)}{2!}x^2+\cdots+\frac{f^{(n)}(0)}{n!}x^n+\cdots,$$

称之为 $f(x)$ 的**麦克劳林级数**.

综合上述讨论有下面定理.

定理 9.4.1 设函数 $f(x)$在点 x_0的某一邻域$U(x_0)$内具有各阶导数,则 $f(x)$在该邻域内能展开成泰勒级数的充要条件是 $f(x)$的泰勒公式中的余项 $R_n(x)$,当 $n\to\infty$时的极限为零.

定理 9.4.2 若函数 $f(x)$在某个邻域$U(x_0)$内可展开为下列幂级数,

$$f(x)=\sum_{n=0}^{\infty}a_n(x-x_0)^n,$$

则 $a_n=\dfrac{f^{(n)}(x_0)}{n!}(n=0,1,2,\cdots)$.

证 因为在$U(x_0)$内

$$f(x)=a_0+a_1(x-x_0)+a_2(x-x_0)^2+\cdots+a_n(x-x_0)^n+\cdots,$$

根据幂级数在收敛区间内可逐项求导有

$$f'(x)=a_1+2a_2(x-x_0)+3a_3(x-x_0)^2+\cdots+na_n(x-x_0)^{n-1}+\cdots,$$

$$f''(x)=2a_2+3\cdot 2a_3(x-x_0)+\cdots+n(n-1)a_n(x-x_0)^{n-2}+\cdots,$$

$$f'''(x)=3\cdot 2a_3+4\cdot 3\cdot 2a_4(x-x_0)+\cdots+n(n-1)(n-2)a_n(x-x_0)^{n-3}+\cdots,$$

$$\cdots\cdots,$$

$$f^{(n)}(x)=n!a_n+(n+1)!\ a_{n+1}(x-x_0)+\cdots,$$

以 $x=x_0$代入上式得:$f^{(n)}(x_0)=n!a_n$,从而 $a_n=\dfrac{f^{(n)}(x_0)}{n!}(n=0,1,2,\cdots)$.

定理 9.4.2 表明如果 $f(x)$能展开成 $x-x_0$的幂级数,那么这种展开式是唯一的.

二、初等函数的幂级数展开式

将函数 $f(x)$展开成 $x-x_0$的幂级数的直接展开步骤如下:

第一步:求出 $f(x)$的各阶导数 $f^{(n)}(x)(n=1,2,\cdots)$;

第二步:求出函数及各阶导数在 $x=x_0$处的值 $f(x_0),f^{(n)}(x_0)(n=1,2,\cdots)$;

第三步:写出幂级数

$$f(x_0)+f'(x_0)(x-x_0)+\frac{f''(x_0)}{2!}(x-x_0)^2+\cdots+\frac{f^{(n)}(x_0)}{n!}(x-x_0)^n+\cdots;$$

第四步:验证在收敛区间(x_0-R,x_0+R)内,余项 $R_n(x)$的极限

$$\lim_{n\to\infty}R_n(x)=\lim_{n\to\infty}\frac{f^{(n+1)}(\xi)}{(n-1)!}x^{n+1}=0\quad(\xi \text{在 } x_0 \text{与 } x \text{ 之间});$$

第五步:写出 $f(x)=\sum\limits_{n=0}^{\infty}\dfrac{f^{(n)}(x_0)}{n!}(x-x_0)^n,x\in(x_0-R,x_0+R)$的幂级数展开式.

例 9.4.1 将 $f(x)=e^x$展开成 x 的幂级数(麦克劳林级数).

解 由于 e^x的各阶导数

$$f^{(n)}(x)=e^x(n=1,2,\cdots),\quad f^{(n)}(0)=1(n=0,1,2,\cdots),$$

这里记号 $f^{(0)}(0)=f(0)$,于是得 $f(x)$的泰勒级数

$$1+x+\frac{x^2}{2!}+\cdots+\frac{x^n}{n!}+\cdots,$$

其收敛半径 $R=+\infty$，对于任何有限的数 x，余项的绝对值为

$$|R_n(x)|=\left|\frac{e^{\xi}}{(n+1)!}x^{n+1}\right|<e^{|x|}\frac{|x|^{n+1}}{(n+1)!}\quad (\xi\text{ 在 }0\text{ 与 }x\text{ 之间}),$$

因 $e^{|x|}$ 有限，而 $\frac{|x|^{n+1}}{(n+1)!}$ 是收敛级数 $\sum\limits_{n=0}^{\infty}\frac{|x|^{n+1}}{(n+1)!}$ 的一般项，所以当 $n\to\infty$ 时，$e^{|x|}\frac{|x|^{n+1}}{(n+1)!}\to 0$，于是当 $n\to\infty$ 时，有 $|R_n(x)|\to 0$，从而

$$e^x=1+x+\frac{x^2}{2!}+\cdots+\frac{x^n}{n!}+\cdots,\quad -\infty<x<+\infty. \tag{9.4.5}$$

例 9.4.2 将 $f(x)=\sin x$ 展开成 x 的幂级数(麦克劳林级数).

解 所给函数的各阶导数为

$$f^{(n)}(x)=\sin\left(x+n\cdot\frac{\pi}{2}\right)\quad (n=0,1,2,\cdots),$$

$$f(0)=0,\quad f'(0)=1,\quad f''(0)=0,\quad f'''(0)=-1,\cdots,$$

$$f^{(2k-1)}(0)=(-1)^{k-1},f^{(2k)}(0)=0,\cdots,$$

于是得 $f(x)$ 的泰勒级数

$$x-\frac{x^3}{3!}+\frac{x^5}{5!}-\cdots+(-1)^{n-1}\frac{x^{2n-1}}{(2n-1)!}+\cdots,$$

其收敛半径 $R=+\infty$，对于任何有限的数 x，余项的绝对值当 $n\to\infty$ 时的极限为零：

$$|R_n(x)|=\left|\frac{\sin\left[\xi+\frac{n+1}{2}\pi\right]}{(n+1)!}x^{n+1}\right|\leqslant\frac{|x|^{n+1}}{(n+1)!}\to 0\quad (n\to\infty),\quad \xi\text{ 在 }0\text{ 与 }x\text{ 之间}.$$

因此得展开式：

$$\sin x=x-\frac{x^3}{3!}+\frac{x^5}{5!}-\cdots+(-1)^{n-1}\frac{x^{2n-1}}{(2n-1)!}+\cdots,-\infty<x<+\infty. \tag{9.4.6}$$

利用直接展开法也可得到如下函数的麦克劳林级数.

$$(1+x)^{\alpha}=1+\alpha x+\frac{\alpha(\alpha-1)}{2!}x^2+\cdots+\frac{\alpha(\alpha-1)(\alpha-2)\cdots(\alpha-n+1)}{n!}x^n+\cdots,\quad -1<x<1; \tag{9.4.7}$$

$$\cos x=1-\frac{x^2}{2!}+\frac{x^4}{4!}-\frac{x^6}{6!}+\cdots+(-1)^n\frac{x^{2n}}{(2n)!}+\cdots,\quad -\infty<x<+\infty; \tag{9.4.8}$$

$$\ln(1+x)=x-\frac{x^2}{2}+\frac{x^3}{3}-\frac{x^4}{4}+\cdots+(-1)^n\frac{x^{n+1}}{n+1}+\cdots,\quad -1<x\leqslant 1; \tag{9.4.9}$$

$$\arctan x=x-\frac{1}{3}x^3+\frac{1}{5}x^5-\cdots+(-1)^n\frac{1}{2n+1}x^{2n+1}+\cdots,\quad -1\leqslant x\leqslant 1. \tag{9.4.10}$$

此外，利用几何级数的结果可导出

$$\frac{1}{1-x}=1+x+x^2+x^3+\cdots+x^n+\cdots,\quad -1<x<1. \tag{9.4.11}$$

一般直接展开的方法计算量较大，余项研究也比较麻烦，因此，在可能的条件下，可以用间接展开的方法，即利用一些(如式(9.4.5)至式(9.4.11))已知的幂级数的展开式，通过幂级数的运算(如四则运算，逐项求导或积分)以及变量代换等来求 $f(x)$ 的幂级数展开式.

例 9.4.3 将 $\sin^2 x$ 展开成 x 的幂级数.

解 因为 $\sin^2 x=\frac{1}{2}-\frac{1}{2}\cos 2x$，而 $\cos x=\sum\limits_{n=0}^{\infty}(-1)^n\frac{x^{2n}}{(2n)!}$，$x\in(-\infty,+\infty)$，所以

$$\sin^2 x=\frac{1}{2}-\frac{1}{2}\sum_{n=0}^{\infty}(-1)^n\frac{(2x)^{2n}}{(2n)!}=\sum_{n=1}^{\infty}(-1)^n\frac{2^{2n-1}\cdot x^{2n}}{(2n)!},\quad x\in(-\infty,+\infty).$$

例 9.4.4 将 $\ln x$ 展开成 $(x-1)$ 的幂级数.

解 因为 $\ln x=\ln[1+(x-1)]$，而由式(9.4.9)有

$$\ln[1+(x-1)]=(x-1)-\frac{1}{2}(x-1)^2+\cdots+(-1)^n\frac{1}{n+1}(x-1)^{n+1}+\cdots,\quad -1<x-1\leqslant 1.$$

所以

$$\ln x=(x-1)-\frac{1}{2}(x-1)^2+\cdots+(-1)^n\frac{1}{n+1}(x-1)^{n+1}+\cdots,\quad 0<x\leqslant 2.$$

例 9.4.5* 将函数 $f(x)=\frac{1}{x^2-3x-4}$ 展开为 $x-1$ 的幂级数，并指出其收敛域.

解 $f(x)=\frac{1}{x^2-3x-4}=\frac{1}{5}\left(\frac{1}{x-4}-\frac{1}{x+1}\right)=\frac{1}{5}\left[\frac{1}{-3+(x-1)}-\frac{1}{2+(x-1)}\right]$

$$=\frac{1}{5}\left[-\frac{1}{3}\cdot\frac{1}{1-\frac{x-1}{3}}-\frac{1}{2}\cdot\frac{1}{1+\frac{x-1}{2}}\right].$$

利用式(9.4.11)有

$$f(x)=-\frac{1}{5}\left[\frac{1}{3}\sum_{n=0}^{\infty}\frac{1}{3^n}(x-1)^n+\frac{1}{2}\sum_{n=0}^{\infty}\frac{(-1)^n}{2^n}(x-1)^n\right]\left(\left|\frac{x-1}{3}\right|<1\text{ 且}\left|\frac{x-1}{2}\right|<1\right),$$

$$=-\frac{1}{5}\sum_{n=0}^{\infty}\left[\frac{1}{3^{n+1}}+\frac{(-1)^n}{2^{n+1}}\right](x-1)^n\quad(-1<x<3).$$

习 题 9.4

1. 将下列函数展开成 x 的幂级数，并求展开式成立的区间：

(1) $\ln(a+x)$，$a>0$； (2) a^x，$a>0$； (3) $\cos^2 x$； (4) e^{-x^2}； (5) $\frac{x}{\sqrt{1-x^2}}$.

2. 将函数 $f(x)=\cos x$ 展开成 $\left(x-\frac{\pi}{3}\right)$ 的幂级数.

3. 按 $(x-2)$ 的幂展开多项式 $x^4+2x^3-x^2+x+1$.

4. 将函数 $f(x)=\frac{1}{x^2+3x+2}$ 展开成 $(x+4)$ 的幂级数.

5. 将 $f(x)=\frac{x}{x^2-x-2}$ 展开成 x 的幂级数.

★9.5　无穷级数应用案例

一、如何计划家庭教育基金

从1994年开始,我国逐步实行了大学收费制度,为了保障子女将来的教育经费,小张夫妇从他们的儿子出生时开始,每年向银行存入 x 元作为家庭教育基金. 若银行的年复利率为 r,试写出第 n 年后教育基金总额的表达式. 预计当子女18岁进入大学时所需费用为30 000元,按年利率10%计算,小张每年应向银行存入多少元?

解　设 n 年后教育基金总额 a_n,每年向银行存入 x 元,依据复利计算公式有如下递推关系:

$$\begin{cases} a_k = a_{k-1}(1+r)+x, \quad k=1,2,\cdots, & (9.5.1) \\ a_0 = x. & (9.5.2) \end{cases}$$

由式(9.5.1)递推可得

$$a_k - a_{k-1} = (a_{k-1}-a_{k-2})(1+r) = (a_{k-2}-a_{k-3})(1+r)^2 = \cdots = (a_1-a_0)(1+r)^{k-1}.$$

由初始条件(9.5.2)可得 $a_1 = x(1+r)+x$,于是 $a_1 - a_0 = x(1+r)$. 从而

$$a_k - a_{k-1} = x(1+r)^k, \quad k=1,2,\cdots, \tag{9.5.3}$$

将式(9.5.3)对 $k=1,2,\cdots,n$ 求和得

$$a_n - a_0 = x\sum_{k=1}^{n}(1+r)^k,$$

所以,n 年后的教育基金总额为

$$a_n = a_0 + x\sum_{k=1}^{n}(1+r)^k = x\sum_{k=0}^{n}(1+r)^k = x\frac{(1+r)^{n+1}-1}{r},$$

从而

$$x = \frac{a_n r}{(1+r)^{n+1}-1}. \tag{9.5.4}$$

欲使 $a_{18}=30\ 000$,　将 $n=18, r=0.1$ 代入式(9.5.4)

$$x = \frac{30\ 000\times 0.1}{1.1^{19}-1} = 586.40(\text{元})$$

因此,小张每年应向银行存入586.40元.

二、药物在体内的残留量

患有某种心脏病的病人经常要服用洋地黄毒苷(digitoxin). 洋地黄毒苷在体内的清除速率正比于体内洋地黄毒苷的药量. 一天(24小时)大约有10%的药物被清除. 假设每天给某病人0.05mg的维持剂量,试估算治疗几个月后该病人体内的洋地黄毒苷的总量.

解　给病人0.05mg的初始剂量,一天后,0.05mg的10%被清除,体内将残留

(0.90)(0.05)mg 的药量;在第二天末,体内将残留$(0.90)^2(0.05)$mg 的药量;如此下去,第 n 天末,体内将残留$(0.90)^n(0.05)$mg 的药量. 如图 9.1 所示.

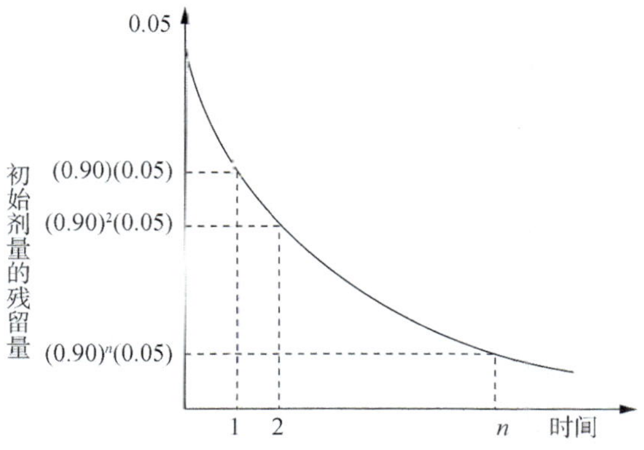

图 9.1 初始剂量的指数衰减

要确定洋地黄毒苷在体内的累积残留量,注意到在第二次给药时,体内的药量为第二次给药的剂量 0.05mg 加上第一次给药此时在体内的残留量(0.90)(0.05)mg;在第三次给药时,体内的药量为第三次给药的剂量 0.05mg 加上第一次给药此时在体内的残留量$(0.90)^2(0.05)$mg 和第二次给药此时在体内的残留量(0.90)(0.05)mg;在任何一次重新给药时,体内的药量为此次给药的剂量 0.05mg 加上以前历次给药此时在体内的残留量. 为了清楚地理解上述内容,请看下表.

体内洋地黄毒苷的总量(mg)

初始给药后的天数	
0	0.05
1	$0.05+(0.90)(0.05)$
2	$0.05+(0.90)(0.05)+(0.90)^2(0.05)$
⋮	⋮
n	$0.05+(0.90)(0.05)+(0.90)^2(0.05)+\cdots+(0.90)^n(0.05)$

从表中看到,每一次重新给药时体内的药量是下列几何级数的部分和:

$$0.05+(0.90)(0.05)+(0.90)^2(0.05)+(0.90)^3(0.05)+\cdots,$$

对于几何级数 $\sum\limits_{n=0}^{\infty} ar^n$,当$|r|<1$时,其和函数为$\dfrac{a}{1-r}$. 即$\sum\limits_{n=0}^{\infty} ar^n=\dfrac{a}{1-r}$. 因此

$$\sum_{n=0}^{\infty}(0.05)(0.90)^n=\frac{0.05}{1-0.90}=\frac{0.05}{0.10}=0.5.$$

由于此级数的部分和趋近于此级数的和,所以,每天给病人 0.05mg 的维持剂量将最终使病人体内的洋地黄毒苷水平达到一个 0.5mg 的"坪台".

当要将"坪台"降低 10%,也就是让坪台水平达到(0.90)(0.5)=0.45mg 时,就需调整维持剂量,这在药物的治疗中是一个重要的技术.

三、计算定积分

在计算定积分时，如果被积函数的原函数不能用初等函数来表示，则无法计算其精确值，此时需要考虑用其他方法进行近似计算. 若被积函数在积分区间上能展开成幂级数，则把这个幂级数逐项积分，利用积分所得的级数就可以计算定积分的近似值. 例如，求积分 $\int_0^{0.5}\frac{\arctan x}{x}\mathrm{d}x$ 的近似值，精确到 10^{-3}.

解　由于 $\lim\limits_{x\to 0}\frac{\arctan x}{x}=1$，故所给积分不是广义积分. 若定义被积函数在 $x=0$ 处的值为 1，则它在积分区间 $[0,0.5]$ 上连续. 而由式(9.4.10)有幂级数展开式

$$\arctan x=x-\frac{1}{3}x^3+\frac{1}{5}x^5-\cdots+(-1)^n\frac{1}{2n+1}x^{2n+1}+\cdots,\quad -1\leqslant x\leqslant 1.$$

$$\begin{aligned}\int_0^{0.5}\frac{\arctan x}{x}\mathrm{d}x&=\int_0^{0.5}\left[1-\frac{1}{3}x^2+\frac{1}{5}x^4-\cdots+(-1)^n\frac{1}{2n+1}x^{2n}+\cdots\right]\mathrm{d}x\\&=\left(x-\frac{1}{9}x^3+\frac{1}{25}x^5-\frac{1}{49}x^7+\cdots\right)\Big|_0^{0.5}\\&=\frac{1}{2}-\frac{1}{9}\cdot\frac{1}{2^3}+\frac{1}{25}\cdot\frac{1}{2^5}-\frac{1}{49}\cdot\frac{1}{2^7}+\cdots.\end{aligned}$$

因为由莱布尼兹定理和第四项的绝对值有

$$|r_3|\leqslant u_4=\frac{1}{49}\cdot\frac{1}{2^7}\approx 0.0002<10^{-3},$$

因此，取前三项作为积分的近似值，得

$$\int_0^{0.5}\frac{\arctan x}{x}\mathrm{d}x=\frac{1}{2}-\frac{1}{9}\cdot\frac{1}{2^3}+\frac{1}{25}\cdot\frac{1}{2^5}\approx 0.4874\approx 0.487.$$

习 题 9.5

1. 小李夫妇要购买二居室一套的公房，共十万元一次付清. 他们自己可以设法筹借到 4 万元，另外 6 万元申请抵押贷款. 月利率为 1%，期限 25 年. 试问小李夫妇每月要还多少钱?

2. 某人看到一则广告：某商店对电视机进行分期付款销售. 一台售价为 4000 元的电视机，如果分 36 个月付款，每月付 150 元即可. 另外，他又得到一则银行贷款的消息：5000 元以下的贷款，在 3 年内分期还清，年利率为 15%. 现在他想买一台上述标价的电视机，他应该向银行贷款呢? 还是直接向商店分期付款?

3. 设小张向银行贷款 A_0 元用于买房，贷款年利率为 r，从第二年起，小张每年向银行还 x 元，n 年后小张尚欠银行贷款额记为 A_n，试推导 A_n 的表达式.

4. 利用被积函数的幂级数展开式求下列定积分的近似值.

(1) $\int_0^1\frac{\sin x}{x}\mathrm{d}x$（误差不超过 10^{-4}）；　(2) $\int_0^{0.5}\mathrm{e}^{x^2}\mathrm{d}x$（计算前三项）.

总 习 题 九

1. 填空

(1)对级数 $\sum_{n=1}^{\infty} u_n$，$\lim_{n\to\infty} u_n = 0$ 是它收敛的________条件，不是它收敛的________条件；

(2)部分和数列 $\{s_n\}$ 有界是正项级数 $\sum_{n=1}^{\infty} u_n$ 收敛的________条件；

(3)若级数 $\sum_{n=1}^{\infty} u_n$ 绝对收敛，则级数 $\sum_{n=1}^{\infty} u_n$ 必定________；若级数 $\sum_{n=1}^{\infty} u_n$ 条件收敛，则级数 $\sum_{n=1}^{\infty} |u_n|$ 必定________.

2. 判定下列级数的收敛性：

(1) $\sum_{n=1}^{\infty} \frac{1}{\ln(n+1)}$；　(2) $\sum_{n=1}^{\infty} \frac{(n!)^2}{2n^2}$；　(3) $\sum_{n=1}^{\infty} \left(1-\cos\frac{\pi}{n}\right)$；

(4) $\sum_{n=1}^{\infty} \frac{1}{\sqrt{n+1}}\sin\frac{1}{n}$；　(5) $\sum_{n=1}^{\infty} n\tan\frac{1}{2^n}$；　(6) $\sum_{n=1}^{\infty} \frac{n^2 2^n}{(n+1)!}$.

3. 讨论下列级数的绝对收敛性与条件收敛性：

(1) $\sum_{n=1}^{\infty} (-1)^{n+1} \frac{\sin\frac{\pi}{n+1}}{\pi^{n+1}}$；　(2) $\sum_{n=1}^{\infty} \frac{(-1)^n}{n-\ln n}$；

(3) $\sum_{n=1}^{\infty} (-1)^{n-1} \frac{1}{\ln(n+1)}$；　(4) $\sum_{n=1}^{\infty} (-1)^{n-1} \frac{n}{2^n}$.

4. 求下列幂级数的收敛域：

(1) $\sum_{n=1}^{\infty} \frac{3^n+(-2)^n}{n}(x+1)^n$；　(2) $\sum_{n=1}^{\infty} (\sqrt{n+1}-\sqrt{n})2^n x^{2n}$；

(3) $\sum_{n=1}^{\infty} \frac{2^n}{n^2+1}x^n$；　(4) $\sum_{n=1}^{\infty} \frac{(2x-1)^n}{n}$.

5. 求幂级数 $\sum_{n=1}^{\infty} \frac{n^2+1}{n}x^n$ 的收敛域及和函数，并求 $\sum_{n=1}^{\infty} \frac{n^2+1}{n}\left(\frac{1}{2}\right)^n$.

6. 求下列幂级数的和函数：

(1) $\sum_{n=1}^{\infty} \frac{x^{n+1}}{n}$；　(2) $\sum_{n=1}^{\infty} \frac{n(n+1)}{2}x^{n-1}$.

7. 将函数 $f(x)=\frac{1}{(2-x)^2}$ 展开成 x 的幂级数.

8. 将函数 $f(x)=\lg x$ 展开成 $(x-1)$ 的幂级数.

第 10 章　差分方程初步

由于时间变化的连续性，描述实际问题的变量通常是连续变化的，称之为连续变量，描述连续变量之间变化规律的关系式称为连续型数学模型. 然而，在经济、管理及其他领域中，许多数据都是以一定的时间间隔进行统计的，例如，银行的定期存款按设定的时间间隔计算利息，国家财政预算按年度制定等，这类间隔取值的变量称为离散型变量. 本章将简单介绍在经济和管理等领域中常见的描述离散变量变化规律的离散型数学模型——差分方程.

10.1　差分方程的基本概念

一、差分的概念与性质

通常差分方程研究的对象是定义在整数集上的函数，一般记为 $y_t=y(t)$，$t=\cdots,-2,-1,0,1,2,\cdots$. 回顾导数定义可知，对于变量连续的函数 $y=f(t)$，可用函数的增量 $\Delta y=f(t+\Delta t)-f(t)$ 与自变量的增量 Δt 之比 $\dfrac{\Delta y}{\Delta t}$ 来刻画函数 y 的变化率. 如果选择 $\Delta t=1$，则

$$\Delta y=f(t+1)-f(t) \tag{10.1.1}$$

可以近似表示函数 y 的变化率. 类似，下面给出反映离散变量变化率即差分的定义.

定义 10.1.1　设函数 $y_t=y(t)$ 是定义在整数集上的函数，称改变量 $y_{t+1}-y_t$ 为函数 y_t 在 t 点的**一阶差分**，简称**差分**，记为 Δy_t，即

$$\Delta y_t=y_{t+1}-y_t \quad \text{或}\ \Delta y_t=y(t+1)-y(t) \quad (t=\cdots,-2,-1,0,1,2,\cdots).$$

一阶差分的差分称为**二阶差分**，记为 $\Delta^2 y_t$，即

$$\Delta^2 y_t=\Delta(\Delta y_t)=\Delta y_{t+1}-\Delta y_t=(y_{t+2}-y_{t+1})-(y_{t+1}-y_t)=y_{t+2}-2y_{t+1}+y_t.$$

类似可定义三阶差分，四阶差分，……

$$\Delta^3 y_t=\Delta(\Delta^2 y_t),\quad \Delta^4 y_t=\Delta(\Delta^3 y_t),\quad \cdots\cdots$$

一般地，函数 y_t 的 $n-1$ 阶差分的差分称为 n **阶差分**，记为 $\Delta^n y_t$，即

$$\Delta^n y_t=\Delta^{n-1} y_{t+1}-\Delta^{n-1} y_t=\sum_{i=0}^{n}(-1)^i C_n^i y_{t+n-i}. \tag{10.1.2}$$

二阶及二阶以上的差分统称为**高阶差分**.

例 10.1.1　设 $y_t=C$（C 为常数），求 Δy_t.

解　$\Delta y_t=y_{t+1}-y_t=C-C=0$. 即常数的差分为零.

例 10.1.2 设 $y_t=2-3t^2$，求 $\Delta y_t,\Delta^2 y_t,\Delta^3 y_t$.

解 $\Delta y_t=y_{t+1}-y_t=[2-3(t+1)^2]-(2-3t^2)=-6t-3$,

$\Delta^2 y_t=\Delta(\Delta y_t)=\Delta y_{t+1}-\Delta y_t=[-6(t+1)-3]-(-6t-3)=-6$,

$\Delta^3 y_t=\Delta(\Delta^2 y_t)=\Delta^2 y_{t+1}-\Delta^2 y_t=-6-(-6)=0$.

从此例可知，多项式的差分是比其低一次的多项式，如果 $y_t=y(t)$ 为 n 次多项式，则 $\Delta^n y_t$ 为常数，且 $\Delta^m y_t=0(m>n)$.

例 10.1.3 设 $y_t=5^t$，求 $\Delta y_t,\Delta^2 y_t$.

解 $\Delta y_t=y_{t+1}-y_t=5^{t+1}-5^t=4\cdot 5^t$,

$\Delta^2 y_t=\Delta(\Delta y_t)=\Delta y_{t+1}-\Delta y_t=4\cdot 5^{t+1}-4\cdot 5^t=16\cdot 5^t$.

一般地，指数函数的各阶差分等于原来函数的若干常数倍.

由定义可知，一阶和二阶差分反映了 y_t 的变化特征，当 $\Delta y_t>0$ 时，说明 y_t 是单调增加的；当 $\Delta y_t<0$ 时，说明 y_t 是单调减少的；当 $\Delta^2 y_t>0$ 时，说明 y_t 的变化速度在增加，当 $\Delta^2 y_t<0$ 时，说明 y_t 的变化速度在减少.

不难验证差分具有与导数相类似的如下运算性质：

(1) $\Delta(Cy_t)=C\Delta y_t$ (C 为常数)；

(2) $\Delta(y_t\pm z_t)=\Delta y_t\pm\Delta z_t$；

(3) $\Delta(y_t\cdot z_t)=z_t\Delta y_t+y_{t+1}\Delta z_t=y_t\Delta z_t+z_{t+1}\Delta y_t$；

(4) $\Delta\left(\dfrac{y_t}{z_t}\right)=\dfrac{z_t\Delta y_t-y_t\Delta z_t}{z_{t+1}\cdot z_t}=\dfrac{z_{t+1}\Delta y_t-y_{t+1}\Delta z_t}{z_{t+1}\cdot z_t}\ (z_t\neq 0)$.

例 10.1.4 设 $y_t=t^2 e^t$，求 Δy_t.

解 由差分的性质(3)有

$$\begin{aligned}\Delta y_t&=\Delta[t^2 e^t]=e^t\Delta(t^2)+(t+1)^2\Delta e^t=e^t(2t+1)+(t+1)^2 e^t(e-1)\\&=e^t[e(t+1)^2-t^2].\end{aligned}$$

例 10.1.5 设 $y_t=\dfrac{2}{t-3}\ (t\neq 3)$，求 Δy_t.

解 由差分的性质(4)有

$$\Delta\left(\frac{2}{t-3}\right)=\frac{(t-3)\Delta(2)-2\Delta(t-3)}{[(t+1)-3]\cdot(t-3)}=\frac{0-2}{(t-2)(t-3)}=\frac{-2}{t^2-5t+6}.$$

二、差分方程的概念

类似于常微分方程的定义，下面给出差分方程的具体定义.

定义 10.1.2 含有未知函数 y_t 的差分的方程称为**常差分方程**，简称差分方程. 差分方程中所含未知函数差分的最高阶数称为该**差分方程的阶**.

n 阶差分方程的一般形式为

$$F(t,y_t,\Delta y_t,\Delta^2 y_t,\cdots,\Delta^n y_t)=0 \tag{10.1.3}$$

其中 $F(t,y_t,\Delta y_t,\Delta^2 y_t,\cdots,\Delta^n y_t)$ 为 $t,y_t,\Delta y_t,\Delta^2 y_t,\cdots,\Delta^n y_t$ 的已知函数，且 $\Delta^n y_t$ 必须出现，而其余变量可以不出现.

例如，方程 $\Delta y_t - y_t = t^2 - 1$ 是一阶差分方程，而 $\Delta^3 y_t - 3(\Delta y_t)^5 - 2y_t = 3$ 是三阶差分方程.

另一方面，利用差分公式(10.1.2)，函数的各阶差分可以表示为函数 y_t 在不同时刻的函数值之间的关系，因此差分方程也可以如下定义.

定义 10.1.3　含有自变量 t 和两个或两个以上函数值 $y_t,y_{t+1},\cdots y_{t+n},\cdots$ 的方程称为**常差分方程**，简称差分方程. 差分方程中未知函数的最大下标与最小下标之差称为差分方程的**阶**.

n 阶差分方程的一般形式为

$$G(t,y_t,y_{t+1},y_{t+2},\cdots,y_{t+n})=0 \tag{10.1.4}$$

其中 $G(t,y_t,y_{t+1},y_{t+2},\cdots,y_{t+n})$ 为 $t,y_t,y_{t+1},y_{t+2},\cdots,y_{t+n}$ 的已知函数，且 y_t 和 y_{t+n} 必须出现，而其余变量可以不出现.

例如，按定义 10.1.3 知，方程 $y_{t+2}-y_t=2t$ 是二阶差分方程，方程 $y_{t+5}-y_{t+3}+y_{t+1}=2$ 是四阶差分方程，而 $y_t=3t$ 不是差分方程.

差分方程的不同形式可以利用差分公式(10.1.2)互相转化，但值得注意的是差分方程的两种定义方式不是完全等价的.

例如，二阶差分方程 $y_{t+2}-y_t=2t$ 可转化为 $\Delta^2 y_t+2\Delta y_t=2t$.

又如，差分方程 $\Delta^2 y_t - y_t = 0$ 按定义 10.1.2 为二阶差分方程，但若利用公式(10.1.2)转化后可表示为 $y_{t+2}-2y_{t+1}=0$，此时按定义 10.1.3 该方程为一阶差分方程.

由于在实际中所遇到的常常是形如定义 10.1.3 所给出的差分方程，因此本章后续内容皆采用定义 10.1.3 对差分方程及其阶作定义.

例 10.1.6*　某公司每年的工资总额在比上一年增加 20%的基础上再追加 2 百万元，若以 W_t 表示第 t 年的工资总额(单位：百万元)，试求 W_t 满足的差分方程.

解　由已知，上一年的工资总额为 W_{t-1}，则 $W_t=1.2W_{t-1}+2$ 为所求差分方程.

三、差分方程的解

定义 10.1.4　满足差分方程的函数称为该差分方程的**解**. 如果差分方程的解中含有相互独立的任意常数的个数等于方程的阶数，则称这个解为该差分方程的**通解**，确定了通解中任意常数所得到的解，称为差分方程的**特解**.

例 10.1.7　验证函数 $y_t=2t+C$(C 为任意常数)是差分方程 $y_{t+1}-y_t=2$ 的通解，并求满足条件 $y_1=0$ 的特解.

解　将 $y_t=2t+C$ 代入差分方程，有

$$左边=2(t+1)+C-(2t+C)=2=右边,$$

即 $y_t=2t+C$ 是方程的解，且该解中含有一个任意常数 C，故其为通解. 将条件 $y_1=0$ 代

入通解中得 $1=2+C$，即得 $C=-2$，从而所求特解为 $y_t=2t-2$.

由例 10.1.7 知，在求特解时需要对差分方程附加一定的条件用以确定通解中的任意常数，这种附加条件称为**初始条件**或**定解条件**. 显然差分方程 $y_{t+1}-y_t=2$ 与 $y_{t+k+1}-y_{t+k}=2$(k 为整数)是同阶且具有相同的解. 一般若将差分方程中各项之间的时间向前或向后移动一个相同的时间间隔，则所得到的方程与原方程具有相同的解，即它们是等价的. 这种特性称为差分方程中保持自变量 t 的滞后结构不变性. 因此，在求解差分方程时可根据解题需要将方程作适当变形.

四、线性差分方程及其解的结构

定义 10.1.5 若差分方程中所含未知函数及未知函数的各阶差分均为一次的，则称该方程为**线性差分方程**.

n 阶线性差分方程的一般形式是

$$y_{t+n}+a_1(t)y_{t+n-1}+\cdots+a_{n-1}(t)y_{t+1}+a_n(t)y_t=f(t) \tag{10.1.5}$$

其中，$a_1(t),\cdots,a_n(t)$ 和 $f(t)$ 均为已知函数，且 $a_n(t)\neq 0$. 如果 $f(t)\neq 0$，则式(10.1.5)称为 n 阶非齐次线性差分方程，如果 $f(t)\equiv 0$，则式(10.1.5)即为

$$y_{t+n}+a_1(t)y_{t-n-1}+\cdots+a_{n-1}(t)y_{t+1}+a_n(t)y_t=0 \tag{10.1.6}$$

称方程(10.1.6)为方程(10.1.5)所对应的齐次线性方程.

例如，差分方程 $y_{t+2}-2ty_{t+1}+4y_t=6$ 是二阶线性差分方程，其对应的齐次线性方程为 $y_{t+2}-2ty_{t+1}+4y_t=0$.

由前面的讨论可知，差分方程和微分方程在定义及解的概念上都是十分类似的. 事实上，差分方程与微分方程不仅在方程及解的定义上类似，而且在解的结构及方程求解方法等多方面都有很多相似的地方. 下面，给出与 n 阶线性微分方程类似的几个关于 n 阶线性差分方程解的性质及解的结构定理，各个定理的证明皆类似于微分方程相应定理的证明，在此从略.

定理 10.1.1 若函数 $y_t=y_i(t)(i=1,2,\cdots,k)$ 均为 n 阶齐次线性差分方程(10.1.6)的解，则对任意常数 $C_i(i=1,2,\cdots,k)$，函数

$$y_t=C_1y_1(t)+C_2y_2(t)+\cdots+C_ky_k(t)$$

也是方程(10.1.6)的解.

定理 10.1.2 若函数 $y_t=y_i(t)(i=1,2,\cdots,n)$ 为 n 阶齐次线性差分方程(10.1.6)的 n 个线性无关的解，则函数

$$y_t=C_1y_1(t)+C_2y_2(t)+\cdots+C_ny_n(t)$$

是方程(10.1.6)的通解，其中 $C_i(i=1,2,\cdots,n)$ 为任意常数.

定理 10.1.3 若函数 $y_t^*=y^*(t)$ 是 n 阶非齐次差分方程(10.1.5)的一个特解，函数 $y_t=\bar{y}(t)$ 是与(10.1.5)所对应的齐次差分方程(10.1.6)的通解，则 $y_t=\bar{y}(t)+y^*(t)$ 为方程(10.1.5)的通解.

定理 10.1.4　若函数 $y_t^*=y_1^*(t)$和 $y_t^*=y_2^*(t)$分别是方程

$$y_{t+n}+a_1(t)y_{t+n-1}+\cdots+a_{n-1}(t)y_{t+1}+a_n(t)y_t=f_1(t)$$

与

$$y_{t+n}+a_1(t)y_{t+n-1}+\cdots+a_{n-1}(t)y_{t+1}+a_n(t)y_t=f_2(t)$$

的特解，则函数 $y_t^*=y_1^*(t)+y_2^*(t)$是差分方程

$$y_{t+n}+a_1(t)y_{t+n-1}+\cdots+a_{n-1}(t)y_{t+1}+a_n(t)y_t=f_1(t)+f_2(t)$$

的一个特解.

线性差分方程是常见的一类差分方程，在以下的 10.2 节和 10.3 节将重点介绍一阶和二阶常系数线性差分方程的求解方法.

习 题 10.1

1. 求下列函数的差分：

(1) $y_t=1-2t^2$，求 Δy_t；　　(2) $y_t=e^{3t}$求 $\Delta^2 y_t$；

(3) $y_t=t^2-2t$，求 $\Delta^2 y_t$；　　(4) $y_t=\ln(1+t)$，求 $\Delta^3 y_t$.

2. 按定义 10.1.2 或定义 10.1.3 将下列差分方程改写为另一种形式表示，并指出方程的阶数：

(1) $\Delta^2 y_t+2\Delta y_t+3y_t=t^2$；　　(2) $\Delta y_t-2y_t=5$；

(3) $\Delta^3 y_t-3\Delta y_t-2y_t=3$；　　(4) $y_{t+1}-y_t-3=0$；

(5) $y_{t+2}-5y_{t+1}+y_t=2$.

3. 验证下列函数是否为所给差分方程的解：

(1) $y_t=\frac{1}{2}\cdot 3^t-2t+C$，$y_{t+1}-y_t=3^t-2$；

(2) $y_t=\frac{1}{1+Ct}$，$(1+y_t)y_{t+1}=y_t$；

(3) $y_t=C_1(-2)^t+C_2 3^t$，$y_{t+2}-y_{t+1}-6y_t=0$.

4. 已知 $y_t=C_1+C_2a^t$是方程 $y_{t+2}-3y_{t+1}+2y_t=0$ 的通解，求常数 a.

10.2　一阶常系数线性差分方程

一阶常系数线性差分方程的一般形式为

$$y_{t+1}+ay_t=f(t),\tag{10.2.1}$$

其中，a 为非零常数，$f(t)$为已知函数. 如果 $f(t)\neq 0$，称方程(1)为**一阶常系数非齐次线性差分方程**，如果 $f(t)\equiv 0$，则方程(10.2.1)即为

$$y_{t+1}+ay_t=0.\tag{10.2.2}$$

称方程(10.2.2)为方程(10.2.1)所对应的**一阶常系数齐次线性差分方程**.

由 10.1 节的定理 10.1.3 可知，若求得(10.2.1)所对应齐次方程(10.2.2)的通解 $y_t=\bar{y}(t)$及方程(10.2.1)的一个特解 $y_t=y^*(t)$，则方程(10.2.1)的通解为 $y_t=\bar{y}(t)+y^*(t)$. 下面先讨论方程(10.2.2)通解的求法.

一、一阶常系数齐次线性差分方程的通解

设初始条件 y_0 已知，将方程(10.2.2)改写为 $y_{t+1}=-ay_t$，则$\{y_t\}$可以看成公比为$-a$的等比数列，由等比数列通项公式可得到(10.2.2)的初始条件为 y_0 的解为

$$y_t=(-a)^t y_0,\quad t=\cdots,-2,-1,0,1,2,\cdots$$

容易验证对任意常数 C，函数 $y_t=C(-a)^t$ 都是方程(10.2.2)的解，故方程(10.2.2)的通解为

$$y_t=C(-a)^t \quad (C\text{ 为任意常数}). \tag{10.2.3}$$

例 10.2.1 求差分方程 $2y_{t+1}-3y_t=0$ 的通解.

解 原方程可改写为 $y_{t+1}-\frac{3}{2}y_t=0$，因 $a=-\frac{3}{2}$，所以原方程的通解为 $y_t=C\left(\frac{3}{2}\right)^t$ (C 为任意常数).

求方程(10.2.2)通解的方法还可以采用**特征根方法**. 下面对此法作简单介绍.

由方程(10.2.2)的结构特征知，y_{t+1} 是 y_t 的常数倍，而函数 $y_t=\lambda^t$ 恰好具备这一性质，于是不妨设方程(10.2.2)的解为 $y_t=\lambda^t$，其中 λ 为非零的待定常数，将 $y_t=\lambda^t$ 代入方程(10.2.2)，有 $\lambda^{t+1}+a\lambda^t=\lambda^t(\lambda+a)=0$，由于 $\lambda\neq 0$，所以

$$\lambda+a=0. \tag{10.2.4}$$

因此，只要 λ 满足代数方程(10.2.4)，则函数 $y_t=\lambda^t$ 就是差分方程(10.2.2)解，方程(10.2.4)称为差分方程(10.2.2)的**特征方程**. $\lambda=-a$ 为特征方程的**根**(简称**特征根**). 求出特征根即得方程(10.2.2)的一个特解 $y_t=(-a)^t$，再由 10.1 节的定理 10.1.2 知方程(10.2.2)的通解为 $y_t=C(-a)^t$.

例 10.2.2 求差分方程 $y_{t+1}-3y_t=0$ 的通解.

解 所给方程的特征方程为

$$\lambda-3=0,$$

解之得特征根为 $\lambda=3$，故所求通解为 $y_t=C3^t$ (C 为任意常数).

二、一阶常系数非齐次线性差分方程的特解与通解

类似于二阶常系数非齐次线性微分方程，当非齐次方程(10.2.1)的 $f(t)$ 是某些特殊类型的函数时可用**待定系数法**求出方程的特解. 具体作法是先假设一个与 $f(t)$ 形式相同但含有待定系数的函数 $y_t^*=y^*(t)$ 为方程(10.2.1)的特解，再将其代入方程确定待定系数，从而得到所求特解. 下面仅对 $f(t)$ 以下二种常见类型分别介绍方程(10.2.1)特解的求法.

1. $f(t)=u^tP_m(t)$ ($P_m(t)$ 为 m 次多项式，$u\neq 0$)

此时，方程(10.2.1)为

$$y_{t+1}+ay_t=u^tP_m(t). \tag{10.2.5}$$

根据 $f(t)$的形式，可设方程(10.2.1)的特解为 $y_t^*=u^tz_t$，其中 z_t是待定多项式函数，将 $y_t^*=u^tz_t$代入方程(10.2.5)得

$$u^{t+1}z_{t+1}+au^tz_t=u^tP_m(t), \tag{10.2.6}$$

消去 u^{t+1}，得

$$z_{t+1}+\frac{a}{u}z_t=\frac{1}{u}P_m(t), \tag{10.2.7}$$

为了确定 z_t的次数，我们利用差分的定义将式(10.2.7)改写为

$$\Delta z_t+\left(1+\frac{a}{u}\right)z_t=\frac{1}{u}P_m(t). \tag{10.2.8}$$

分两种情况讨论

(1)当 $u\neq-a$，即 u 不是方程(10.2.1)相应的齐次方程的特征根时，z_t是 m 次多项式，此时可设特解

$$y_t^*=u^tQ_m(t)=u^t(b_0t^m+b_1t^{m-1}+\cdots+b_{m-1}t+b_m)\quad(b_0\neq0).$$

(2)当 $u=-a$，即 u 是方程(10.2.1)相应的齐次方程的特征根时，z_t是 $m+1$ 次多项式. 此时可设特解

$$y_t^*=u^ttQ_m(t)=u^t(b_0t^{m+1}+b_1t^m+\cdots+b_{m-1}t^2+b_mt)\quad(b_0\neq0).$$

对上述两种不同的情形，分别将所设的特解 y_t^* 代入原方程，整理后比较方程两端同次幂的系数，即可确定待定系数 $b_i(i=0,1,2,\cdots,m)$，从而求得原方程的一个特解.

例 10.2.3* 求差分方程 $2y_{t+1}+10y_t-5t=0$ 的通解.

解 原方程可变形为

$$y_{t+1}+5y_t=\frac{5}{2}t,$$

其特征方程为 $\lambda+5=0$，特征根为 $\lambda=-5$，故其相应的齐次方程的通解为

$$y_t=C(-5)^t\quad(C\text{ 为任意常数}).$$

因为 $u=1$ 不是特征根，故可设原方程的一个特解为

$$y_t^*=b_0t+b_1,$$

代入原方程，有

$$b_0(t+1)+b_1+5(b_0t+b_1)=\frac{5}{2}t,$$

整理后得

$$6b_0t+b_0+6b_1=\frac{5}{2}t.$$

比较上式两端关于 t 的同次幂系数，解得 $b_0=\frac{5}{12}$，$b_1=-\frac{5}{72}$. 即原方程的一个特解为

$$y_t^*=\frac{5}{12}t-\frac{5}{72},$$

从而原方程的通解为

$$y_t=C(-5)^t+\frac{5}{12}t-\frac{5}{72}\quad (C\text{ 为任意常数}).$$

例 10.2.4 求差分方程 $y_{t+1}-3y_t=3^t$ 的通解.

解 特征方程为 $\lambda-3=0$,特征根为 $\lambda=3$,故其相应的齐次方程的通解为

$$y_t=C(3)^t\quad (C\text{ 为任意常数}).$$

因为 $u=3$ 是特征根,故可设原方程的一个特解为

$$y_t^*=b_0t3^t.$$

代入原方程,有

$$b_0(t+1)3^{t+1}-3b_03^tt=3^t.$$

解得 $b_0=\frac{1}{3}$,故即原方程的一个特解为 $y_t^*=\frac{1}{3}t3^t=t3^{t-1}$,从而原方程通解为

$$y_t=C(3)^t+t3^{t-1}\quad (C\text{ 为任意常数}).$$

例 10.2.5* 求差分方程 $y_{t+1}-y_t=t2^t$ 的通解.

解 特征方程为 $\lambda-1=0$,特征根为 $\lambda=1$,故其相应的齐次方程的通解为

$$y_t=C1^t=C\quad (C\text{ 为任意常数}).$$

因为 $u=2$ 不是特征根,故可设原方程的一个特解为

$$y_t^*=(b_0t+b_1)2^t.$$

代入原方程,有

$$[b_0(t+1)+b_1]2^{t+1}-(b_0t+b_1)2^t=t2^t.$$

整理后得

$$b_0t+2b_0+b_1=t.$$

比较上式两端关于 t 的同次幂系数,解得 $b_0=1,b_1=-2$,故即原方程的一个特解为 $y_t^*=(t-2)2^t$,从而原方程通解为

$$y_t=C+(t-2)2^t\quad (C\text{ 为任意常数}).$$

2. $f(t)=B_1\cos\omega t+B_2\sin\omega t$($B_1,B_2,\omega$ 均为常数)

在此,假设 B_1,B_2 不同时为零,且 $\omega\neq k\pi$,若不然,方程则变为齐次方程或类型 1 的形式求解. 此时,方程(10.2.1)为

$$y_{t+1}+ay_t=B_1\cos\omega t+B_2\sin\omega t. \tag{10.2.9}$$

根据 $f(t)$ 的形式,可设方程(10.2.1)的特解为 $y_t^*=b_1\cos\omega t+b_2\sin\omega t$,其中 b_1,b_2 是待定常数. 将 y_t^* 代入方程(10.2.9)得

$$[b_1(a+\cos\omega)+b_2\sin\omega]\cos\omega t+[-b_1\sin\omega+b_2(a+\cos\omega)]\sin\omega t=B_1\cos\omega t+B_2\sin\omega t.$$

比较上式两边同类型三角函数的系数,得

$$\begin{cases}b_1(a+\cos\omega)+b_2\sin\omega=B_1,\\ -b_1\sin\omega+b_2(a+\cos\omega)=B_2.\end{cases} \tag{10.2.10}$$

因为 $\omega\neq k\pi$,故方程组(10.2.10)的系数行列式

$$D=\begin{vmatrix} a+\cos\omega & \sin\omega \\ -\sin\omega & a+\cos\omega \end{vmatrix}=(a+\cos\omega)^2+\sin^2\omega\neq 0, \tag{10.2.11}$$

所以,方程组(10.2.10)有唯一解

$$\begin{cases} b_1=\dfrac{1}{D}[B_1(a+\cos\omega)-B_2\sin\omega], \\ b_2=\dfrac{1}{D}[B_2(a+\cos\omega)+B_1\sin\omega]. \end{cases} \tag{10.2.12}$$

由式(10.2.12)确定了待定系数 b_1,b_2 即得方程(10.2.9)的一个特解为

$$y_t^*=b_1\cos\omega t+b_2\sin\omega t.$$

例 10.2.6　求差分方程 $y_{t+1}-5y_t=\cos\dfrac{\pi}{2}t$ 的通解,并求满足条件 $y_0=1$ 的特解.

解　特征方程为 $\lambda-5=0$,特征根为 $\lambda=5$,故其相应的齐次方程的通解为

$$y_t=C5^t\quad (C\text{ 为任意常数}).$$

由原方程知 $a=-5,\omega=\dfrac{\pi}{2},B_1=1,B_2=0$,故由式(10.2.11)和式(10.2.12)可求得

$$D=26,\quad b_1=-\frac{5}{26},\quad b_2=\frac{1}{26},$$

从而原方程的通解为

$$y_t=C5^t-\frac{5}{26}\cos\frac{\pi}{2}t+\frac{1}{26}\sin\frac{\pi}{2}t.$$

另由 $y_0=1$,得 $C=\dfrac{31}{26}$,故所求特解为

$$y(t)=\frac{31}{26}5^t-\frac{5}{26}\cos\frac{\pi}{2}t+\frac{1}{26}\sin\frac{\pi}{2}t.$$

如果 $f(t)$ 是由相同两个以上类型的函数叠加而成,则可根据上述方法以及 10.1 节定理 10.1.4 求出原方程的特解,进而求出其通解.

习 题 10.2

1. 求下列一阶差分方程的通解:

(1) $5y_{t+1}-y_t=0$;　　(2) $y_{t+1}-2y_t=2t^2-1$;

(3) $y_{t+1}+3y_t=t\cdot 2^t$;　　(4) $y_{t+1}+y_t=\cos\dfrac{\pi}{2}t$;

(5) $y_{t+1}-3y_t=\sin\dfrac{\pi}{2}t$;　　(6) $y_{t+1}+y_t=2+2^t$.

2. 求下列一阶差分方程满足初始条件的特解:

(1) $2y_{t+1}-y_t=2+t^2$,　$y_0=4$;　　(2) $y_{t+1}-y_t=3$,　$y_0=2$;

(3) $y_{t+1}+2y_t=3\cdot 2^t$,　$y_0=1$;　　(4) $y_{t+1}+y_t=3\cos\pi t$,　$y_0=3$.

3. 设 a,b 为非零常数并且 $1+a\neq 0$,验证通过变换 $z_t=y_t-\dfrac{b}{1+a}$ 可将非齐次方程 $y_{t+1}+ay_t=b$ 化为齐次方程,并求通解 y_t.

★10.3　二阶常系数线性差分方程

二阶常系数线性差分方程的一般形式为

$$y_{t+2}+ay_{t+1}+by_t=f(t),\tag{10.3.1}$$

其中 a,b 均为常数，且 $b\neq0$，$f(t)$是已知函数. 当 $f(t)\equiv0$ 时，方程(10.3.1)即为

$$y_{t+2}+ay_{t+1}+by_t=0.\tag{10.3.2}$$

方程(10.3.2)称为**二阶常系数齐次线性差分方程**，相应地，方程(10.3.1)称为**二阶常系数非齐次线性差分方程**. 下面首先讨论求二阶常系数齐次线性方程(10.3.2)通解 $y_t=\bar{y}(t)$的方法，然后探讨方程(10.3.1)的特解 $y_t^*=y^*(t)$的求解方法，最后由 10.1 节定理 10.1.3 得到方程(10.3.1)的通解为 $y_t=\bar{y}(t)+y^*(t)$.

一、二阶常系数齐次线性差分方程的通解

由 10.1 节定理 10.1.2 知，要求方程(10.3.2)的通解，若求得方程(10.3.2)的两个线性无关的特解 $y_t^*=y_1(t)$和 $y_t^*=y_2(t)$，则其通解为 $y_t=C_1y_1(t)+C_2y_2(t)$(C_1,C_2为任意常数). 类似于一阶常系数齐次线性差分方程的分析方法，由方程(10.3.2)的结构特征，可设方程有形如 $y_t=\lambda^t$ 的特解，其中 λ 为非零的待定系数. 将 $y_t=\lambda^t$ 代入方程(10.3.2)有

$$\lambda^{t+2}+a\lambda^{t+1}+b\lambda^t=\lambda^t(\lambda^2+a\lambda+b)=0,$$

由于 $\lambda\neq0$，所以

$$\lambda^2+a\lambda+b=0.\tag{10.3.3}$$

因此，若 λ 满足代数方程(10.3.3)，则函数 $y_t=\lambda^t$ 就是差分方程(10.3.2)的解，通常称方程(10.3.3)为二阶常系数齐次线性差分方程(10.3.2)的**特征方程**，特征方程的解称为**特征根**. 类似于二阶常系数齐次线性微分方程，下面根据特征根的不同情况给出方程(10.3.2)的通解.

1. 特征方程有两个相异的实根

设特征方程(10.3.3)的两个相异的实根分别为 λ_1 和 λ_2，则 $y_1(t)=\lambda_1^t$ 和 $y_2(t)=\lambda_2^t$ 都是方程(10.3.2)的解，又因为 $\lambda_1\neq\lambda_2$，故 $\dfrac{y_1(t)}{y_2(t)}=\left(\dfrac{\lambda_1}{\lambda_2}\right)^t\neq$常数，即 $y_1(t)$和 $y_2(t)$线性无关，从而得方程(10.3.2)的通解为

$$Y(t)=C_1\lambda_1^t+C_2\lambda_2^t\quad(C_1,C_2\text{为任意常数}).$$

2. 特征方程有两个相等的实根

设特征方程(10.3.3)的两个相等的实根为 $\lambda_1=\lambda_2=\lambda$，此时只得到方程(10.3.2)的一个特解 $y_1(t)=\lambda^t$，还需要求另一个与 $y_1(t)$线性无关的特解 $y_2(t)$. 因此，可设

$$y_2(t)=z_t\lambda^t \quad (z_t\text{不为常数}),$$

将其代入方程(10.3.2)，整理得

$$\lambda^2 z_{t+2}+\lambda a z_{t+1}+b z_t=0.$$

利用差分的定义可将上式改写为

$$\lambda^2\Delta^2 z_t+\lambda(2\lambda+a)\Delta z_t+(\lambda^2+a\lambda+b)z_t=0,$$

由于 λ 是方程(10.3.2)的二重根，故有 $2\lambda+a=0$ 及 $\lambda^2+a\lambda+b=0$，所以上式可化简为

$$\lambda^2\Delta^2 z_t=0, \quad \text{即} \quad \Delta^2 z_t=0.$$

注意到 z_t 不为常数，故可取 $z_t=t$，由此可得方程(10.3.2)的与 $y_1(t)$ 线性无关的特解

$$y_2(t)=t\lambda^t,$$

从而差分方程(10.3.2)的通解为

$$y_t=(C_1+C_2t)\lambda^t \quad (C_1,C_2\text{为任意常数}).$$

3. 特征方程有一对共轭的复根

设特征方程(10.3.3)的一对共轭的复根为 $\lambda_1=\alpha+i\beta$ 和 $\lambda_2=\alpha-i\beta$. 可直接验证

$$y_1(t)=r^t\cos\theta t, \quad y_2(t)=r^t\sin\theta t$$

是方程(10.3.2)的两个线性无关的特解. 其中，$r=\sqrt{\alpha^2+\beta^2}$，当 $\alpha\neq0$ 时，$\theta=\arctan\dfrac{\beta}{\alpha}$ $(0<\theta<\pi)$，当 $\alpha=0$ 时，$\theta=\dfrac{\pi}{2}$. 从而方程(10.3.2)的通解为

$$y_t=r^t(C_1\cos\theta t+C_2\sin\theta t) \quad (C_1,C_2\text{为任意常数}).$$

例 10.3.1　求差分方程 $y_{t+2}-5y_{t+1}+6y_t=0$ 的通解.

解　原方程的特征方程为

$$\lambda^2-5\lambda+6=0,$$

解得特征根为 $\lambda_1=2,\lambda_2=3$，所以原方程的通解为

$$y_t=C_1 2^t+C_2 3^t \quad (C_1,C_2\text{为任意常数}).$$

例 10.3.2　求差分方程 $y_{t+2}-6y_{t+1}+9y_t=0$ 满足初始条件 $y_0=1,y_1=9$ 的特解.

解　原方程的特征方程为

$$\lambda^2-6\lambda+9=0,$$

解得特征根为 $\lambda_1=\lambda_2=3$，所以原方程的通解为

$$y_t=(C_1+C_2t)3^t \quad (C_1,C_2\text{为任意常数}).$$

另由 $y_0=1,y_1=9$ 可解得 $C_1=1,C_2=2$，故所求特解为

$$y_t=(1+2t)3^t.$$

例 10.3.3　求差分方程 $y_{t+2}-2y_{t+1}+4y_t=0$ 的通解.

解　原方程的特征方程为

$$\lambda^2-2\lambda+4=0,$$

解得特征根为 $\lambda_1=1+i\sqrt{3},\lambda_2=1-i\sqrt{3}$，则 $r=2,\theta=\dfrac{\pi}{3}$. 从而原方程的通解为

$$y_t=2^t\left(C_1\cos\frac{\pi}{3}t+C_2\sin\frac{\pi}{3}t\right)\quad (C_1,C_2\text{为任意常数}).$$

例 10.3.4　求差分方程 $y_{t+2}+4y_t=0$ 的通解.

解　原方程的特征方程为

$$\lambda^2+4=0,$$

解得特征根为 $\lambda_1=+2i,\lambda_2=-2i$，则 $r=2,\theta=\frac{\pi}{2}$. 从而原方程的通解为

$$y_t=2^t\left(C_1\cos\frac{\pi}{2}t+C_2\sin\frac{\pi}{2}t\right)\quad (C_1,C_2\text{为任意常数}).$$

二、二阶常系数非齐次线性差分方程的特解与通解

下面仅考虑二阶常系数非齐次线性差分方程(10.3.1)中的非齐次项 $f(t)$ 具有形式 $u^tP_m(t)$ 或 $B_1\cos\omega t+B_2\sin\omega t$ 时方程的解，根据 10.1 节的定理 10.1.3，若 $y_t=\overline{y}(t)$ 是方程(10.3.2)的通解，$y_t^*=y^*(t)$ 是方程(10.3.1)的特解，则 $y_t=\overline{y}(t)+y^*(t)$ 是方程(10.3.1)的通解.

1. $f(t)=u^tP_m(t)$ ($P_m(t)$ 为 m 次多项式，$u\neq0$)

此时，方程(10.3.1)为

$$y_{t+2}+ay_{t+1}+by_t=u^tP_m(t).\tag{10.3.4}$$

根据 $f(t)$ 的形式，可设方程(10.3.1)的特解为 $y_t^*=u^tz_t$，其中 z_t 是多项式函数，将 y_t^* 代入方程(10.3.4)得

$$u^{t+2}z_{t+2}+au^{t+1}z_{t+1}+bu^tz_t=u^tP_m(t),\tag{10.3.5}$$

消去 u^{t+2}，得

$$z_{t+2}-\frac{a}{u}z_{t+1}+\frac{b}{u^2}z_t=\frac{1}{u^2}P_m(t),\tag{10.3.6}$$

为了确定 z_t 的次数，我们利用差分的定义将式(10.3.6)改写为

$$\Delta^2z_t+\left(2+\frac{a}{u}\right)\Delta z_t+\left(1+\frac{a}{u}+\frac{b}{u^2}\right)z_t=\frac{1}{u^2}P_m(t).\tag{10.3.7}$$

注意到 Δ^2z_t 和 Δz_t 分别是比 z_t 低二次和低一次的多项式，故为了使式(10.3.7)左右能相等，有以下结论：

(1) 当 $1+\frac{a}{u}+\frac{b}{u^2}\neq0$，即 u 不是方程(10.3.1)相应的齐次方程的特征根时，z_t 是 m 次多项式，此时可设

$$y_t^*=u^tQ_m(t)=u^t(b_0t^m+b_1t^{m-1}+\cdots+b_{m-1}t+b_m)\quad (b_0\neq0).$$

(2) 当 $1+\frac{a}{u}+\frac{b}{u^2}=0$ 但 $2+\frac{a}{u}\neq0$ 时，即 u 是方程(10.3.1)相应的齐次方程的单特征根时，z_t 是 $m+1$ 次多项式. 此时可设

$$y_t^* = u^t t Q_m(t) = u^t(b_0 t^{m+1} + b_1 t^m + \cdots + b_{m-1} t^2 + b_m t) \quad (b_0 \neq 0).$$

(3)当 $1+\frac{a}{u}+\frac{b}{u^2}=0$ 且 $2+\frac{a}{u}=0$ 时，即 u 是方程(10.3.1)相应的齐次方程的二重特征根时，z_t 是 $m+2$ 次多项式. 此时可设

$$y_t^* = u^t t^2 Q_m(t) = u^t(b_0 t^{m+2} + b_1 t^{m+1} + \cdots + b_{m-1} t^3 + b_m t^2) \quad (b_0 \neq 0).$$

对上述各种不同的情形，分别将所设的 y_t^* 代入原方程，整理后比较方程两端同次幂的系数，即可求出待定系数 $b_i(i=0,1,2,\cdots,m)$，从而求得原方程的一个特解.

例 10.3.5　求差分方程 $y_{t+2}-7y_{t+1}+12y_t=6$ 的通解.

解　特征方程为

$$\lambda^2-7\lambda+12=0,$$

解得特征根为 $\lambda_1=3,\lambda_2=4$，所以原方程对应的齐次方程的通解为

$$y_t=C_1 3^t+C_2 4^t \quad (C_1,C_2\text{为任意常数}).$$

又因 $u=1$ 不是原方程相应的齐次方程的特征根，故可设特解为 $y_t^*=b_0 1^t=b_0$，代入原方程解得 $b_0=1$，即原方程的一个特解为 $y_t^*=1$. 从而所求方程的通解为

$$y_t=C_1 3^t+C_2 4^t+1 \quad (C_1,C_2\text{为任意常数}).$$

例 10.3.6　求差分方程 $y_{t+2}+y_{t+1}-6y_t=t2^t$ 的通解.

解　特征方程为

$$\lambda^2+\lambda-6=0,$$

解得特征根为 $\lambda_1=2,\lambda_2=-3$，所以原方程对应的齐次方程的通解为

$$y_t=C_1 2^t+C_2(-3)^t \quad (C_1,C_2\text{为任意常数}).$$

又因 $u=2$ 是原方程相应的齐次方程的单特征根，故可设特解为 $y_t^*=t(b_0 t+b_1)2^t$，代入原方程整理得

$$20b_0 t+18b_0+10b_1=t,$$

比较上式两边关于 t 的同次幂的系数，解得 $b_0=\frac{1}{20}, b_1=-\frac{9}{100}$，即原方程的一个特解为 $y^*(t)=\left(\frac{1}{20}t^2-\frac{9}{100}t\right)2^t$. 从而所求方程的通解为

$$y_t=C_1 2^t+C_2(-3)^t+\left(\frac{1}{20}t^2-\frac{9}{100}t\right)2^t \quad (C_1,C_2\text{为任意常数}).$$

例 10.3.7　求差分方程 $y_{t+2}-4y_{t+1}+4y_t=2^t$ 的通解.

解　特征方程为

$$\lambda^2-4\lambda+4=0,$$

解得特征根为 $\lambda_1=\lambda_2=2$，所以原方程对应的齐次方程的通解为

$$y_t=(C_1+C_2 t)2^t \quad (C_1,C_2\text{为任意常数}).$$

又因 $u=2$ 是原方程相应的齐次方程的二重特征根，故可设特解为 $y_t^*=b_0 t^2 2^t$，代入原方程整理得

$$8b_0=1,$$

即 $b_0=\frac{1}{8}$，故原方程的一个特解为 $y^*(t)=\frac{1}{8}t^2 2^t$. 从而所求方程的通解为

$$y_t=\left(C_1+C_2t+\frac{1}{8}t^2\right)2^t \quad (C_1,C_2\text{为任意常数}).$$

2. $f(t)=B_1\cos\omega t+B_2\sin\omega t$（$B_1,B_2,\omega$ 均为常数）

不妨设 B_1,B_2 不同时为零，且 $\omega\neq k\pi$，否则，方程变为齐次方程或类型 1 的形式. 在此情形下，方程(10.3.1)有如下形式的特解

$$y_t^*=t^k(b_1\cos\omega t+b_2\sin\omega t), \tag{10.3.8}$$

其中 b_1,b_2 是待定常数. 而参数 k 按 $\lambda=\cos\omega+i\sin\omega$ 不是特征方程的根、是特征方程的单根或是特征方程的二重根依次取值 0、1 或 2. 该结论的推导方法类似于二阶常系数非齐次线性微分方程的情形，在此从略.

例 10.3.8 求差分方程 $y_{t+2}+y_t=2\cos\frac{\pi}{2}t-\sin\frac{\pi}{2}t$ 的通解.

解 原方程对应齐次方程的特征方程为

$$\lambda^2+1=0,$$

解得特征根为 $\lambda_1=i,\lambda_2=-i$，则 $r=1,\theta=\frac{\pi}{2}$. 所以对应的齐次方程的通解为

$$y_t=C_1\cos\frac{\pi}{2}t+C_2\sin\frac{\pi}{2}t \quad (C_1,C_2\text{为任意常数}).$$

又因 $\lambda=\cos\omega+i\sin\omega=\cos\frac{\pi}{2}+i\sin\frac{\pi}{2}=i$ 是原方程相应的齐次方程的单特征根，故可设特解为 $y_t^*=t\left(b_1\cos\frac{\pi}{2}t+b_2\sin\frac{\pi}{2}t\right)$，代入原方程整理得

$$-2b_1\cos\frac{\pi}{2}t-2b_2\sin\frac{\pi}{2}=2\cos\frac{\pi}{2}t-\sin\frac{\pi}{2}t.$$

比较两边同类项系数，得 $b_1=-1,b_2=\frac{1}{2}$，故特解 $y_t^*=t\left(-\cos\frac{\pi}{2}t+\frac{1}{2}\sin\frac{\pi}{2}t\right)$. 从而所求方程的通解为

$$y_t=(C_1-t)\cos\frac{\pi}{2}t+\left(C_2+\frac{1}{2}t\right)\sin\frac{\pi}{2}t \quad (C_1,C_2\text{为任意常数}).$$

习 题 10.3

1. 求下列二阶齐次线性差分的通解或满足初始条件的特解：

(1) $y_{t+2}-3y_{t+1}-4y_t=0$；

(2) $y_{t+2}+y_{t+1}-12y_t=0,\quad y_0=1,\quad y_1=10$；

(3) $y_{t+2}+4y_{t+1}+4y_t=0$；

(4) $4y_{t+2}+4y_{t+1}+y_t=0,\quad y_0=3,\quad y_1=-2$；

(5) $y_{t+2}+\frac{1}{9}y_t=0$；

(6) $y_{t+2}-4y_{t+1}+16y_t=0$，　$y_0=1$，　$y_1=2+2\sqrt{3}$.

2. 求下列二阶非齐次线性差分的通解或满足初始条件的特解：

(1) $y_{t+2}+7y_{t+1}+6y_t=42$；　　(2) $y_{t+2}-6y_{t+1}+9y_t=3^t$；

(3) $y_{t+2}-11y_{t+1}+10y_t=27$；　　(4) $y_{t+2}-2y_{t+1}+4y_t=1+2t$，$y_0=0$，$y_1=1$；

(5) $y_{t+2}+y_{t+1}-2y_t=12$，$y_0=0$，$y_1=0$；

(6) $3y_{t+2}-2y_{t+1}-y_t=10\sin\frac{\pi}{2}t$，$y_0=1$，$y_1=0$.

★10.4　差分方程应用案例

相比于连续型数学模型，离散型数学模型具有计算简单并且更便于采用计算机求解的优点，另外，在一定的条件下，连续变量可以用离散变量来近似和逼近. 因此，差分方程模型作为最常见的离散型数学模型在实际生活中有着非常广泛的应用，下面举两个简单的应用案例.

一、养老保险问题

养老保险是保险中一种重要的险种，保险公司往往提供不同的保险方案以供不同的人群选择. 例如，每月交费 200 元，60 岁开始领取养老金，男子若 25 岁开始投保，届时养老金每月 2282 元，若 35 岁开始投保，届时每月养老金 1056 元等. 为了保证能向投保人兑现保险方案所提供的保险收益，保险公司需要利用所收取的保险费获得多少投资收益？

解　假设投保人到第 t 个月止所交保费及收益的累计总额为 y_t，每月收益率为 r，用 p，q 分别表示 60 岁之前和之后每月的交费数和领取数，N 表示停交保险费的月份，M 表示停领养老金的月份. 则离散变量 y_t 的变化规律满足以下的差分方程组

$$\begin{cases} y_{t+1}=y_t(1+r)+p, & t=0,1,\cdots,N-1, \\ y_{t+1}=y_t(1+r)-q, & t=N,N+1,\cdots,M. \end{cases} \tag{10.4.1}$$

在此，y_t 实际上表示从保险人开始交纳保险费以后，保险人账户上的资金数值. 保险公司关心的是，在第 M 个月时，y_M 能否为非负数？如果为正，则表明保险公司获得收益；如果为负，则表明保险公司出现亏损；如果为零，则表明保险公司不赚不亏，即所有的收益全归投保人，此时的收益率 r 是投保人的实际收益率，也是保险公司保证不亏损的最低收益率.

以 25 岁起投保为例，假设男性平均寿命为 75 岁，则有 $p=200$，$q=2282$，$N=35\times12$，$M=50\times12$. 初始值为 $y_0=0$，可以得到

$$\begin{cases} y_t=y_0(1+r)^t+\dfrac{p}{r}[(1+r)^t-1], & t=0,1,\cdots,N, \\ y_t=y_N(1+r)^{t-N}-\dfrac{q}{r}[(1+r)^{t-N}-1], & t=N+1,N+2,\cdots,M. \end{cases} \tag{10.4.2}$$

在上面两式中，分别取 $k=N$ 和 $k=M$，并利用 $y_M=0$，可以求得

$$(1+r)^M-\left(1+\frac{q}{p}\right)(1+r)^{M-N}+\frac{q}{p}=0 \tag{10.4.3}$$

利用数学软件可求出方程的根为 $r=0.00485$.

类似地可以求得 35 岁起投保所获得的月利率为 $r=0.00461$.

二、塑身计划

设某人目前体重 100kg，如果每周吸收 20 000kcal 的热量，则体重维持不变，现欲通过控制饮食和增加运动减肥至 75kg. 考虑以下的塑身计划问题：

(1) 如果在不运动的情况下分两阶段进行塑身. 第一阶段：每周减肥 1kg，每周吸收热量逐渐减少，直至达到下限(10 000kcal). 第二阶段：每周吸收热量保持下限，直至达到减肥目标. 则第一阶段每周应吸收多少热量？第一和第二阶段各需多少周？

(2) 如果在第二阶段增加运动以加快塑身计划进程，试就表 10.1 给的数据安排计划.

表 10.1 每小时每千克体重消耗的热量 γ(kcal)

跑步	跳舞	乒乓	自行车(中速)	游泳(50m/min)
7.0	3.0	4.4	2.5	7.9

(3) 给出达到目标后维持体重的方案.

解 设 y_t 表示第 t 周的体重，c_t 为第 t 周吸收的热量，则 y_t 满足以下的差分方程

$$y_{t+1}=y_t+\alpha c_{t+1}-\beta y_t, \tag{10.4.4}$$

其中，$\alpha=\dfrac{1}{8000}$(kg/kcal) 表示过多热量转化为脂肪的关系，而 β 为因人而异的代谢消耗系数.

(1) 在不运动的情况下两阶段塑身计划.

由每周吸收 20 000kcal 的热量时体重 $y=100$kg 不变，可得关系式 $y=y+\alpha c-\beta y$，从而可求得该人的代谢消耗系数为

$$\beta=\frac{\alpha c}{y}=\frac{20\ 000}{8000\times 100}=0.025.$$

①第一阶段：y_t 每周减 1kg，$c(k)$ 减至下限 $C=10\ 000$kcal. 于是有

$$y_{t+1}-y_t=-1,$$

由此得 $y_t=y_0-t$，再结合式(10.4.4)即得

$$c_{t+1}=\frac{\beta y_t-1}{\alpha}=\frac{\beta}{\alpha}y_0-\frac{1}{\alpha}(1+\beta t)=12\ 000-200t\geqslant C=10\ 000,$$

即 $t\leqslant 10$. 所以，第一阶段历时 10 周，吸收热量按 $c_{t+1}=12\ 000-200t, t=0,1,\cdots,9$.

②第二阶段：每周吸收热量保持 C，要体重减至 75 kg. 由式(10.4.4)有

$$y_{t+1}=(1-\beta)y_t+\alpha C,$$

由此得

$$y_{t+n}=(1-\beta)^n y_t+\alpha C\frac{1-(1-\beta)^n}{\beta}=(1-\beta)^n\left[y_t-\frac{\alpha C}{\beta}\right]+\frac{\alpha C}{\beta}, \tag{10.4.5}$$

将 $\alpha=\frac{1}{8000}$(kg/kcal)，$\beta=0.025$，$C=10\ 000$kcal 代入式(10.4.5)即得

$$y_{t+n}=0.975^n[y_t-50]+50. \tag{10.4.6}$$

按第二阶段塑身计划，在已知 $y_t=90$kg 的情况下，要求 $y_{t+n}=75$kg. 将它们代入式(10.4.6)得到

$$75=40\times0.975^n+50,$$

可解得 $n=19$，即第二阶段历时 19 周，每周吸收热量保持 $C=10\ 000$kcal，体重按 $y_n=40\times0.975^n+50$，$n=1,2,\cdots,19$ 减少至目标 75kg.

(2)第二阶段增加运动的塑身计划.

设 h 为每周运动的时间(小时). 由于增加运动需要消耗热量，故模型(10.4.4)变为

$$y_{t+1}=y_t+\alpha c_{t+1}-(\beta+\alpha\gamma h)y_t, \tag{10.4.7}$$

取 $\alpha\gamma h=0.003$，即 $\gamma h=24$，则 $\beta+\alpha\gamma h=0.028$，$\frac{\alpha C}{\beta}=44.6$. 类似于(1)中的推导有

$$75=45.4\times0.975^n+44.6,$$

可解得 $n=14$. 这表明，如果每周增加运动量 $\gamma h=24$，例如，每周跑步 3.5 小时或跳舞 8 小时，则 14 周即可达到目标体重.

(3)达到目标后维持体重的方案.

假设达到目标体重后每周吸收热量 c_t 保持某常数 C' 以使体重不变. 则分两种情况：

①不运动

由式(10.4.4)得 $y=y+\alpha C'-\beta y$，即 $C'=\frac{\beta y}{\alpha}=8000\times0.025\times75=15\ 000$kcal.

②运动

由式(10.4.7)得 $y=y+\alpha C'-(\beta+\alpha\gamma h)y$，即

$$C'=\frac{(\beta+\alpha\gamma h)y}{\alpha}=8000\times0.028\times75=16\ 800\text{kcal}.$$

习 题 10.4

1. 假定兔子出生以后两个月就能生小兔，现在养了初生的小兔一对(一雌一雄)，若每月不多不少恰好生一对(一雌一雄)，试问一年后共有多少对兔子(假设生下的小兔都存活下来).

2. 某家庭从现在开始，从每月工资中拿出一部分资金存入银行，用于投资子女的教育，计划 20 年后开始从投资账户中每月支取 1000 元，直到 10 年后子女大学毕业并用完全部资金. 要实现这个投资目标，20 年内要总共筹措多少资金？每月要在银行存入多少钱？(假设投资的月利率为 0.5%)

总 习 题 十

1. 填空：

(1)设函数 $y_t=t^3+2t+5$，则 $\Delta^3 y_t=$________；

(2)设 $y_t=at^2+bt$，则当 $a=$________，$b=$________时，$\Delta^2 y_t+\Delta y_t=t+\frac{1}{2}$；

(3)一阶差分方程 $y_t-6y_{t-1}=0$ 的通解为________;

(4)差分方程 $y_{t+1}+3y_t=3^t\cos\pi t$ 的特解形式为 $y_t^*=$________;

(5)$y_{t+2}+4y_{t+1}-5y_t=0$ 的通解________.

2. 单项选择题:

(1)下列等式中不是差分方程的是(　　).

(A)$2\Delta y_t=y_t+t$;　　(B)$\Delta^2 y_t=y_{t+2}-2y_{t+1}+y_t$;

(C)$-3\Delta^3 y_t=3y_t+a^t$;　　(D)$y_t-y_{t+2}=y_{t+1}$.

(2)下列差分方程中,是二阶差分方程的是(　　).

(A)$\Delta^2 y_t+\Delta y_t=0$;　　(B)$y_{t+2}+2y_{t+1}-3y_{t-1}=t$;

(C)$3y_t+y_{t-2}=3^t$;　　(D)$\Delta^3 y_t-y_{t+3}+y_t=3$.

(3)下列差分方程与 $y_{t+2}-y_{t+1}=t$ 不同解的是(　　).

(A)$y_{t+1}-y_t=t-1$;　　(B)$\Delta^2 y_t+\Delta y_t=t$

(C)$y_{t+1}-y_t=t$;　　(D)$y_{t+3}-y_{t+2}=t+1$.

(4)差分方程 $3y_t-3y_{t-1}=1$ 的通解是(　　).

(A)$y_t=C+\dfrac{1}{3}$;　　(B)$y_t=C+\dfrac{1}{3}t$;

(C)$y_t=C3^t+\dfrac{1}{3}$;　　(D)$y_t=C3^t+\dfrac{1}{3}t$

(5)差分方程 $y_{t+2}+y_{t+1}-2y_t=t$ 的解特形式可设为(　　).

(A)$y_t^*=t(at+b)$;　　(B)$y_t^*=at+b$;

(C)$y_t^*=at^3$;　　(D)$y_t^*=at^2$.

3. 求下列一阶差分方程的通解或满足初始条件的特解.

(1)$y_{t+1}+3y_t=5t$;　　(2)$y_{t+1}-y_t=2\cos\pi t$;

(3)$8y_{t+1}+4y_t=3$,　$y_0=\dfrac{1}{2}$;　　(4)$7y_{t+1}+2y_t=5^{t+1}$,$y_0=1$.

4. 求下列二阶差分方程的通解或满足初始条件的特解.

(1)$y_{t+2}+5y_{t+1}-6y_t=14t-5$;　　(2)$y_{t+2}-2y_{t+1}+y_t=4$,$y_0=1$,$y_1=1$;

(3)$y_{t+2}-3y_{t+1}+2y_t=3\cdot 5^t$;　　(4)$y_{t+2}-4y_{t+1}+4y_t=25\sin\dfrac{\pi}{2}t$,$y_0=0$,$y_1=1$.

5. 某客户在银行开了 10 000 元的账户,年利率为 4%,并计划以后每年年终再连续加存 500 元. 试问 $t(t=1,2,3,\cdots)$年末该客户账户有多少存款?

6. 梅茨勒(L. A. Metzler)曾提出如下的库存模型:

$$\begin{cases} Y_t=U_t+S_t+V_0, \\ S_t=\beta(Y_{t-1}-Y_{t-2}), \\ U_t=\beta Y_{t-1}, \end{cases}$$

其中 Y_t,S_t,U_t 分别是 t 时期的总收入、库存量、销售收入,V_0 和 β 为常数,且 $0<\beta<1$. 试证:当 $t\to+\infty$ 时,$Y_t\to\dfrac{V_0}{1-\beta}$.

习题参考答案与提示

第 1 章

习题 1.1

1. (1)$(-1,0),(0,1]$;(2)$(-\infty,-1],(1,2),(2,+\infty)$;(3)$[4k^2\pi^2,(1+2k)^2\pi^2]$,$k=0,1,2,\cdots$;(4)$[-1,3)$.

2. (1)$[-2,-1]$;(2)$\left[-\dfrac{1}{2},\dfrac{1}{2}\right]$. 3. $f(-1)=1$;$f\left(\dfrac{1}{a}\right)=a^2$. 4～5.(略).

6. (1)$y=x^3-1$;(2)$y=\dfrac{1-x}{1+x}$;(3)$y=\dfrac{1}{3}\arcsin\dfrac{x}{2}$;(4)$y=\log_2\dfrac{x}{1-x}$.

7. (1)$y=\arctan u,u=e^v,v=\sqrt{x}$;(2)$y=e^u,u=\arctan v,v=\sqrt{x}$;(3)$y=\sqrt[3]{u},u=\cos v,v=\sqrt{x}$.

8. $f(x)=x^2-2$. 9. $R(x)=\begin{cases}ax, & x\leqslant 50,\\ 50a+0.8a(x-50), & x>50.\end{cases}$

10. $R(x)=\begin{cases}1200x, & x\leqslant 1000,\\ 1200x-2500, & 1000<x\leqslant 1520.\end{cases}$ 11. $P(x)=b\dfrac{a}{x}+c\dfrac{x}{2}$.

习题 1.2

1. (1)3;(2)0;(3)不存在;(4)0;(5)-2;(6)不存在. 2. (1)收敛,3;(2) 收敛,0;(3)发散;(4)收敛,0;(5)发散;(6)收敛,0. 3. (1)0;(2)0;(3)1;(4)1;(5)π;(6) $\sqrt{x_0}$. 4. $-\dfrac{1}{2}$,0,1,4.

5. $f(0^-)=f(0^+)=\lim\limits_{x\to 0}f(x)=1$;$\varphi(0^-)=-1$,$\varphi(0^+)=1$,$\lim\limits_{x\to 0}\varphi(x)$不存在.

习题 1.3

1. $f(x)=\dfrac{1}{x}+2$. 2. (1)2π;(2)2;(3)2;(4)0;(5)0;(6)$2x$;(7)2;(8)0;(9)$\dfrac{1}{2}$; (10)2.

3. (1)$\sqrt{2}$;(2)$\dfrac{\pi}{4}$;(3)1;(4)ln2;(5)$-3\sqrt{2}$;(6)-2. 4. $\lim\limits_{x\to 0}f(x)=2$;$\lim\limits_{x\to 1}f(x)$不存在.

5. $\lim\limits_{x\to 0}f(x)=1$. 6. 反证法.

习题 1.4

1. (1)$\dfrac{5}{7}$;(2)$\dfrac{1}{5}$; (3)0;(4)$\cos a$;(5)π;(6)1;(7)$\sqrt{2}$;(8)$\dfrac{1}{7}$;(9)0. 2. (1)e^9;(2)$e^{-\frac{2}{3}}$;(3)e^{-1};(4)$e^{\frac{2}{3}}$;(5)e;(6)1. 3. 0. 4. $\dfrac{1}{2}\ln 2$. 5. 夹逼准则. 6. $2000e^{12}$元.

习题 1.5

1. 两个无穷小的商不一定是无穷小. 例如,当 $x\to 0$ 时 $\alpha=4x,\beta=2x$ 都是无穷小,但 $\dfrac{\alpha}{\beta}=2$,当 $x\to 0$ 时不是无穷小;两个无穷大的商不一定为无穷大. 例如,当 $x\to 0$ 时,$f(x)=\dfrac{4}{x}$,$g(x)=\dfrac{2}{x}$ 都是无穷大,但 $\dfrac{f(x)}{g(x)}=2$,当 $x\to 0$ 时不是无穷大;两个无穷大的差不一定是无穷小. 例如,$\lim\limits_{x\to 0}[f(x)-f(x)]=0$,但 $\lim\limits_{x\to 0}[f(x)-g(x)]=\lim\limits_{x\to 0}\dfrac{2}{x}=\infty$ 不是无穷小.

2. (1)0;(2)0;(3)∞;(4)$\dfrac{1}{2}$;(5)0;(6)$\left(\dfrac{3}{2}\right)^{20}$;(7)$-1$;(8)$\dfrac{1}{2}$;(9)$\dfrac{1}{1-x}$.

3. (1)$\dfrac{3}{5}$;(2)$\begin{cases}0, & n>m,\\ 1, & n=m,\\ \infty, & n<m;\end{cases}(3)\dfrac{1}{2}$;(4)* $\dfrac{3}{2}\mathrm{e}$;(5)0;(6)$-\dfrac{1}{2}$.　　4. $a=1,b=-1$.　　5.(略).

习题 1.6

1. $\Delta y=-1$.　　2. $\Delta y=-0.05$.　　3.(1)连续;(2)间断.　　4.(1)$(0,1]$,$\ln\dfrac{\pi}{6}$;(2)$[0,2)\cup(2,3]$,1.

5. $a=1$.

6. (1)$x=1$ 是可去间断点,若令 $y(1)=-2$,则函数在 $x=1$ 处连续;$x=2$ 是第二类间断点;(2)$x=0$ 是可去间断点,若令 $y(0)=1$,则函数在 $x=0$ 处连续;$x=\dfrac{\pi}{2}$ 是可去间断点,若令 $y\left(\dfrac{\pi}{2}\right)=0$,则函数在 $x=\dfrac{\pi}{2}$ 处连续;$x=\pi$ 是第二类间断点.　　7~8.(略).

习题 1.7

1. 150m.　　2. $\dfrac{1}{3}$.　　3. $A_0\mathrm{e}^{kt}$.

总习题一

1. (1)$2(1-x^2)$;(2)$1+\mathrm{e}^2$;(3)* $\dfrac{1}{2}\ln a$;(4)* 2.　　2.(1)(A);(2)(D);(3)(C).　　3.(1)错误;(2)正确;(3)错误;(4)错误;(5)正确.　　4.(1)0;(2)$\dfrac{1}{2}$;(3)ln2;(4)$\mathrm{e}^{-\frac{1}{2}}$;(5)3;(6)* 1;(7)1.　　5. $x=1$ 是第一类跳跃间断点.　　6. 至少生产 400 套.　　7. $R(x)=(x-20)\left(50-\dfrac{x-180}{10}\right)$,$R(350)=10890$.

8. 用反证法.

第 2 章

习题 2.1

1. -4.　　2.(略).　　3.(1)$3f'(x_0)$;(2)$-f'(x_0)$;(3)$-5f'(x_0)$.　　4. $f'_-(1)=2$,$f'_+(1)$不存在.

5. (1)$-\frac{1}{x^2}$;(2)$\frac{5}{3}x^{\frac{2}{3}}$;(3)$-\frac{1}{2}x^{-\frac{3}{2}}$;(4)$\frac{1}{6}x^{-\frac{5}{6}}$. 6. 切线方程 $x+y-\pi=0$;法线方程 $x-y-\pi=0$.

7*. -2. 8. 27m/s. 9. (1) 连续且可导;(2)连续且可导. 10. $a=2,b=-1$. 11. $N'(t_0)$.

12. $T'(t)$.

习题 2.2

1. (1)$4x^3-\frac{12}{x^3}-\frac{16}{5}x^{\frac{11}{5}}$; (2)$\sec x(2\sec x+\tan x)$; (3)$\frac{1-\ln x}{x^2}$;

(4)$2^x e^x(\ln 2+1)$; (5)$2x\ln x\cos x+x\cos x-x^2\ln x\sin x$; (6)$\frac{e^x(x-2)}{x^3}$;

(7)$\frac{5}{1+\cos x}$; (8)$-\frac{1}{1-x^2}+\frac{x\arccos x}{(1-x^2)\sqrt{1-x^2}}$; (9)$\arctan x+\frac{x}{1+x^2}$.

2. (1)$\frac{3}{4}\pi^2-4$; (2)$\frac{3}{25}$; (3)* $\frac{e-1}{e^2+1}$; (4)* $\frac{3}{2}\pi$.

3. (1)$4e^{4x}$; (2)$\sin 2x$; (3)$2x\sec^2(x^2)$;

(4)$\cot x$; (5)$\frac{1}{2\sqrt{x-x^2}}$; (6)$\frac{4}{4+x^2}\arctan\frac{x}{2}$;

(7)$-e^x\tan(e^x)$; (8)$\frac{1}{x\ln x\cdot\ln(\ln x)}$; (9)$\frac{1}{x^2}\sin\frac{2}{x}\cdot e^{-\sin^2\frac{1}{x}}$.

4. 切线方程为:$2x-y=0$;法线方程为:$x+2y=0$. 5. $a=\frac{1}{2e}$. 6. $\frac{t}{10}-1$.

7*. $y=x+1$. 8*. $a=-1,b=-1,c=1$. 9*. $ax_0^2=c$,b 任意.

10. (1)$\frac{45x^3+16x}{\sqrt{1+5x^2}}$; (2)$-\frac{1}{2}e^{-\frac{x}{2}}(\cos 3x+6\sin 3x)$; (3)$\frac{1}{2x}\left(1+\frac{1}{\sqrt{\ln x}}\right)$;

(4)$\frac{2x\cos 2x-\sin 2x}{x^2}$; (5)$-\frac{1}{\sqrt{x-x^2}}$; (6)$\frac{1}{\sqrt{(1-x^2)^3}}$;

(7)$\frac{\ln x}{x\sqrt{1+\ln^2 x}}$; (8)$\frac{2x}{(1+x^2)\ln a}$; (9)$-2x\sin(x^2)\sin^2\frac{1}{x}-\frac{1}{x^2}\sin\frac{2}{x}\cos(x^2)$;

(10)$-3x^2\sin x^3 e^{\cos x^3}$; (11)$\frac{(x+4)(x+2)}{(x+3)^2}$; (12)$\frac{1}{\sqrt{x^2-a^2}}$;

(13)$\pm\frac{2}{1+x^2}$; (14)$\frac{2\sqrt{x}+1}{4\sqrt{x}\sqrt{x+\sqrt{x}}}$; (15)$\frac{2x}{(x^2-1)(x^2+1)}$.

11. (1)$e^{f(x)}[f'(e^x)\cdot e^x+f'(x)\cdot f(e^x)]$; (2)$-\frac{1}{x\sqrt{x^2-1}}f'\left(\arcsin\frac{1}{x}\right)$;

(3)$f'(x^2+\sin\sqrt{x})\cdot\left(2x+\frac{\cos\sqrt{x}}{2\sqrt{x}}\right)$.

12*. $e^{2t}(2t+1)$. 13. $f'(x)=\begin{cases}\cos x, & x<0,\\ 1, & x\geqslant 0.\end{cases}$

习题 2.3

1. (1)$4+\frac{1}{x}$; (2)$9e^{3x-1}$; (3)$-2\sin x-x\cos x$;

(4) $-\dfrac{a^2}{(a^2-x^2)^{\frac{3}{2}}}$; (5) $\dfrac{2-2x^2}{(x^2+1)^2}$; (6) $2\csc^2x\cot x$;

(7) $\dfrac{6x^2-2}{(x^2+1)^3}$; (8) $2\arctan x+\dfrac{2x}{x^2+1}$; (9) $\dfrac{e^x(x^2-2x+2)}{x^3}$.

2. (1) $2f'(x^2)+4x^2f''(x^2)$; (2) $\dfrac{f''(x)f(x)-[f'(x)]^2}{f^2(x)}$. 3. $\dfrac{2-\ln x}{x\ln^3x}$.

4. (1) $2^{n-1}\cos\left(2x+\dfrac{n\pi}{2}\right)$; (2)* $(-1)^n\dfrac{2\cdot n!}{(1+x)^{n+1}}$.

习题 2.4

1. (1) $\dfrac{1-\ln t}{t^2(1+\ln t)}$; (2) $\dfrac{\sin t+t\cos t}{\cos t-t\sin t}$; (3) $3t^2+5t+2$.

2. $y-3x+7=0$.

3. (1) $\dfrac{\sin t-t\cos t}{4t^3}$; (2) $\cos t(\cot t-t)$; (3) $\dfrac{\sin t}{5(1-\cos t)^3}$.

4. (1) $\dfrac{1}{1+x-y}$; (2) $\dfrac{y\cos x+\sin(x-y)}{\sin(x-y)-\sin x}$; (3) $\dfrac{x+y}{x-y}$;

(4) $-\dfrac{y^2e^x}{ye^x+1}$; (5) $\dfrac{y\sin(xy)-e^{x+y}}{e^{x+y}-x\sin(xy)}$; (6)* $-\dfrac{ye^{xy}+\sin x}{xe^{xy}+2y}$.

5. 1. 6. 切线方程为：$x+ey=e$；法线方程为：$ex-y=-1$.

7. (1) $\dfrac{-4\sin y}{(2-\cos y)^3}$; (2) $-2\csc^2(x+y)\cot^3(x+y)$. 8. $\dfrac{2xf'(x^2+y)}{1-f'(x^2+y)}$.

9. (1) $(\ln x)^x\left(\ln\ln x+\dfrac{1}{\ln x}\right)$; (2) $\left(\dfrac{x}{1+x}\right)^x\left(\ln\dfrac{x}{1+x}+\dfrac{1}{1+x}\right)$;

(3) $\dfrac{1}{5}\sqrt[5]{\dfrac{x-5}{\sqrt[5]{x^2+2}}}\left[\dfrac{1}{x-5}-\dfrac{2x}{5(x^2+2)}\right]$; (4) $\dfrac{1}{2}\sqrt{x\sin x\sqrt{1-e^x}}\left[\dfrac{1}{x}+\cot x-\dfrac{e^x}{2(1-e^x)}\right]$.

10. $\dfrac{y(y-x\ln y)}{x(x-y\ln x)}$.

习题 2.5

1. 3.

2. (1) $(\sin 2x+2x\cos 2x)dx$; (2) $\left[\dfrac{1}{7}x^{-\frac{6}{7}}+\sqrt[x]{7}\ln 7\left(-\dfrac{1}{x^2}\right)\right]dx$; (3) $-\dfrac{3x^2}{2(1-x^3)}dx$;

(4) $\dfrac{2\ln(3+x)}{3+x}dx$; (5) $\dfrac{1}{2\sqrt{x-x^2}}dx$; (6) $(x^2+1)^{-\frac{3}{2}}dx$;

(7) $8x\tan(1+2x^2)\sec^2(1+2x^2)dx$; (8) $x^x(1+\ln x)dx$; (9) $-\dfrac{2x}{1+x^4}dx$.

3. (1) $\dfrac{dx}{(x+y)^2}$; (2) $\dfrac{-y(1+4x^2)}{x(1+6y^3)}dx$. 4*. $e^{f(x)}\left[\dfrac{1}{x}f'(\ln x)+f'(x)f(\ln x)\right]dx$.

5*. $\dfrac{dx}{x(1+\ln y)}$. 6. $2.01\pi cm^2$, $2\pi cm^2$. 7. (1) 1.025; (2) 1.05; (3) 1.0349; (4) 0.01.

习题 2.6

1. (1) $\dfrac{e^x}{x}\left(1-\dfrac{1}{x}\right)$, $x-1$; (2) $x^{a-1}e^{-b(x+c)}(a-bx)$, $(a-bx)$; (3) $\dfrac{-5}{\sqrt{9-x}}$, $\dfrac{x}{2(x-9)}$.

2. $y'(10)=-\frac{10}{e^2}$，x 增加或减少一个单位，y 减少或增加$\frac{10}{e^2}$个单位.

3. 当 $Q=20$ 时的总成本 $C(20)=320$，平均成本平$\overline{C}(20)=16$，边际成本为 $C'(20)=7$，它表示当产量为 20 个单位时，再增加一个单位，成本需再增加 7 个单位.

4. 总收益 $R(30)=120$，边际收益 $R'(30)=-2$，边际利润 $L'(30)=-4$.

5. (1) 需求弹性 $\eta=\frac{P}{24-P}$；(2) $\eta(6)=\frac{1}{3}$；(3) $\eta(6)=\frac{1}{3}<1$，当 $P=6$ 时，价格上涨 1%，总收益约增加 0.67%.

6. (1) $-\frac{Q}{b}\ln\frac{Q}{a}$，$-\frac{1}{b}\ln\frac{Q}{a}$，$-\frac{Q}{b}\left(\ln\frac{Q}{a}+1\right)$；(2) bP.

7*. (1)提示 $R(P)=PQ(P)$；(2) $\left.\frac{ER}{EP}\right|_{P=6}=\frac{7}{13}\approx 0.54$. 当 $P=6$ 时，价格上涨 1%，总收益约增加 0.54%.　　8*. $(QP)'\big|_{Q=10\,000}=8000$.

习题 2.7

1. 2.5 m/s.　　2. (1) 39.925×10^7 (N)；(2) 7985 (N/m).　　3. $144\pi\approx452.4(\mathrm{m^2/s})$.

总习题二

1. (1) 必要；(2) 充分；(3) 必要；(4) 充分必要，必要.　　2*. (B).　　3*. (A).　　4*. 1.

5*. $\lambda>0$.　　6*. $4a^6$.　　7. 连续但不可导.

8. (1) $\frac{3}{x}\sec^3(\ln x)\tan(\ln x)$；(2) $\frac{e^x}{\sqrt{1+e^{2x}}}$；(3) $\sqrt{a^2-x^2}$；(4) $x^{\frac{1}{x}-2}(1-\ln x)$；

(5) $\sqrt{x\sin\sqrt{1-e^{-x}}}\left(\frac{1}{2x}+\cot\sqrt{1-e^{-x}}\cdot\frac{e^{-x}}{4\sqrt{1-e^{-x}}}\right)$；(6) $-f'(e^{-x}+\cos x)\cdot(e^{-x}+\sin x)$.

9. (1) $-2\cos2x\cdot\ln x-\frac{2\sin2x}{x}-\frac{\cos^2x}{x^2}$；(2) $\frac{3x}{(1+x^2)^{\frac{5}{2}}}$；

(3) $x^xe^x(2+\ln x)^2+x^{x-1}e^x$；(4) $f''(x^2-x)\cdot(2x-1)^2+2f'(x^2-x)$.

10. (1) $\frac{dy}{dx}=-\frac{1}{2t}+\frac{3}{2}t$，$\frac{d^2y}{dx^2}=-\frac{1}{4}\left(\frac{1}{t^3}+\frac{3}{t}\right)$；

(2) $\frac{dy}{dx}=\frac{1}{t}+\frac{t}{2}$，$\frac{d^2y}{dx^2}=-\frac{1}{2t^3}-\frac{1}{4t}+\frac{t}{4}$.

11. (1) $\frac{y(x-1)}{x(1-y)}$；(2) $\frac{\ln\sin y+y\tan x}{\ln\cos x-x\cot y}$.

12. 切线方程为：$2\sqrt{2}x+y-2=0$；法线方程为：$\sqrt{2}x-4y-1=0$.

13. (1) $e^{2x}(2x+2x^2)dx$；(2) $\frac{dx}{2\sqrt{x}(x+1)}$；(3) $4x\sin(2-4x^2)dx$.

第 3 章

习题 3.1

1. (1) 满足，$\xi=\frac{\pi}{2}$；(2) 满足，$\xi=0$；(3) 满足，$\xi=2$；(4) 不满足.　　2～6. (略).

7. 设 $F(x)=a_0x^n+a_1x^{n-1}+\cdots+a_{n-1}x$,对 $F(x)$在$[0,x_0]$上应用罗尔定理.

8. 提示:在区间$[a,x]$上应用格朗日中值定理.

9. 提示:注意到 $xf'(x)+f(x)=[xf(x)]'$,令 $F(x)=xf(x)$,应用罗尔定理.

10*. 提示:在$[0,\delta]$上应用拉格朗日中值定理.

习题 3.2

1. (1)$\cos a$;(2) 1;(3) 2;(4)∞;(5) 2;(6)$\ln\frac{a}{b}$;(7) 0;(8) 2;(9)-1;(10) 1;(11)$-\frac{1}{2}$;(12)$-\frac{1}{2}$;

(13) 1;(14) 1;(15) 1;(16)$e^{-\frac{1}{2}}$. 2. (1) 1;(2) 1. 3. (略).

4. (1)* $\frac{4}{3}$;(2) 1;(3)* $e^{\frac{n+1}{2}}$;(4)* $-\frac{1}{6}$.

习题 3.3

1. (1)单调减少;(2)单调增加;(3)单调增加.

2. (1)单调增加区间$(-\infty,+\infty)$;

(2)单调增加区间$(-\infty,-1]$,$[3,+\infty)$,单调减少区间$[-1,3]$;

(3)单调增加区间$[2,+\infty)$,单调减少区间$(0,2]$;

(4)单调增加区间$(-\infty,1]$,单调减少区间$[1,+\infty)$;

(5)单调增加区间$\left[\frac{1}{2},+\infty\right)$,单调减少区间$\left(0,\frac{1}{2}\right]$;

(6)单调增加区间$(-\infty,0)$,$(1,+\infty)$,单调减少区间$(0,1)$.

3. (略). 4. 提示:注意利用不等式 $a^2+b^2\geqslant 2ab$ 判别 y'的符号.

5. (1) 凸区间$(-\infty,2)$,凹区间$(2,+\infty)$,拐点$\left(2,\frac{2}{e^2}\right)$;

(2)凸区间$(-\infty,-1)$,$(1,+\infty)$凹区间$(-1,1)$,拐点$(-1,\ln 2)$,$(1,\ln 2)$;

(3) 凸区间$\left(-\infty,-\frac{1}{2}\right)$,凹区间$\left(-\frac{1}{2},+\infty\right)$,拐点$\left(-\frac{1}{2},20\frac{1}{2}\right)$;

(4)是凹的,无拐点;

(5)凸区间$\left(-\infty,-\frac{1}{5}\right)$,凹区间$\left(-\frac{1}{5},0\right)$和$[0,+\infty)$,拐点$\left(-\frac{1}{5},-\frac{6}{5}\left(-\frac{1}{5}\right)^{\frac{2}{3}}\right)$.

6. $a=b=3$. 7. $a=-3$,$b=-9$,拐点$(1,-7)$. 8. (略).

习题 3.4

1. (1)极大值 $y(1)=2$,极小值 $y(2)=1$;(2)极小值 $y(0)=2$;(3)无极值;

(4)极大值 $y(-1)=\frac{2}{15}$;极小值 $y(1)=-\frac{2}{15}$;

(5)极大值 $y(-1)=0$,极小值 $y(1)=-3\sqrt[3]{4}$;(6)极大值 $y(2)=1$.

2. (1)最大值 $y(4)=80$,最小值 $y(-1)=-5$;(2)最大值 $y(2\pi)=2\pi$,最小值 $y(0)=0$

(3)最大值 $y(-1)=y\left(\frac{1}{8}\right)=\frac{1}{2}$,最小值 $y(-8)=-2$.

3. $x=-3$,$y(-3)=27$. 4. 在 $x=-3$ 处取得最大值 20,在 $x_1=1$,$x_2=2$ 处取得最小值 0.

5. $a=-2, b=4$.

6. (1,2)和(1,−2)，最近距离 $2\sqrt{2}$.　　7. $x=\frac{a}{6}$.　　8. $r=\sqrt[3]{\frac{V}{2\pi}}, h=2r$.　　9. $x=2500$.

10. (1)当 $x=1000$ 件产品时，平均成本最小；(2)生产 6000 件产品时，工厂可获最大利润.

11. 产量为 2000 单位时获取利润最大，最大利润为 $L(2000)=3000$(元).

12. 当价格 $p=13.5$(百元)时，获利润最大，最大利润为 $L(13.5)=561.25$(百元).

13. 分 5 批进货，经济批量为 20 万吨.　　14. 给储户支付的年利率 $x=0.06$.　　15. $V=\sqrt{\frac{a}{b}}$.

16. $x=\frac{1}{n}\sum_{i=1}^{n}x_i$.

习题 3.5

1. (1)铅直渐近线 $x=-1$，无水平渐近线；(2)水平渐近线 $y=1$，铅直渐近线 $x=0$；(3)水平渐近线 $y=0$，铅直渐近线 $x=-1$；(4)水平渐近线 $y=1$；(5)铅直渐近线 $x=-3$，水平渐近线 $y=1$.

2. $x=0$ 是铅直渐近线；$y=0$ 是水平渐近线；$y=x$ 是斜渐近线.　　3. (略).

习题 3.6

1. $f(x)=8-5(x+1)+(x+1)^3$.　　2. $\tan x=x+\frac{x^3}{3}+o(x^3)$.

3. $y=\frac{1}{2}+\frac{x-1}{2^2}+\frac{(x-1)^2}{2^3}+\cdots+\frac{(x-1)^n}{2^{n+1}}+o[(x-1)^n]$.　　4. $xe^{-x}=x-x^2+\frac{x^3}{2!}-\cdots+\frac{(-1)^{n-1}x^n}{(n-1)!}+o(x^n)$.

5. (1) $\sqrt[3]{30}\approx 3.10724$, $|R_3|<1.88\times 10^{-5}$；(2) $\sin 18°\approx 0.3090$, $|R_3|<1.3\times 10^{-4}$.

习题 3.7

1. 135 元.　　2. 12%.　　3*. 提示：现值 A 与时间 t 的关系：$A=Re^{-rt}=R_0e^{\frac{2}{5}\sqrt{t}-rt}$，$t=\frac{100}{9}\approx 11$ 年.

总习题三

1. (1) $-\frac{1}{6}$；(2) -1；(3) $-\frac{1}{8}$；(4) $e^{-\frac{1}{3}}$.　　2. -1.　　3. $k=\pm\frac{\sqrt{2}}{8}$.　　4～5. (略).

6. 提示：证明并利用 $\tan x-x>0$.　　7. 提示：设 $f(x)=(1+x)\ln(1+x)-\arctan x$，利用单调性.

8. $a=1, b=-3, c=-24, d=16$.　　9. $\sqrt[3]{3}$，提示：先求 $y=x^{\frac{1}{x}}$ 的极值.　　10. $\sqrt{\frac{40}{4+\pi}}\approx 2.367$(m).

11. $D=C, D=\frac{C}{2}$.

12. (1)当 $Q=3$ 时，$R(Q)$最大；(2)当 $Q=1$ 时，$C'(Q)$最小；(3)当 $Q=2$ 时，$L(Q)$最大.

13. $x=\sqrt{\frac{ac}{2b}}$.　　14. $x=\frac{18-t}{8}$；$t=9$.　　15. (1) $\frac{449}{450}$；(2)(0.025, 0.024 95).

16*. B.　　17*. $c=\frac{1}{2}$，提示：利用拉格朗日中值定理.　　18*. $a=e^e$, $t(e^e)=1-\frac{1}{e}$.

第 4 章

习题 4.1

1. $2\sqrt{1+x^2}$ 是 $\dfrac{2x}{\sqrt{1+x^2}}$ 的原函数；$1-\dfrac{1}{x}$ 是 $\dfrac{1}{x^2}$ 的原函数；$(1+x^2)^2$ 是 $4x(1-x^2)$ 的原函数；$3\sqrt[3]{x}$ 是 $x^{-\frac{2}{3}}$ 的原函数；$1+x^4$ 是 $4x^3$ 的原函数；$\ln(1+x^2)$ 是 $\dfrac{2x}{1+x^2}$ 的原函数.　　2. $2(e^{2x}-e^{-2x})$.

3. (1) x^5+C；　(2) $8\sqrt{x}-\dfrac{1}{10}x^{\frac{5}{2}}+C$；　(3) $\dfrac{x^2}{2}+x-3\ln|x|+\dfrac{3}{x}+C$；

(4) $\dfrac{2}{3}x^{\frac{3}{2}}-3x+C$；　(5) $\ln|x|-2x+\dfrac{x^2}{2}+C$；　(6) $9x-2x^3+\dfrac{x^5}{5}+C$；

(7) $\dfrac{8^x}{\ln 8}+\dfrac{x^9}{9}+C$；　(8) $\dfrac{2^x e^x}{1+\ln 2}+\arcsin x+C$；　(9) $3x+\dfrac{4\cdot 3^x}{2^x(\ln 3-\ln 2)}+C$；

(10) e^x-x+C；　(11) $x-\cos x+\sin x+C$；　(12) $\tan x-\sec x+C$；

(13) $-\cot x+\csc x+C$；　(14) $\sin x-\cos x+C$；　(15) $\dfrac{2^x e^x}{1+\ln 2}+C$；

(16) $3\arctan x-8\arcsin x+C$；　(17) $e^x-2\sqrt{x}+C$；　(18) $\dfrac{x}{2}-\dfrac{\sin x}{2}+C$；

(19) $\dfrac{4}{7}x^{\frac{7}{4}}+4x^{-\frac{1}{4}}+C$；　(20) $x-\arctan x+C$.

4. $y=\ln x+2$.　　5. $F(x)=x^2+3x-2$.　　6. (1) 27m；(2) $\sqrt[3]{360}\approx 7.11$s.

习题 4.2

1. (1) $-\dfrac{1}{6}$；(2) 2；(3) -1；(4) $\dfrac{2}{3}$；(5) $\dfrac{1}{6}$；(6) $\dfrac{1}{3}$；(7) $\dfrac{1}{20}$；(8) $-\dfrac{1}{2}$；

(9) $-\dfrac{3}{7}$；(10) -1；(11) -1；(12) $\dfrac{1}{6}$；(13) -5；(14) -1；(15) -1；

(16) 2；(17) $\dfrac{1}{2}$；(18) $-\dfrac{1}{2}$；(19) $-\dfrac{1}{9}$；(20) $\dfrac{1}{3}$.

2. (1) $\dfrac{(2x-4)^5}{10}+C$；　(2) $\dfrac{1}{2(1-2x)}+C$；　(3) $-\dfrac{2}{5}\sqrt{2-5x}+C$；

(4) $-\dfrac{2}{27}(4-3x^3)^{\frac{3}{2}}+C$；　(5) $-\dfrac{1}{\sqrt{2x-1}}+C$；　(6) $x-2\arctan\dfrac{x}{2}+C$；

(7) $\dfrac{1}{2}\arcsin x^2+C$；　(8) $2(e^{\sqrt{x}}+\sin\sqrt{x})+C$；　(9) $\dfrac{1}{4}\cos(5-x^4)+C$；

(10) $-e^{\frac{1}{x}}+C$；　(11) $\ln(3+e^x)+C$；　(12) $2\sqrt{1+\ln x}+C$；

(13) $\dfrac{1}{12}\sin 6x+\dfrac{1}{2}x+C$；　(14) $\dfrac{1}{4}\sin 2x-\dfrac{1}{16}\sin 8x+C$；　(15) $-\dfrac{10^{2\arccos x}}{2\ln 10}+C$；

(16) $\dfrac{1}{2\sqrt{2}}\ln\left|\dfrac{\sqrt{2}x-1}{\sqrt{2}x+1}\right|+C$；　(17) $\arctan e^x+C$；　(18) $\dfrac{1}{2}[\ln(\ln x)]^2+C$；

(19) $\dfrac{1}{2}[\ln(\tan x)]^2+C$；　(20) $\dfrac{1}{2}\arctan(\sin^2 x)+C$；

(21) $\frac{1}{2(1+\cos 2x)}+C$;

(22) $\frac{1}{2}(\cos x)^{-2}+\ln|\cos x|+C$;

(23) $(\arctan\sqrt{x})^2+C$;

(24) $\frac{1}{4}\ln|x|-\frac{1}{24}\ln(x^6+4)+C$;

(25) $\sqrt{2x}-\ln|1+\sqrt{2x}|+C$;

(26) $(x+1)-4\sqrt{x+1}+4\ln|\sqrt{x+1}+1|+C$;

(27) $\arcsin(2x-1)+C$;

(28) $\ln|e^x+\sqrt{1+e^{2x}}|+C$;

(29) $-\frac{\sqrt{1-x^2}}{x}+C$;

(30) $\frac{x}{\sqrt{1+x^2}}+C$;

(31) $\arcsin x-\frac{x}{1+\sqrt{1-x^2}}+C$;

(32) $\ln|x-1+\sqrt{x^2-2x+2}|+C$.

习题 4.3

(1) $-x\cos x+\sin x+C$;

(2) $x\ln x-x+C$;

(3) $e^x\ln x+C$;

(4) $x\ln(x+\sqrt{x^2+1})-\sqrt{x^2+1}+C$;

(5) $-x\cot x+\ln|\sin x|+C$;

(6) $\frac{x^3}{3}\arctan x-\frac{x^2}{6}+\frac{1}{6}\ln(1+x^2)+C$;

(7) $\frac{e^{3x}}{3}\left(x^2-\frac{2}{3}x+\frac{2}{9}\right)+C$;

(8) $\frac{x}{2}[\sin(\ln x)-\cos(\ln x)]+C$;

(9) $x\arctan x-\frac{1}{2}\ln(1+x^2)+C$;

(10) $x\,\mathrm{arccot}\,x+\frac{1}{2}\ln(1+x^2)+C$;

(11) $x\arccos x-\sqrt{1-x^2}+C$;

(12) $\frac{e^{3x}}{13}[3\cos 2x+2\sin 2x]+C$;

(13) $x(\arcsin x)^2+2\sqrt{1-x^2}\arcsin x-2x+C$;

(14) $2\sqrt{x}\ln x-4\sqrt{x}+C$;

(15) $\ln x[\ln(\ln x)-1]+C$;

(16) $\tan x\ln\sin x-x+C$;

(17) $-\frac{1}{2}[x\cot^2 x+\cot x+x]+C$;

(18) $e^{\arcsin x}(\arcsin x-1)+C$;

(19) $-\sqrt{1-x^2}\arcsin x+x+C$;

(20) $-e^{-x}\arctan e^x+x-\frac{1}{2}\ln(1+e^{2x})+C$;

(21) $\frac{x}{2}+\frac{\sqrt{x}}{2}\sin 2\sqrt{x}+\frac{1}{4}\cos 2\sqrt{x}+C$;

(22) $\sqrt{1+x^2}\arctan x-\ln(x+\sqrt{1+x^2})+C$;

(23) $xf'(x)-f(x)+C$;

(24) $3(x^{\frac{2}{3}}-2x^{\frac{1}{3}}+2)e^{\sqrt[3]{x}}+C$;

(25) $\frac{\ln x}{1-x}+\ln\frac{|1-x|}{x}+C$;

(26) $\frac{1}{2}e^x-\frac{1}{5}e^x\sin 2x-\frac{1}{10}e^x\cos 2x+C$.

习题 4.4

(1) $\frac{1}{\sqrt{5}}\arctan\frac{3x-1}{\sqrt{5}}+C$;

(2) $\frac{1}{3}x^3+\frac{1}{2}x^2+x+8\ln|x|-4\ln|x+1|-3\ln|x-1|+C$;

(3) $\frac{1}{2a^3}\left[\arctan\frac{x}{a}+\frac{ax}{x^2+a^2}\right]+C$;

(4) $-\frac{1}{x}-\ln\left|\frac{1-x}{x}\right|+C$;

(5)$\frac{1}{2}\ln|x^2-2x-1|+\frac{3}{\sqrt{2}}\ln\left|\frac{(x-1)-\sqrt{2}}{(x-1)+\sqrt{2}}\right|+C$;

(6)$\frac{1}{3}\ln|x-1|-\frac{1}{6}\ln(x^2+x+1)+\frac{\sqrt{3}}{3}\arctan\frac{2x+1}{\sqrt{3}}+C$;

(7)$\frac{1}{3}\tan^3 x-\tan x+x+C$; (8)$\tan\frac{x}{2}+C$; (9)$\tan x-\sec x+C$;

(10)$\ln\left|1+\tan\frac{x}{2}\right|+C$; (11)$\frac{1}{\sqrt{21}}\ln\left|\frac{\sqrt{3}\tan\frac{x}{2}+\sqrt{7}}{\sqrt{3}\tan\frac{x}{2}-\sqrt{7}}\right|+C$;

(12)$\ln|\sin x+\cos x|+C$; (13)$2(\sqrt{x-1}-\arctan\sqrt{x-1})+C$;

(14)$\frac{2}{9}(3x+1)^{\frac{3}{2}}-\frac{1}{3}(2x+1)^{\frac{3}{2}}+C$;

(15)$\ln\left|\frac{\sqrt{e^x+1}-1}{\sqrt{e^x+1}+1}\right|+C$; (16)$\sqrt{2x-1}+2\sqrt[4]{2x+1}+2\ln|\sqrt[4]{2x+1}-1|+C$;

(17)$x-2\sqrt{1+x}+2\ln(\sqrt{1+x}+1)+C$; (18)$-\sqrt{1+x-x^2}+\frac{1}{2}\arcsin\frac{2x-1}{\sqrt{5}}+C$;

(19)$\arcsin x+\sqrt{1-x^2}+C$; (20)$\ln\left|x+\frac{1}{2}+\sqrt{x^2+x}\right|+C$.

习题 4.5

1. 207360(美元). 2. (1) 125(m);(2)−50 m/s. 3. 大约需 20h.

总习题四

1. (1)$\frac{1}{3}F(3t+5)+C$;(2)$-\frac{1}{3}\sqrt{(1-x^2)^3}+C$;(3)$2\sqrt{x}+C$;(4)$\arcsin\frac{\sqrt{x}}{2}+C$;

(5)$-\frac{\ln x}{x}+C$;(6)$x-\ln(1+e^x)+C$.

2. (1) D; (2) B; (3) C; (4) D; (5) C; (6) A.

3. (1)$\arctan x-\frac{2}{x}+C$;(2)$\lambda\neq-1$ 时为$\frac{1}{\lambda+1}\ln(x^{\lambda+1}+\sqrt{1+x^{2\lambda+2}})+C$,$\lambda=-1$ 时为$\frac{1}{\sqrt{2}}\ln|x|+C$;

(3)$\frac{1}{\sqrt{2}}\arcsin\left(\sqrt{\frac{2}{3}}\sin x\right)+C$; (4)$\frac{1}{\sqrt{2}}\arctan\left(\frac{\tan x}{\sqrt{2}}\right)+C$; (5)$\frac{1}{2}e^{x^2}+C$;

(6)$\frac{2}{3}(1+\ln x)^{\frac{3}{2}}-2(1+\ln x)^{\frac{1}{2}}+C$; (7)$-\frac{\sqrt{a^2-x^2}}{a^2 x}+C$; (8)$\ln(x-1+\sqrt{x^2-2x+5})+C$;

(9)$-2\sqrt{-x^2+6x-8}+9\arcsin(x-3)+C$; (10)$\ln|\sin x|-x\cot x+C$;

(11)$-\left(\frac{1}{\ln x}+\frac{1}{x}\ln x+\frac{1}{x}\right)+C$; (12)$x-\ln(e^x+1)-e^{-x}\ln(e^x+1)+C$;

(13)$\frac{1}{5}\tan^5 x+\frac{1}{3}\tan^3 x+C$; (14)$\sqrt{1+x^2}\arctan x-\ln(x+\sqrt{1+x^2})+C$;

(15)$\frac{1}{5}(4-x^2)^{\frac{5}{2}}-\frac{4}{3}(4-x^2)^{\frac{3}{2}}+C$; (16)$\frac{1}{15}(1-3x)^{\frac{5}{3}}-\frac{1}{6}(1-3x)^{\frac{2}{3}}+C$;

(17)$a\cdot\arcsin\frac{x}{a}-\sqrt{a^2-x^2}+C$；　(18)$-\frac{1+\ln x}{x}+C$；

(19)$4\ln|x-2|-\frac{11}{x-2}+C$；　(20)$\frac{x^4}{4}+\ln\frac{\sqrt[4]{x^4+1}}{x^4+2}+C$；

(21)$\ln\frac{x}{(\sqrt[6]{x}+1)^6}+C$；　(22)$\frac{1}{1+e^x}+\ln\frac{e^x}{1+e^x}+C$.

4. $x^2\cos x-4x\sin x-6\cos x+C$.　5. $g(x)=x+2\ln|x-1|+C$.　6. $(x-1)(x^2-2x+3)$.

第 5 章

习题 5.1

1. (1) $\lim\limits_{\lambda\to 0}\sum\limits_{i=1}^{n}f(\xi_i)\Delta x_i$；(2) 被积函数，积分区间，积分变量；

(3) 介于曲线 $y=f(x)$，直线 $x=a, x=b, x$ 轴之间各部分面积的代数和.

2. (1)$\frac{1}{3}$；(2)$\frac{1}{6}$.　3. (略).

习题 5.2

1. (1) $\int_1^2 x\mathrm{d}x<\int_1^2 x^2\mathrm{d}x$；　(2) $\int_0^1 e^x\mathrm{d}x>\int_0^1 e^{x^2}\mathrm{d}x$；

(3) $\int_1^2 \ln x\mathrm{d}x>\int_1^2(\ln x)^2\mathrm{d}x$；　(4) $\int_0^{\frac{\pi}{2}}x\mathrm{d}x>\int_0^{\frac{\pi}{2}}\sin x\mathrm{d}x$.

2. (1)$3\leqslant\int_0^4(x^2-x+1)\mathrm{d}x\leqslant 52$；　(2)$0\leqslant\int_0^2 xe^x\mathrm{d}x\leqslant 4e^2$.

习题 5.3

1. $y'(0)=0, y'\left(\frac{\pi}{4}\right)=\frac{\sqrt{2}}{2}$.　2. $\sin x+x\cos x$.

3. (1)$2x\sqrt{1+x^6}$；(2)$\frac{3x^2}{\sqrt{1+x^{12}}}-\frac{2x}{\sqrt{1+x^8}}$；(3)$\cos(\pi\sin^2 x)(\sin x-\cos x)$.

4. (1)1；　(2)1.　5. $\frac{\mathrm{d}y}{\mathrm{d}x}=-\frac{\sin x}{e^y}$.　6. $\frac{t^2}{e^t}$　7. $f(x)=x-1$.　8. $x=0$.

习题 5.4

1. (1)0；(2)$\frac{1}{4}$；(3)$\frac{4}{3}$；(4)$\frac{\pi}{6}-\frac{\sqrt{3}}{8}$；(5)0；(6)$2(\sqrt{3}-1)$；(7)$e^{-\frac{1}{2}}-1$；(8)$\frac{\pi}{2}$；(9)$\ln\sqrt{3}$；

(10)$1-\frac{\pi}{4}$；(11)$\frac{1}{6}$；(12)$1-2\ln 2$.

2. (1)$1-\frac{2}{e}$；(2)$\frac{1}{4}(e^2+1)$；(3)$\frac{\pi}{4}-\frac{1}{2}$；(4)$4(2\ln 2-1)$；(5)$\frac{\pi}{4}$；(6)$\frac{1}{5}(e^{\pi}-2)$.

3. (1)0；(2)$2a^3$；(3)$\frac{\pi^3}{324}$；(4)0.　4～5. (略).

习题 5.5

1. (1) $\frac{1}{3}$；(2) π；(3) $\frac{\pi}{2}$；(4) 1；(5) 发散；(6) $2\frac{2}{3}$.

2. 当 $k>1$ 时收敛 $\frac{1}{(k-1)(\ln 2)^{k-1}}$；当 $k\leqslant 1$ 时发散；当 $k=1-\frac{1}{\ln(\ln 2)}$ 时取得最小值.

习题 5.6

1. $\frac{1}{6}$.　2. $10\frac{2}{3}$.　3. $2\pi+\frac{4}{3}, 6\pi-\frac{4}{3}$.　4. $e+\frac{1}{e}-2$.　5. $b-a$.　6. $\frac{4}{3}$.　7. $\frac{e}{2}$.

8. (1) $V_x=7\frac{1}{2}\pi, V_y=24.8\pi$；(2) $V_x=\frac{\pi^2}{4}, V_y=2\pi$；(3) $V_x=18\frac{2}{7}\pi, V_y=12\frac{4}{5}\pi$.

9. $1+\frac{1}{2}\ln\frac{3}{2}$.　10. $2\sqrt{3}-\frac{4}{3}$.

习题 5.7

1. $C(q)=25q+15q^2-3q^3+55, \overline{C}(q)=25+15q-3q^2+\frac{55}{q}$，变动成本为 $25q+15q^2-3q^3$.

2. $100[(q+10)e^{-\frac{q}{10}}+q-10]$.　3. $R(q)=3q-0.1q^2$.　4. $666\frac{1}{3}$.　5. (1) 9987.5；(2) 19850.

习题 5.8

1. $Q=9.102$(热量单位).　2. 78.5 km/h.　3. 250 元.

总习题五

1. (1) $\sin x+x\cos x$；(2) 2；(3) 7.　2. (1) $0<\int_0^1\frac{x^9}{\sqrt{1+x}}dx<\frac{\sqrt{2}}{2}$；(2) $\frac{1}{2}e^{-100}<\int_0^{100}\frac{e^{-x}}{x+100}dx<1$.

3. (略).　4. (1) $\frac{2}{3}(2\sqrt{2}-1)$；(2) $\frac{1}{p+1}$；(3) -1；(4) $\ln 2$；(5) $\frac{\pi^2}{4}$；(6) $\frac{4\ln 2}{\pi}$.

5. (1) $\pi-1\frac{1}{3}$；(2) $\frac{\pi}{2}$；(3) $\frac{2}{3}\pi$；(4) $-\frac{1}{2}\ln^2 2-\ln 2+1$；(5) $\frac{1}{2}e(\sin 1-\cos 1)+\frac{1}{2}$；

(6) $2-\frac{2}{e}$；(7) $\frac{1}{3}\ln 2$；(8) $3\sqrt{3}-\pi$.　6. (略).　7. $\frac{1}{x}\ln x-\frac{4}{x}$.　8. $\frac{8}{3}$.

9. (1) $\frac{22}{3}$；(2) 0.　10. (1) 收敛，$\frac{3}{2}\frac{\pi^2}{4}$；(2) 收敛，2；(3) 收敛，$-\frac{1}{2}\ln 2$.　11～13. (略).　14. $\ln 2$.

15. 4.　16. $\frac{512}{7}\pi$.　17. $\sqrt{6}+\ln(\sqrt{2}+\sqrt{3})$.　18. (1) $q=4$；(2) 0.5 万元.

第 6 章

习题 6.1

1. A：IV，B：V，C：VII，D：III.

2. 关于 xy、yz、zx 面的对称点分别是 $(a,b,-c)$，$(-a,b,c)$，$(a,-b,c)$；关于 x、y、z 轴的对称点分别是 $(a,-b,-c)$，$(-a,b,-c)$，$(-a,-b,c)$；关于原点的对称点是 $(-a,-b,-c)$.

3. $|c|$，$\sqrt{a^2+b^2}$.　4. $(0,1,-2)$.　5. $M(0,0,2.9)$.　6. $x-3y+4z-8=0$.

7. $x-3y-2z+3=0$.　8. 在三个坐标轴上的截距 12.5，25，−6.25.　9. $\frac{7}{6}$.　10. $(1,-1,3)$.

11. $y^2+z^2=9x-1$.　12. $x^2+y^2+z^2=2$.　13. (1) xOy 平面上的椭圆 $\frac{x^2}{4}+\frac{y^2}{9}=1$ 绕 x 轴旋转一周；(2) xOy 平面上的双曲线 $x^2-\frac{y^2}{4}=1$ 绕 y 轴旋转一周；(3) xOy 平面上的双曲线绕 $x^2-y^2=1$ 绕 x 轴旋转一周；(4) yOz 平面上的直线 $z=y+a$ 绕 z 轴旋转一周.　14. (1) 直线，平面；(2) 直线，平面；(3) 圆，圆柱面；(4) 双曲线，双曲柱面.

习题 6.2

1. (1) $4x^2+y^2\geqslant 1$；(2) $x-3y+2>0$；(3) $|x|\leqslant 1$ 且 $|y|\geqslant 1$；(4) $x^2+y^2\neq R^2$.

2. (1) $(x+y-3xy)^2$；(2) $\sin^2 x e^{\frac{x}{y}}$；(3) $\frac{\arctan\sqrt{t}}{\sqrt{t}\sin t}$；(4) $e^{-(x-2y)}\cos 2(x-2y)$.

3. (1) 1；(2) $\frac{\pi}{15}$；(3) 3；(4) −4.　4. (略)　5. (1) 不连续；(2) 连续.

6. $x^2+y^2>2$.

习题 6.3

1. 0，2.　2. $\left.\frac{\partial z}{\partial x}\right|_{(x_0,y_0)}=\lim\limits_{\Delta x\to 0}\frac{\sin[(x_0+\Delta x)y_0+y_0]-\sin(x_0y_0+y_0)}{\Delta x}$；

$$\left.\frac{\partial z}{\partial y}\right|_{(x_0,y_0)}=\lim_{\Delta y\to 0}\frac{\sin[x_0(y_0+\Delta y)+(y_0+\Delta y)]-\sin(x_0y_0+y_0)}{\Delta y}.$$

3. $\frac{-x}{\sqrt{b^2-x^2}}$，$\frac{-x}{\sqrt{y^2-x^2}}$.　4. (1) 16 836，$11776\ln 2-1104$；(2) $-\frac{1}{10}$，$\frac{3}{10}$.　5. (略).

6. (1) $\frac{\partial z}{\partial x}=\frac{\sin y\cdot x^{\sin y}}{xy}$，$\frac{\partial z}{\partial y}=\frac{x^{\sin y}(y\ln x\cdot\cos y-1)}{y^2}$；(2) $\frac{\partial z}{\partial x}=-\frac{\ln y}{x(\ln x)^2}$，$\frac{\partial z}{\partial y}=\frac{1}{y\ln x}$；

(3) $\frac{\partial s}{\partial u}=\frac{1}{v}-\frac{v}{u^2}$，$\frac{\partial s}{\partial v}=\frac{1}{u}-\frac{u}{v^2}$；(4) $\frac{\partial z}{\partial x}=ae^{ax}\sin by$，$\frac{\partial z}{\partial y}=be^{ax}\cos by$；

(5) $\frac{\partial u}{\partial x}=\frac{z}{y}\cdot x^{\frac{z}{y}-1}$，$\frac{\partial u}{\partial y}=\ln x\cdot x^{\frac{z}{y}}\cdot\left(-\frac{z}{y^2}\right)$，$\frac{\partial u}{\partial z}=\ln x\cdot x^{\frac{z}{y}}\cdot\frac{1}{y}$；

(6) $\frac{\partial u}{\partial x}=(1+\pi xyz)e^{\pi xyz}$，$\frac{\partial u}{\partial y}=\pi x^2 ze^{\pi xyz}$，$\frac{\partial u}{\partial z}=\pi x^2 ye^{\pi xyz}$.

7. (1) $\frac{\partial^2 z}{\partial x^2}=\frac{2x(x^2-3y^2)}{(x^2+y^2)^3}$，$\frac{\partial^2 z}{\partial x\partial y}=\frac{2y(3x^2-y^2)}{(x^2+y^2)^3}$，$\frac{\partial^2 z}{\partial y^2}=\frac{-2x(x^2-3y^2)}{(x^2+y^2)^3}$；

(2) $\frac{\partial^2 z}{\partial x^2}=y^x\ln^2 y$，$\frac{\partial^2 z}{\partial x\partial y}=y^{x-1}(1+x\ln y)$，$\frac{\partial^2 z}{\partial y^2}=x(x-1)y^{x-2}$；

(3) $\frac{\partial^2 z}{\partial x^2}=-\frac{1}{4}yx^{-\frac{3}{2}}$，$\frac{\partial^2 z}{\partial x\partial y}=\frac{1}{2\sqrt{x}}+4y^3$，$\frac{\partial^2 z}{\partial y^2}=12xy^2$；

(4) $\frac{\partial^2 z}{\partial x^2}=\frac{e^{x+y}}{(e^x+e^y)^2}$，$\frac{\partial^2 z}{\partial x\partial y}=\frac{-e^{x+y}}{(e^x+e^y)^2}$，$\frac{\partial^2 z}{\partial y^2}=\frac{e^{x+y}}{(e^x+e^y)^2}$.

8. $yx^{y\sin z-1}\cos z(1+y\ln x\cdot\sin z)$. 9. $e^{xy}(2x\cos x+x^2y\cos x-x^2\sin x)$.

10. $\left.\frac{\partial^2 u}{\partial x^2}\right|_{(0,0,1)}=2,\left.\frac{\partial^2 u}{\partial x\partial z}\right|_{(1,0,2)}=2,\left.\frac{\partial^2 u}{\partial y\partial z}\right|_{(0,-1,0)}=0;\left.\frac{\partial^3 u}{\partial z^2\partial x}\right|_{(2,0,1)}=0$. 11.（略）.

习题 6.4

1. (1) $dz=(y^3+3x^2y)dx+(3xy^2+x^3)dy$; (2) $dz=\sec(xy)\tan(xy)(ydx+xdy)$;

(3) $dz=\frac{dx}{1+x^2}+\frac{dy}{1+y^2}$; (4) $du=\frac{\ln y}{z}dx+\frac{x}{yz}dy+\left(-\frac{x\ln y}{z^2}\right)dz$;

(5) $du=yzx^{yz-1}dx+zx^{yz}\ln xdy+yx^{yz}\ln xdz$;

(6) $du=(x-2y)^z\left[\frac{z}{x-2y}dx-\frac{2z}{x-2y}dy+\ln(x-2y)dz\right]$.

2. $dz|_{(2,1)}=e^2dx+2e^2dy$. 3. 0.04. 4. 2.95. 5. 0.502. 6. 102.05cm^3.

7. 大约增加 4021.25cm^3.

习题 6.5

1. $e^{ax}\sin x$. 2. $\frac{3(1-4t^2)}{\sqrt{1-(3t-4t^3)^2}}$.

3. $\frac{\partial z}{\partial x}=\frac{1}{x^2y}(x^4-y^4+2x^3y)e^{\frac{x^2+y^2}{xy}},\frac{\partial z}{\partial y}=\frac{1}{xy^2}(y^4-x^4+2xy^3)e^{\frac{x^2+y^2}{xy}}$.

4. $\frac{\partial z}{\partial x}=\frac{2x}{y^2}\ln(3x-2y)+\frac{3x^2}{(3x-2y)y^2},\frac{\partial z}{\partial y}=-\frac{2x^2}{y^3}\ln(3x-2y)-\frac{2x^2}{(3x-2y)y^2}$.

5. $\frac{\partial z}{\partial x}=3x^2\sin y\cos y(\sin y-\cos y)$, $\frac{\partial z}{\partial y}=x^3(2\sin y\cos^2 y+2\sin^2 y\cos y-\cos^3 y-\sin^3 y)$.

6. (1) $\frac{\partial z}{\partial u}=3f_x+4f_y,\frac{\partial z}{\partial v}=2f_x-2f_y$; (2) $\frac{dz}{dt}=(\cos t-t\sin t)f'_1+\frac{f'_2}{t}$;

(3) $\frac{\partial z}{\partial x}=2xf'_1+ye^{xy}f'_2,\frac{\partial z}{\partial y}=-2yf'_1+xe^{xy}f'_2$;

(4) $\frac{\partial u}{\partial x}=f'(v)(1+y+yz),\frac{\partial u}{\partial y}=f'(v)(x+xz),\frac{\partial u}{\partial z}=f'(v)xy$;

(5) $\frac{\partial w}{\partial x}=\frac{1}{y}f'_1,\frac{\partial w}{\partial y}=-\frac{x}{y^2}f'_1+\frac{1}{z}f'_2,\frac{\partial w}{\partial z}=-\frac{y}{z^2}f'_2$.

7.（略）. 8. $\frac{\partial^2 z}{\partial x\partial y}=-\frac{x}{y^2}\left(f''_{12}+\frac{1}{y}f''_{22}\right)-\frac{1}{y^2}f'_2$.

9. $\frac{\partial^2 z}{\partial x^2}=(\ln y)^2f''_{11}+2\ln yf''_{12}+f''_{22}$, $\frac{\partial^2 z}{\partial x\partial y}=\frac{x}{y}\ln yf''_{11}+\left(\frac{x}{y}-\ln y\right)f''_{12}-f''_{22}+\frac{1}{y}f'_1$,

$\frac{\partial^2 z}{\partial y^2}=\frac{x^2}{y^2}f''_{11}-\frac{2x}{y}f''_{12}+f''_{22}-\frac{x}{y^2}f'_1$.

10. $\frac{dy}{dx}=-\frac{y(x-\ln y)}{x(y-\ln x)}$. 11. $\frac{dy}{dx}=-\frac{x[2(x^2+y^2)-a^2]}{y[2(x^2+y^2)+a^2]}$.

12. $\frac{\partial z}{\partial x}=-\frac{z^2+y}{2xz-3yz^2},\frac{\partial z}{\partial y}=-\frac{-z^3+x}{2xz-3yz^2}$.

13. $\frac{\partial z}{\partial x}=-\frac{z(1+z^2)(2x\sin y+e^x\arctan z)}{e^xz-\sqrt{y}(1+z^2)},\frac{\partial z}{\partial y}=-\frac{z(1+z^2)(2\sqrt{y}x^2\cos y-\ln z)}{2\sqrt{y}[e^xz-\sqrt{y}(1+z^2)]}$.

14～15.(略).　16. $dz=-\frac{\sin 2x dx+\sin 2y dy}{\sin 2z}$.　17. $dz=-\frac{\sin z dx+z\sec^2(yz)dy}{x\cos z+y\sec^2(yz)}$.

18. $\frac{\partial^2 z}{\partial x\partial y}=\frac{1}{e^z+1}-\frac{xye^z}{(e^z+1)^3}$.　19. $-\frac{2}{5},-\frac{1}{5},-\frac{394}{125}$.　20. $\frac{du}{dx}=f_x+\frac{y^2 f_y}{1-xy}+\frac{zf_z}{xz-x}$.

习题 6.6

1. 极大值 $z|_{(0,0)}=0$.　2. 极小值 $z|_{(-1,1)}=0$.　3. 极小值 $z|_{(\frac{1}{2},-1)}=-\frac{e}{2}$.

4. 最大值 $z\left(\frac{\sqrt{2}}{2},\frac{\sqrt{2}}{2}\right)=z\left(-\frac{\sqrt{2}}{2},-\frac{\sqrt{2}}{2}\right)=\frac{1}{2}$,最小值 $z\left(-\frac{\sqrt{2}}{2},\frac{\sqrt{2}}{2}\right)=z\left(\frac{\sqrt{2}}{2},-\frac{\sqrt{2}}{2}\right)=-\frac{1}{2}$.

5. $\sqrt{\frac{S}{6}},\sqrt{\frac{S}{6}},\sqrt{\frac{S}{6}}$.　6. 1∶1∶2.　7. 最大总利润为 $L(80,120)=605$.

习题 6.7

1. (1)75,125(百万元);(2)0,150(百万元).　2. 12 张光盘,10 盒磁带.　3. 53 美分,55 美分.

总习题六

1. $-\frac{x+y}{y^3}e^{\frac{x}{y}}$.　2. $\frac{x^2-y^2}{x^2+y^2}$.　3. $-2e^{-x^2y^2}$.　4. $\frac{\partial z}{\partial x}=yf-\frac{y^2}{x}f',\frac{\partial z}{\partial y}=xf+yf'$.

5. $\frac{\partial z}{\partial x}=yf_1'+\frac{1}{y}f_2'-\frac{y}{x^2}g'$.　6. $2(x-2y)-e^{-x}+e^{2y-x}$.　7. x^2+y^2.　8. $-\frac{g'}{g^2}$.

9. $\frac{1}{1+e^u}-\frac{xye^u}{(1+e^u)^3}$.　10. $\frac{xF'_1f'-xF'_2f'-fF'_2}{-xf'F'_3-F'_2}$.　11. 1.

12. $f_x-\frac{y}{x}f_y+\left[1-\frac{e^x(x-z)}{\sin(x-z)}\right]f_z$.

13. $\left(f_x+f_z\frac{x+1}{z+1}e^{x-z}\right)dx+\left(f_y-f_z\frac{y+1}{z+1}e^{y-z}\right)dy$.　14. 52,49.

第 7 章

习题 7.1

1. (略).

2. (1) $\iint\limits_D \sqrt{1+x^2+y^2}\,d\sigma\geqslant\iint\limits_D\sqrt{1+x^4+y^4}\,d\sigma$;　(2) $\iint\limits_D (x+y)^3 d\sigma\geqslant\iint\limits_D (x+y)^2 d\sigma$;

(3) $\iint\limits_D \ln(x+y)d\sigma\geqslant\iint\limits_D[\ln(x+y)]^2 d\sigma$;　(4) $I_2\leqslant I_1\leqslant I_3$.

3. (略).　4. $f(0,0)$.　5*. (略).

习题 7.2

1. (1) $\frac{20}{3}$;(2) $\frac{\pi}{12}$;(3) $\frac{33}{140}$;(4) $\frac{1}{6}\left(1-\frac{2}{e}\right)$;

(5)0;(6)$\pi(e^4-1)$;(7)$\frac{\pi}{4}(2\ln2-1)$;(8)$\frac{3}{64}\pi^2$.

2. (1) $\int_0^1 dx\int_x^1 f(x,y)dy$;　(2) $\int_0^1 dx\int_{x^2}^x f(x,y)dy$;　(3) $\int_0^1 dy\int_y^{2-y} f(x,y)dx$;

(4) $\int_0^1 dx\int_{1-x}^1 f(x,y)dy+\int_1^e dx\int_{\ln x}^1 f(x,y)dy$.

3. (1) $\int_0^{\frac{\pi}{2}} d\theta\int_0^R f(r\cos\theta,r\sin\theta)rdr$;　(2) $\int_0^{\frac{\pi}{2}} d\theta\int_0^{2R\sin\theta} f(r\cos\theta,r\sin\theta)rdr$.

4. (1)$a\ln(\sqrt{2}+1)$;(2)$\frac{\pi}{8}a^4$.　5. $\frac{2}{3}$.　6. $\frac{7}{2}$.　7. $\frac{560}{3}$.　8*. $\frac{9}{16}$.

9. $\frac{1}{3}\left(\frac{\pi}{6}-\frac{16}{3}+3\sqrt{3}\right)$.　10. $\frac{4}{3}$.　11*. 利用极坐标及不等式 $x-\frac{x^3}{3!}\leqslant\sin x\leqslant x(x\geqslant0)$.

习题 7.3

1. 平均利润 31200(元).　2. 土方量约 127 324(立方米).

总习题七

1. (1)$\frac{3}{2}+\cos1+\sin1-\cos2-2\sin2$;　(2)$\frac{533}{945}$;　(3)$\frac{1}{3}R^3\left(\pi-\frac{4}{3}\right)$;

(4)$\frac{\pi}{4}R^4+19\pi R^2$;　(5)$\pi(e^4-1)$.

2. (1) $\int_0^1 dx\int_0^{x^2} f(x,y)dy+\int_1^{\sqrt{2}} dx\int_0^{\sqrt{2-x^2}} f(x,y)dy$;(2) $\int_0^1 dy\int_0^{y^2} f(x,y)dx+\int_1^2 dy\int_0^{\sqrt{2y-y^2}} f(x,y)dx$;

(3) $\int_{\frac{1}{2}}^1 dx\int_{x^2}^x f(x,y)dy$;(4) $\int_0^1 dy\int_0^{\sqrt{y}} f(x,y)dx+\int_1^2 dy\int_0^1 f(x,y)dx+\int_2^3 dy\int_0^{3-y} f(x,y)dx$;

3. $f(x,y)=xy+\frac{1}{8}$.　4*. $f(x)=\frac{1}{\pi}(e^{\pi t^4}-1)$.　5*. $\frac{4}{5}f'(0)$.　6*. $\frac{\pi}{2}-1$.

7. (略).　8*. $\frac{A^2}{2}$.　9. $\frac{1}{2}$.　10. $\frac{1}{4}\sin1$.

第 8 章

习题 8.1

1. (1)一阶;(2)二阶;(3)三阶;(4)一阶.　2. (1)是;(2)是;(3)是;(4)是

3. $y=(4+2x)e^{-x}$.　4. $y'=\frac{y-x}{x}$.　5. $yy'+2x=0$.　6. $m\frac{d^2x}{dt^2}+kx=0$.

习题 8.2

1. (1)$y=e^{Cx}$;(2)$(x^2-1)(y^2-1)=C$;(3)$e^{-y}=1-Cx$;

(4)$e^x+e^{-y}=C$;(5)$2y^3+3y^2-2x^3-3x^2=5$;(6)$e^y=\frac{1}{2}(e^{2x}+1)$.(7)$y=\frac{1}{x}$.

2. (1)$\arctan\frac{y}{x}=\ln\sqrt{x^2+y^2}+C$;(2)$y=xe^{Cx+1}$;(3)$x^3+y^3=Cx^2$;(4)* $y=\frac{2x}{1+x^2}$

(5) $y^2=2x^2(\ln x+2)$；(6) $y=xe^{1-x}$.

3. (1) $y=2+Ce^{-x^2}$； (2)* $y=(x+C)\cos x$； (3) $y=(x-2)^3+C(x-2)$； (4) $x=2(y-1)+Ce^{-y}$；

(5) $y=\frac{2}{3}(4-e^{-3x})$； (6) $y=(x+1)e^x$； (7) $y=2\ln x-x+2$； (8) $x=\frac{y^3}{2}+\frac{y^2}{2}$；

(9)* $y=\frac{x}{9}(3\ln x-1)$； (10)* $y=\frac{x-1}{x}e^x+\frac{1}{x}$.

4. (1) $\frac{3}{2}x^2+\ln\left|1+\frac{3}{y}\right|=C$； (2) $xy^{-3}+\frac{3}{4}x^2(2\ln x-1)=C$.　5. $f(x)=e^x(x+1)$.

6. $f(x)=3e^{3x}-2e^{2x}$.　7. $Q=Q_0e^{-0.00433t}$，160 年.　8. 还需 8 分钟.　9. $100e^{0.01t}$(百万).

习题 8.3

1. (1) $y=\frac{1}{9}e^{3x}-\sin x+C_1x+C_2$； (2) $y=C_1e^x-\frac{x^2}{2}-x+C_2$；

(3) $y=1+C_2e^{C_1x}$，$C_2\neq0$； (4) $y=\arcsin(C_2e^x)+C_1$.

2. (1) $y=(\frac{x}{2}+1)^4$；(2) $y=\frac{1}{2}x^2+\frac{3}{2}$；(3) $y=\frac{4}{(x-2)^2}$.　3. $y=\frac{2x^3}{3}+x+2$.

习题 8.4

1. (1) $y=C_1e^x+C_2e^{2x}$； (2) $y=(C_1+C_2x)e^{-3x}$； (3) $y=(C_1\cos x+C_2\sin x)e^{2x}$；

(4) $y=\frac{1}{3}(e^x-e^{-2x})$； (5)* $y=2e^{-2x}$； (6) $y=e^{-x}(\cos x+\sin x)$.

2. (1) $y^*=Ax+B$； (2) $y^*=xe^{-x}(A\cos2x+B\sin2x)$；

(3) $y^*=(Ax^2+Bx+C)e^{2x}$； (4) $y^*=x(A\cos2x+B\sin2x)$；

(5) $y^*=(Ax+B)\cos2x+(Cx+D)\sin2x$； (6) $y^*=x(Ax+B)+(Cx+D)e^{-3x}$.

3. (1)* $y=C_1e^x+C_2e^{2x}-x(\frac{x}{2}+1)e^x$； (2) $y=(C_1+C_2x+2x^3)e^x$；

(3) $y=(C_1-\frac{5}{2}x)\cos2x+C_2\sin2x$； (4) $y=(C_1-\cos x-\sin x)e^x+C_2e^{2x}$；

(5) $y=C_1+C_2e^{-x}+\frac{1}{2}(e^x+\sin x-\cos x)$； (6) $y=e^x-e^{-x}+e^x(x^2-x)$；

(7) $y=\frac{11}{16}+\frac{5}{16}e^{4x}-\frac{5}{4}x$.

4. $f(x)=2(e^x-x)$.　5. $a=-3,b=2,c=-1$.　6. $y=\frac{2}{3}e^{2x}-\frac{2}{3}e^{-x}-xe^{-x}$.

习题 8.5

1. (1) $\frac{dW}{dt}=0.05W-200$； (2) $W_0=4000$ 时，$W=4000$；$W_0=5000$ 时，$W=4000+1000e^{0.05t}$；$W_0=3000$ 时，$W=4000-1000e^{0.05t}$；$W_0=4000$ 时，净资产处于稳定不变状态；$W_0=5000$ 时，净资产将稳定加速增长；$W_0=3000$ 时，净资产将逐年下降，在第 28 年将出现净资产为负值.

2. 设 $m(t)$ 为 t 年湖水含污物 A 的量，(1) $m(t)$ 满足方程 $\frac{dm}{dt}=2m_0-\frac{1}{3}m$，$m(0)=\frac{m_0}{2}$，$m(t)=$

$-\frac{11m_0}{2}e^{-\frac{1}{3}t}+6m_0$，6 年后，超过国家标准 $5-\frac{11}{2e^2}$倍；　(2)$m(t)$满足方程$\frac{dm}{dt}=\frac{m_0}{3}-\frac{1}{3}m$，$m(0)=\left(6-\frac{11}{2e^2}\right)m_0$，$m(t)=\frac{11}{2}\left(1-\frac{1}{e^2}\right)m_0e^{-\frac{t}{3}}+\frac{m_0}{2}$，经过$3\ln\left[11\left(1-\frac{1}{e^2}\right)\right]$年治理，可以达标.

3. $x=\frac{a}{1+ce^{-akt}}$，其中 $c=\frac{a-x_0}{x_0}$.

总习题八

1. $y'=x^2$.　2. (1)$(e^x+1)(e^y-1)=C$；(2)$(\sin x)\sin y=C$；(3)$(x-4)y^4=Cx$.

3. (1)$\ln y=\tan\frac{x}{2}$；(2)$(1+e^x)\sec y=2\sqrt{2}$；(3)$y=\frac{1}{1+\ln|x^2-1|}$.

4. (1)$y+\sqrt{y^2-x^2}=Cx^2$；(2)$y^2=x^2(2\ln|x|+C)$；(3)$\ln|y|=\frac{y}{x}+C$；(4)$x+2ye^{\frac{x}{y}}=C$.

5. (1)$y=2+Ce^{-x^2}$；(2)$2x\ln y=\ln^2y+C$；(3)$y=(x-2)^3+C(x-2)$；(4)$x=Cy^3+\frac{y^2}{2}$.

6. (1)$\frac{1}{y}=-\sin x+Ce^x$；(2)$\frac{1}{y^3}=Ce^x-1-2x$；(3)$\frac{x^2}{y^2}=-\frac{2}{3}x^3\left(\frac{2}{3}+\ln x\right)+C$.

7. (1)$y=(x-3)e^x+C_1x^2+C_2x+C_3$；(2)$y=-\ln|\cos(x+C_1)|+C_2$；
(3)$y=C_1\ln|x|+C_2$；(4)$C_1y^2-1=(C_1x+C_2)^2$.

8. (1)$y=\sqrt{2x-x^2}$；(2)$y=\ln\sec x$.

9. (1) 线性无关；(2) 线性相关；(3) 线性无关；(4) 线性相关；(5) 线性无关.

10. $y=(C_1+C_2x)e^{x^2}$.　11. (1)$y=C_1e^x+C_2e^{-2x}$；(2)$y=(C_1+C_2t)e^{\frac{5}{2}t}$；
(3)$y=e^{2x}(C_1\cos x+C_2\sin x)$；(4)$y=C_1e^x+C_2e^{-x}+C_3\cos x+C_4\sin x$；
(5)$y=(C_1+C_2x)\cos x+(C_3+C_4x)\sin x$.

12. (1)$y=C_1e^{-x}+C_2e^{-2x}+\left(\frac{3}{2}x^2-3x\right)e^{-x}$；(2)$y=(C_1+C_2x)e^{3x}+\frac{x^2}{2}\left(\frac{x}{3}+1\right)e^{3x}$；
(3)$y=C_1\cos 2x+C_2\sin 2x+\frac{x}{3}\cos x+\frac{2}{9}\sin x$；(4)$y=C_1e^x+C_2e^{-x}-\frac{1}{2}+\frac{1}{10}\cos 2x$.

13. (1)$y=-\cos x-\frac{1}{3}\sin x+\frac{1}{3}\sin 2x$；(2)$y=\frac{1}{2}(e^{9x}+e^x)-\frac{1}{7}e^{2x}$；(3)$y=e^x-e^{-x}+e^x(x^2-x)$.

14. $\varphi(x)=\frac{1}{2}(\cos x+\sin x+e^x)$.　15. $v=\sqrt{72\,000}\approx 268.3$(cm/s).　16. $xy=6$.

17. $x=\frac{k}{a}\left(\frac{h}{2}y^2-\frac{1}{3}y^3\right)$.　18. $v=\frac{k_1}{k_2}t-\frac{k_1m}{k_2^2}\left(1-e^{-\frac{k_2}{m}t}\right)$.

第 9 章

习题 9.1

1. (1) 发散；(2) 收敛；(3) 发散. 提示：先乘以 $2\sin\frac{\pi}{12}$，再将一般项分解为两个余弦函数之差；(4) 发散.　2. (1) 收敛；(2) 发散；(3) 收敛；(4) 发散.

习题 9.2

1.(1) 发散；(2) 发散；(3) 收敛；(4) 收敛. 2.(1) 发散；(2) 发散；(3) 发散；(4) 收敛.
3.(1) 发散；(2) 收敛. 4.(1) 收敛；(2) 发散；(3) 发散. 5.(1) 条件收敛；(2) 绝对收敛；(3) 条件收敛；(4) 发散.

习题 9.3

1. (1)$(-1,1]$；(2) 只在 $x=0$ 处收敛；(3)$[-3,3)$；(4)$[-1,1]$；(5)$\left(-\frac{1}{\sqrt{2}},\frac{1}{\sqrt{2}}\right)(6)[-3,3]$.

2.(1)$(-1,1)$，$\frac{2}{(1-x)^3}$；(2)$(-1,1)$，$\frac{1}{4}\ln\frac{1+x}{1-x}+\frac{1}{2}\arctan x-x$. 3. $\frac{1}{\sqrt{2}}\ln(\sqrt{2}+1)$.

习题 9.4

1. (1)$\ln a+\sum\limits_{n=1}^{\infty}(-1)^{n-1}\frac{1}{n}\left(\frac{x}{a}\right)^n$，$(-a,a]$； (2)$\sum\limits_{n=0}^{\infty}\frac{(x\ln a)^n}{n!}$，$(-\infty,+\infty)$；

(3)$1+\sum\limits_{n=1}^{\infty}(-1)^n\frac{(2x)^{2n}}{2(2n)!}$，$(-\infty,+\infty)$； (4)$\sum\limits_{n=0}^{\infty}(-1)^n\frac{x^{2n}}{n!}$，$(-\infty,+\infty)$；

(5)$x+\sum\limits_{n=1}^{\infty}(-1)^n\frac{2(2n)!}{(n!)}\left(\frac{x}{2}\right)^{2n+1}$，$[-1,1]$.

2. $\frac{1}{2}\sum\limits_{n=0}^{\infty}(-1)^n\left[\frac{\left(x+\frac{\pi}{3}\right)^{2n}}{(2n)!}+\sqrt{3}\frac{\left(x+\frac{\pi}{3}\right)^{2n+1}}{(2n+1)!}\right]$，$(-\infty,+\infty)$.

$\left(\text{提示}:\cos x=\cos\left[\left(x+\frac{\pi}{3}\right)-\frac{\pi}{3}\right],\cos(\alpha-\beta)=\cos\alpha\cos\beta+\sin\alpha\sin\beta\right)$

3. $31+53(x-2)+35(x-2)^2+10(x-2)^3+(x-2)^4$.

4. $\sum\limits_{n=0}^{\infty}\left(\frac{1}{2^{n+1}}-\frac{1}{3^{n+1}}\right)(x+4)^n$，$(-6,-2)$. 5. $\frac{1}{3}\sum\limits_{n=0}^{\infty}\left[(-1)^{n+1}-\frac{1}{2^{n+1}}\right]x^{n+1}$，$(-1,1)$

习题 9.5

1. 631.93； 2. 银行贷款； 3. $A_n=A_0(1+r)^n-x\frac{(1+r)^n-1}{r}$. 4.(1) 0.9461；(2) 0.5448.

总习题九

1.(1) 必要，充分；(2) 充分必要；(3) 收敛，发散； 2.(1) 发散；(2) 发散；(3) 收敛；(4) 收敛；(5) 收敛；(6) 收敛. 3.(1) 绝对收敛；(2) 条件收敛；(3) 条件收敛；(4) 绝对收敛.

4.(1)$\left[-\frac{4}{3},-\frac{2}{3}\right)$；(2)$\left(-\frac{1}{\sqrt{2}},\frac{1}{\sqrt{2}}\right)$；(3)$\left[-\frac{1}{2},\ \frac{1}{2}\right]$；(4)$[-1,0)$.

5. $(-1,1)$，$S(x)=\frac{x}{(1-x)^2}-\ln(1-x)$，$S\left(\frac{1}{2}\right)=2+\ln 2$.

6.(1)$-\ln(1-x)$，$(-1\leqslant x<1)$；(2)$\frac{1}{(1-x)^2}$，$(-1<x<1)$.

7. $\sum\limits_{n=1}^{\infty}\frac{n}{2^{n+1}}x^{n-1}$，$(-2\leqslant x\leqslant 2)$. 8. $\frac{1}{\ln 10}\sum\limits_{n=0}^{\infty}\frac{(-1)^n}{n+1}(x-1)^{n+1}$，$(0<x\leqslant 2)$.

第 10 章

习题 10.1

1. (1) $-4t-2$；(2) $e^{3t}(e^3-1)^2$；(3) 2；(4) $\ln\dfrac{(4+t)(2+t)^3}{(3+t)^3(1+t)}$.

2. (1) $y_{t+2}+2y_t=t^2$，二阶；(2) $y_{t+1}-3y_t-5=0$，一阶；(3) $y_{t+3}-3y_{t+2}=3$，一阶；
(4) $\Delta y_t+2y_t=3$，一阶；(5) $\Delta^2 y_t-3\Delta y_t-3y_t=2$，二阶.

3. (1)是；(2)否；(3)是. 4. $a=2$.

习题 10.2

1. (1) $y_t=C\left(\dfrac{1}{5}\right)^t$；
(2) $y_t=C(2)^t-2t^2-4t-5$；
(3) $y_t=C(-3)^t+\left(-\dfrac{2}{25}+\dfrac{1}{5}t\right)2^t$；
(4) $y_t=C(-1)^t+\dfrac{1}{2}\left(\cos\dfrac{\pi}{2}t+\sin\dfrac{\pi}{2}t\right)$；
(5) $y_t=C3^t-\dfrac{1}{10}\cos\dfrac{\pi}{2}t-\dfrac{3}{10}\sin\dfrac{\pi}{2}t$；
(6) $y_t=C(-1)^t+\dfrac{1}{3}\cdot 2^t-1$.

2. (1) $y_t=-4\left(\dfrac{1}{2}\right)^t+t^2-4t+8$；
(2) $y_t=2+3t$；
(3) $y_t=\dfrac{1}{4}[3+(-1)^t]\cdot 2^t$；
(4) $y_t=3(-1)^t-t\cos\pi t$；

3. $y_t=C(-a)^t+\dfrac{b}{1+a}$.

习题 10.3

1. (1) $Y(t)=C_1(-1)^t+C_2 4^t$；
(2) $Y(t)=2\cdot 3^t-(-4)^t$；
(3) $Y(t)=(C_1+C_2 t)(-2)^t$；
(4) $Y(t)=(3+t)\left(-\dfrac{1}{2}\right)^t$；
(5) $Y(t)=\left(\dfrac{1}{3}\right)^t\left(C_1\cos\dfrac{\pi}{2}t+C_2\sin\dfrac{\pi}{2}t\right)$；
(6) $Y(t)=(4)^t\left(\cos\dfrac{\pi}{3}t+\sin\dfrac{\pi}{3}t\right)$.

2. (1) $y(t)=C_1(-1)^t+C_2(-6)^t+3$；
(2) $y(t)=(C_1+C_2 t)(3)^t+\dfrac{1}{18}t^2 3^t$；
(3) $y(t)=C_1+C_2(10)^t-3t$；
(4) $y(t)=2^t\left(-\dfrac{1}{3}\cos\dfrac{\pi}{3}t+\dfrac{1}{3\sqrt{3}}\sin\dfrac{\pi}{3}t\right)+\dfrac{1}{3}(1+2t)$；
(5) $y(t)=4t+\dfrac{4}{3}(-2)^t-\dfrac{4}{3}$；
(6) $y(t)=\dfrac{3}{2}-\dfrac{3}{2}\left(-\dfrac{1}{3}\right)^t+\cos\dfrac{\pi}{2}t-2\sin\dfrac{\pi}{2}t$.

习题 10.4

1. 233 对. 2. 20 年内要筹措资金 90 073.45 元，平均每月要存入 194.55 元.

总习题十

1. (1) 6；(2) $a=\dfrac{1}{2}, b=-1$；(3) $y_t=C6^t$；(4) $t3^t(A\cos\pi t+B\sin\pi t)$；(5) $y_t=C_1+C_2(-5)^t$.

2. (1)B; (2)C; (3)C; (4)B; (5) A.

3. (1) $y_t=C(-3)^t-\frac{5}{16}+\frac{5}{4}t$;　(2) $y_t=C-\cos\pi t$;

(3) $y_t=\frac{1}{4}\left(-\frac{1}{2}\right)^t+\frac{1}{4}$;　(4) $y_t=\frac{44}{51}\left(-\frac{2}{7}\right)^t+\frac{1}{51}7^{t+1}$.

4. (1) $y_t=C_1+C_2(-6)^t+t^2-2t$;　(2) $y_t=1-2t+2t^2$;

(3) $y_t=C_1+C_2 2^t+\frac{1}{4}\cdot 5^t$;　(4) $y_t=(3t-4)\cdot 2^t+4\cos\frac{\pi}{2}t+3\sin\frac{\pi}{2}t$.

5. $22\ 500\times(1.04)^t-12\ 500$ 元.

6. 提示:列出差分方程 $Y_t-2\beta Y_{t-1}+\beta Y_{t-2}=V_0$,求出其通解 $Y_t=(\sqrt{\beta})^t(C_1\cos\omega t+C_2\sin\omega t)+\frac{V_0}{1-\beta}$,其中 $\tan\omega=\sqrt{\frac{1}{\beta}-1}$,再分析 $t\to+\infty$ 时 Y_t 的变化.

参 考 文 献

[1]同济大学数学系.高等数学.6版.北京:高等教育出版社,2007.

[2]赵树嫄.微积分(修订本).北京:中国人民大学出版社,1999.

[3]吴炯圻,陈跃辉,唐振松.高等数学及其思想方法与实验(上、下册).厦门:厦门大学出版社,2007.

[4]上海交通大学数学系.高等数学(上、下册).2版.上海:上海交通大学出版社,2009.

[5]曹定华,李建平,方涛.微积分.上海:复旦大学出版社,2006.

[6]刘建亚.微积分.北京:高等教育出版社,2006.

[7]吴赣昌.微积分(经管类,上、下册).3版.北京:中国人民大学出版社,2009.

[8]范培华,章学城,刘西垣.微积分.北京:中国商业出版社,2006.

[9]路可见.高等数学简明教程.武汉:武汉大学出版社,1995.

[10]李心灿.高等数学应用205例.北京:高等教育出版社,2005.

[11]杜建卫,王若鹏.数学建模基础案例.北京:化学工业出版社,2009.

[12]李志林,欧宜贵.数学建模及典型案例分析.北京:化学工业出版社,2007.

[13]戴朝寿,孙世良.数学建模简明教程.北京:高等教育出版社,2007.

[14]全国硕士研究生入学考试命题研究组.全国硕士研究生入学考试历年真题精解.数学(一、二、三).杭州:浙江大学出版社,2010.

[15]蔡向厅等.高等数学试题精选与解答.天津:天津大学出版社,2002.

[16]韩松.高等数学经典习题及详解.北京:机械工业出版社 2003.

[17]蔡向厅.高等数学试题精选与解答.天津:天津大学出版社 2002.

[18]李林.历年考研数学真题分类解析(经管类).大连:大连理工大学出版社 2009.

附录一　基本初等函数的图形及其主要性质

函数	图形	定义域及值域	主要性质
幂函数 $y=x^\mu$ (μ 是常数)	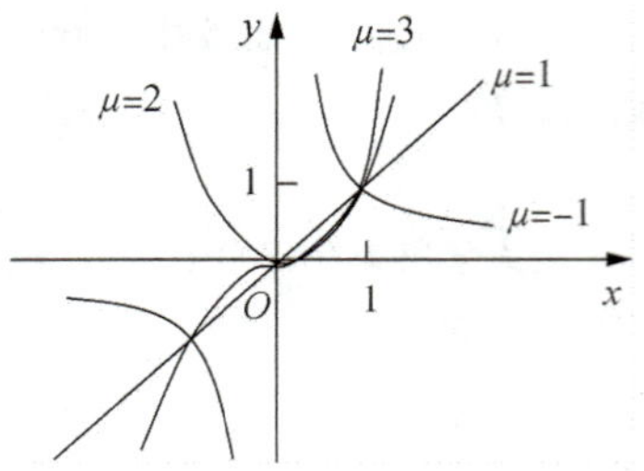	定义域及值域随 μ 不同而不同，但不论 μ 取什么值，x^μ 在 $(0,+\infty)$ 内总有定义	若 $\mu>0$，x^μ 在 $[0,+\infty)$ 内单调增加 若 $\mu<0$，x^μ 在 $[0,+\infty)$ 内单调减少
指数函数 $y=a^x$ (a 是常数，$a>0,a\neq1$)	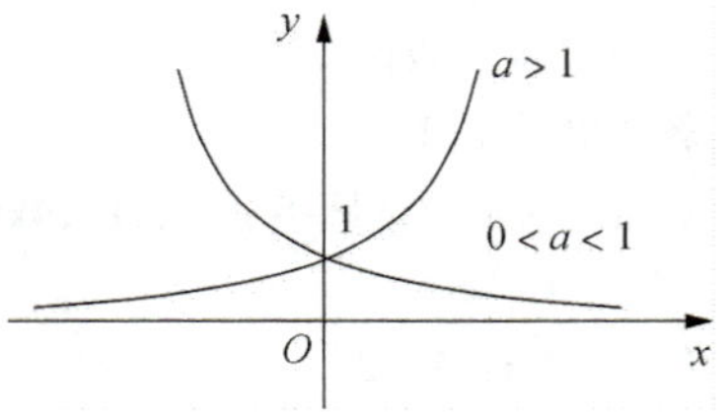	$x\in(-\infty,+\infty)$ $y\in(0,+\infty)$	$a^0=1$ 若 $a>1$，a^x 单调增加 若 $0<a<1$，a^x 单调减少 直线 $y=0$ 为函数图形的水平渐近线
对数函数 $y=\log_a x$ (a 是常数，$a>0,a\neq1$)	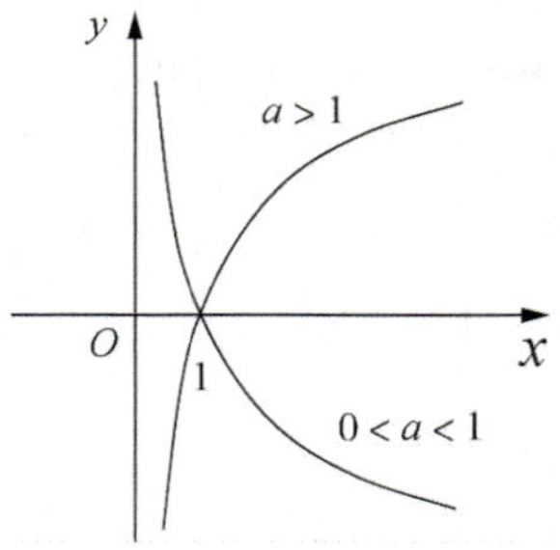	$x\in(0,+\infty)$ $y\in(-\infty,+\infty)$	$\log_a 1=0$ 若 $a>1$，$\log_a x$ 单调增加 若 $0<a<1$，$\log_a x$ 单调减少 直线 $x=0$ 为函数图形的铅直渐近线
正弦函数 $y=\sin x$	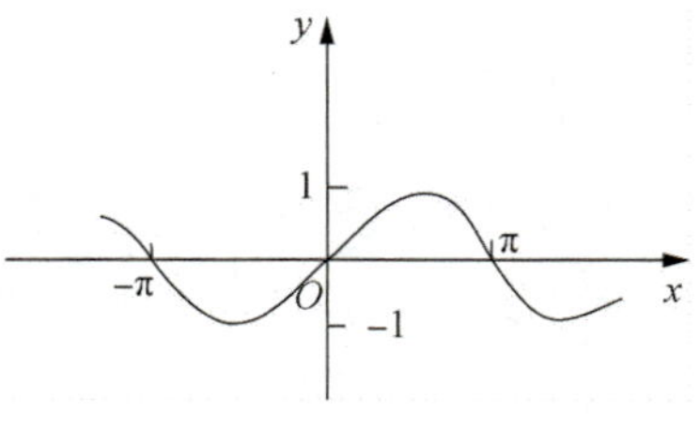	$x\in(-\infty,+\infty)$ $y\in[-1,1]$	以 2π 为周期的周期函数 在 $\left[-\frac{\pi}{2},\frac{\pi}{2}\right]$ 上单调增加，奇函数

续表

函数	图形	定义域及值域	主要性质
余弦函数 $y=\cos x$	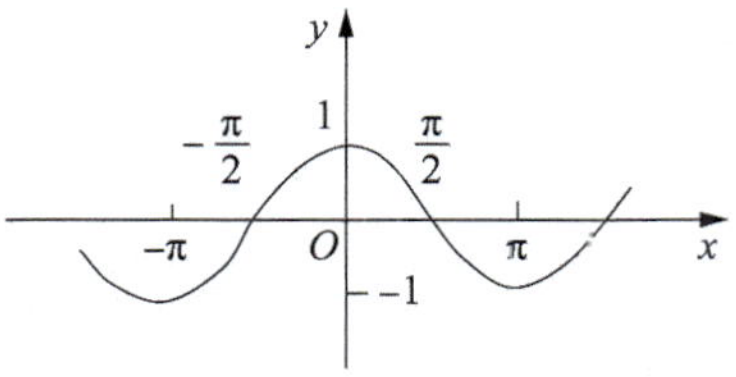	$x\in(-\infty,+\infty)$ $y\in[-1,1]$	以 2π 为周期的周期函数， 在$[0,\pi]$上单调减少， 偶函数
正切函数 $y=\tan x$	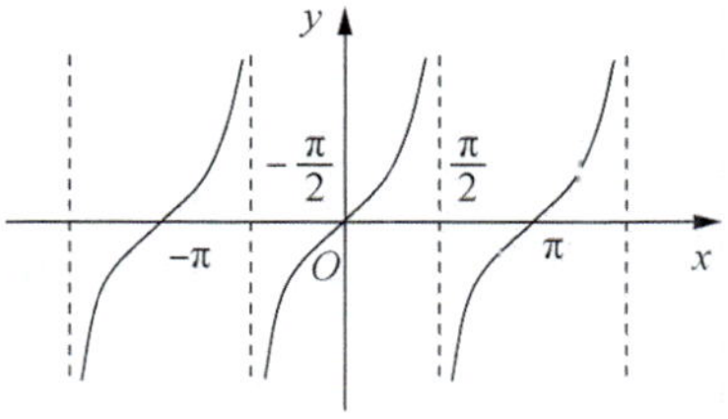	$(2k-1)\frac{\pi}{2}$ $<x<(2k+1)\frac{\pi}{2}$ $k=0,\pm1,\pm2,\cdots$ $y\in(-\infty,+\infty)$	以 π 为周期的周期函数， 在$\left(-\frac{\pi}{2},\frac{\pi}{2}\right)$上单调增加，奇函数， 直线 $x=(2k+1)\frac{\pi}{2}$ $(k=0,\pm1,\cdots)$ 为函数图形的铅直渐近线
余切函数 $y=\cot x$	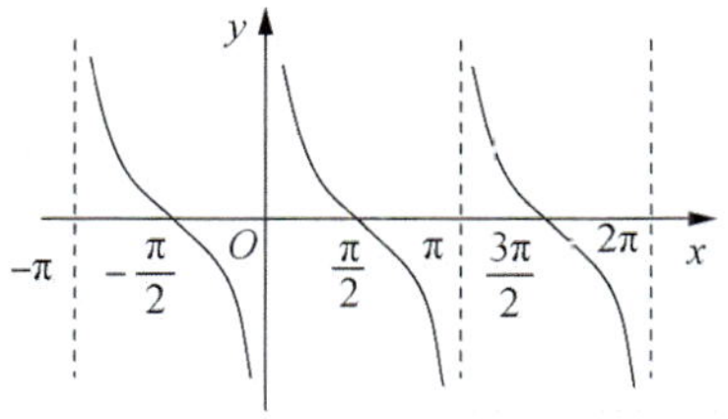	$k\pi<x<(k+1)\pi$ $k=0,\pm1,\pm2,\cdots$ $y\in(-\infty,+\infty)$	以 π 为周期的周期函数， 在$(0,\pi)$上单调减少， 直线 $x=k\pi$ $(k=0,\pm1,\cdots)$ 为函数图形的铅直渐近线
反正弦函数 $y=\arcsin x$	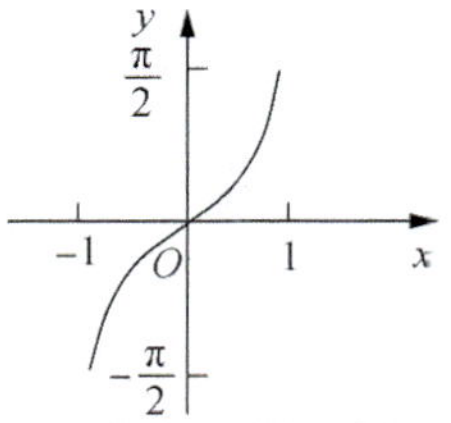	$x\in[-1,1]$ $y\in\left[-\frac{\pi}{2},\frac{\pi}{2}\right]$	单调增加 奇函数
反余弦函数 $y=\arccos x$	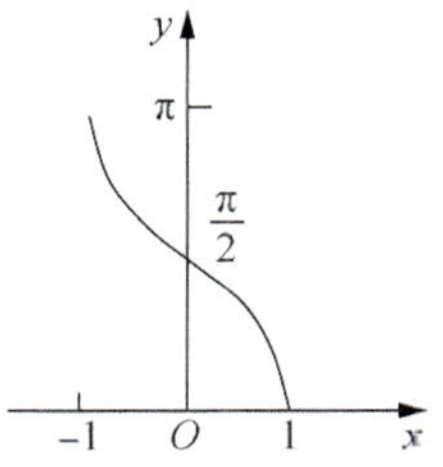	$x\in[-1,1]$ $y\in[0,\pi]$	单调减少

续表

函数	图形	定义域及值域	主要性质
反正切函数 $y=\arctan x$	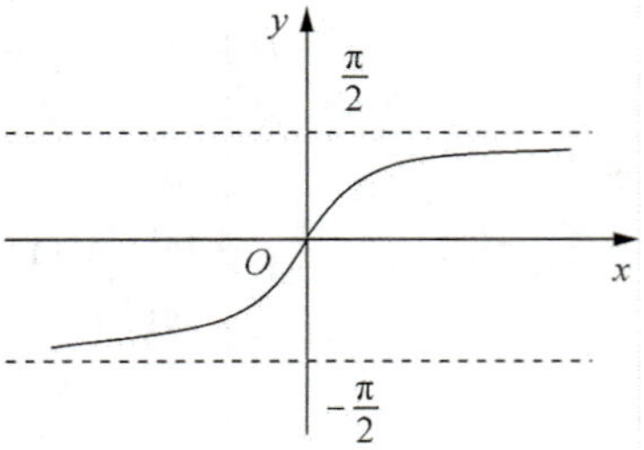	$x\in(-\infty,+\infty)$ $y\in\left(-\frac{\pi}{2},\frac{\pi}{2}\right)$	单调增加奇函数 直线 $y=\frac{\pi}{2}$ 及 $y=-\frac{\pi}{2}$ 为函数图形的水平渐近线
反余切函数 $y=\text{arccot}\,x$	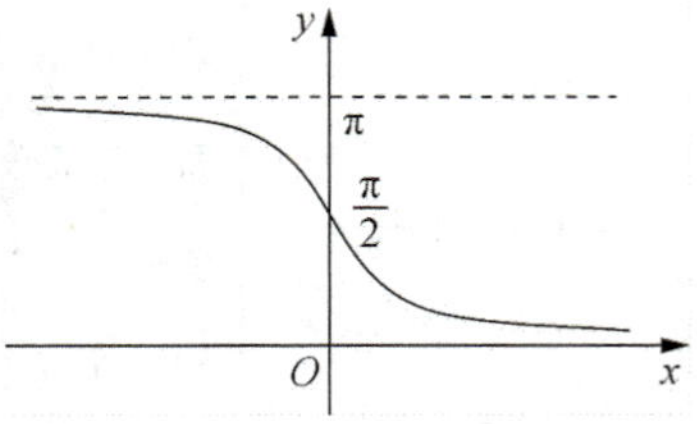	$x\in(-\infty,+\infty)$ $y\in(0,\pi)$	单调减少 直线 $y=0$ 及 $y=\pi$ 为函数图形的水平渐近线

附录二　一些常用的数学公式

一、初等代数公式

1. 一元二次方程 $ax^2+bx+c=0$，根的判别式 $\Delta=b^2-4ac$.

当 $\Delta>0$ 时，方程有两个不等实根；当 $\Delta=0$ 时，方程有两个相等实根；当 $\Delta<0$ 时，方程有共轭复根.

求根公式为 $x_{1,2}=\dfrac{-b\pm\sqrt{b^2-4ac}}{2a}$.

2. 对数的运算性质

(1)若 $a^y=x$，则 $y=\log_a x$；　(2)$\log_a a=1$，$\log_a 1=0$；

(3)$\log_a(xy)=\log_a x+\log_a y$；　(4)$\log_a \dfrac{x}{y}=\log_a x-\log_a y$；

(5)$\log_a x^b=b\log_a x$；　(6)$a^{\log_a x}=x$，$e^{\ln x}=x$.

3. 指数的运算性质

(1)$a^m a^n=a^{m+n}$；　(2)$\dfrac{a^m}{a^n}=a^{m-n}$；

(3)$(a^m)^n=a^{mn}$；　(4)$(ab)^m=a^m b^m$，

(5)$\left(\dfrac{a}{b}\right)^m=\dfrac{a^m}{b^m}$.

4. 常用二项展开及分解公式

(1)$(a+b)^2=a^2+2ab+b^2$；　(2)$(a-b)^2=a^2-2ab+b^2$；

(3)$(a+b)^3=a^3+3a^2b+3ab^2+b^3$；　(4)$(a-b)^3=a^3-3a^2b+3ab^2-b^3$；

(5)$a^2-b^2=(a+b)(a-b)$；　(6)$a^3-b^3=(a-b)(a^2+ab+b^2)$；

(7)$a^3+b^3=(a+b)(a^2-ab+b^2)$；

(8)$a^n-b^n=(a-b)(a^{n-1}+a^{n-2}b+a^{n-3}b^2+\cdots+b^{n-1})$；

(9)$(a+b)^n=C_n^0a^n+C_n^1a^{n-1}b+C_n^2a^{n-2}b^2+\cdots C_n^k a^{n-k}b^k+\cdots+C_n^n b^n$，

其中组合系数 $C_n^m=\dfrac{n(n-1)(n-2)\cdots(n-m+1)}{m!}$，$C_n^0=1$，$C_n^n=1$.

5. 常用不等式及其运算性质

对于任意实数 a，b，均有(1)$|a|-|b|\leqslant|a+b|\leqslant|a|+|b|$；　(2)$a^2+b^2\geqslant 2ab$.

6. 常用数列公式

(1)等差数列：$a_1,a_1+d,a_1+2d,\cdots,a_1+(n-1)d$，其公差为 d，前 n 项的和为

$$s_n=a_1+(a_1+d)+(a_1+2d)+\cdots+[a_1+(n-1)d]=\frac{a_1+a_n}{2}\cdot n=a_1n+\frac{n(n-1)d}{2}.$$

(2)等比数列：$a_1,a_1q,a_1q^2,\cdots,a_1q^{n-1}$，其公比为 q，前 n 项的和为

$$s_n=a_1+a_1q+a_1q^2+\cdots+a_1q^{n-1}=\frac{a_1(1-q^n)}{1-q}.$$

(3)一些常见数列的前 n 项和

$1+2+3+\cdots+n=\dfrac{1}{2}n(n+1)$；　$2+4+6+\cdots 2n=n(n+1)$；

$1+3+5+\cdots+(2n-1)=n^2$；　　$1^2+2^2+3^2+\cdots+n^2=\frac{1}{6}n(n+1)(2n+1)$；

$1^2+3^2+5^2+\cdots+(2n-1)^2=\frac{1}{3}n(4n^2-1)$；

$1\times2+2\times3+3\times4+\cdots+n(n+1)=\frac{1}{3}n(n+1)(n+2)$；

$\frac{1}{1\times2}+\frac{1}{2\times3}+\frac{1}{3\times4}+\cdots+\frac{1}{n(n+1)}=1-\frac{1}{n+1}$.

7. 阶乘 $n!=n(n+1)(n-2)\cdots2\cdot1$.

二、基本三角公式

1. 基本公式

$$\sin^2x+\cos^2x=1;\quad 1+\tan^2x=\sec^2x;\quad 1+\cot^2x=\csc^2x.$$

2. 倍角公式

$$\sin2x=2\sin x\cos x;$$
$$\cos2x=\cos^2x-\sin^2x=1-2\sin^2x=2\cos^2x-1;$$
$$\tan2x=\frac{2\tan x}{1-\tan^2x}.$$

3. 半角公式

$$\sin^2\frac{x}{2}=\frac{1-\cos x}{2};\quad \cos^2\frac{x}{2}=\frac{1+\cos x}{2};\quad \tan\frac{x}{2}=\frac{1-\cos x}{\sin x}.$$

4. 加法公式

$\sin(x\pm y)=\sin x\cos y\pm\cos x\sin y$；　　$\cos(x\pm y)=\cos x\cos y\mp\sin x\sin y$；

$\tan(x\pm y)=\frac{\tan x\pm\tan y}{1\mp\tan x\tan y}$.

5. 和差化积公式

$\sin x+\sin y=2\sin\frac{x+y}{2}\cos\frac{x-y}{2}$；　　$\sin x-\sin y=2\cos\frac{x+y}{2}\sin\frac{x-y}{2}$；

$\cos x+\cos y=2\cos\frac{x+y}{2}\cos\frac{x-y}{2}$；　　$\cos x-\cos y=-2\sin\frac{x+y}{2}\sin\frac{x-y}{2}$.

6. 积化和差公式

$\sin x\cos y=\frac{1}{2}[\sin(x+y)+\sin(x-y)]$；　　$\cos x\sin y=\frac{1}{2}[\sin(x+y)-\sin(x-y)]$；

$\cos x\cos y=\frac{1}{2}[\cos(x+y)+\cos(x-y)]$；　　$\sin x\sin y=-\frac{1}{2}[\cos(x+y)-\cos(x-y)]$.